U0803316

高等职业教育精品课程“十三五”规划教材

Access 2013 数据库技术及应用

（第 2 版）

姜增如　主编

北京理工大学出版社
BEIJING INSTITUTE OF TECHNOLOGY PRESS

图书在版编目（CIP）数据

Access 2013 数据库技术及应用/姜增如主编.—2 版.—北京：北京理工大学出版社，2016.12（2019.8 重印）

ISBN 978-7-5682-3391-0

Ⅰ.①A…　Ⅱ.①姜…　Ⅲ.①关系数据库系统-高等学校-教材　Ⅳ.①TP311.138

中国版本图书馆 CIP 数据核字（2016）第 284596 号

出版发行／北京理工大学出版社有限责任公司
社　　址／北京市海淀区中关村南大街 5 号
邮　　编／100081
电　　话／（010）68914775（总编室）
　　　　　（010）82562903（教材售后服务热线）
　　　　　（010）68948351（其他图书服务热线）
网　　址／http://www.bitpress.com.cn
经　　销／全国各地新华书店
印　　刷／涿州市新华印刷有限公司
开　　本／787 毫米×1092 毫米　1/16
印　　张／22.5
字　　数／534 千字
版　　次／2016 年 12 月第 2 版　2019 年 8 月第 4 次印刷
定　　价／49.00 元

责任编辑／陈莉华
文案编辑／陈莉华
责任校对／周瑞红
责任印制／李志强

前　言

Access 2013 是 Microsoft Office 2013 组件的重要组成部分，它不仅能建立数据库，而且具有强大的数据管理功能。它可以方便地利用 Excel 电子表格数据、SQL 查询数据及各种二维表数据源，生成窗体（表单）、查询、报表和应用程序，非常适用于编写小型数据库管理系统，例如学生档案管理、成绩管理、工资管理、库房出入库管理及设备管理等，可用以存储和管理商务活动所需要的数据并制作查询界面。它的最大特点是能利用系统提供的数据表操作向导、多种控件、宏即可完成建立数据库、进行查询设计、美观界面设计及报表设计，而不需要编写大量的程序代码，能高效完成系统设计。

本教程内容以基础知识为依托，以案例教学为特色，共分十章，穿插十七个案例、近百个小例程和九个实训内容。内容围绕制作所需的操作，详细讲解表、查询、窗体、报表及宏的创建步骤和过程。第 1 章主要介绍 Access 2013 的功能、操作界面。第 2 章为数据库基础知识，这些内容可使用到任何数据库中。第 3 章使用 1 个案例介绍创建数据表的方法，包括设置字段类型、大小、格式，输入掩码，建立主键、外键、有效性规则、查阅向导及建立表间关系。第 4 章使用 2 个案例讲解创建查询、使用操作界面设置查询条件、参数、制作交叉表、操作查询方法，并使用 30 个小例程说明 SQL 查询语句的使用。第 5 章使用 4 个案例讲解创建窗体、使用控件设计窗体界面，包括修饰控件外观、利用导航按钮完成多个窗体链接。第 6 章的案例介绍创建报表、排序、分组、计数、求和操作及插入时间和页码的方法，通过报表向导方便地制作报表界面。第 7 章用 2 个案例介绍创建、使用宏的方法和调试方法并列举了宏的常用命令及功能。第 8 章介绍数据库安全策略、安全维护、数据库的压缩、修复、数据库的导入/导出及链接功能。第 9 章不仅列举了 6 个案例讲解模块及过程创建方法，还通过 35 个小例程说明数据类型、常量、变量、表达式、VBA 的常用函数、对应事件、常用控件、VBA 程序流程控制及数组的使用规则。该章主要介绍程序设计所规定的三种基本控制结构、对象、属性、方法、事件，包括变量的作用域、VBA 编程代码设计及调试过程。与前面章节相比，本章属于 Access 数据库应用中处理和解决复杂问题的内容。它对培养学生学习语法结构、锻炼思维及应用编程能力有很好的作用。第 10 章通过 9 个实训题目，帮助学生融会贯通全书的内容。教材编写中力求通俗易懂，每章后面附有习题答案（扫描二维码)，帮助学生自我检查。学生通过学习本教程后，能够比较全面地掌握数据库管理应用技术，自己编写管理系统软件。

本教程通过数据库基本知识、案例和实训相结合的方法，不仅从实际应用上理解软件功能，还能通过上机实训高效地掌握操作 Access 2013 数据库设计、管理的方法和步骤。书中的大量实例由浅入深，利用简便的方法带领学生入门和提高，适用于计算机专业或非计算机专业的学生，是一套内容新颖、实用的应用型教程。它既适合作为高等院校数据库课程教材，也适合相关技术人员自学参考。虽然本书凝聚着作者多年的计算机教学经验和心血，但难免存在缺点和不足，敬请广大读者批评指正。

姜增如

2016 年 8 月

目　　录

第 1 章

Access 2013 使用概述

1.1 Access 2013 功能

1.1.1 走进 Access 2013

Access 2013 把数据库引擎的图形用户界面与软件开发工具结合在一起，学生和软件开发人员可以使用该软件轻松开发自动化办公应用程序。包括人才档案管理、劳动工资管理、商品销售管理、学生成绩管理等，它支持 Visual Basic 语言的各种对象，包括 DAO（Data Access Object）、ActiveX 及其他对象的 ActiveX 组件。在获取数据方面，不仅能直接链接和嵌入 Microsoft Excel 文件完成的财务报表、出入仓库表、人事档案数据库表，还可从 Access 桌面数据库、ODBC（Open DataBase Connection）数据源、文本文件和 SharePoint 列表导入数据，是一款面向对象的编程语言。

Access 2013 提供了一组功能强大、相当完善的控件工具，主要包括数据库基本框架的表、查询、可视化窗体、报表、模块及宏六大对象，具有极强的可操作性。能够同时满足初学者和专业开发人员的需要。对于初学者来说，通过向导易于使用组件中的每个数据项，创建或使用数据库解决方案，能轻松编辑、组织、访问共享信息。例如小型企业、公司部门开发人员利用它来制作处理数据的桌面系统，编写中小型数据库管理系统软件。一些专业的应用程序开发人员，可以使用 Access 2013 Web 开发表单、报告、序列和 VB（Visual Basic）的 Web 应用程序。单击“自定义 Web 应用程序”可完成在 Web 浏览器中与他人共享的一种新型数据库，生成一个完美的基于浏览器的数据库应用程序。

Access 2013 界面外观新颖、友好、易学易用，通过界面接口可直接操作数据库，是比较典型的新一代桌面数据库管理系统，与 Microsoft Windows 主题功能提供了一致的设计风格。利用它可以从头开始创建传统的桌面数据库，也可以使用模板来创建应用程序、桌面数据库及 Web 数据库。在查看相关信息方面，能依赖特定数据库对象查询向导和查询模块完成快速查找。

本书通过数据库基本知识与案例相结合，不仅可从整体上掌握软件功能，还可通过实训及每章习题加深理解，高效地掌握操作 Access 2013 数据库设计、创建表、查询设计、窗体界面设计和报表设计等步骤。

1.1.2 Access 2013 的功能

（1）创建表：可以使用“空白桌面数据库”按钮创建表，也可以使用预先设计的表模板把表快速添加到应用程序中。Access 2013 将为每个表创建视图，以显示相关表的数据，如图 1.1 所示。

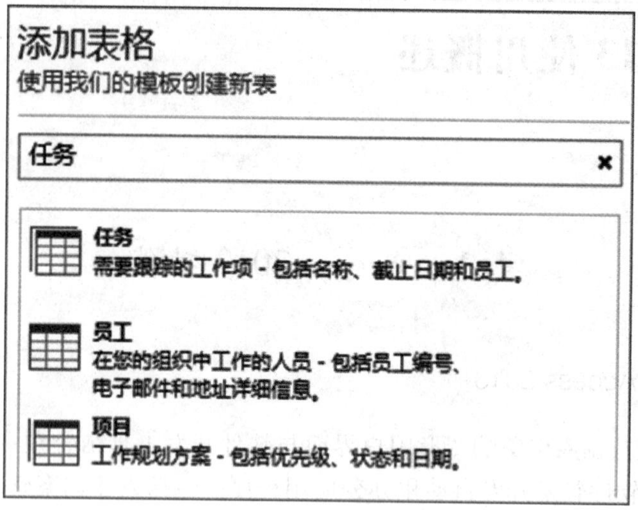

图 1.1　添加数据表应用界面

（2）面向对象：Access 2013 是一个面向对象的开发工具，利用面向对象的方式将数据库系统中的各种功能对象化，将数据库管理的各种功能封装在对象中。它将一个应用系统当作是由一系列对象组成的，对每个对象都定义一组方法和属性，以定义该对象的行为和属性，用户还可以按需要给对象扩展方法和属性。通过对象的方法、属性完成数据库的操作和管理，极大地简化了用户的开发工作。同时，这种基于面向对象的开发方式，使得开发应用程序更为简便，便于管理各种数据库对象，具有强大的数据组织、用户管理、安全检查等功能。

（3）Web 支持：支持 ODBC（Open DataBase Connectivity，开发数据库互连），利用 Access 2013 强大的 DDE（Dynamic Data Exchange，动态数据交换）和 OLE（Object Link Embed，对象的连接和嵌入）特性，可以在一个数据表中嵌入位图、声音、Excel 表格、Word 文档，还可以建立动态的数据库报表和窗体等。Access 2013 还可以将程序应用于网络，并与网络上的动态数据相连接。利用浏览器功能轻松构建 Internet/Intranet 的应用，能够利用 Web 检索和发布数据，实现与 Internet 的连接，可作为客户机/服务器系统中的客户端数据库。图 1.2 所示为 Web 应用界面。

要点提示

如果最近使用过该数据库，它就会显示在“最近使用的文档”列表中。为了使该文件永久地列在“最近使用的文档”列表中，可以右击文件名，显示一个快捷菜单，再单击“固定到列表”命令。同样，使用快捷菜单上的“从列表中删除”命令，可以将文件从“最近使用的文档”列表中删除。

（4）可直接用浏览器打开：当完成设计后，无须查找兼容性检查器或“发布”按钮，只需单击“启动应用程序”按钮，便可以激活应用程序，如图 1.3 所示。

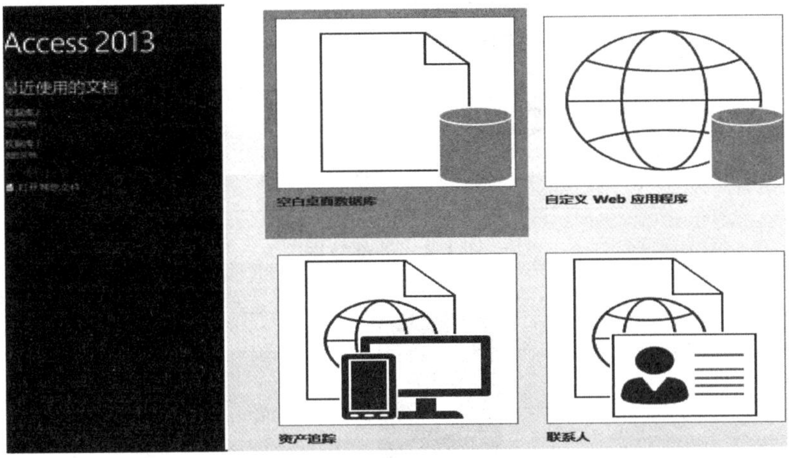

图 1.2　Web 应用界面

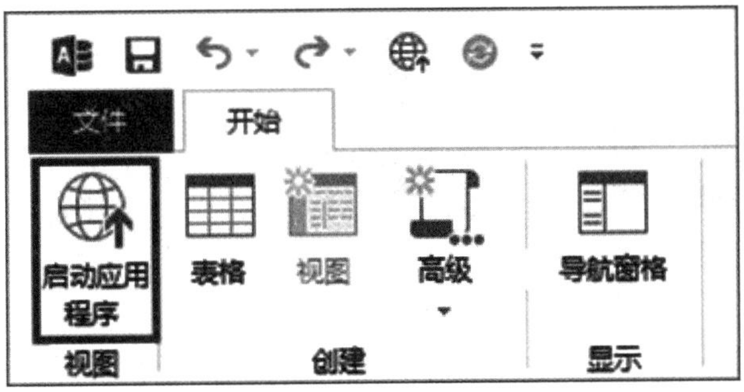

图 1.3　浏览器打开方法

要点提示

Access 2013 提供的模板有地球图标的是能通过 Web 创建数据库，使用它可在 Web 上与多人（5 人以内）共享数据库。在拥有权限情况下，即使没有 Access 时均可查看和编辑数据。创建 Web 应用程序的方法见 1.4 节。

（5）支持广泛，易于扩展：能够通过链接表的方式来打开 Excel 文件、格式化文本文件等，这样就可以利用数据库操作对其中的数据进行查询、处理。它作为 Office 套件的一部分，可以与 Office 集成，实现无缝连接。Access 2013 可以只是用来存放数据的数据库，也可以作为一个客户端开发工具来进行数据库应用系统开发；还可以通过以 Access 2013 作为前台客户端，以 SQL Server 作为后台数据库的方式开发方便易用的小型软件，也可以用来开发大型数据库应用系统，如图 1.4 所示。

（6）在云中共享保存文件：云就相当于“天上”的文件存储。当联机操作时，就可以访问云，轻松地将 Office 文件保存到自己的 SkyDrive 或组织的网站中。在这些位置，能访问和共享 Word 文档、Excel 电子表格和其他 Office 文件，甚至还可以与同事共同处理同一个文件。其方法是在程序中单击“文件”→“共享”命令，则在一个位置集中了用于与其他人共享文件的所有选项，如图 1.5 所示。

图 1.4　外部数据

图 1.5　云存储与文件共享

（7）共享会议功能：加入联机会议并共享 PowerPoint 幻灯片、Word 文档、Excel 电子表格和 OneNote 笔记。即使未安装 Office，与会者也可以通过浏览器查看这些文件。会议共享如图 1.6 所示。

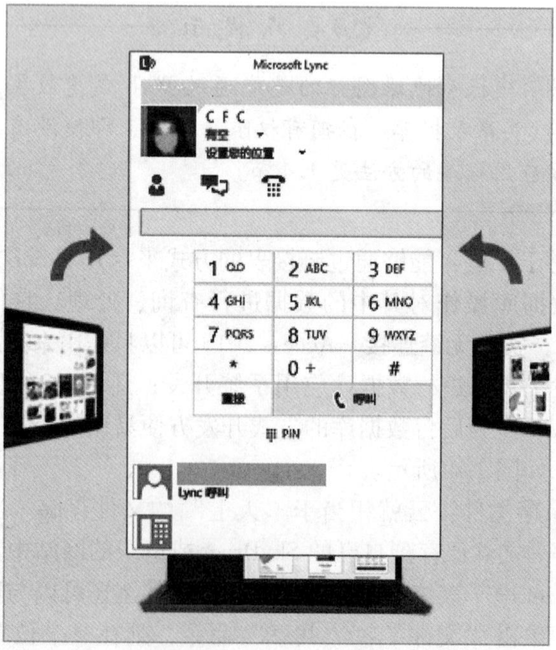

图 1.6　会议共享

1.2　Access 2013 的工作界面

Microsoft Office 2013 采用全新人性化设计 Metro（美俏）界面，简洁的界面和触摸模式完美支持包括平板电脑在内的 Windows 设备上使用触控、手写笔、鼠标或键盘进行操作的功能。在支持社交网络的同时，提供包括阅读、笔记、会议和沟通等现代应用场景，并可通过最新的云服务模式交付给用户。

1.2.1　工作界面

Access 2013 工作界面属于 Metro（美俏）的一种设计，该设计风格优雅，可令用户获取一个美观、快捷的多数据库设计应用模板。Access 2013 在未打开数据库前可以快速获取一个相关业务的模板，从“搜索联机模板”框中键入需要的模板或根据建议搜索，包括：“数据库”“业务”“Office 相关应用程序”及“项目”等，也可以从查看“最近使用的文档”中操作。此时，用户可以根据已有的设计模板快速建立数据库，包括：“资产”“联系人”“任务”“项目管理”“任务管理”“学生”等多个模板。若选择“业务”项，则在窗口右侧出现“业务”开始的分类模板，如图 1.7 所示。

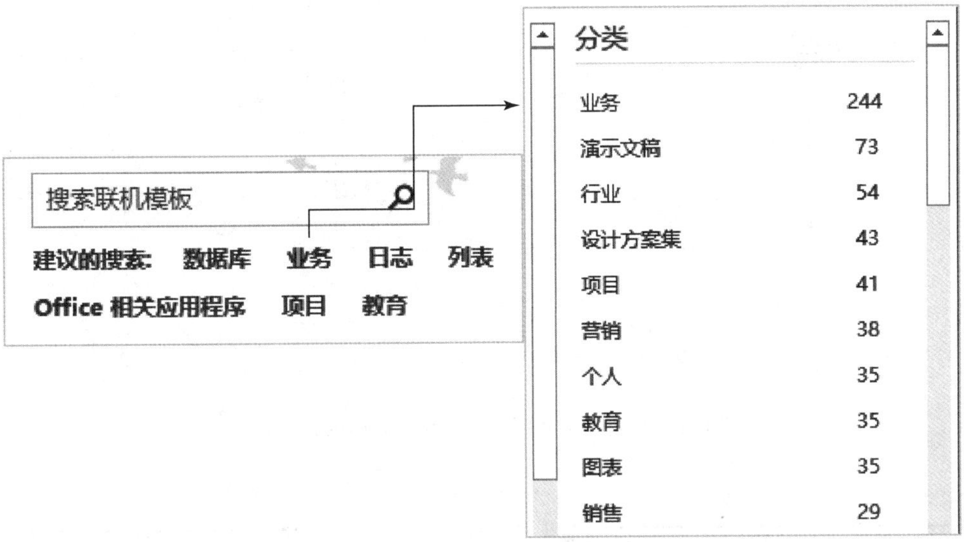

图 1.7　Access 2013 工作界面

1.2.2　数据库设计视图

使用任何模板或新建空数据库时，都将打开一个不同任务的 Access 2013 设计视图，它包括快速处理工具栏、导航窗格、操作区三个部分。若选择“学生”模板设计视图，如图 1.8 所示。

其中，在打开数据库时，该数据库中会显示一个“安全警告”栏，可以单击“安全警告”栏的“单击此处了解详细信息”链接，显示警告的详细版本和安全选项。但在本文中，只需要启用活动的内容，所以单击“启用内容”按钮，如图 1.9 所示。

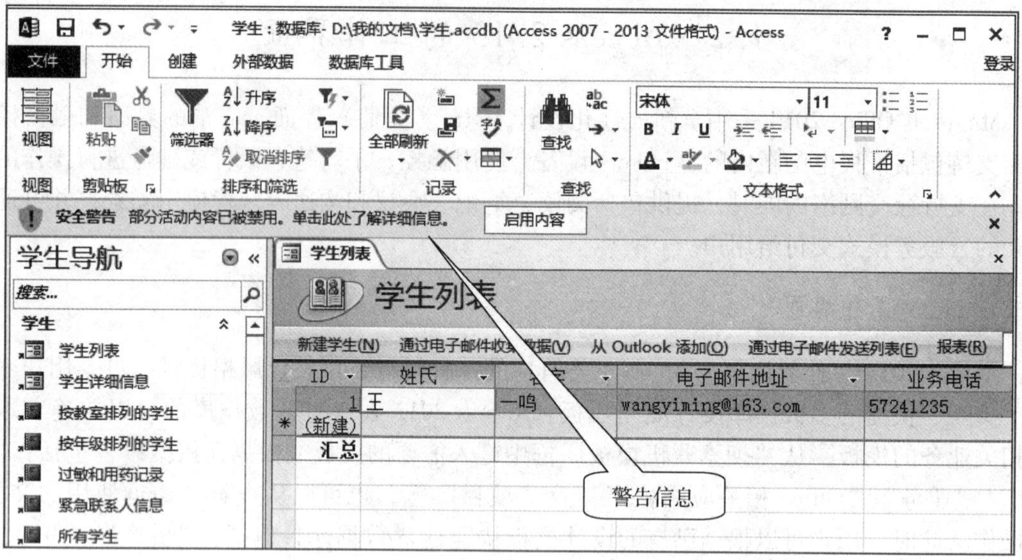

图 1.8　学生模板设计视图

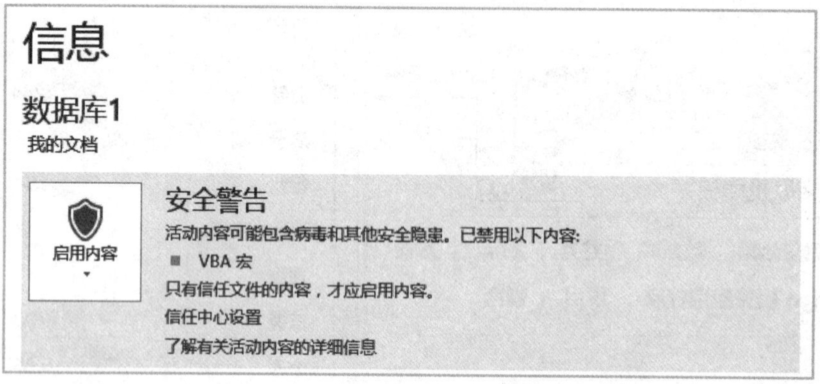

图 1.9　Access 安全警告栏中的“启用内容”信息

要点提示

- 有时应选择“单击此处了解详细信息”链接，研究可用的安全设置。
- 在 Access 2013 中，只有第一次重新打开数据库时，才会显示“安全警告”栏，之后 Access 2013 会记住用户的选择。

1.2.3　快速处理工具栏

一、工具栏组成

该工具栏由一系列命令选项卡组成。在 Access 2013 中，主要的命令选项卡包括【文件】、【开始】、【创建】、【外部数据】和【数据库工具】，每个选项卡都包含多组相关命令，这些命令组展现了相关操作。功能区中的命令涉及当前处于活动状态的对象。如果在数据表视图中选择一个表，并在“窗体”组的【创建】选项卡上单击“窗体”，则 Access 2013 打开窗体工具栏，如图 1.10 所示。

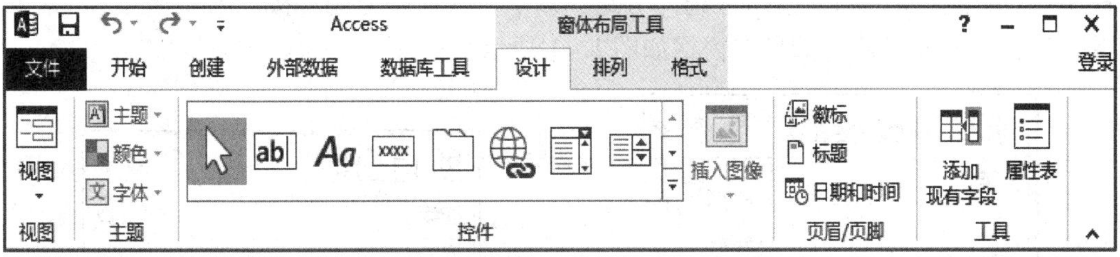

图 1.10　学生数据库文件导航操作

二、功能菜单

1. 【文件】菜单

【文件】菜单用于压缩和修复数据库、用密码进行加密和解密。

2. 【开始】菜单

【开始】菜单用于编辑文件的操作，可以进行复制、移动、粘贴，还可选择不同的视图、设置当前字体特性、设置当前字体对齐方式、使用记录（刷新、新建、保存、删除、汇总、拼写检查及更多），包括对记录进行排序和筛选及查找记录等操作。

3. 【创建】菜单

单击【创建】菜单，可以创建新表、在 SharePoint 网站上创建列表，创建查询、窗体、报表，创建宏、模块或类模块。利用“应用程序部件”按钮可按照已有的模板创建窗体。利用“模块”“类模块”和“Visual Basic”按钮可以编写 VBA 代码程序。

4. 【外部数据】菜单

单击【外部数据】菜单，可以导入或链接外部数据，发布成 PDF 文件，也可通过电子邮件收集和更新数据，创建保存的导入、导出和运行链接表等操作。

5. 【数据库工具】菜单

单击【数据库工具】菜单，可以将部分或全部数据库移至新的或现有 SharePoint 网站、运行宏、创建和查看表关系、显示/隐藏对象相关性、运行数据库文档或分析性能、将数据移至 Microsoft SQL Server 或 Access（仅限于表）数据库、管理 Access 加载项及创建或编辑 Visual Basic for Applications（VBA）模块等操作。

1.2.4　导航窗格

一、导航窗格的组成

导航窗格是用于在数据库中导航和执行任务的窗口，当打开数据库后，它默认出现在程序窗口左侧，这样打开多个对象以及在对象之间切换非常容易。它按类别和组进行组织，可以从多种组织选项中进行选择，还可以在导航窗格中创建自定义组织方案。默认情况下，新数据库使用“所有 Access 对象”类别，该类别包含对应于各种数据库对象的组，它是打开或更改数据库对象设计的主要方式。在打开数据库或创建新数据库时，数据库对象的名称将显示在导航窗格中。所有数据库对象包括表、查询、窗体、报表和模块，在导航窗格可看到所有对象。导航选项对话框能在这个集中的地方管理所有选项，可按“表和相关视图”“创建日期”“修改日期”和“按组筛选”分组，以学生数据库为例，按“对象类型”“表和相关视图”和“修改日期”的导航窗格如图 1.11 所示。

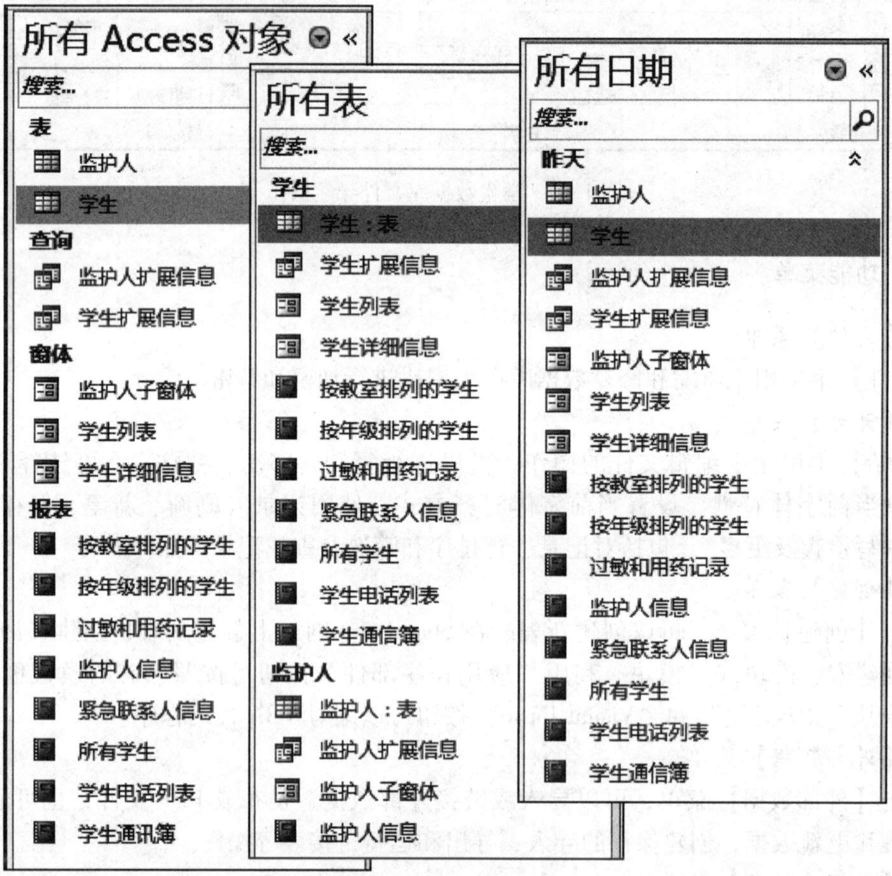

图 1.11　导航窗格视图

其中：

（1）最顶层菜单：设置或更改该窗格对数据库对象分组的类别，单击“所有 Access 对象”右侧的下拉列表，可以查看正在使用的类别，右键单击该菜单可以执行排序对象等其他任务，如图 1.11 所示。

（2）百叶窗开/关按钮：展开或折叠导航窗格。该按钮不会全部隐藏窗格。要执行该操作，必须设置全局数据库选项。

（3）搜索框：通过输入部分或全部对象名称，可在大型数据库中快速查找对象。键入时该窗格将隐藏任何不包含与搜索文本匹配对象的组，如图 1.11 所示的第 2 层。

（4）数据库对象：导航窗格将数据库对象分成多个类别，如数据库中的表、窗体、报表、查询、宏和模块。

(5) 空白：右键单击“导航窗格”底部的空白，可以执行各种任务。可以更改类别、对窗格中的项目进行排序，以及显示或隐藏每组中对象的详细信息。若选择“排序依据”，则打开排序的类别；若选择“查看方式”则可查看各个对象的详细信息，包括创建日期和修改日期，如图 1.12 所示。

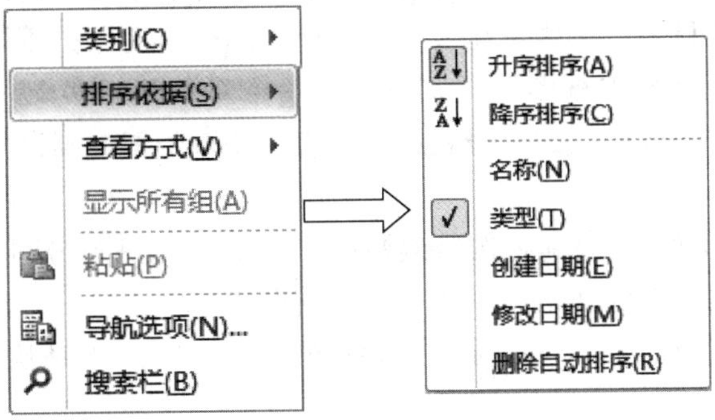

图 1.12　排序依据

(6) 导航窗格执行任务：除了常见任务外，还可在导航窗格中执行新任务，选中对象(包括：表、查询、窗体、报表)可导入、导出数据。若选中“学生表”右击，可导出 Excel 电子表格数据，如图 1.13 所示。

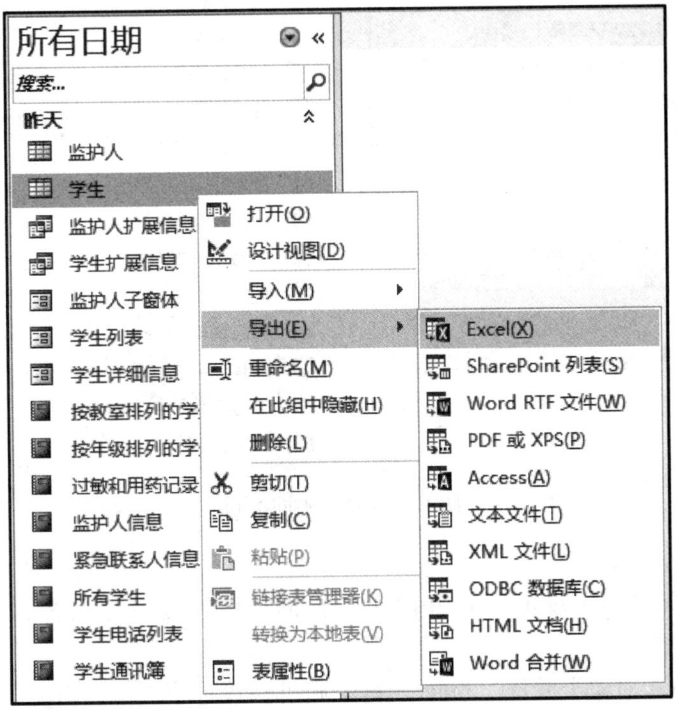

图 1.13　利用导航窗格导出数据

二、导航窗格的功能

1. 对象分组

单击顶层菜单的下拉列表，可打开菜单选择不同类别。

（1）若选择“表和相关视图”，则类别按数据库中对象相关的表进行分组。例如数据库中的两个表——服装信息表、学生信息表，则导航窗格会将对象按不同的表分组，某些对象可能会多次出现在“表和相关视图”类别中。当一个对象基于多个表时，则该对象将出现在为每个表创建的组中。例如，如果报表从两个表中获取数据，则该报表将出现在两个表创建的组中。

（2）选择“创建日期”，类别将按修改数据库中的时间进行分组；当选择不同类别时，组会随之发生更改，但是类别和组提供了一种筛选形式。

（3）若只想查看“报表”，可选择“对象类型”类别，此时从菜单组中可选择“报表”，如图 1.14 所示。

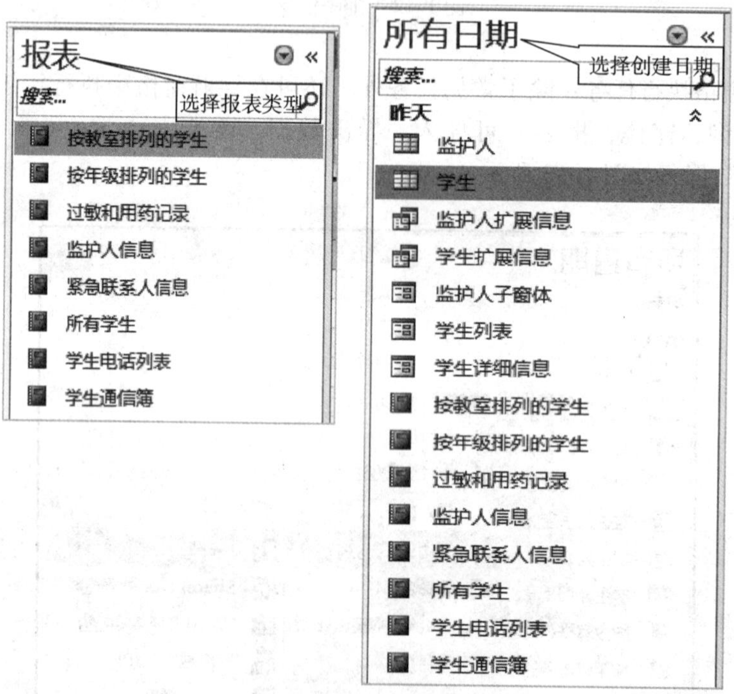

图 1.14　选择不同类别

2. 对象修改

（1）在导航窗格中，双击欲打开的表、查询、报表或其他对象，可以将对象拖至 Access 工作区进行修改。

（2）将焦点置于对象上并按“Enter”键，则可在设计视图中打开数据库对象。在导航窗格中，右键单击想更改的数据库对象，然后单击快捷菜单上的“设计视图”图标，也可将焦点置于对象上并按“Ctrl”+“Enter”键完成修改对象。

3. 导航任务快捷方式

Access 2013 对于大多数导航任务，导航窗格可以替代数据库窗口，如果使用数据库窗口来执行任务（如在设计视图中打开报表），则可以使用导航窗格或使用功能区上的命令方式。快捷方式只能存在于自定义类别和组中。导航窗格中使用两种基本类型的项目：数据库对象以及这些对象的快捷方式。当删除自定义组中某个表的快捷方式时，则不会产生任何不利影响，但是如果打开预定义的类别或组并删除了表，则可能会破坏数据库部分或全部功能。即可从自定义类别或组中删除对象，但不能从预定义类别或组中删除它们。

三、导航窗格的操作

1. 显示或隐藏导航窗格

单击导航窗格右上角的导航按钮或按 F11 键。

2. 在默认情况下禁止显示导航窗格

（1）单击【文件】选项卡，然后单击“选项”命令，将出现“Access 选项”对话框，如图 1.15 所示；

（2）在左侧窗格中，单击“当前数据库”选项；

（3）在“导航”下，清除“显示导航窗格”复选框，然后单击“确定”按钮。

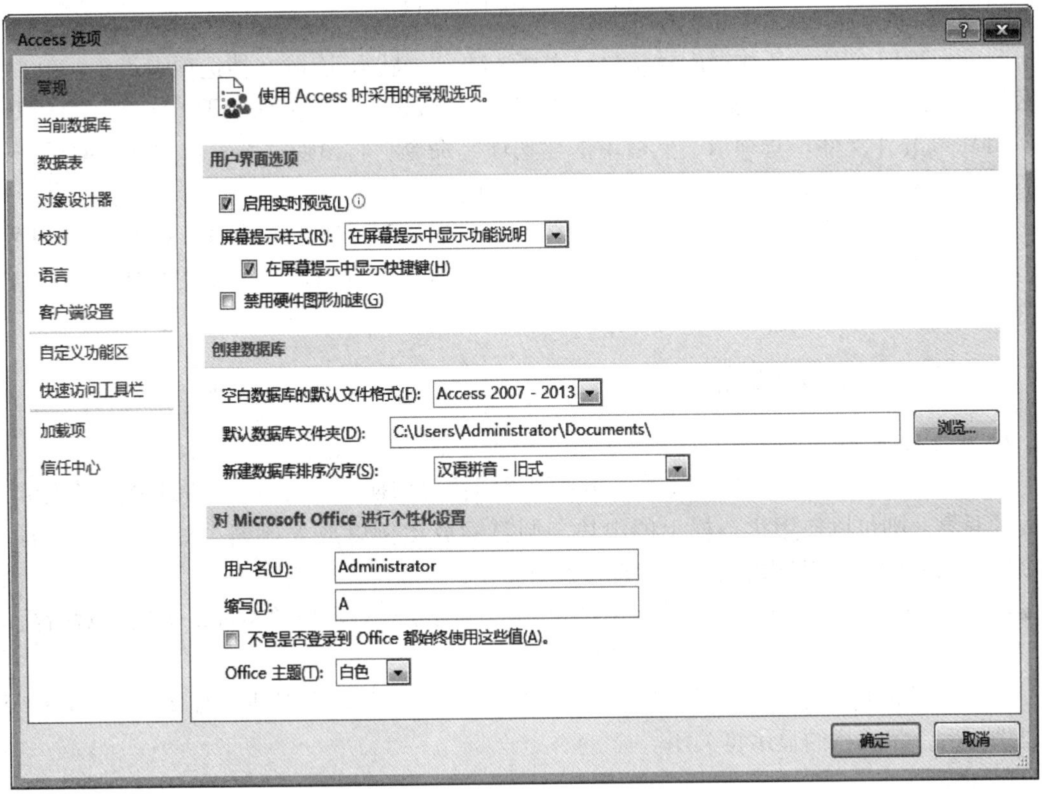

图 1.15　“Access 选项”对话框

要点提示

在导航窗格执行操作时，如果删除其中的某个对象（即使它显示为重复项），则删除的是对象本身，而且可能会破坏数据库的部分或全部功能。如果要隐藏重复对象，右键单击该对象，并单击“在此组中隐藏”命令。

导航窗格在 Web 浏览器中不可用。若要将导航窗格与 Web 数据库一起使用，必须先使用 Access 2013 打开该数据库。

3. 选项卡式文档

启动 Office Access 2013 后，可用选项卡式文档代替重叠窗口来显示数据库对象，这样可便于不同文档的切换，如图 1.16 所示。如果要更改选项卡式文档设置，则必须关闭当前数据库，再重新打开数据库，新设置才能生效。

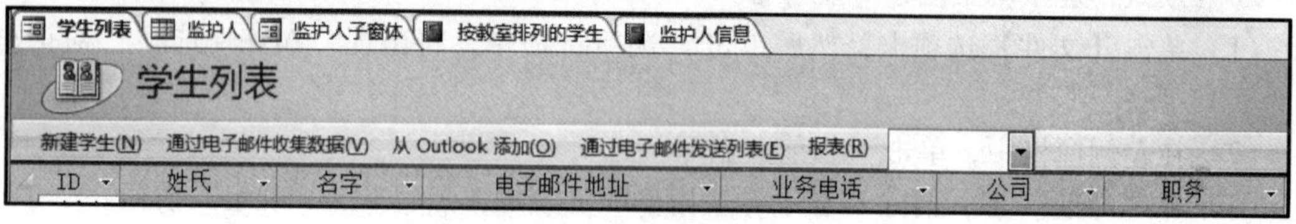

图 1.16　选项卡式文档

Access 2013 创建的新数据库默认显示文档选项卡，显示/隐藏文档选项卡设置是针对单个数据库的，必须为每个数据库单独设置此选项。隐藏选项卡的方法如下：

（1）单击【文件】选项卡，然后单击“选项”命令，将出现“Access 选项”对话框；

（2）在左侧窗格中，单击“当前数据库”选项；

（3）在“应用程序选项”部分的“文档窗口选项”下，选择“选项卡式文档”选项；

（4）选中或清除“显示文档选项卡”复选框。清除复选框后，关闭文档选项卡，最后单击“确定”按钮。

1.2.5　状态栏与帮助信息

1. 状态栏

通过状态栏上的可用控件，能在可用视图之间快速切换活动窗口。如果要查看支持可变缩放的对象，则可以使用状态栏上的滑块，调整缩放比例以放大或缩小对象，在“Access 选项”对话框中，可以启用或禁用状态栏，方法是：

（1）单击【文件】选项卡，然后单击“选项”命令，将出现“Access 选项”对话框；

（2）在左侧窗格中，单击“当前数据库”选项；

（3）在“应用程序选项”下，选中或清除“显示状态栏”复选框，如图 1.17 所示。清除复选框后，状态栏的显示将关闭。

2. 获取帮助

如有疑问，可以随时按“F1”键或单击快速处理工具栏右侧上方的问号图标来获取帮助信息，然后根据需要帮助的“主要类别”进行选择，帮助资源的列表将在工作界面视图中出现，如图 1.18 所示。

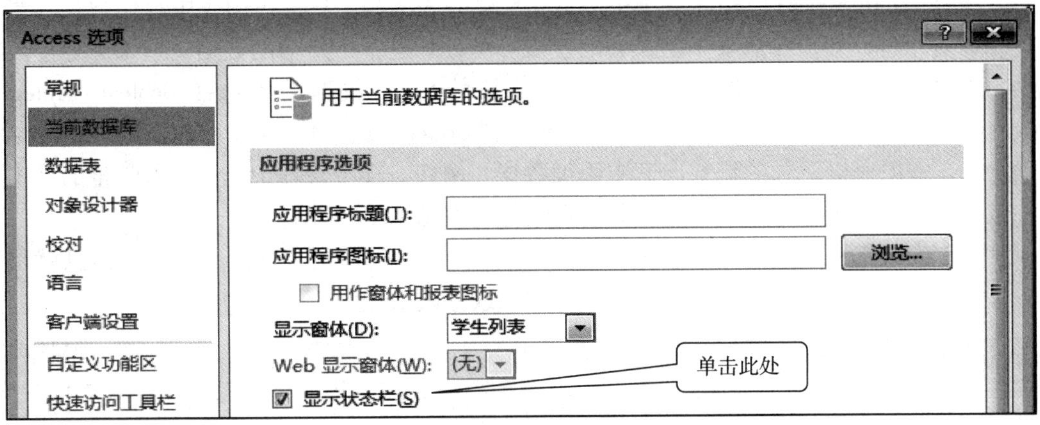

图 1.17　状态栏选项

图 1.18　“Access 帮助”对话框

1.3　Access 2013 的主体结构

Access 2013 的主体结构包括表、查询、窗体、报表、宏和模块，其中表是最主要对象。

1.3.1　表

Access 中的数据库称为关系数据库，库中的数据集合称为表。表是由行和列组成的，也称为二维表。表中每一列具有共同信息，称为“字段”或“属性”，表中每一行都描述一个独立而完整的信息，称为“记录”或“元组”。可以唯一标识一条记录的字段或字段的组合称为“主键”。在 Access 数据库系统中，首先要建立表结构，然后再向表中存储数据。当数据表添加新列时，必须在该表中定义新的字段。Access 是基于所输的数据类型来决定字段的类型（数据类型：决定字段可拥有数据的字段特征）。数据类型包括 Boolean、Integer、Long、Currency、Single、Double、Date、String 和 Variant（默认）。对于已建立的表，其结构是确定的，一般是以记录的形式向其中添加数据。例如，学生管理中，记录着学生的基本信息，包括学号、姓名、性别、出生年月、籍贯等，如图 1.19 所示。

其中，表顶部一行内容是数据表的“字段名”，也称表结构。下面每一行的信息就是记录。管理员可在这个数据库表中添加学生、删除或修改数据。

学号	姓名	性别	出生日期	籍贯	民族	政治面貌	户口性质	联系电话
2013001	吴文龙	男	1995/10/10 星期二	山东省曹县	汉族	党员	农业户口	15734818776
2013002	李英	女	1995/1/12 星期四	兴安盟扎赉特	蒙古族	团员	非农业户口	13789708925
2013003	陈艳文	女	1996/12/1 星期日	兴安盟扎赉特	汉族	团员	非农业户口	18847058116
2013004	毕亚楠	女	1996/2/1 星期四	黑龙江省依安	汉族	群众	非农业户口	13644702809
2013005	赵闯	男	1994/12/23 星期五	兴安盟突泉县	汉族	团员	非农业户口	18747028854
2013006	乔雅茹	女	1996/2/10 星期六	阿荣旗	达斡尔族	群众	非农业户口	13947091550
2013007	杜雪梅	女	1995/6/2 星期五	黑龙江明水县	汉族	团员	农业户口	15104876956
2013008	佳雪	女	1995/4/12 星期三	莫力达瓦达斡	达斡尔族	群众	非农业户口	15540095968
2013009	张思哲	男	1995/3/21 星期二	黑龙江省拜泉	汉族	党员	非农业户口	13500604349
2013010	王瑞	女	1995/5/26 星期五	黑龙江省拜泉	汉族	团员	农业户口	13694705742
2013011	苏芳	女	1995/7/18 星期二	黑龙江省富裕	达斡尔族	团员	农业户口	13948099253
2013012	敖子怡	女	1995/8/20 星期日	兴安盟扎赉特	达斡尔族	团员	非农业户口	04708815723
2013013	赵祥林	男	1994/10/1 星期六	兴安盟扎赉特	蒙古族	群众	非农业户口	15847020869

图 1.19　学生基本情况数据库表

1.3.2　查询

查询用于在一个或多个表内查找某些特定的数据，完成数据的检索、定位和计算供用户查看。查询是 Access 2013 数据库中的一种重要对象，它是按照一定的条件或准则从一个或多个数据表中映射出的虚拟视图。在 Access 2013 中分以下五类查询：

（1）选择查询：找到符合特定准则的数据信息，也可以对数据表进行统计，如求和、计数、求平均值等。它是最常用的查询类型。

（2）参数查询：通过用户输入不同的查询条件参数，显示相对应的查询结果。

（3）交叉查询：显示表中某个字段的汇总值（汇总、均方差、求平均值等），交叉表查询使得汇总数据更容易。例如：使用学生信息表查询男女生人数如图 1.20 所示。

班号	总计 学号	<>	男	女
	1	1		
2013101	16		6	10
2013102	9		3	6
2013103	8		4	4

图 1.20　学生表交叉查询

（4）操作查询：对数据表进行追加、生成、删除、替换等功能的查询类型。

（5）SQL 查询：使用结构查询语言 SQL 进行查询，以查询视图的形式进行显示。

1.3.3　窗体

窗体是应用程序和用户之间的接口界面，是创建数据库应用系统最基本的对象。窗体为用户查看和编辑数据库中的数据提供了一种友好的交互式界面。用户通过窗体来实现数据维护、控制应用程序流程等人机交互的功能。使用窗体可以完成向表中输入数据，控制数据输出、显示等操作，也可打开其他窗体或报表，创建自定义对话框。窗体中的大部分信息来自基本表或查询，其他信息如标题、日期和时间、页码、图片等均可在窗体设计中实现。

Access 2013 提供了多种创建窗体的方式，主要有：利用窗体向导生成窗体、利用“窗体”工具创建窗体、在设计视图中利用控件的图形化对象手工生成窗体。用户可以使用各种图形化的工具和向导快速地制作出用来操作和显示的数据窗体。例如：利用学生基本信息表查询制作的学生基本情况窗体如图 1.21 所示。

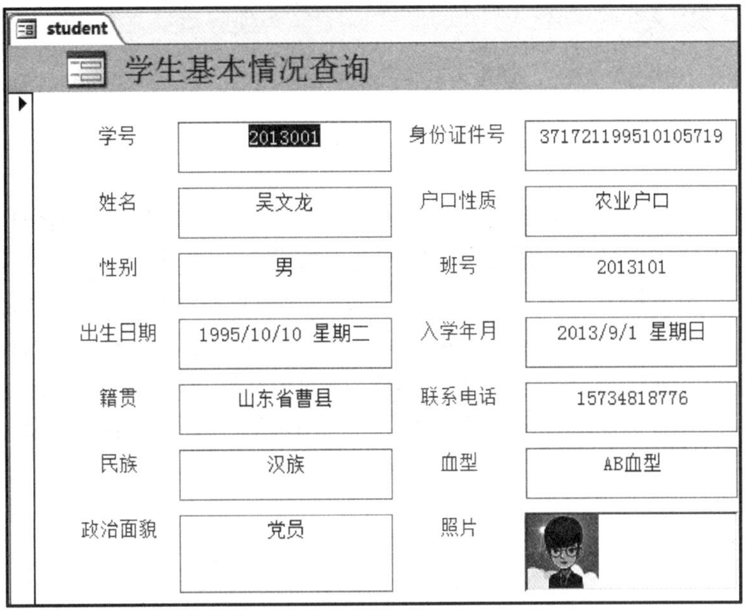

图 1.21　学生基本情况窗体视图

1.3.4　报表

报表是以打印格式显示用户数据的一种有效方式。用户可以将一个或多个表和查询中的数据以一定的格式制作成报表，还可以将数据处理的结果或各种图表插入到报表中，用户可以在报表设计视图窗口中控制每个对象的大小和显示方式，对报表对象的各项内容进行设计和修改，按照用户所需的方式完成打印工作。与窗体类似，报表的其他信息可在设计报表工具栏中实现。

Access 2013 提供了四种创建报表的方式：一是自动生成报表；二是利用报表向导；三是利用“空报表”；四是报表设计。其中第三种是自行拖动表字段数据，利用控件手工生成适合自己需要的报表。此外，使用改进的条件格式和计算工具，能够创建内容丰富且具有视觉影响力的动态报表。Access 2013 报表支持数据条，从而可以更轻松地跟踪趋势和深入了解情况。例如：利用查询女生情况的视图报表如图 1.22 所示。

女生查询　2016年6月25日 星期六　下午 10:41:54

学号	姓名	性别	出生日期	籍贯	民族	政治面貌	户口性质	班号	入学年月	联系电话	血型	照片
2013002	李英	女	1995/1/12 星期四	兴安盟扎赉特旗	蒙古族	团员	非农业户口	2013101	2013/9/1 星期日	13789708925	O血型	
2013003	陈艳文	女	1996/12/1 星期日	兴安盟扎赉特旗	汉族	团员	非农业户口	2013101	2013/9/1 星期日	18847058116	O血型	
2013004	毕亚楠	女	1996/2/1 星期四	黑龙江省依安县	汉族	群众	非农业户口	2013101	2013/9/1 星期日	13644702809	A血型	
2013006	乔雅茹	女	1996/2/10 星期六	阿荣旗	达斡尔族	群众	非农业户口	2013101	2013/9/1 星期日	13947091550	A血型	
2013007	杜雪梅	女	1995/6/2 星期五	黑龙江明水县	汉族	团员	农业户口	2013101	2013/9/1 星期日	15104876956	O血型	
2013008	佳雪	女	1995/4/12 星期三	莫力达瓦达斡尔族自治旗	达斡尔族	群众	非农业户口	2013101	2013/9/1 星期日	15540095968	O血型	

图 1.22　女生信息报表视图

1.3.5　宏

宏是一种为实现较复杂功能而建立的可定制对象，它实际上是一系列操作的集合，其中每个操作都能实现特定的功能，帮助用户实现各种操作，使系统成为一个良好运行的软件。例如，打开窗体、生成报表、保存修改等。Access 2013 具有功能更强大的宏设计器和数据宏，使用该设计器可以轻松地创建、编辑和自动处理数据库逻辑，减少编码错误，并轻松地整合更复杂的逻辑以创建功能强大的应用程序。通过使用数据宏将逻辑附加到数据中来增加代码的可维护性，从而实现源表逻辑的集中化。利用宏制作打开学生注册窗体运行的结果如图 1.23 所示。

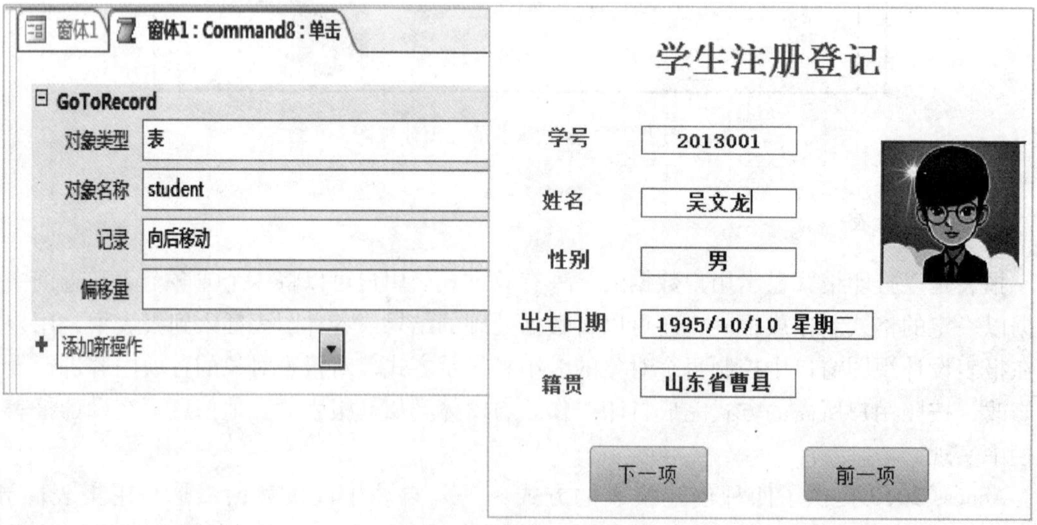

图 1.23　利用宏制作打开学生注册窗体运行的结果

1.3.6　模块

模块是 Access 数据库中最复杂也是功能最强大的一种对象，它由 Visual Basic 编制的过程和函数组成。模块提供了更加独立的动作流程，并且允许捕捉错误。在 Access 中，一个模块相对于一组相关功能的集合。使用其内置的 Visual Basic for Application(VBA) 编制各种对象的属性、方法，以实现细致的操作和复杂的控制功能。例如：利用模块制作输入框和输出框过程代码如图 1.24 所示。

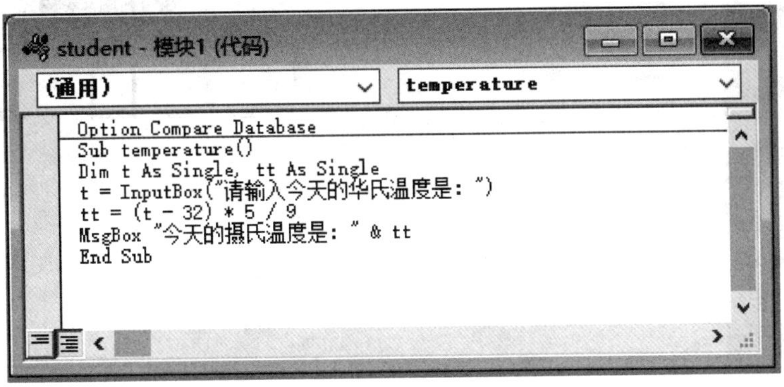

图 1.24　利用模块制作输入框和输出框过程代码

模块的执行结果如图 1.25 所示。

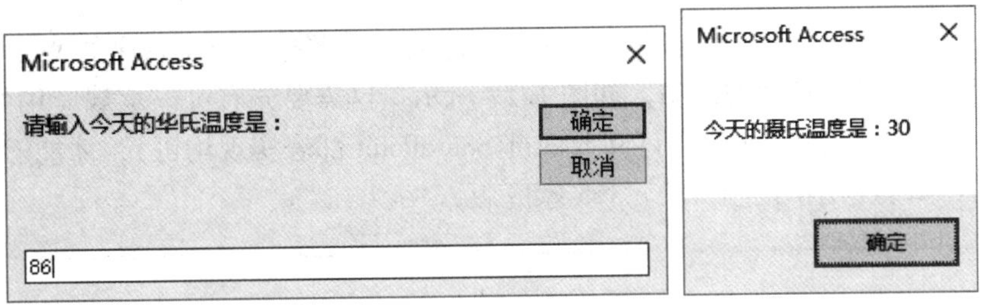

图 1.25　利用模块制作的输入输出结果

1.4　数据库与共享

1.4.1　OneDrive

OneDrive 是微软提供的一个软件，它将 Office 与 OneDrive 结合，能与同事共享或远程协同编辑文档，用户可以在线创建、编辑和共享文档，而且可以和本地的文档编辑进行任意的切换，本地编辑能在线保存或在线编辑本地保存。OneDrive 自动可将设备中的图片上传到云端保存，用于提高工作效率。此外，它提供了 Windows、Mac、iOS、Android、WP 等多平台的客户端和网页版，用户的文件可在各种不同设备上自动同步。在 Access 2013 主界面上，单击“打开其他文件”按钮，选择“打开”下的“OneDrive”，如图 1.26 所示，可以利用“OneDrive”功能在任何位置使用你的文件或与他人共享数据库文件。

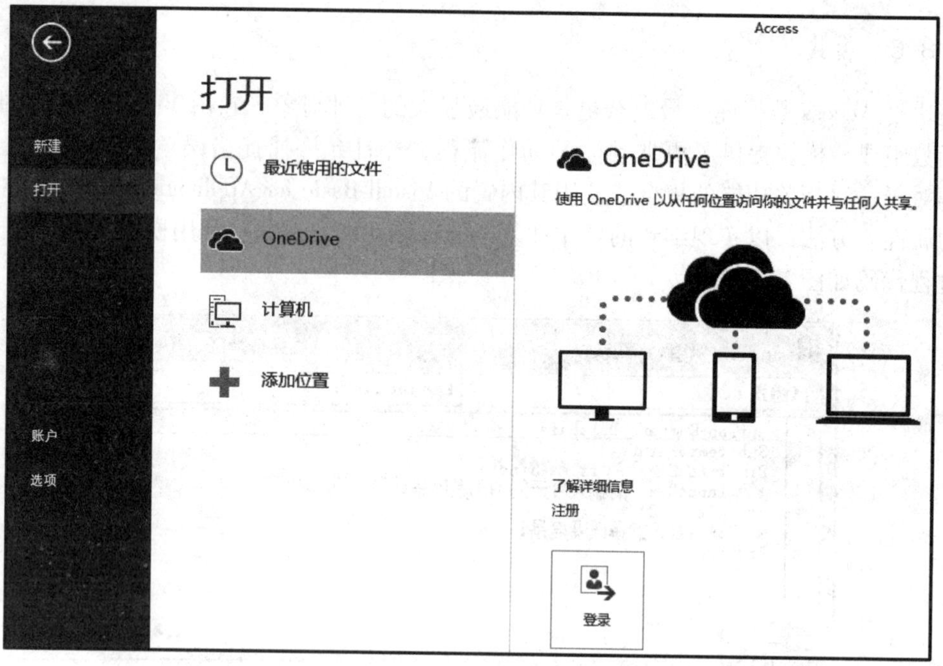

图 1.26　利用 OneDrive 共享

1.4.2　文件 Web 共享

当从 Access 2013 启动屏幕创建 Web 应用程序时，需要选择应用程序的 Web 位置，这是用户使用应用程序时将转到的网站，如图 1.27 所示。这需要先有可以承载应用的 SharePoint 网站（通过包含网站的 Office 365 订阅或内部 SharePoint 部署实现均可），才能够创建 Access Web 应用（Access 应用不使用 Office 365 家庭版）。

图 1.27　利用 Web 应用

(1) 自定义 Web 应用程序：登录到 Office 365 网站，在“可用位置”列表和“Web 位置”框将显示其中正在创建的应用程序。若选择名称或 URL 中包含“personal”位置，则该应用程序对 Office 365 网站的其他成员不可用。若选择“团队网站”位置，则该应用程序将对使用该网站的其他用户可用。

(2) 创建账户：在页面中单击“登录”按钮，没有账号的用户可以单击“注册”按钮注册一个 Microsoft OneDrive 账号，如图 1.28 所示。

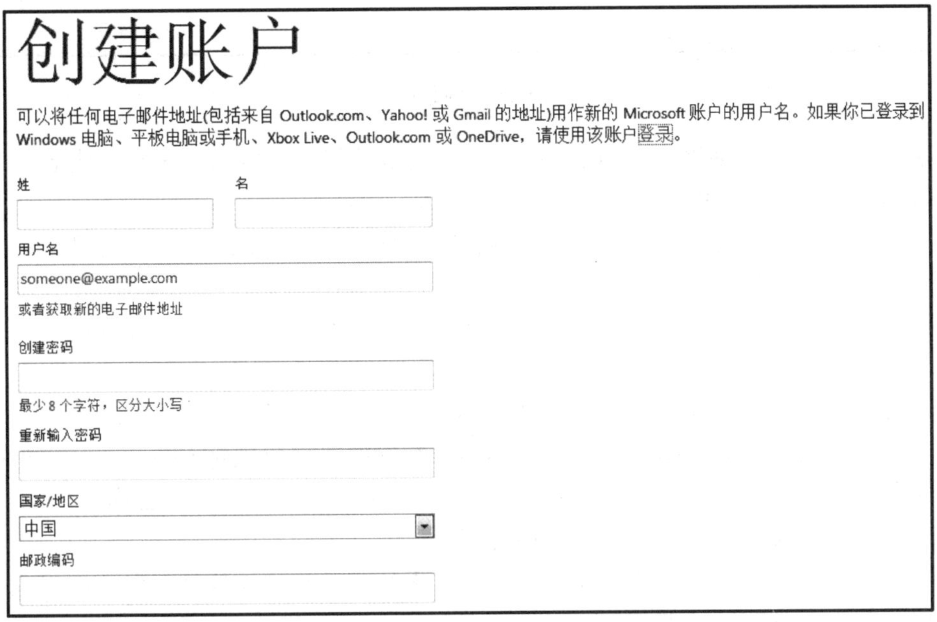

图 1.28　用户注册

(3) 登录：在文本框中输入 Microsoft OneDrive 的邮箱账号，并输入密码，然后单击“登录”按钮，登录 Microsoft OneDrive，如图 1.29 所示。

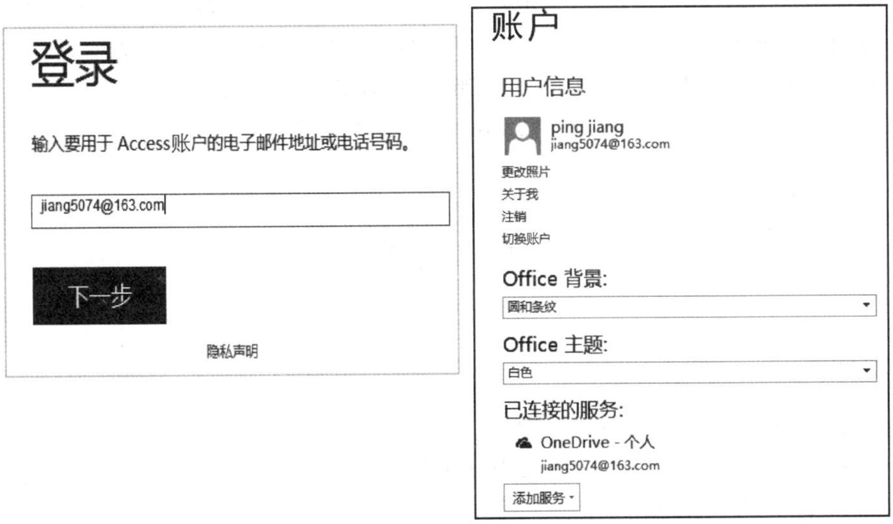

图 1.29　用户登录

登录成功后，显示注册时的用户信息，如图 1.30 所示。

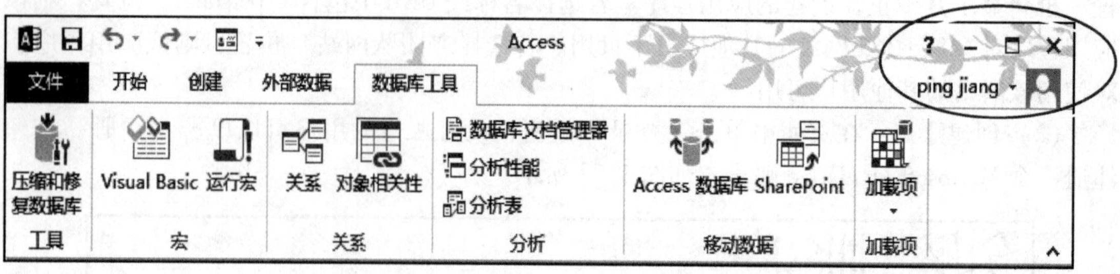

图 1.30　网络用户

（4）此时打开在线编辑，Microsoft OneDrive 会自动保存在网页上编辑的内容（也可新建并编写 Word、Excel、PPT 等文档），并可与多人共享。

（5）在拥有权限时均可查看和编辑数据，即使没有 Access 也不例外，从任何位置和多个不同设备处访问数据。

（6）在 Web 共享情况下，不需要使用 VBA 编程及使用更新或交叉表查询高级数据库功能。

（7）使用 Access 2013 启动屏幕创建 Web 应用程序时，需要选择应用程序的 Web 位置，此时用户使用应用程序建立时将转到 Web 网站。数据的存储位置将 Office 365 与 SharePoint Online 结合使用，数据存储在 Microsoft Azure SQL 数据库中。若使用自己内部的 SharePoint Server 2013 部署，则数据存储在 SQL Server 内部。

（8）要输入和查看数据，只需 Web 浏览器，无须其他客户端软件。但要创建或修改应用程序时，需要 Access 2013 环境。

本章小结

本章重点讲述了 Access 2013 的工作界面、主题结构、建立的数据库对象。通过工作界面、模板界面的展示及学生管理案例，学生在初步掌握 Access 2013 的基本功能，了解表、查询、窗体、报表、宏和模块的功能后，了解 Web 数据库的应用。

通过本章学习，学生能基本掌握 Access 2013 的基本概念、基本功能、工作界面和基本结构。

本章练习

一、问答题

1. 简单叙述 Access 2013 的功能特点。
2. Access 2013 用户界面的三个主要组件是什么？
3. Access 2013 的主体结构包括哪几个对象？
4. 数据库关系表的特点是什么？

5. 窗体和报表的区别是什么？

二、选择题

1. Access 2013 的主体对象不包括（　　）。
A. 表　　B. 查询　　C. 关系模型　　D. 窗体
2. 打开 Access 2013 数据库时，应打开扩展名为（　　）的文件。
A. mda　　B. mdb　　C. accdb　　D. DBF
3. 常见的数据库软件系统不包括（　　）。
A. Access　　B. SQL　　C. Oracle　　D. DBMS
4. 在关系数据库中，显著的特征是（　　）。
A. 关系　　B. 二维表　　C. 有层次　　D. 有结构
5. 查询的结果是（　　）。
A. 关系　　B. 二维表　　C. 有层次　　D. 有结构

练习参考答案

第 2 章

数据库基础知识

数据库（DataBase）是计算机应用系统中一种专门管理数据资源的系统，数据库可将数据量大、类型多和结构复杂的数据按照一定的次序排列并加以组织与管理，使之为不同的程序和用户所共享。同时，易于对数据进行存储、检索、分类、统计等操作，使得程序与数据相对独立，易于编写如人事档案管理、财务管理、仓库管理等程序，简化了编程及数据维护。由于数据库技术的出现，不仅降低了数据处理成本，提高了效率，而且增强了数据处理的可靠性。数据库技术正得到愈来愈广泛的应用，也推动了计算机的普及和发展。

使用数据库带来的诸多好处包括：减少了数据的冗余度，大大地节省了数据的存储空间；实现数据资源的充分共享且修改程序时不必修改数据库。Access 2013 数据库管理系统具有操作直观、使用灵活、编程方便的特点，适合中、小型数据库管理。

2.1 数据库基础

2.1.1 有关数据库的术语

1. 数据

数据是信息的符号表示，能用计算机存储及处理，通常包括数值、文字、声音、图像视频、动画类型等。

2. 数据处理

对数据进行各种处理，如添加、删除、统计、计算、检索等操作。数据处理经过了人工处理、计算机文件处理、计算机数据库处理的三个发展阶段。

3. 数据模型

数据和数据间的相互关系，构成数据模型。它有层次、网状和关系三种模型，不同的数据库是按不同的数据结构来联系和组织的。

4. 数据结构

所谓数据结构是指数据的组织形式或数据之间的联系。

5. 数据库

数据的集合，能被各类用户所共享，数据冗余低、数据之间有紧密联系并可通过数据库管理系统进行访问。库中数据以表的形式保存，也可以将其发布到网络上，以便其他用户通过 Web 浏览器来共享数据库。

6. 数据库管理系统

数据库管理系统，即对数据库进行管理的软件。一般具有建立数据库、编辑、修改、增删、检索、排序、统计等操作数据库的功能；同时还要具有友好的交互输入、输出，方便、高效管理数据库。通过多种编程语言允许多个用户同时访问数据库，并提供数据的独立性、安全性和完整性等保障措施。

7. 数据库系统

指计算机系统中引进了数据库后的系统。通常可视为由人（用户、数据库管理员）、软硬件设备、数据库和数据库管理系统等组成的一个信息处理系统。数据库系统的核心是数据库管理系统。

2.1.2　数据管理的发展

数据管理的发展历史可以分为以下四个阶段。

一、第一个阶段——人工管理

人工管理阶段（20 世纪 50 年代中期以前）的特点如下：

1. 数据不能共享

不同的程序均有各自的数据，这些数据对不同的程序通常是不相同的，不可共享；即使不同的程序使用了相同的一组数据，这些数据也不能共享，程序中仍然不能省略这组数据。基于这种数据的不可共享性，必然导致程序与程序之间存在大量的冗余数据，浪费了存储空间。

2. 数据与程序不具有独立性

基于数据与程序是一个整体，数据只为本程序所使用，即一组数据对应一组程序，如图 2.1 所示。

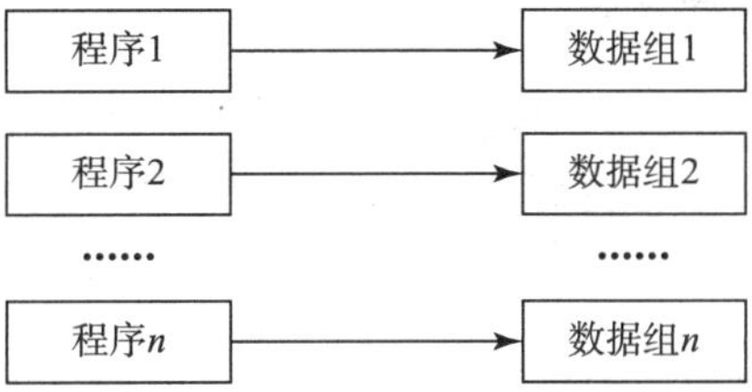

图 2.1　第一阶段数据管理

二、第二个阶段——文件管理

在这一阶段（20 世纪 50 年代后期至 60 年代中期）计算机不仅用于科学计算，还用于信息管理方面。操作系统中的文件系统是专门管理外存的数据管理软件，文件是操作系统管理的重要资源之一。数据处理方式有批处理，也有联机实时处理。此阶段特点如下：

1. 存储方式

数据以“文件”形式可长期保存在外部存储器的磁盘上。可以对文件进行大量的查询、修改和插入等操作。

2. 独立性

程序与数据之间具有“设备独立性”，即程序只需用文件名就可与数据进行连接，不必关心数据的物理位置。由操作系统的文件系统提供存取方法（读/写）。

3. 文件类型

文件组织中有索引文件、链接文件和直接存取文件等。但文件之间相互独立、缺乏联系。数据之间的联系要通过程序去构造。数据不再属于某个特定的程序，可以重复使用，由于文件结构的设计仍然是基于特定的用途，程序基于特定的物理结构和存取方法，因此程序与数据结构之间的依赖关系并未根本改变。由于同一个数据项可能重复出现在多个文件中，没有形成数据共享，又不易统一修改，容易造成数据的不一致。这样造成文件之间缺乏联系，存在大量冗余。

4. 文件与程序的对应关系

对数据的操作以记录为单位。由于文件中只存储数据，不存储文件记录的结构描述信息，文件的建立、存取、查询、插入、删除、修改等所有操作都需要用程序来实现。数据冗余造成每个应用程序都有对应的文件，有可能同样的数据在多个文件中重复存储。第二阶段数据管理如图 2.2 所示。

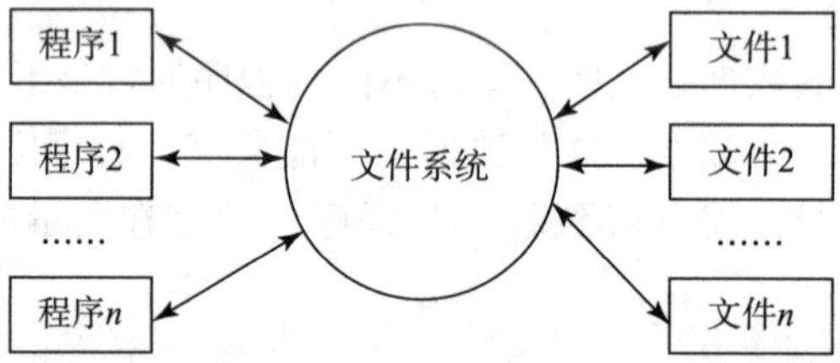

图 2.2　第二阶段数据管理

三、第三个阶段——数据库管理

该阶段（20 世纪 60 年代后期），数据管理技术进入数据库系统阶段。数据库系统克服了文件系统的缺陷，提供了对数据更高级及更有效的管理。数据库系统阶段的数据管理具有以下特点：

1. 数据库共享

数据库系统采用数据模型表示复杂的数据结构。数据模型不仅描述数据本身的特征，还要描述数据之间的联系，这种联系通过存取路径实现。此时数据面向整个应用系统。数据冗余明显减少，实现了数据共享。

2. 数据独立性

数据库系统有较高的数据独立性。数据库的结构分成用户的局部逻辑结构、数据库的整体逻辑结构和物理结构三级。具有高度的物理独立性和逻辑独立性，应用程序与外存中的数据之间由数据库管理系统实现。

3. 提供了方便数据接口

数据库系统为用户提供了方便的用户接口。用户可以使用查询语言或终端命令操作数据库，也可以用多种程序语言访问操作数据库。

4. 提供了安全性

数据库系统提供了数据的四种控制功能，包括并发控制、数据库恢复、数据完整性和数据安全控制。其中，并发控制能避免并发程序之间互相干扰，防止数据库被破坏，避免提供给用户不正确的数据；数据库的恢复，在数据库被破坏或数据不可靠时，系统有能力把数据库恢复到最近某时刻的正确状态；数据库的完整性能保护数据库始终包含正确的数据；数据安全控制保证数据的安全，防止数据丢失或被窃取、破坏。

5. 减少了数据冗余

数据管理增加了系统的灵活性。对数据的操作不一定以记录为单位，可以以数据项为单位。该阶段对多应用程序数据共享，减少数据冗余，为数据与应用程序独立提供了条件。第三阶段数据库管理结构如图 2.3 所示。

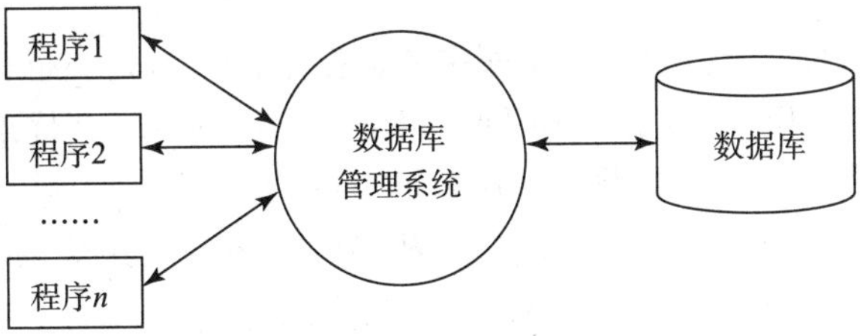

图 2.3　第三阶段数据库管理

四、第四个阶段——分布式数据库系统与面向对象数据库系统

该阶段（20 世纪 70 年代后期至今）广泛使用分布式数据库系统，它的显著特征是与网络技术紧密结合，用户使用 Internet 即可访问多个数据库。其主要特点如下：

1. 分布式存储

合理分布数据在系统的相关结点上，实现结点共享，逻辑上属于同一系统，但在物理结构上是分布式的，因此用户不需关心数据的分布，由若干个结点集合而成，在通信网络中连接在一起，每个结点都是一个独立的数据库系统，都拥有各自的数据库、中央处理机、终端以及各自的局部数据库管理系统。

2. 减少开发成本

客户机通过浏览器即可访问远程数据库，不需录入和安装专门的数据库软件，这样大大降低了应用程序发布和维护的开销。

3. 便于远程操作

能方便使用网页技术，开发远程登录的数据库管理信息系统，且支持跨平台操作。其结构如图 2.4 所示。

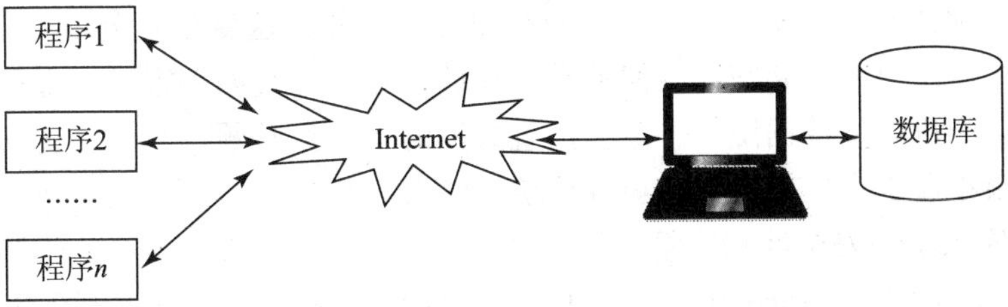

图 2.4　第四阶段数据库管理

面向对象数据库系统：是数据库技术与面向对象程序设计技术的结合。

优点：它克服了传统数据库的局限性，能够自然地存储复杂的数据对象及它们之间的复杂关系，大幅提高了数据库管理效率，降低了用户使用的复杂性。

2.1.3 数据库系统的特点

1. 数据的结构化

数据结构化是指同一数据库中的数据文件是有联系的，且在整体上服从一定的结构形式。

2. 数据共享

共享是数据库系统的重要特点。一个库中的数据不仅可为同一企业或机构之内的各个部门所共享，也可为不同单位、地域甚至不同国家的用户所共享。其优点是：

（1）系统现有用户或程序可以共同享用数据库中的数据。

（2）当系统需要扩充时，再开发的新用户或新程序还可以共享原有的数据资源。

（3）多用户或多程序可以在同一时刻共同使用同一数据。

（4）数据的独立性。在文件系统中，数据结构和应用程序相互依赖，一方的改变总是要影响另一方的改变。数据库系统则力求减小这种相互依赖，实现数据的独立性。数据库中的数据独立性可以分为两级：

①数据的物理独立性（Physical Data Independence）：数据的物理独立性是指应用程序对数据存储结构的依赖程度。数据物理独立性高是指当数据的物理结构发生变化时，应用程序不需要修改也可以正常工作。

②数据的逻辑独立性（Logical Data Independence）：数据库中的数据逻辑结构分全局逻辑结构和局部逻辑结构两种：

- 数据全局逻辑结构是指全系统总体的数据逻辑结构，它是按全系统使用的数据、数据的属性及数据联系来组织的。
- 数据局部逻辑结构是指具有一个用户或程序使用数据的逻辑结构，它是根据用户自己对数据的需求进行组织的。

数据的逻辑独立性是指应用程序对数据全局逻辑结构的依赖程度。

数据逻辑独立性高是指当数据库系统的数据全局逻辑结构改变时，它们对应的应用程序不需要改变仍可以正常运行。

数据库系统之所以具有较高的数据逻辑独立性，是由于它能够提供数据的全局逻辑结构和局部逻辑结构之间的映像和转换功能。

（5）数据冗余度小。数据库中的数据有少量相互重复，这就是冗余。

①数据量小可以节约存储空间，使数据的存储、管理和查询都容易实现。

②数据冗余小可以使数据统一，避免产生数据的不一致问题。

③数据冗余小便于数据维护，避免数据统计错误。

（6）数据库系统的安全性和完整性的控制。

①数据的安全性控制（Security Control）是指保护数据库，以防止不合法的使用造成的数据泄漏、破坏和更改。数据安全受到破坏是指非授权用户对数据的读取、添加、修改、删除操作。

②数据的完整性控制（Integrity Control）是指为保证数据的正确性、有效性和相容性，防止不符合语义的数据输入或输出所采用的控制机制。数据库系统的完整性控制不仅包括提供数据完整性定义的方法及完整性条件，还包括提供检验数据完整性的功能，在数据输入和输出时，系统应自动检查其是否符合已定义的完整性条件，以避免错误的数据进入到数据库或从数据库中流出，造成不良后果。因此，数据完整性的高低是决定数据库中数据的可靠程度和可信程度的重要因素。此外，数据库的数据控制机制还包括数据的并发控制和数据恢复两项内容。数据的并发控制是指排除由于数据共享，即用户并行使用数据库中的数据时，所造成的数据不完整和系统运行错误问题。数据恢复是通过记录数据库运行的日志文件和定期做数据备份工作，保证数据在受到破坏时，能够及时使数据库恢复到正确状态。

数据的结构化、数据的共享性、数据的独立性及数据存储冗余度小，为数据管理提供了友好的接口。

2.1.4　数据库系统的组成

数据库系统一般由数据库、数据库管理系统（DataBase Management System，DBMS）、应用系统、数据库管理员和用户构成，如图 2.5 所示。DBMS 是数据库系统的基础和核心。

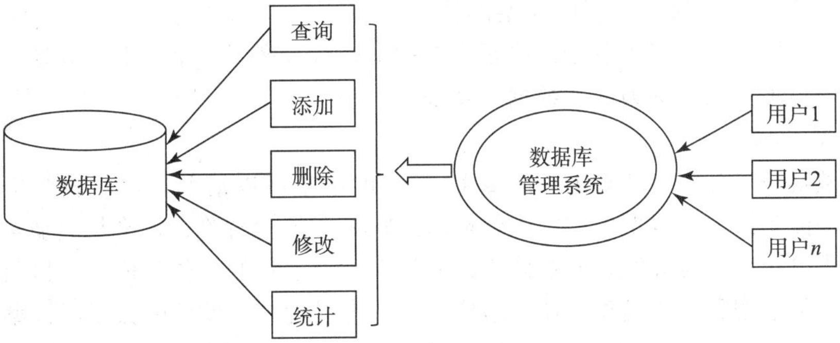

图 2.5　数据库系统组成

2.2　数据模型及组成要素

2.2.1　数据模型

数据库的数据结构形式，叫数据模型，它是对数据库如何组织的一种模型化表示。数据模型表示的是数据库框架，它是以一定数据结构方式表示各种信息的联系，数据库模型描述了在数据库中结构化的方法，它分层次、网状和关系三种。

1. 层次结构模型

层次结构模型实质上是一种有根结点的定向有序树，因此也称树形结构。该模型的实际存储数据由链接指针来体现联系。特点：有且仅有一个结点无父结点，此结点即为根结点；其他结点有且仅有一个父结点。适合用表示一对多的关系。例如高等学校的组织结构图，校长办公室就是树根（称为根结点），各学院、研究所为枝点（称为结点），树根与枝点之间的联系称为边，树根与边之比为 1∶N，即树根只有一个，树枝有 N 个。这种数据结构模型结构如图 2.6 所示。

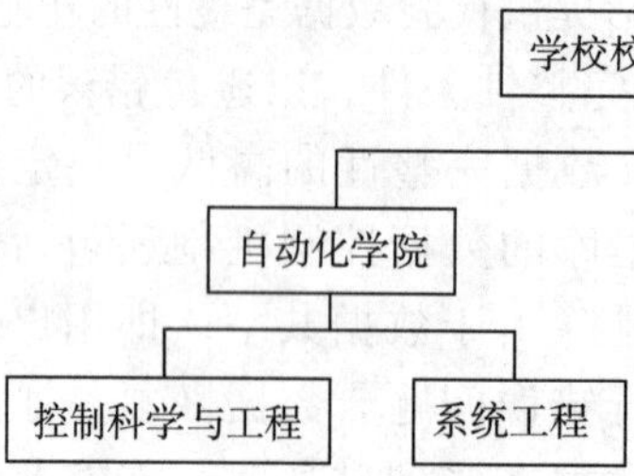

图 2.6　层次模型视图

2. 网状结构模型

项目与零件之间的 M∶N 关系用两个 1∶N 实现，即 S_1 表示项目与组成之间的 1∶N 关系，S_2 表示零件与组成之间的 1∶N 关系。供应商与零件之间的 M∶N 关系同样用两个 1∶N 关系 S_3 和 S_4 实现，如图 2.7 所示。组成结点与供应结点均有两个双亲，网状模型的特点是可以有一个以上的结点无双亲，或至少有一个结点有多于一个以上的双亲。按照网状数据结构建立的数据库系统称为网状数据库系统。

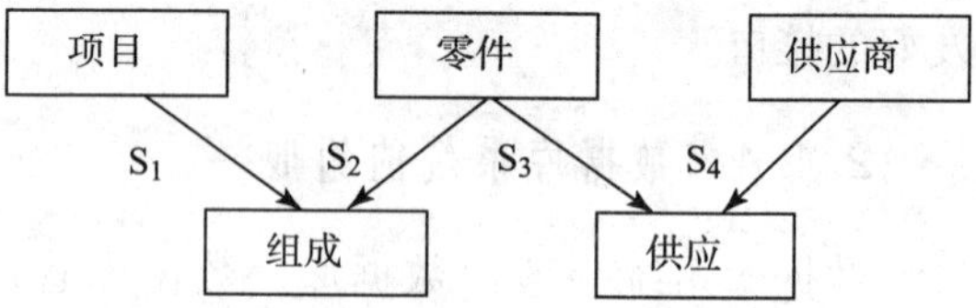

图 2.7　网状模型视图

3. 关系型数据库

关系模型就是二维表。如第 1 章图 1.19 所示的学生基本情况数据库表。关系型数据库系统的基本特征是按关系数据模型组织数据库，它具有结构简单、理论基础坚实、数据独立性高并提供非过程性语言等优点而被认为是有很大发展前景的一种数据库，目前已经得到了广泛的应用。关系型数据库是现今使用最广泛、最容易理解和使用的数据库模型。大多数的企业级系统数据库都采用关系型数据库，例如常用的数据库开发管理软件 SQL、Oracle、SYBASE 及 Access 均属于关系型数据库。所谓关系可以理解为一张二维表，每个关系都具有一个关系名，就是通常说的表名，表具有元组、属性、域、关键字（或称主键）。这个关系可用关系模式来描述，如表 2.1 所示。

表 2.1　二维表关系模式

学号	姓名	性别	出生年月	专业
090100201	吴云芳	女	10/02/91	国际贸易
090100202	张民力	男	11/15/90	工业设计
090100203	王勇	男	08/12/91	工业设计
090100204	刘春霞	女	06/26/91	国际贸易
090100205	商丹丹	女	05/23/89	工商管理
090100206	赵初年	男	01/29/90	工商管理

其中：

（1）元组：为二维表中的一行，在数据库中也称为记录。

（2）属性：为二维表中的一列，在数据库中也被称为字段。

（3）域：属性的取值范围，也就是数据库中某一列的取值限制。

（4）关键字：一组可以唯一标识元组的属性。数据库中常称为主键，由一个或多个列组成。

（5）关系模式：指对关系的描述，其格式为：关系名（属性 1，属性 2，……，属性 N）。在数据库中通常称之为表结构。

2.2.2 数据模型三要素

1. 数据结构

数据结构是计算机存储、组织数据的方式。数据结构是指相互之间存在一种或多种特定关系的数据元素集合。它指同一类数据元素中，各元素之间的相互关系。不同的数据模型具有不同的数据结构形式。例如关系模型，数据库中全部数据及其相互联系都被组织成关系即二维表格的形式，因此关系模型只有一种数据结构——关系。

2. 数据操作

数据模型提供一组完备的关系运算，支持对数据库的各种操作，可以用关系代数和关系演算两种方式来表示，它们是相互等价的，如用关系代数来表示关系的操作，有传统的关系运算：交、差、并和专门的关系运算：选择、投影、连接，即在关系数据库的基本操作中，从表中取出满足条件的元组的操作称为选择；把两个关系中相同属性值的元组连接在一起形成新的二维表的操作称为连接；从表中抽取某些属性的操作称为投影；数据更新包括插入、删除、修改。其中传统集合运算结果为：

（1）并：两个相同结构关系的并是由两个关系的元组组成的集合，并运算要求两个关系属性的性质必须一致且并运算的结果要消除重复的元组。

记为：R（元组）∪S(元组)

（2）差：指两个相同结构关系中的记录属于第一个关系而不属于第二个关系，或者属于第二个关系而不属于第一个关系。

只属于 R 而不属于 S，记为：R－S

不属于 R 只属于 S，记为：S－R

（3）交：两个相同结构关系中公共记录的集合。

记为：R（元组）∩S(元组)

例 1：已知下列关系 R、S 具有相同结构属性，并且相应的属性取值来自同一个域，R∪S、R－S、S－R、R∩S 运算结果如图 2.8 所示。

（4）选择、投影和连接。

例 2：若存在学生和成绩两个表：

- 从学生表中选出入学成绩大于 500 分的学生称为选择，如图 2.9 所示。
- 从学生表中选出学号和姓名字段称为投影，如图 2.10 所示。
- 将学生表和成绩表按照学号连接成一个表称为连接，如图 2.11 所示。

R

学号	姓名	性别	入学成绩
2001001	王发喜	男	566
2001003	李东亚	女	477
2001004	张哈尼	女	425

S

学号	姓名	性别	入学成绩
2001002	刘芳	女	601
2001003	李东亚	女	477
2001005	胡德钦	男	495

R∪S

学号	姓名	性别	入学成绩
2001001	王发喜	男	566
2001003	李东亚	女	477
2001004	张哈尼	女	425
2001002	刘芳	女	601
2001005	胡德钦	男	495

R－S

学号	姓名	性别	入学成绩
2001001	王发喜	男	566
2001004	张哈尼	女	425

S－R

学号	姓名	性别	入学成绩
2001002	刘芳	女	601
2001005	胡德钦	男	495

R∩S

学号	姓名	性别	入学成绩
2001003	李东亚	女	477

图 2.8　R∪S、R－S、S－R、R∩S 运算结果

学号	姓名	性别	入学成绩
2001001	王发喜	男	566
2001003	李东亚	女	477
2001004	张哈尼	女	425

→

学号	姓名	性别	入学成绩
2001001	王发喜	男	566

图 2.9　选择关系模式

学号	姓名	性别	入学成绩
2001001	王发喜	男	566
2001003	李东亚	女	477
2001004	张哈尼	女	425

→

学号	姓名
2001001	王发喜
2001003	李东亚
2001004	张哈尼

图 2.10　投影关系模式

学号	姓名	性别	入学成绩	英语成绩	数学成绩
2001001	王发喜	男	566	76	88
2001003	李东亚	女	477	69	75
2001004	张哈尼	女	425	67	80

图 2.11　连接关系模式

3. 完整性规则

数据完整性（Data Integrity）是指数据的精确性（Accuracy）和可靠性（Reliability）。它是防止数据库中存在不符合语义规定的数据和防止因错误信息的输入输出造成无效操作或错误信息的一种约束。数据完整性分为：实体完整性（Entity Integrity）、参照完整性（Referential Integrity）、用户自定义的完整性（User-defined Integrity）。其中：

（1）实体完整性：指表中行的完整性。要求表中的所有行都有唯一的标识符，称为主关键字。主关键字是否可以修改，或整个列是否可以被删除，取决于主关键字与其他表之间要求的完整性。

对于实体完整性，有如下规则：

①实体完整性规则针对基本关系。一个基本关系表通常对应一个实体集。例如，学生关系对应学生集合。

②现实世界中的实体是可以区分的，它们具有一种唯一性质的标识。例如，学生的学号、教师的职工号等。

（2）参照完整性：是指两个表的主关键字和外关键字的数据应一致，保证了表之间的数据的一致性，防止了数据丢失或无意义的数据在数据库中扩散。

（3）用户自定义的完整性：不同关系数据库系统根据其应用环境的不同，往往还需要一些特殊的约束条件。用户定义的完整性即是针对某个特定关系数据库的约束条件，它反映某一具体应用必须满足的语义要求。

4. 三个世界

计算机信息管理的对象是现实生活中的客观事物，但这些事物是无法直接送入计算机的，必须进一步整理和归类，进行信息的规范化，然后才能将规范信息数据化并送入计算机的数据库中保存起来。

这一过程经历了三个领域——现实世界、信息世界和数据世界。

（1）现实世界：存在于人脑之外的客观世界，包括事物及事物之间的联系。这种联系是客观存在的，是由事物本身的性质决定的。

（2）信息世界：也称概念世界，是现实世界在人们头脑中的反映，也是对客观事物及其联系的一种抽象描述。从现实世界到概念世界是通过概念模型来表达的。如对学生的描述可分为学号、姓名、班级、籍贯、性别等概念。

（3）数据世界：将信息世界中的实体进行数据化，事物及事物之间的联系用数据模型来描述，存入计算机系统的数据是将概念世界中的事物数据化的结果。

实现数据库管理是三个世界的转化过程，概念模型和数据模型是现实世界数据化的桥梁，是对现实世界中事物进行抽象的工具。

三个世界术语对照如表2.2所示。

表 2.2　三个世界术语对照表

现实世界	信息世界	数据世界（在关系模型理论中）	在关系数据库中
事物类	实体集	关系	表
事物	实体	元组	记录
性质	属性	属性	字段

例 3：现实世界中：学生借阅图书。

在信息世界中将抽象为学生和书籍两个实体集，两个实体集间的关系为“借阅”。用关系模型表示为学生、书籍和借阅三个关系。

在 Access 2013 中建立学生、书籍和借阅三个数据库表，先为学生和借阅两个表建立关系，再为书籍和借阅两个表建立关系。这样，就完成了从现实世界到数据世界的转换。三个世界的转化过程如图 2.12 所示。

图 2.12　三个世界的转化过程

2.3　概念模型

2.3.1　概念模型的术语表示

最常用的描述概念模型的方法，称为实体 - 关系方法（Entity-Relationship Approach），简称 E - R 方法。概念模型的相关概念如下：

（1）实体（Entity）：实体可以是存在的物体，客观存在并相互区别的事物及其事物之间的联系。例如，一个学生、一门课程、学生的一次选课、一次考试等都是实体。

（2）属性（Attribute）：实体所具有的某一特性。例如，学生的学号、姓名、性别、出生年份、系、入学时间等。

（3）主键（码）（Key）：唯一标示实体的属性集。例如，学号是学生实体的主键。

（4）域（Domain）：域是一组具有相同数据类型的值的集合。像整数、实数、介于某个取值范围的整数，例如，年龄的域为 35 至 45 之间；指定长度的字符串集合如：{‘男’，‘女’}。

（5）实体型（Entity Type）：用实体名及其属性名集合来抽象和刻画同类实体，称为实体型。例如，学生（学号，姓名，性别，出生年份，系，入学时间）就是一个实体型。

（6）实体集（Entity Set）：同型实体的集合称为实体集。如全体学生就是一个实体集。

（7）关系（Relationship）：实体与实体之间以及实体与组成它的各属性间的关系。

2.3.2　实体之间的关系

1. 一对一关系（1∶1）

在一对一关系中，A 表中的一行最多只能匹配 B 表中的一行，反之亦然。如果相关列都是主键或都具有唯一约束，则可以创建一对一关系。

例 4：一个班长只能负责一个班级，而一个班级只能指向一个班长，则班长与班级之间具有一对一关系，如图 2.13 所示。

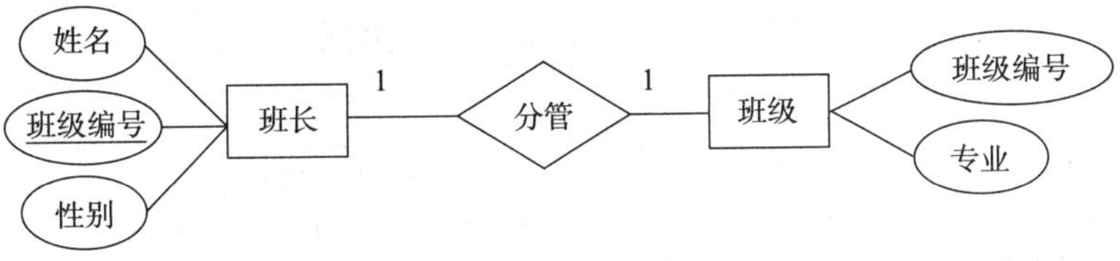

图 2.13　一对一关系 E－R 图

2. 一对多关系（1∶*N*）

一对多关系中，A 表中的一行可以匹配 B 表中的多行，但是 B 表中的一行只能匹配 A 表中的一行。例如，student 表和 score 表之间具有一对多关系：每个学生有多个成绩，但一个成绩只能出自一个学生。只有当一个相关列是一个主键或具有唯一约束时，才能创建一对多关系。

例 5：一个班级中有若干名学生，而每个学生只在一个班级中学习，则班级与学生之间具有一对多关系，如图 2.14 所示。

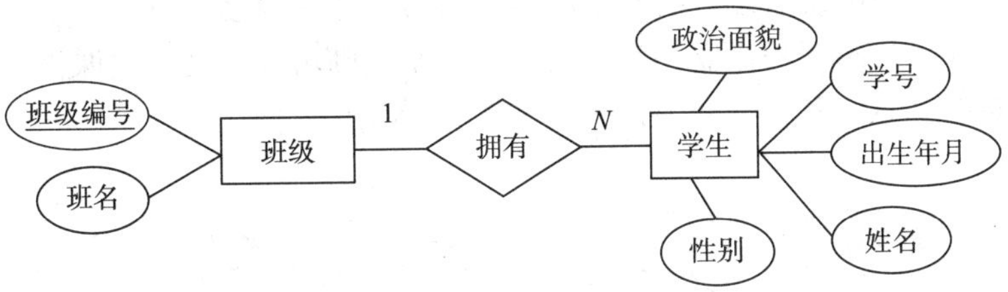

图 2.14　一对多关系 E－R 图

3. 多对多关系（*M*∶*N*）

在多对多关系中，A 表中的一行可以匹配 B 表中的多行，反之亦然。要创建这种关系，需要定义第三个表，称为结合表，它的主键由 A 表和 B 表的外部键组成。

例 6：设计一个图书馆借阅数据库，在“图书馆信息系统”中，“图书”是一个实体，“读者”也是一个实体。这两个实体之间的关系，是一个典型的多对多关系：一本图书在不同时间可以被多个读者借阅，一个读者又可以借多本图书，如图 2.15 所示。

一门课程同时有若干个学生选修，而一个学生可以同时选修多门课程，则课程与学生之间具有多对多关系。

例 7：简单的学生数据库有学生表、课程表 2 个实体，学生成绩表作为一个关系表，学生表和课程表通过成绩表建立关系，即：通过学生表与课程表是多对多关系，一个学生可选多门课程，一门课程可以被多个学生选择；学生表的学号与成绩表的学号建立一对多关系，课程表的课程号与成绩表的课程号建立一对多关系，形成的关系图如图 2.16 所示。

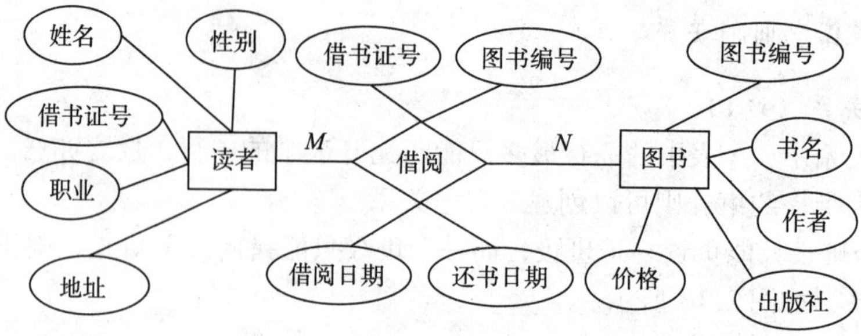

图 2.15　图书数据库表 E－R 图

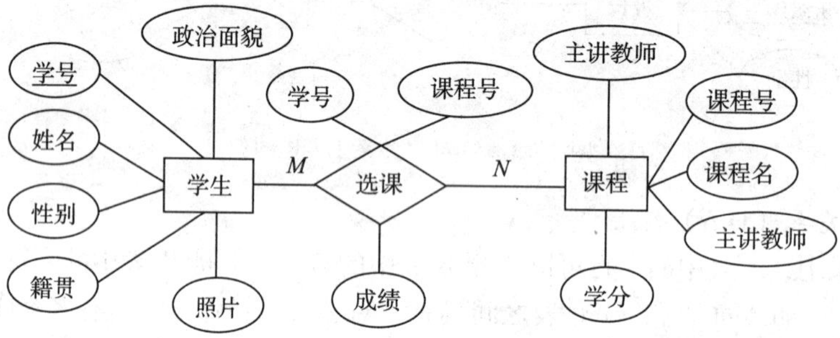

图 2.16　学生与课程 E－R 图

例 8：在例 7 的基础上，添加班级、专业和教师实体表，表示出更多的关系。一个班级有多个学生，通过班级的班级编号与学生的班级编号建立一对多关系。一个专业需要开设多门课程，通过专业代号与课程建立一对多关系；一个教师可以讲授多门课程，通过教师编号和课程建立一对多关系，其完整的关系图如图 2.17 所示。

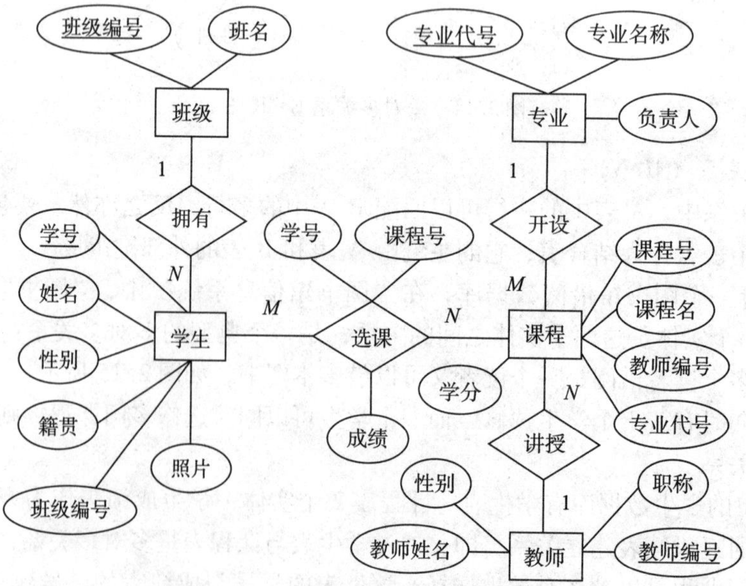

图 2.17　学生数据库表 E－R 图

2.4　关系数据库基本理论

2.4.1　关系模型的优缺点

一、关系模型

关系模型由五部分组成，即它是一个五元组：

R(U，D，DOM，F)

其中，

R：关系名；

U：组成该关系的属性名集合；

D：属性组 U 中属性所来自的域；

DOM：属性向域的映像集合；

F：属性间数据的依赖关系集合。

二、关系模型的优点

（1）建立在严格数学概念基础上，有严格的设计理论；概念单一、结构简单直观、易理解、语言表达简练。

（2）描述一致，实体和联系都用关系描述，查询操作结果也是一个关系，保证了数据操作语言的一致性。

（3）利用公共属性连接，实体间的联系容易实现。

（4）由于存取路径对用户透明，数据独立性更高，安全保密性更好。

三、关系模型的缺点

（1）查询效率不高，速度慢，需要进行查询优化。

（2）采用静态数据模型。

2.4.2　关系的性质

（1）关系中不允许出现完全相同的元组或记录。因为数学上集合中没有相同的元素，而关系是元组的集合，所以作为集合元素的元组应该是唯一的。

（2）关系中元组的顺序可以任意交换。因此，可改变元组使其具有某种排序，按照顺序查询数据，以提高查询速度。

（3）关系中属性的顺序也可任意交换。交换时应连同属性名一起交换，否则将得到不同的关系。

（4）关系中各个属性必须有不同的名字，同一属性名下的各个值必须来自同一个域，即是同一类型的数据。

（5）关系中每一字段必须是不可分的数据项，它是一个确定的值，而不是值的集合。

2.4.3 数据依赖

一、数据依赖的概念

数据依赖是通过一个关系中属性间值的相等与否体现出来的数据间的相互关系，它是数据库模式设计的关键。

定义：设有一关系模式 $R(A_1, A_2, \cdots, A_n)$，X 和 Y 均为 $(A_1, A_2, \cdots, A_n)$ 的子集，对于 R 的值 r 来说，当其中任意两个元组 u，v 中对应于 X 的那些属性分量的值均相等时，则有 u，v 中对应于 Y 的那些属性分量的值也相等，称 X 函数决定 Y，或 Y 依赖于 X，记为 X -> Y。

数据依赖体现在：

- 一个关系内部属性与属性之间的约束关系；
- 现实世界属性间相互联系的抽象；
- 数据内在的性质；
- 语义的体现。

例 9：有关系模式，学生（学号，姓名，系名），子集 X（学号），子集 Y（系名）。每个学生有唯一的一个学号，学生中可以有重名的姓名，每个学生只能属于一个系，每个系有唯一的系代号。由此，可以找出学生关系模式中存在下列函数依赖：学号 -> 姓名；学号 -> 专业。

例 10：有关系模式，学院（学号，系名，专业主任，课程号，成绩，学分）。可写出函数依赖：

学号 -> 专业；专业 -> 专业主任；（学号，课程号）-> 学分。

二、函数依赖的分类

函数依赖可分为完全函数依赖、部分函数依赖和传递函数依赖。

1. 完全函数依赖

定义：在 R(U) 中，如果 X -> Y，对于 X 的任意一个真子集 X′，都有 X′不能决定 Y，则称 Y 对 X 完全函数依赖，记为 XY。

例 11：若存在关系模式，学生（学号，姓名，课程号，成绩，学分），可写出函数依赖：学号 -> 姓名，（学号，课程号）-> 学分。两个函数依赖都是完全依赖。

2. 部分函数依赖

定义：在 R(U) 中，如果 X -> Y，但 Y 不完全函数依赖于 X，则称 Y 对 X 部分函数依赖。

3. 传递函数依赖

定义：在 R(U) 中，当且仅当 X -> Y，Y -> Z 时，称 Z 对 X 传递函数依赖。

例 12：描述学生的学号、班级、辅导员的关系 U（学号，班级，辅导员）。一个班有若干学生，一个学生只属于一个班，一个班只有一个辅导员，但一个辅导员负责几个班。根据现实世界可得到一组函数依赖：

F = {学号 -> 班级，班级 -> 辅导员}

学生学号决定了所在班级，所在班级决定了辅导员，所以辅导员传递函数依赖于学生学号。

此外，数据依赖还包括多值依赖和连接依赖两种形式。

关系模型存在的问题是：

- 数据冗余太大；
- 更新异常（Update Anomalies）；
- 插入异常（Insertion Anomalies）；
- 删除异常（Deletion Anomalies）。

关系“好”的模式应该不会发生插入异常、删除异常、更新异常，且数据冗余应尽可能少。产生冗余的原因是由于存在模式中的某些数据依赖，解决方法就是通过分解关系模式来消除其中不合适的数据依赖。

2.4.4　关系模式与模式分解

一、关系模式

（1）通过 E－R 模型转化。

（2）一个应用中所有属性构成的一个单独关系（泛关系的设计）。

（3）一些特殊关系设计的结果。

关系数据库中，关系模式是型，关系是值。关系模式是对关系的描述，它的一般表示为：关系名（属性 1，属性 2，……，属性 n）。

例 13：如图 2.15 所示图书数据库中的关系模式有：

图书（图书编号，书名，作者，出版社，价格）

读者（借书证号，姓名，性别，职业，地址）

由于关系模型有严格的数学理论基础，常把关系模型作为关系数据库的规范化理论来讨论关系模式的冗余和异常问题。如何评价关系模式的优良及将不好的关系模式转化成好的关系模式是模式分解的基础。

例 14：一个学生学习数据库的关系模式为：

S_C_G（学号，姓名，年龄，专业，课程号，课程名，主讲教师，学分）

该模式存在的问题可通过表 2.3 所示实例说明。

表 2.3　学生数据库表

学号	姓名	年龄	专业	课程号	课程名	主讲教师	学分
09201005	刘烨明	19	信息管理	C1011	计算机基础	王闵	3
09201005	刘烨明	19	信息管理	C1020	管理信息系统	刘应柯	2
09201036	张平东	18	计算机技术	C1102	C#程序设计	赵鸣迪	3
09201051	孟凡	17	通信工程	C1021	计算机网络技术	江方舟	3
09201051	孟凡	17	通信工程	C1022	自动控制理论	李笑华	4
09201052	黄昆力	20	计算机技术	C1030	计算方法	赵鸣迪	3
09201052	黄昆力	20	计算机技术	C1051	操作系统	江方舟	3

存在的问题：

- 冗余度大。
- 操作异常。即由于数据的冗余，在对数据操作时会引起各种异常：插入异常、删除异常和修改异常。

二、模式分解案例

例 15：采用分解的方法，将例 14 的模式 S_C_G 分解成以下三个模式：

S（学号，姓名，年龄，专业）

S_G（学号，课程号，学分）

C（课程号，课程名，主讲教师）

三个模式的物理存储如图 2.18 所示。

关系模式 S

学号	姓名	年龄	专业
09201005	刘烨明	19	信息管理
09201036	张平东	18	计算机技术
09201051	孟凡	17	通信工程
09201052	黄昆力	20	计算机技术

关系模式 S_G

学号	课程号	学分
09201005	C1011	3
09201005	C1020	2
09201036	C1102	3
09201051	C1021	3
09201051	C1022	4
09201052	C1030	3
09201052	C1051	3

关系模式 C

课程号	课程名	主讲教师
C1011	计算机基础	王闵
C1020	管理信息系统	刘应柯
C1102	C#程序设计	赵鸣迪
C1021	计算机网络技术	江方舟
C1022	自动控制理论	李笑华
C1030	计算方法	赵鸣迪
C1051	操作系统	江方舟

图 2.18　学生数据库表分解图

一个关系分解成多个关系，要求是分解后不丢失原来的信息，且信息不仅包括数据本身，还包括由函数依赖所表示的数据之间的相互制约。进行分解的目标是达到减少数据冗余，解决插入异常、更新异常、删除异常的目的。

2.4.5　规范化

一、规范化的作用

所谓模式规范化，就是对关系模式应当满足的条件的某种处理，其目的是：

（1）消除异常现象。

（2）方便用户使用，简化检索操作。

（3）加强数据独立性。

（4）使关系模式更灵活，更容易使用非过程化的高级查询语言。

（5）更容易进行各种查询统计工作。

例 16：设计教学管理数据库，其关系模式 SCD 如下：

SCD（学号，姓名，年龄，专业，专业主任，课程号，成绩）

二、关系模式规范化的目的和原则

根据实际情况，这些数据有如下语义规定：

（1）一个系有若干学生，但一个学生只属于一个系；

（2）一个系只有一名系主任，但一个系主任可以同时兼几个系的系主任；

（3）一个学生可以选修多门功课，每门课程可有若干学生选修；

（4）每个学生学习课程有一个成绩。

即：一个关系只要其分量都是不可分的数据项，就可称作规范化的关系，但这只是最基本的规范化，这样的关系模式是合法的。规范化的目的是使结构合理，消除存储异常，使数据冗余尽量小，便于插入、删除和更新。

规范化的基本原则就是遵从概念单一化"一事一地"的原则，即一个关系只描述一个实体或者实体间的联系。若多于一个实体，就把它"分离"出来。

因此，所谓规范化，实质上是概念的单一化，即一个关系表示一个实体。关系数据库的任意一个关系，需要满足一定的数据依赖约束。满足不同程度数据依赖约束的关系，称为不同范式的关系。

2.4.6　关系模式的范式

一、规范化的标准

在关系数据库的规范化过程中，为不同程度的规范化要求设立的不同标准称为范式（Normal Form）。不同范式的关系，存在不同程度的数据冗余等缺点，为了克服这些缺点，需要对关系模式进行分解，使之从低一级范式转化为高一级范式的集合，这种分解过程称为规范化。

如图 2.19 所示，各个范式之间的关系为

$$1NF \supset 2NF \supset 3NF \supset BCNF \supset 4NF \supset 5NF$$

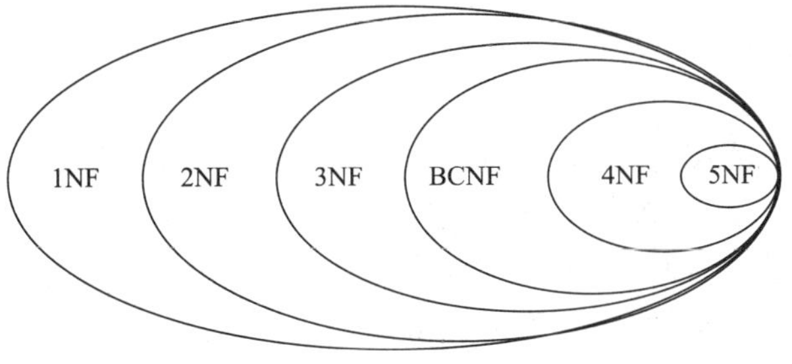

图 2.19　范式之间的关系图

将一个低一级范式的关系模式，通过模式分解可以转换为若干个高一级范式的关系模式的集合，这种过程就叫规范化。

二、不同范式的标准

1. 第一范式（1NF）

如果关系模式R的每一个关系r的属性值都是不可分的原子值，那么称R是第一范式的模式。

不是1NF的关系称为非规范化的关系，满足1NF的关系称为规范化的关系。关系数据库研究的关系都是规范化的关系。

例17：有关系模式R（学号，姓名，年龄，专业，专业主任，课程号，主讲教师，成绩，上课地址，学分）。若一个学生选择两门以上课程，那么在关系中至少要有两个或两个以上元组，以便存储不同课程成绩，如表2.4所示。

表2.4　学生情况表

学号	姓名	年龄	专业	专业主任	课程号	主讲教师	成绩	上课地址	学分
09102111	李明	19	计算机技术	刘佳	C1011	王闵	80	3A301	3
09102111	李明	19	计算机技术	刘佳	C1020	刘应柯	67	3A302	2
09102113	王菲芳	18	工商管理	王芳芳	C1102	赵鸣迪	89	4B202	3
09102114	刘诗雯	20	信息管理	丛林里	C1021	江方舟	78	2B101	3
09102114	刘诗雯	20	信息管理	丛林里	C1022	李笑华	90	1A303	4
09102116	张力水	19	通信工程	赵峰山	C1030	杨玉聪	87	2A305	3
09102116	张力水	19	通信工程	赵峰山	C1051	胡洁强	65	1A309	3

所谓第一范式（1NF）是指数据库表的每一列都是不可分割的基本数据项，同一列中不能有多个值，即实体中的某个属性不能有多个值或者不能有重复的属性。如果出现重复的属性，就可能需要定义一个新的实体，新的实体由重复的属性构成，新实体与原实体之间为一对多关系。在第一范式（1NF）中，每一行只包含一个实例的信息。即：第一范式就是无重复的列。

【说明】在任何一个关系数据库中，第一范式（1NF）是对关系模式的基本要求，不满足第一范式（1NF）的数据库就不是关系数据库。

2. 第二范式（2NF）

第二范式是在第一范式（1NF）的基础上建立起来的，即满足第二范式（2NF）必须先满足第一范式（1NF）。第二范式（2NF）要求数据库表中的每个实例或行，必须可以被唯一区分为实现实例的唯一标识。例如学生学号是唯一的，因此定义为主键。

第二范式（2NF）要求实体的属性完全依赖于主关键字。所谓完全依赖是指不能存在仅依赖主关键字一部分的属性，如果存在，那么这个属性和主关键字的这一部分应该分离出来形成一个新的实体，新实体与原实体之间是一对多的关系。为实现区分通常需要为表加上一个列，以存储各个实例的唯一标识。即：第二范式就是属性完全依赖于主键。

例 18：有关系模式 R（学号，课程号，主讲教师，成绩，上课地址）。R 上有（学号，课程号）-> 主讲教师，课程号 -> 主讲教师，前一个是局部依赖，R 不是 2NF 模式。

此时 R 的关系就会出现冗余和异常现象，若某一门课程有 100 个学生选修，那么在关系中就会出现 100 个元组，因而主讲教师和地址就会重复 100 次。如果把 R 分解成 R1（学号，课程号，成绩）和 R2（课程号，主讲教师，上课地址）后，（学号，课程号）-> 课程名在模式 R1 和 R2 中不出现了，那么刚才的冗余和异常现象就消失了。R1 和 R2 都是 2NF 的模式。

例 19：将 SCD（学号，姓名，年龄，专业，专业主任，课程号，主讲教师，成绩，上课地址）规范到 2NF。

由学号 -> 姓名，学号 -> 年龄，学号 -> 专业，（学号，课程号）-> 成绩，判断关系 SCD 至少描述了两个实体，即：

一个描述学生实体专业，属性有学号、姓名、年龄、专业、专业主任；

另一个描述学生与课程的关系 SC（选课），属性有学号、课程号、主讲教师、成绩、上课地址和学分，如图 2.20 所示。

学生实体表

学号	姓名	年龄	专业	专业主任
09102111	李明	19	计算机技术	刘佳
09102113	王菲芳	18	工商管理	王芳芳
09102114	刘诗雯	20	信息管理	丛林里
09102116	张力水	19	通信工程	赵峰山

SC 关系

学号	课程号	主讲教师	成绩	上课地址	学分
09102111	C1011	王闵	80	3A301	3
09102111	C1020	刘应柯	67	3A302	2
09102113	C1102	赵鸣迪	89	4B202	3
09102114	C1021	江方舟	78	2B101	3
09102114	C1022	李笑华	90	1A303	4
09102116	C1030	杨玉聪	87	2A305	3
09102116	C1051	胡洁强	65	1A309	3

图 2.20　范式之间的关系图

3. 第三范式（3NF）

如果关系模式 R 是 1NF，且每个非主属性都不传递函数依赖于 R 的候选键，那么称 R 是第三范式（3NF）的模式。如果数据库模式中每个关系模式都是 3NF，则称其为 3NF 的数据库模式。

对例 19 中的关系 SC（课程号，主讲教师，上课地址）是 2NF 模式。

如果 SC 中有课程号 -> 主讲教师，主讲教师 -> 上课地址，那么主讲教师 -> 上课地址就是一个传递函数依赖，SC 不是 3NF 模式。此时模式 SC 的关系中也会出现冗余和异常操作。

满足第三范式（3NF）必须先满足第二范式（2NF）。即：第三范式（3NF）要求一个数据库表中不包含已在其他表中已包含的非主关键字信息。第三范式就是属性不依赖于其他非主属性。对例19可描述为：

学号 ->（姓名，年龄）

专业 -> 专业主任

课程号 ->（学分，主讲教师，上课地址）

（学号，课程号）-> 成绩

若不满足第二范式的要求，会产生如下问题：

（1）数据冗余。

同一门课程由 n 个学生选修，“学分”就重复 $n-1$ 次；同一个学生选修了 m 门课程，姓名和年龄就重复了 $m-1$ 次。

（2）更新异常。

若调整了某门课程的学分，数据表中所有行的“学分”值都要更新，否则会出现同一门课程学分不同的情况。

假设要开设一门新的课程，暂时没有人选修。这样，由于还没有“学号”关键字，课程名和学分也无法记录数据库。

（3）删除异常。

假设一批学生已经完成课程的选修，这些选修记录就应该从数据库表中删除。但是，与此同时，课程名和学分信息也被删除了。很显然，这也会导致插入异常。

例20：把例19关系模式R分解为第三范式的四个关系模式：

SC（学号，课程号，成绩）

C（课程号，学分，主讲教师，上课地址）

S（学号，姓名，年龄）

D（专业，专业主任）

该关系数据库模型达到了第三范式的要求。从以上两个关系模式分解的例子可以看出，对关系规范化的分解过程体现出了“一事一地”的设计原则，即一个关系反映一个实体或一个关系，不应当把几样东西混合在一起。

第一范式：1NF是对属性的原子性约束，要求属性具有原子性，不可再分解；

第二范式：2NF是对记录的唯一性约束，要求记录有唯一标识，即实体的唯一性；

第三范式：3NF是对字段冗余性的约束，即任何字段不能由其他字段派生出来，它要求字段没有冗余。

根据分解原则，所得到第三范式建立的表如图2.21所示。

对于分解后的两个关系S和D，主键分别为学号和专业，不存在非主属性对主键的传递函数依赖。因此，$S \in 3NF$，$D \in 3NF$。

4. BCNF 范式

在第三范式的基础上，关系模式R中，若每一个决定因素都包含码（每一个依赖的决定因素都是候选码），则R属于BCNF。

BCNF的关系模式必须满足下面的条件：

（1）主属性对每一个不包含它的码，是完全函数依赖；

SC 选课关系

学号	课程号	成绩
09102111	C1011	80
09102111	C1020	67
09102113	C1102	89
09102114	C1021	78
09102114	C1022	90
09102116	C1030	87
09102116	C1051	65

C 课程实体

课程号	学分	主讲教师	上课地址
C1011	3	王闵	3A301
C1020	2	刘应柯	3A302
C1102	3	赵鸣迪	4B202
C1021	3	江方舟	2B101
C1022	4	李笑华	1A303
C1030	3	杨玉聪	2A305
C1051	3	胡洁强	1A309

S 学生实体

学号	姓名	年龄
09102111	李明	19
09102113	王菲芳	18
09102114	刘诗雯	20
09102116	张力水	19

D 系实体

专业	专业主任
计算机技术	刘佳
工商管理	王芳芳
信息管理	丛林里
通信工程	赵峰山

图 2.21　模式分解结果

（2）非主属性对每一个码也都是完全函数依赖；

（3）没有任何属性完全函数依赖于非码的任何一组属性。

在关系模式 STC（S，T，C）中，S 表示学生，T 表示教师，C 表示课程。

每一教师只教一门课。每门课由若干教师教，某一学生选定某门课，就确定了一个固定的教师。某个学生选修某个教师的课就确定了所选课的名称：

（S，C）->T，（S，T）->C，T->C

BCNF 规范化是指把 3NF 关系模式通过投影分解转换成 BCNF 关系模式的集合。

下面以 3NF 关系模式 SNC 为例，来说明 BCNF 规范化的过程。

例 21：将 SNC（学号，姓名，课程号，成绩）关系规范到 BCNF。

分析 SNC 数据冗余的原因，是因为在这一个关系中存在两个实体，一个为学生实体，属性有学号、姓名；另一个是选课实体，属性有学号、课程号和成绩。

根据分解的原则，可以将 SNC 分解成如下两个关系：

S1（学号，姓名），描述学生实体；

S2（学号，课程号，成绩），描述学生与课程的关系。

对于 S1，有两个候选键学号和姓名；

对于 S2，主键为（学号，课程号）。

在这两个关系中，无论主属性还是非主属性都不存在对键的部分依赖和传递依赖，S1 为 BCNF，S2 为 BCNF。

分解后，S1 和 S2 的函数依赖分别如图 2.22 所示。

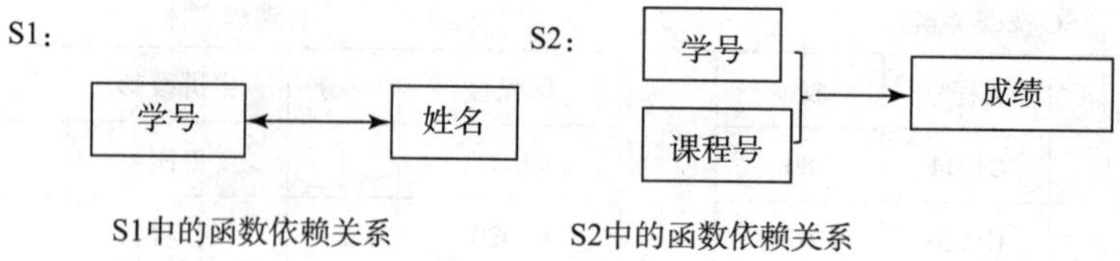

图 2.22　函数依赖关系

SNC 转换成 BCNF 后，数据冗余度明显降低，即：

学生的姓名只在关系 S1 中存储一次，学生要改名时，只需改动一条学生记录中相应的姓名值，从而不会发生修改异常。

BCNF 关系模式具有的性质：

- 所有非主属性都完全函数依赖于每个候选码。
- 所有主属性都完全函数依赖于每个不包含它的候选码。
- 没有任何属性完全函数依赖于非主码的任何一组属性。

三、关系模式规范化的步骤

规范化就是对原关系进行投影，消除决定属性不是候选键的任何函数依赖。具体可以分为以下几步：

（1）对 1NF 关系进行投影，消除原关系中非主属性对键的部分函数依赖，将 1NF 关系转换成若干个 2NF 关系。

（2）对 2NF 关系进行投影，消除原关系中非主属性对键的传递函数依赖，将 2NF 关系转换成若干个 3NF 关系。

（3）对 3NF 关系进行投影，消除原关系中非主属性对键的部分函数依赖和传递函数依赖，即：决定因素都包含一个候选键。得到一组 BCNF 关系。

（4）限制关系模式的属性之间不允许有非平凡且非函数依赖的多值依赖，称为 4NF 关系。

规范化的基本步骤如图 2.23 所示。

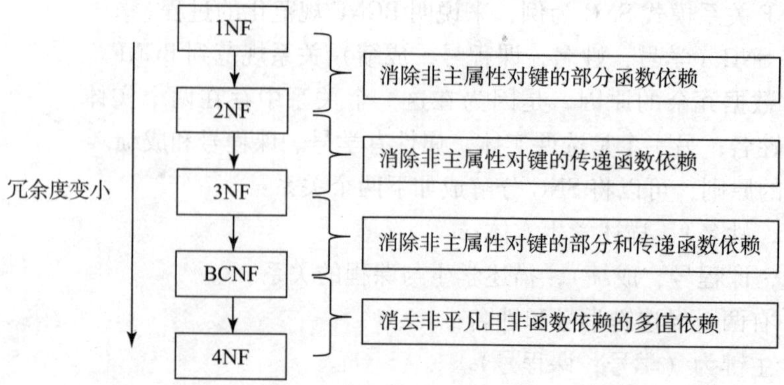

图 2.23　范式之间的关系

四、规范化的应用

在实际应用中，最有价值的是 3NF 和 BCNF，在进行关系模式的设计时，通常分解到 3NF 就足够了。规范化理论提供了一套完整的模式分解算法，按照这套算法可以做到：

（1）若要求分解具有无损连接性，那么模式分解一定能够达到 4NF。

（2）若要求分解保持函数依赖，那么模式分解一定能够达到 3NF，但不一定能够达到 BCNF。

（3）若要求分解既具有无损连接性，又保持函数依赖，则模式分解一定能够达到 3NF，但不一定能够达到 BCNF。

2.5　数据库设计步骤

数据库设计是建立数据库及其应用系统的技术，是信息系统开发和建设中的核心技术。它是规划和结构化数据库中的数据对象以及这些数据对象之间关系的过程，即根据用户的需求，在某一具体的数据库管理系统上，设计数据库的结构和建立数据库的过程。

2.5.1　数据库工程的内容

以数据库为基础的信息系统通常称为数据库应用系统，它一般具有信息的采集、组织、加工、抽取和传播等功能。数据库应用系统的开发是一项软件工程，但又有自己特有的特点，所以称为“数据库工程”。

一项数据库工程按内容可分为两部分。一部分是作为系统核心的数据库应用系统的设计与实现；另一部分是相应的应用软件及其他软件（如通信软件）的设计与实现。

2.5.2　数据库生存期

按照软件生存期，把数据库应用系统从开始规划、设计、实现、维护到最后被新的系统取代而停止使用的整个期间，称为数据库系统生存期。

2.5.3　数据库开发步骤

（1）规划：进行建立数据库的必要性及可行性研究，确定数据库系统在组织中和信息系统中的地位，以及各个数据库之间的关系。

规划阶段的任务：

①确定系统的范围。

②确定开发工作所需的资源（人员、硬件和软件）。

③估算软件开发的成本。

④确定项目的进度。

（2）需求分析：收集数据库所有用户的信息内容和处理需求，加以规格化和分析。在分析用户要求时，要确保用户目标的一致性。

①分析用户活动，产生用户活动图。

②确定系统范围，产生系统范围图。

③分析用户活动所涉及的数据，产生数据流图。

④分析系统数据，产生数据字典。

（3）概念设计：把用户的信息要求统一到一个整体逻辑结构（即“概念模式”）中。此结构应能表达用户的要求，且独立于 DBMS 软件和硬件。

（4）逻辑设计：逻辑设计的任务是把概念设计阶段得到的全局 E－R 模式转换成与选用的具体机器上 DBMS 产品所支持的数据模型相符合的逻辑结构。

（5）物理设计：将对给定的基本数据模型选取一个最合适应用环境的物理结构的过程，称为物理设计。数据库的物理结构主要指数据库的存储记录格式、存储记录安排和存取方法。物理设计分为五步：

①存储记录结构设计：包括记录的组成，数据项的类型、长度，以及逻辑记录到存储记录的映射。

②确定数据存放位置：可以把经常同时被访问的数据组合在一起，“记录聚族”技术能满足这个要求。

③存取方法的设计：存取路径分为主存取路径与辅存取路径，前者用于主键检索，后者用于辅助键检索。

④完整性和安全性考虑：设计者应在完整性、安全性、有效性和效率方面进行分析，做出权衡。

⑤程序设计：在逻辑数据库结构确定后，应用程序设计就应当随之开始。

这一阶段的成果是得到一个完整的、能实现的数据库结构。

（6）实现：根据逻辑设计和物理设计的结果，在计算机系统上建立起实际数据库结构、装入数据、测试和试运行的过程称为数据库的实现阶段。该阶段主要有三项工作：

①建立实际数据库结构。

②装入实验数据对应用程序进行调试。

③装入实际数据。

（7）运行维护：主要收集和记录系统运行状况的数据，用来评价数据库系统的性能，更进一步对系统进行修正，主要任务有四项：

①维护（纠错性、适应性、完善性）数据库的安全性与完整性。

②监测并改善数据库运行性能。

③根据用户要求对数据库现有功能进行扩充。

④及时改正运行中发现的系统错误。

但是如果应用变化太大，表明该数据库的生存期结束，那么应该设计新的数据库应用系统了。数据库设计步骤如图 2.24 所示。

知识拓展

关系数据库是指建立在关系模型基础上的数据库，借助于集合代数等数学概念和方法来处理数据库中的数据。现实世界中的各种实体以及实体之间的各种联系均用关系模型来表示。象 Access，MS SQL Server，Oracle，DB2，Sybase，MySQL 均属于关系型数据库。

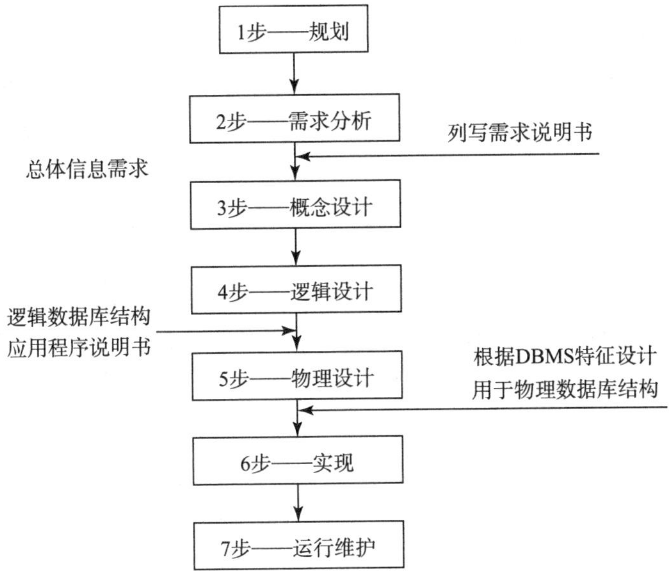

图 2.24　数据库设计步骤

2.6　创建数据库

Access 2013 数据库对象以磁盘文件的形式存在，其文件扩展名为 . accdb。在 Access 2013 中，只有建立了数据库，才能创建数据库的其他对象，如数据表、查询、窗体、报表都是数据库的对象，所有这些对象集合在一起，形成一个数据库。建议在创建数据库之前，建立一个专用于保存应用系统的文件夹存放数据库文件。数据库设计方法有使用模板创建数据库和创建空白数据库两种方式。

2.6.1　数据库设计的要求

一、建立数据库文件的要求

（1）尽量减少数据的重复，使数据具有最小的冗余度。

（2）提高数据的利用率，使众多用户能共享数据资源。

（3）注意保持数据的完整性和同一数据的一致性。这对某些需要历史数据来进行预测、决策的部门（如统计局、银行等）特别重要，特别是多用户同时共享数据库时，避免造成数据混乱。

（4）对于某些需要保密的数据，必须增设添加密码的保密措施。

（5）数据的大小要适中，以提高查寻速率和数据的维护性。

二、数据库设计的一般规则

（1）确定创建数据库所要完成任务的目的。通过需求分析确定建立数据库的目的，需求分析的主要任务是详细调查，研究客户需要，明确客户要对哪些数据进行处理，需要哪些数据管理功能，然后决定在数据库中如何组织数据。需求分析是直接决定数据库的运行速度、运行效率和质量的主要依据。

（2）确定创建数据库所需要的表。将所有信息放在一个表中，难免会出现大量的冗余，容易造成存储空间的浪费。一般要求将所要处理的信息分成不同主题，把每个主题的相关数据构成数据库中的一个表，按照第三范式的规则进行分解；一个表应是关于某个特定主题的数据集合，对每个主题使用单个表，不仅使数据库的效率高，还能减少数据输入的错误。

（3）确定表中所需要的结构，即需要设计表中的字段以确定每个表中保存的数据信息。设计表中字段要遵循两个原则：字段唯一性和字段无关性。字段唯一性是指表中的每个字段只能包含唯一类型的数据信息；而字段无关性是指在不影响其他字段的情况下，必须能够对任意字段进行修改。

（4）明确主关键字段和外键，确定表之间的关系，表中的字段是互相关联的，这种关联通过表之间的联系来实现。所以需要分析每个表，以确定表中的数据和其他表中数据有何联系。必要时，可在表中加入字段或创建一个新表来明确这种联系，以达到可以使用查询、窗体和报表快速查找并组合存储在各个不同表中的信息的目的。

（5）优化设计，即数据库设计需要不断发现问题、改进设计。改进设计是指对所作设计进一步分析、查找其中的错误和存在的问题，并加以完善。

（6）最后，需要输入数据并创建其他数据库对象，包括查询、窗体和报表等。

2.6.2 使用模板创建数据库

一、模板的概念

Access 2013 提供了“任务”“事件”“问题 Web 数据库”及“学生”等多种多样数据库模板，使用这些模板可以加快数据库创建过程。模板是预设的数据库，其中包含执行特定任务时所需的表、查询、窗体和报表。例如，有些模板可用于跟踪问题、管理联系人或记录费用；有些模板则包含一些可以帮助演示其用法的示例记录。可以按照模板定义数据库表、字段，包含窗体和报表等。如果给定的某个模板符合需要，使用该模板可以最快地完成数据库设计。但是，模板含有已定义好的数据结构，要使现有数据适合于模板的结构可能需要大量的工作，此时，可以根据需求自定义数据库的字段、类型和大小，以便满足多种需要。

二、创建的方法步骤

（1）在“开始使用 Microsoft Office Access”页中，单击“样本模板”，则显示多个特色模板，界面左侧显示最近使用过的数据库选项，中间显示空白数据库、右侧为数据库的名字及存储的路径。若单击“学生”模板，如图 2.25 所示。

（2）单击“联系人”模板，Access 将在“文件名”框中为数据库提供一个建议的文件名“数据库 1”（默认的扩展名 .accdb）。可以根据需要更改该文件名。如果希望保存数据库的文件夹不同于文件名框下显示的文件夹，单击，通过浏览找到要保存数据库的文件夹，然后单击“确定”按钮。

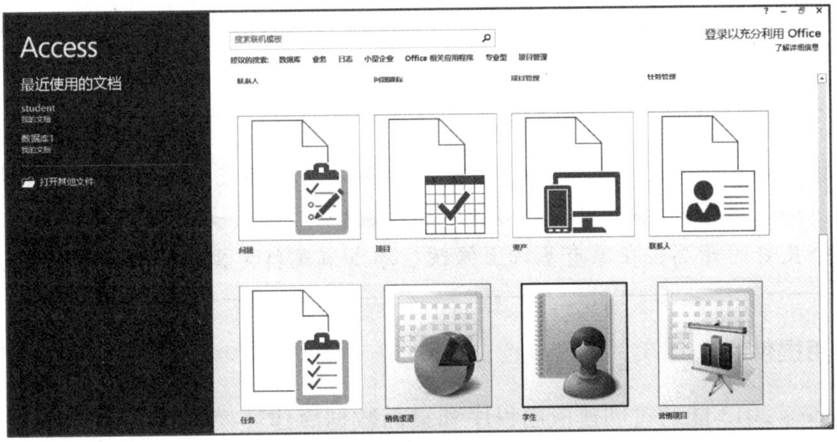

图 2. 25　创建模板数据库

（3）也可以创建数据库并将其链接到 Office. com 网站上下载更多的数据库模板。

（4）选择“联系人”模板，填写数据库名为“学生通信录”，然后单击“创建”按钮，则打开如图 2. 26 所示对话框。

图 2. 26　创建通信录管理数据库

从创建的内容，可以看到导航窗格中系统提供的相应数据库表结构、窗体和报表视图，如图 2. 27 所示。

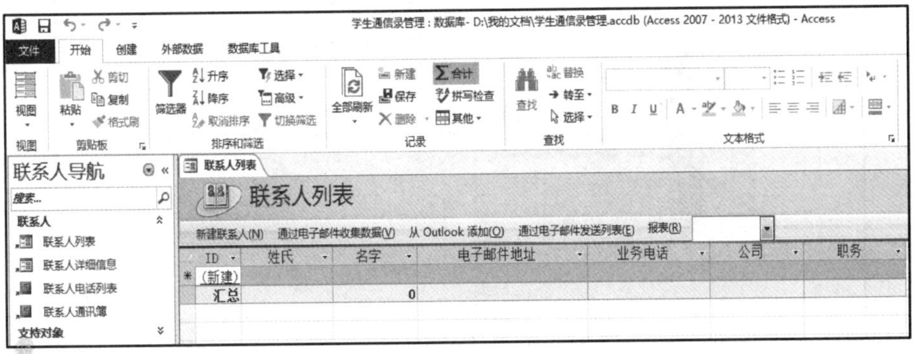

图 2. 27　学生模板数据库内容

（5）右键单击视图名选择“设计视图”，可按需要添加、删除相应字段、类型和字段大小。

要点提示

每个模板都是一个完整的跟踪应用程序，其中包含预定义表、窗体、报表、查询、宏和关系。如果模板设计符合需求，则可以直接开始工作。如果不符合，则可以使用模板作为一个良好的开端，在原有基础上修改、添加满足特定需求的数据库对象。

三、使用提供的模板

（1）Access 2013 能通过创建应用程序和桌面数据库建立模板数据库，前者模板在图片上包括地球图标，后者不包括。带地球标志模板能实时共享数据库，任何人只要拥有权限均可查看和编辑数据，即使没有环境也不例外，能通过 Office 应用商店获取应用程序模板，也可在创建 Access 应用程序时获取模板。如果只希望在电脑上创建本地数据库，那么就选择桌面数据库模板，而不是 Access 应用程序模板。这样无须花心思选择 Web 位置。要查看更多模板，使用“开始”屏幕上模板上方的搜索框。

（2）使用 Access 应用程序组织数据的速度很快，如果使用模板则速度更快。当选择某个模板从头构建某个应用程序时，则 Access 将汇编该应用程序，其中包含了可能由自己添加的表。

要点提示

无论是通过使用模板创建应用程序，还是通过单击启动屏幕上的“自定义 Web 应用程序”按钮创建应用程序，都始终可以自定义所创建的应用程序。

（3）关于更多二者的不同，可在任何一个模板上单击“我应创建 Access 2013 应用或 Access 桌面数据库吗?”，联网查看，如图 2. 28 所示。

图 2. 28　创建 Access 应用程序和 Access 桌面数据库

（4）使用联机模板在 Access 2013 开始界面上方进行搜索即可，如图 2.29 所示。

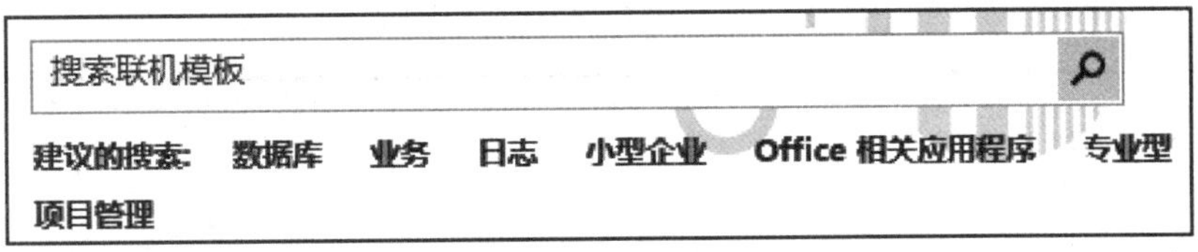

图 2.29　联机搜索模板

2.6.3　创建空白数据库

如果不使用模板，则可自行设计表、窗体、报表和其他对象来创建数据库。单击开始界面的“空白桌面数据库”图标，在弹出的对话框中选择数据库存放的位置，输入数据库的名称。

创建的方法和步骤为：

（1）在“开始使用 Microsoft Office Access”页中单击“空白桌面数据库”图标，如图 2.30 所示。

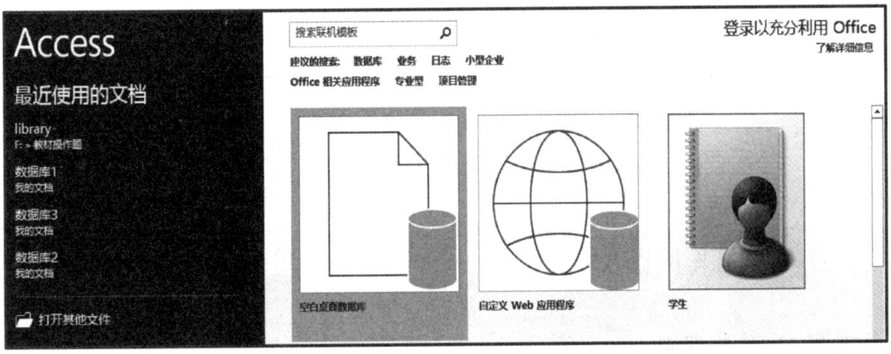

图 2.30　新建空白桌面数据库

（2）此时，弹出对话框窗口中的“文件名”缺省文件名为“数据库 1”，可以键入相关内容的文件名，例如，键入“2013 学生数据库”，默认情况下，库文件将保存在文档文件夹中。若要更改文件的默认位置，单击文本框旁边的浏览按钮，通过浏览找到新位置来存放数据库，再单击“创建”按钮即可，如图 2.31 所示。

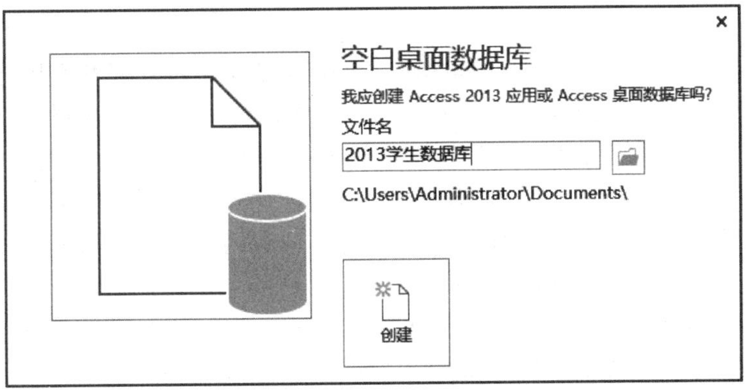

图 2.31　新建数据库

（3）单击【创建】菜单命令后，并在数据库视图中打开默认名为“表 1”的空数据表，且鼠标聚焦在添加新字段列中的第一个空单元格中，如图 2.32 所示。

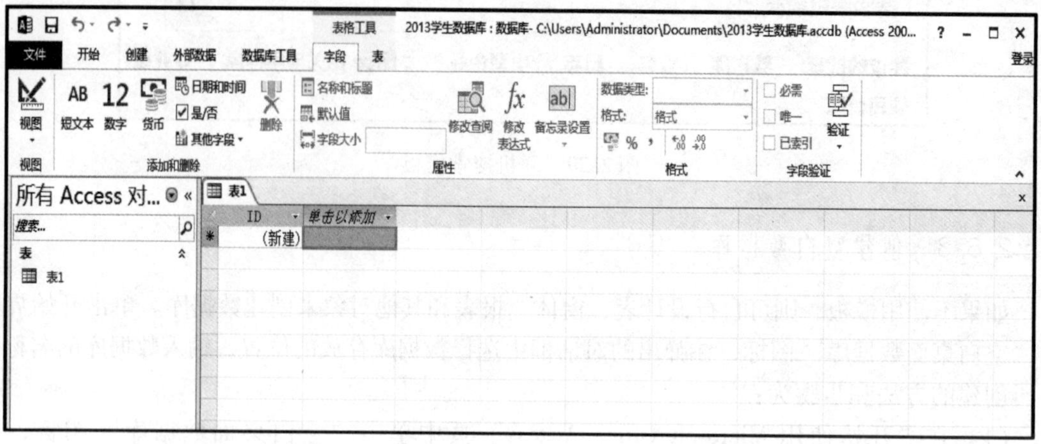

图 2.32　新建数据库表

（4）可以开始添加数据表字段名称、添加主键和记录等数据内容。
（5）关于表创建的详细过程详见第 3 章 3.1 创建表的内容。

2.7　网络共享数据库

2.7.1　Web 数据库的概念

一、什么是 Web 数据库

Web 数据库指在互联网中以 Web 查询接口方式访问的数据库。用户使用 Internet 的 WWW 信息服务，在有权限时可在任何地点通过浏览器访问、编辑修改数据库。也可查询和共享建立在 WWW 服务器所有站点上的超媒体信息，包括图形、图像、文本、动画、视频和音频数据。后台数据库服务器采用数据库管理系统存储数据信息，对外提供包含表单的 Web 页面作为访问接口，将查询、统计、修改结果以数据列表的 Web 页面形式返回给远程用户。

使用 Web 数据库，应建立 Web 应用程序所必需的服务器端环境和本机开发环境，常使用 ASP. NET、PHP、JSP 及 Java 等语言建立远程数据库管理系统，Web 数据库管理系统是指基于 Web 模式的 DBMS 的信息服务平台，它充分发挥 DBMS 高效的数据存储和管理能力，以 Web 浏览器/服务器（B/S）模式或客户端/服务器（C/S）模式，为客户端提供内容丰富的资源共享。使用 ADO（ActiveX Data Object，它是内置的数据库访问组件，是 Microsoft 在 OLE DB API 之上提供的一种面向对象的、与语言无关的应用程序编程接口）的数据库资源，把网页搜索、查询的数据库内容以适当方式显示在页面上，通过 Web 页进行插入、更新和删除记录，实现网上客户端页面设计和网站后台管理的页面设计。

Web 数据库的数据相比搜索引擎返回的查询结果更全面，它是提供一个或多个领域的数据记录，且具有完整的模式信息，用户看到的查询、统计结果仅为 Web 数据库中的一部分。Web 数据库集成的主要目的是为用户提供多个 Web 数据库资源的统一访问方式。现有的 Web 数据库集成方式可以分为三类：

- 数据供应模式；
- 数据收集模式；
- 元搜索模式。

二、Web 数据库的优点

（1）全局访问能力。Web 数据库应用的一个重要方面就是对远程数据的访问，如果建立了 WWW 服务器，就可以使用浏览器访问 Web 数据库，任何建立了网络连接的地方都可以访问 Web 数据库，不受时间和空间的限制。

（2）减少开发成本。Web 数据库不必安装其他的 Web 服务器软件，借助 HTML 的 WWW 信息组织方式，不需要开发客户端的程序，只要访问 Web 数据库站点的客户机安装一个浏览器即可操作 Web 数据库，因为这样会大大降低应用程序发布和维护的开销。

（3）交叉平台支持。能方便使用多种计算机语言开发一些图形界面的 C/S 结构访问数据库软件，或使用现有的浏览器软件和 HTML（超文本标识语言）网页技术开发 B/S 结构的数据库管理信息系统，这种方法不仅支持跨平台（使用 WWW 服务器书写的 HTML 文档已经成为一种标准），还扩展了信息检索的广度与深度。

三、Web 数据库系统的体系结构

一般实现 Web 数据库系统的连接和应用可采取两种方法，一种是在 Web 服务器端提供中间件来连接 Web 服务器和数据库服务器，另一种是把应用程序下载到客户端并在客户端直接访问数据库。中间件负责管理 Web 服务器和数据库服务器之间的通信并提供应用程序服务，它能够直接调用外部程序或脚本代码来访问数据库，因此可以提供与数据库相关的动态 HTML 页面，或执行用户查询，并将查询结果以页面形式显示，通过 Web 服务器返回给客户端的浏览器。最基本的中间件技术有通用网关接口 CGI 和应用程序接口 API 两种，如图 2. 33 所示。

图 2. 33　访问 Web 数据库的过程

四、通用网关接口 CGI

CGI（Common Gateway Interface，通用网关接口）是 Web 服务器与外部扩展程序交互的一个接口标准。Web 服务器通过调用 CGI 程序实现和 Web 浏览器的交互，也就是 CGI 程序接受 Web 浏览器发送给 Web 服务器的信息并进行处理，将响应结果再回送给 Web 服务器及 Web 浏览器。

CGI 程序一般完成 Web 网页中表单（Form）数据处理、数据库查询和实现与传统应用系统的集成等工作。CGI 程序可以用任何程序设计语言编写，如 Shell 脚本语言、Perl、

Fortran、Pascal、C ++ 、C#、Visual Basic、Delphi 等。CGI 是 WWW 服务器运行时外部程序的规范，按照 CGI 编写的程序可以扩展服务器的功能，完成服务器本身不能完成的工作，外部程序执行时间可以生成 HTML 文档，并将文档返回 WWW 服务器。CGI 应用程序能将从浏览器获得的数据放到数据库中。

从体系结构上来看，用户通过 Web 浏览器输入查询信息，浏览器通过 HTTP 协议向 Web 服务器发出带有查询信息的请求，Web 服务器按照 CGI 协议激活外部 CGI 程序，由该程序向 DBMS 发出 SQL 请求并将结果转化为 HTML 后返回给 Web 服务器。再由 Web 服务器返回给 Web 浏览器。这种结构体现了客户/服务器方式的三层模型，其中 Web 服务器和 CGI 程序实际起到了 HTML 和 SQL 转换的网关作用。CGI 的典型操作过程是：分析 CGI 数据；打开与 DBMS 的连接；发送 SQL 请求并得到结果；将结果转化为 HTML；关闭 DBMS 的连接；将 HTML 结果返回给 Web 服务器。基于 Web 的 CGI 数据库访问利用已有的信息资源和服务器。其访问频率大，尤其是热点数据。但其主要的缺点是：

（1）客户端与后端数据库服务器通信必须通过 Web 服务器，且 Web 服务器要进行数据与 HTML 文档的互相转换，当多个用户同时发出请求时，必然在 Web 服务器形成信息和发布瓶颈。

（2）CGI 应用程序每次运行都需打开和关闭数据库连接，效率低，操作费时。

（3）CGI 应用程序不能由多个客户机请求共享，即使新请求到来时 CGI 程序正在运行，也会启动另一个 CGI 应用程序，随着并行请求的数量增加，服务器上将生成越来越多的进程。为每个请求都生成进程既费时又需要大量内存，影响了资源的使用效率，导致性能降低并增加等待时间。

（4）由于 SQL 与 HTML 差异很大，CGI 程序中的转换代码编写烦琐，维护困难。

（5）安全性差，缺少用户访问控制，对数据库难以设置安全访问权限。

（6）HTTP 协议是无状态且没有常连接的协议，DBMS 事务的提交与否无法得到验证，不能构造 Web 上的 OLTP（On-Line Transaction Processing）应用。

五、基于服务器扩展的 API

为了克服 CGI 的局限性，出现的另一种中间件解决方案是基于服务器扩展 API 的结构。与 CGI 相比，API 应用程序与 Web 服务器结合得更加紧密，占用的系统资源也少得多，而运行效率却大大提高，同时还提供更好的保护和安全性。

服务器 API 一般作为一个 DLL（Dynamic Link library）提供，是驻留在 WWW 服务器中的程序代码，其扩展 WWW 服务器的功能与 CGI 相同。WWW 开发人员不仅可以 API 解决 CGI 可以解决的一切问题，而且能够进一步解决基于不同 WWW 应用程序的特殊请求。各种 API 与其相应的 WWW 服务器紧密结合，用 API 开发的程序比用 CGI 开发的程序在性能上提高了很多，但开发 API 程序比开发 CGI 程序要复杂得多。API 应用程序需要一些编程方面的专门知识，如多线程、进程同步、直接协议编程以及错误处理等。虽然基于服务器扩展 API 的结构可以方便、灵活地实现各种功能，连接所有支持 32 位 ODBC 的数据库系统，但这种结构的缺点是：

（1）各种 API 之间兼容性很差，缺乏统一的标准来管理这些接口。

（2）开发 API 应用程序也要比开发 CGI 应用复杂得多。

（3）这些 API 只能工作在专用 Web 服务器和操作系统上。

2.7.2 基于 JDBC 的 Web 数据库技术

一、JDBC 的基本概念

Java 的推出，使 WWW 页面有了活力和动感。Internet 用户可以从 WWW 服务器上下载 Java 小程序到本地浏览器运行。这些下载的小程序就像本地程序一样，可独立地访问本地和其他服务器资源。JDBC 是专门用于执行 SQL 语句的 Java 应用程序接口，是作为 Java 语言数据库访问 API 而设置的组件，它完成的工作是：建立与数据库的连接、发送 SQL 语句、返回数据结果给 Web 浏览器。

二、基于 JDBC 与 Web 数据库的结构

采用 JDBC 技术，在 Java Applet 中访问数据库的优点在于：直接访问数据库，不再需要 Web 数据库的介入，从而避开了 CGI 方法的一些局限性；用户访问控制可以由数据库服务器本地的安全机制来解决，提高了安全性；JDBC 是支持基本 SQL 功能的一个通用低层的应用程序接口，在不同的数据库功能的层次上提供了一个统一的用户界面，为跨平台跨数据库系统进行直接的 Web 数据库访问提供了方案，从而克服了 API 方法的一些缺陷；同时，可以方便地实现与用户的交互，提供丰富的图形功能和声音、视频等多媒体信息功能。基于 JDBC 的 Web 数据库结构缺点是：

（1）只能进行简单的数据库查询等操作，还不能进行 OLTP。

（2）安全性、缓冲机制和连接管理仍不完善。

（3）不能实现跨平台。

Web 数据库系统是利用基于组件和分布式对象的技术，其优势是将 Web 技术和 DBMS 紧密结合起来，具有多用户共享、扩展性强、易于维护、效率高的特点，在互联网上有着广泛的应用空间。

2.7.3 Access 2013 Web 数据库

一、远程登录

创建 OneDrive 账号后（创建方法见第 1 章 1.4.1 节），可以在开始界面右上方登录，通过“账户”可以添加 Web 服务，单击“添加服务”按钮，选择“共享”，如图 2.34 所示。

二、Access 2013 的 Web 功能

Access 2013 包含一系列模板，具有创建基于 Web 和传统数据库的应用程序的技能，可以通过 SharePoint 站点创建 Access Web 数据库。它采用新的应用程序模型，根据主题内容可以快速创建基于 Web 的应用程序。SharePoint 2013 功能允许用户使用 Access 应用程序创建可通过浏览器访问的数据库，并将其置于 SharePoint 中，它为解决人员和流程相互合作的方案提供一个强大的平台，通过浏览器创建、共享和协作处理团队数据库，通过一键式社区模板更快地开始工作。

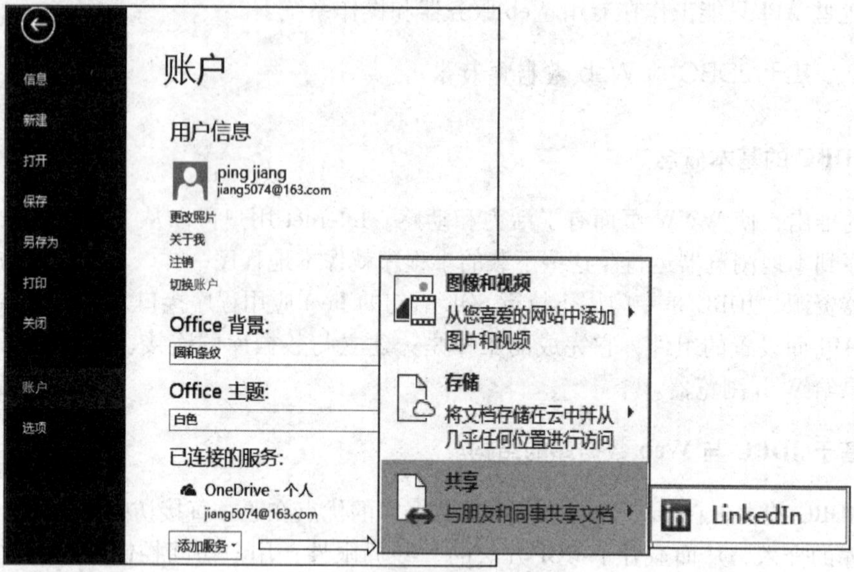

图 2.34　添加共享服务

Access Web 应用程序是在 Access 中生成，然后在 Web 浏览器中作为 SharePoint 应用程序使用并与他人共享的一种新型数据库。要构建应用程序，只需选择要建立的数据类型如学生、教职工、联系人、项目等即可。Access 将会创建数据库结构，其内部包含了添加和编辑数据的各种视图、导航和基本命令，可以立即开始使用应用程序。

本章小结

本章重点讲述了数据库的基础知识，包括数据库的基本概念、特点、组成，数据模型、组成要素、关系数据库的基本理论、数据库设计步骤及建立数据库的基本操作方法，最后介绍了 Web 数据库技术及应用。特别是在关于数据模型、概念模型和关系数据库基本理论应用中，列举了 21 个小例程进行重点讲解。此外，本章展示的建立数据库工作界面，能帮助学生初步掌握 Access 2013 的建库方法。通过本章学习，学生能够掌握数据库的基本概念，关系数据库理论和 Access 的基本概念。

本章练习

一、问答题

1. 什么是数据库管理系统？
2. 在 Access 2013 中创建数据库有哪几种方法？
3. 关系数据库的特点包括什么？
4. 建立数据库表间关系的目的是什么？
5. 数据库设计包含哪几个步骤？

6. 数据库系统与文件管理系统相比，有哪些优点？
7. 说明“层次”“网状”和“关系”模型的特点。
8. 常用的一种数据模型是什么？
9. 简述数据库、数据库管理系统、数据库系统三者的关系。
10. 数据模型的主要作用是什么？
11. 三类基本数据模型的划分依据是什么？各有哪些优缺点？
12. 什么是 Web 数据库？其特点是什么？
13. 关系模型的完整性规则有哪几类？试举例说明。
14. 关系运算分哪两大类？其具体含义是什么？
15. 给出 2NF、3NF、BCNF 的形式化定义，并说明它们之间的区别和联系。
16. 什么叫关系模式分解？为什么需要关系模式分解？
17. 模式分解要遵循什么准则？
18. 关系数据库有哪些完整性规则？各包括哪些内容？
19. 用 E－R 图表示概念模式有什么好处？
20. 规范化理论对数据库设计有什么指导意义？

二、选择题

1. Access 的数据库类型是（　　）。
A. 层次数据库　　B. 网状数据库　　C. 关系数据库　　D. 面向对象数据库
2. 关系型数据库管理系统中所谓的关系是指（　　）。
A. 各条记录中的数据彼此有一定的关系
B. 一个数据库文件与另一个数据库文件之间有一定的关系
C. 数据模型符合满足一定条件的二维表格式
D. 数据库中各个字段之间彼此有一定的关系
3. 下列说法中正确的是（　　）。
A. 两个实体之间只能是一对一关系
B. 两个实体之间只能是一对多关系
C. 两个实体之间只能是多对多关系
D. 两个实体之间可以是以上三种之一的关系
4. 数据库系统的核心是（　　）。
A. 数据模型　　B. 数据库管理系统　　C. 软件工具　　D. 数据库
5. 在数据库中能够唯一标识一个元组的属性或属性组称为（　　）。
A. 记录　　B. 字段　　C. 域　　D. 主键
6. 为了合理组织数据，应遵从的数据原则是（　　）。
A. 一个表描述一个实体或实体间的一种联系
B. 表中的字段必须是原始数据和基本数据元素，并避免在之间出现重复字段
C. 用外部关键字保证有关联的表之间的联系
D. 以上各条件都包括
7. 数据模型反映的是（　　）。

A. 事物本身的数据和相关事物之间的联系
B. 事物本身包括的数据
C. 记录中所包含的全部数据
D. 记录本身的数据和相互关系

8. 退出 Access 数据库管理系统可以实用的快捷键是（　　）。
A. “ALT” + “F” + “X”　　B. “ALT” + “X”
C. “CTRL” + “C”　　D. “CTRL” + “O”

9. 在 Access 数据库中，表就是（　　）。
A. 关系　　B. 记录　　C. 索引　　D. 数据库

10. Access 中表和数据库的关系是（　　）。
A. 一个数据库可以包含多个表　　B. 一个表只能包含两个数据库
C. 一个表可以包含多个数据库　　D. 数据库就是数据表

11. 将两个关系拼接成一个新的关系，产生的新关系中包含满足条件的元组，这种操作称为（　　）。
A. 选择　　B. 投影　　C. 连接　　D. 并

12. 按数据的组织形式，数据库的数据模型可分为三种模型，它们是（　　）。
A. 网状、关系和语义　　B. 网状、关系和层次
C. 环状、关系和层次　　D. 字段名、字段类型和记录

13. “商品”和“顾客”两个实体集之间的关系一般是（　　）。
A. 一对一　　B. 一对多　　C. 多对多　　D. 多对一

14. 下列关于数据库系统的叙述中正确的是（　　）。
A. 数据库系统减少了数据冗余
B. 数据库系统避免了一切冗余
C. 数据库系统中数据的一致性是指数据类型一致
D. 数据库系统比文件系统能管理更多的数据

15. 在数据库管理技术的发展过程中，经历了人工管理阶段、文件管理阶段和数据库系统阶段。其中数据独立性最高的阶段是（　　）。
A. 数据库系统　　B. 文件系统　　C. 人工管理　　D. 数据项阶段

16. 用树形结构来表示实体之间的关系的模型称为（　　）。
A. 关系模型　　B. 层次模型　　C. 网状模型　　D. 数据模型

17. 关系表中的每一行称为一个（　　）。
A. 元组　　B. 字段　　C. 属性　　D. 码

18. 关系数据库管理系统能实现的关系运算包括（　　）。
A. 排序、索引、统计　　B. 选择、投影、连接
C. 关联、更新、排序　　D. 显示、打印、制表

19. 在关系数据库中，用来表示实体之间关系的是（　　）。
A. 树结构　　B. 网结构　　C. 线性表　　D. 二维表

20. 数据库设计包括两个方面的设计内容，它们是（　　）。
A. 概念设计和逻辑设计　　B. 模式设计和内模式设计

C. 内模式设计和物理设计　　D. 结构特征设计和行为特征设计

21. 将 E－R 图转换成关系模式时，实体与关系都可以表示成（　　）。

A. 属性　　B. 关系　　C. 键　　D. 域

22. 如果对一个关系实施了一种关系运算后得到了一个新的关系，而且新的关系中属性个数少于原来关系中属性个数，这说明所实施的运算关系是（　　）。

A. 选择　　B. 投影　　C. 连接　　D. 并

23. 关系数据库中的表不必具有的性质是（　　）。

A. 数据项不可再分　　B. 同一列数据项要具有相同的数据类型

C. 记录的顺序可以任意排列　　D. 字段的顺序不能任意排列

24. 数据库是（　　）。

A. 以一定的组织结构保存在辅助存储器中的数据的集合

B. 一些数据的集合

C. 辅助存储器上的一个文件

D. 磁盘上的一个数据文件

25. 关系数据库中的数据表（　　）。

A. 完全独立，相互没有关系　　B. 相互联系，不能单独存在

C. 既相对独立，又相互联系　　D. 以数据表名来表现其相互间的关系

26. 以下说法中，不正确的是（　　）。

A. 数据库中存放的数据不仅仅是数值型数据

B. 数据库管理系统的功能不仅仅是建立数据库

C. 目前在数据库产品中关系模型的数据库系统占了主导地位

D. 关系模型中数据的物理布局和存取路径向用户公开

27. Access 2013 属于（　　）。

A. 电子文档　　B. 电子报表

C. 数据库管理系统　　D. 数据库应用程序

28. 数据库 DB、数据库系统 DBS、数据库管理系统 DBMS 之间的关系是（　　）。

A. DB 包含 DBS 和 DBMS　　B. DBMS 包含 DB 和 DBS

C. DBS 包含 DB 和 DBMS　　D. 没有任何关系

29. 关系模式 W 的规范化程序最高达到（　　）。

A. 1NF　　B. 2NF　　C. 3NF　　D. BCNF

30. 规范化理论中分解（　　）主要消除其中多余的数据相关性。

A. 关系运算　　B. 内模式　　C. 外模式　　D. 视图

31. 现有职工关系 W（工号，姓名，工程，定额），其中每个职工有工号（职工可能有同名），每个职工有一个工程，每个工程有一个定额，则关系 W 已达到（　　）。

A. 1NF　　B. 2NF　　C. 3NF　　D. 4NF

32. 规范化理论是关系数据库进行逻辑设计的理论依据，根据这个理论，关系数据库中的关系必须满足：其每一属性都是（　　）。

A. 互不相关的　　B. 不可分解的　　C. 长度可变的　　D. 互相关联的

33. 在一个关系 R 中，若每个数据项都是不可再分割的，那么关系 R 一定属于（　　）。

A. 1NF　　B. 2NF　　C. 3NF　　D. BCNF

34. 下列关于函数依赖的叙述中，（　　）是不正确的。

A. 由 X->Y，X->Z，有 X->YZ　　B. 由 XY->Z，有 X->Z，Y->Z

C. 由 X->Y，WY->Z，有 XW->Z　　D. 由 X->Y，Y->Z，有 X->Z

35. 关系规范化的最起码的要求是达到 1NF，就是满足（　　）。

A. 每个非码属性都有完全依赖于主码　　B. 主码属性唯一标识关系中的元组

C. 关系中元组不可重复　　D. 每个属性都是不可分割的

36. （　　）不是由于关系模式设计不当引起的。

A. 数据冗余　　B. 丢失修改　　C. 插入异常　　D. 更新异常

37. 设有关系模式 S(学号，专业，专业主任，CNAME，G)，其中，CNAME 为课程名，G 为成绩，这个模式有下述（　　）毛病。

A. 插入异常　　B. 删除异常　　C. 冗余太大　　D. 以上三项

38. 设有关系 W（工号，姓名，工种，定额），将其规范化到第三范式正确的答案是（　　）。

A. W1（工号，姓名），W2（工种，定额）

B. W1（工号，工种，定额），W2（工号，姓名）

C. W1（工号，姓名，工种），W2（工号，定额）

D. 以上都不对

39. 当关系模式 R(A，B) 已属于 3NF，下列说法中正确的是（　　）。

A. 它一定消除了插入和删除异常　　B. 仍存在一定的插入和删除异常

C. 一定属于 BCNF　　D. A 和 C 都是

40. 关系模式中，满足 2NF 的模式，（　　）。

A. 可能是 1NF　　B. 必定是 1NF　　C. 必定是 3NF　　D. 必定是 BCNF

41. 设学生关系模式为：学生（学号，姓名，年龄，性别，成绩，专业），则该关系模式的主键是（　　）。

A. 姓名　　B. 学号，姓名　　C. 学号　　D. 学号，姓名，年龄

42. 设一关系模式为：运货路径（顾客姓名，顾客地址，商品名，供应商姓名，供应商地址），则该关系模式的主键是（　　）。

A. 顾客姓名，供应商姓名　　B. 顾客姓名，商品名

C. 顾客姓名，商品名，供应商姓名　　D. 顾客姓名，顾客地址，商品名

43. 实体集书店与图书之间具有（　　）关系。

A. 一对一　　B. 一对多　　C. 多对一　　D. 多对多

44. 进行自然连接运算的两个关系必须具有（　　）。

A. 相同的属性个数　　B. 公共属性　　C. 相同关系名　　D. 相同关键字

45. 两个子查询的结果（　　）时，可以执行并、交、差操作。

A. 结构完全一致　　B. 结构完全不一致　　C. 结构部分一致　　D. 主键一致

三、填空题

1. 数据库系统的核心是＿＿＿＿＿＿。

2. 在 E－R 图中，图形包括矩形、菱形、椭圆形。其中表示实体联系用________。

3. 在关系数据库中，从关系中找出满足给定条件的元组，该操作可称为________。

4. 数据库设计包括概念设计、________设计和物理设计。

5. 一个关系表也称为________。

6. 在关系表中，元组的________不能再分成更小的数据项。

7. 实体与实体之间的关系有 3 种，分别是________、________、________。

8. 在关系数据库的基本操作中，从表中取出满足条件的元组的操作称为________；把两个关系中相同属性值的元组连接在一起形成新的二维表的操作称为________；从表中抽取某些属性的操作称为________。

9. 一个项目有一个项目主管，一个项目主管可以管理多个项目，则“项目主管”与“项目”之间的关系是________。

10. 关系模型的完整性规则是对关系的某种约束条件，包括实体完整性和________。

四、考核要点

1. 说明 Access 2013 的主要功能。
2. 数据库的基本概念。
3. 关系数据库的特点。
4. 表的基本结构。
5. 建立数据库的方法。

练习参考答案

第3章

创建和使用表

表是数据库中最基本的对象，是数据库中所有数据的载体。应在创建任何其他数据库对象之前先创建数据库表。本章主要介绍3种创建表的方法，包括：输入数据创建、使用模板创建和设计视图创建。此外，还介绍了编辑数据表、设置字段多种属性的步骤。

3.1 创 建 表

案例一 创建学生成绩管理数据库

在这个案例中，将重点讲述使用 Access 2013 制作数据库、表、表间关系的基本操作，同时还将讲述与其相关的知识点和操作技能，使用户能使用 Access 2013 建立实际数据库表。

一、案例说明

按照数据库理论中关系模式的分解，把简单的学生成绩管理数据库划分成第三范式（3NF），它由三个基本表组成，包括学生信息表（student）、学生成绩表（score）和本学期开设的课程表（course），如图3.1、图3.2所示，图3.3是三个表之间的关系。

学号	姓名	性别	出生日期	籍贯	民族	政治面貌	户口性质	联系电话	照片
2013001	吴文龙	男	1995/10/10 星期二	山东省曹县	汉族	党员	农业户口	15734818776	itmap Image
2013002	李英	女	1995/1/12 星期四	兴安盟扎赉特	蒙古族	团员	非农业户口	13789708925	itmap Image
2013003	陈艳文	女	1996/12/1 星期日	兴安盟扎赉特	汉族	团员	非农业户口	18847058116	itmap Image
2013004	毕亚楠	女	1996/2/1 星期四	黑龙江省依安	汉族	群众	非农业户口	13644702809	itmap Image
2013005	赵闯	男	1994/12/23 星期五	兴安盟突泉县	汉族	团员	非农业户口	18747028854	itmap Image
2013006	乔雅茹	女	1996/2/10 星期六	阿荣旗	达斡尔族	群众	非农业户口	13947091550	itmap Image
2013007	杜雪梅	女	1995/6/2 星期五	黑龙江明水县	汉族	团员	农业户口	15104876956	itmap Image
2013008	佳雪	女	1995/4/12 星期三	莫力达瓦达斡	达斡尔族	群众	非农业户口	15540095968	itmap Image
2013009	张思哲	男	1995/3/21 星期二	黑龙江省拜泉	汉族	党员	非农业户口	13500604349	itmap Image
2013010	王瑞	女	1995/5/26 星期五	黑龙江省拜泉	汉族	团员	农业户口	13694705742	itmap Image
2013011	苏芳	女	1995/7/18 星期二	黑龙江省富裕	达斡尔族	团员	农业户口	13948099253	itmap Image
2013012	敖子怡	女	1995/8/20 星期日	兴安盟扎赉特	达斡尔族	团员	非农业户口	04708815723	itmap Image

图3.1 学生信息表（student）

二、知识点分析

（1）建立数据库表，添加字段名并设置字段数据类型。

（2）选择数据格式。

（3）改变字段大小。

（4）设置主键、输入掩码。

course

课程	课程名	上课地点	上课时间	上课周	课时	学分	主讲教师
C001	英语	1号教学楼201	8:00:00	星期一	72	4.5	夏利方
C002	数学	2号教学楼402	8:00:00	星期三	72	4.5	王伟新
C003	概率与统计	1号教学楼203	10:00:00	星期三	48	3	何树仁
C004	C语言程序设计	3号教学楼204	14:00:00	星期四	56	3.5	刘东升
C005	数据库结构	4号教学楼105	14:00:00	星期二	48	3	赵凯亮
C006	操作系统	1号教学楼206	18:00:00	星期一	60	3.75	康凯
C007	信息管理	3号教学楼402	14:00:00	星期一	48	3	周鑫赢
C008	Access数据库应用技术	2号教学楼301	14:00:00	星期三	64	4	刘东升

score

学号	课程号	成绩
2010001	C001	87
2010001	C002	100
2010001	C006	95
2010002	C001	88
2010002	C002	77
2010002	C006	87
2010003	C001	82
2010003	C002	68
2010003	C006	90
2010004	C001	90
2010004	C002	99
2010004	C006	78

图 3.2　学生成绩表及课程表

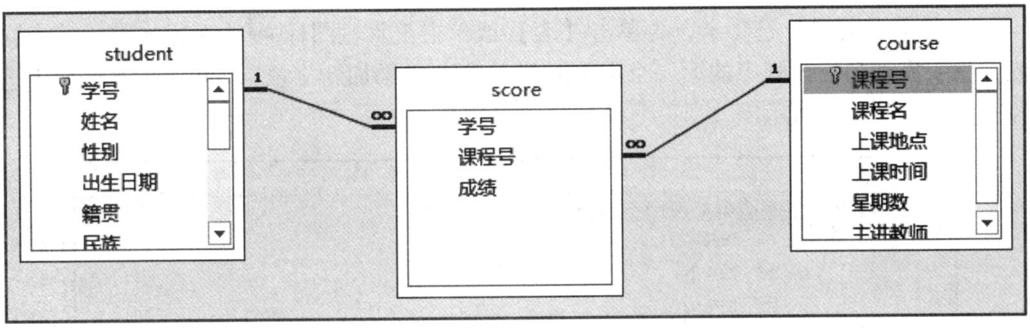

图 3.3　学生成绩管理数据库关系表

（5）设置验证规则和有效性文本。

（6）添加表行数据（添加记录）。

（7）设定表的索引。

（8）字段的其他属性。

（9）建立表间关系。

（10）向 OLE 对象类型的字段输入数据。

（11）建立表的多种方法。

3.1.1 输入数据创建表

一、字段说明

字段的名称必须能直接、清楚地反映信息内容。一般字段名称要具有代表性且精练，字数不要太多，Access 2013 对字段的命名有以下规定（也适用于控件和对象的命名）：

（1）长度不能超过 64 个西文字符（32 个汉字）。

（2）不能包含句号“。”、感叹号“!”、重音符号“`”和方括号“[ ]”，可以包含字母、数字、空格及其他特殊的字符的任意组合。

（3）不能以空格开头。

（4）不能包含控制字符（从 0 ~ 31 的 ASCII 值）。

（5）字段名称和 Access 中已有的属性和其他元素的名称不要相同。

二、创建表

输入数据创建表是指在空白数据表中添加字段和数据，此种方法无须提前定义字段即可创建表。使用时仅需要在开始出现的新数据表中输入数据即可。Access 2013 会自动确定适合每个字段的最佳数据类型，单击“单击以添加”，填写新字段即可开始输入。如果需要更改新字段或现有字段的数据类型或显示格式，可以使用功能区上【字段】选项卡或右键单击“设计视图”进行更改。数据源可以将 Microsoft Excel 表中的数据导入到新的数据表中，Access 2013 会自动创建所有字段并识别数据类型。若利用输入数据创建表的方法，能根据输入的记录自动指定字段类型。创建的方法步骤如下：

（1）单击【创建】选项卡，再单击【表】或单击工具栏图标，Access 在创建表同时将光标置于添加新字段列中的第一个空单元格，单击“添加新字段”，可打开下拉列表选择字段类型，如图 3.4 所示。

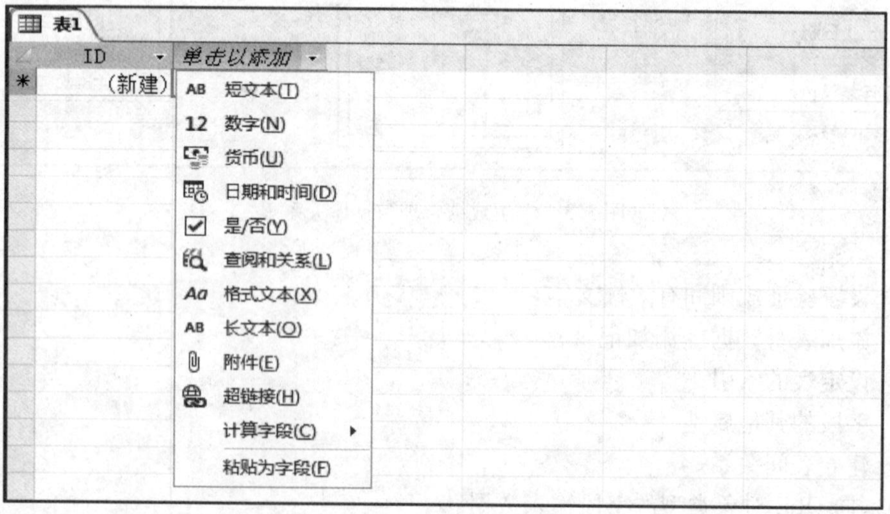

图 3.4 选择字段类型

（2）也可在“添加和删除”组中，单击“其他字段”或单击工具栏图标，Access 将显示“字段模板”窗格，其中包含常用字段类型列表。双击其中一个字段类型就将其属性设置为相应值，且光标自动移动到下一个字段，字段名自动按照“字段 1”“字段 2”命名。

（3）按照此方法，在“字段 1”“字段 2”……中右键单击选择“重命名字段”或双击，则可修改相应的字段名，可建立表结构，如图 3.5 所示。

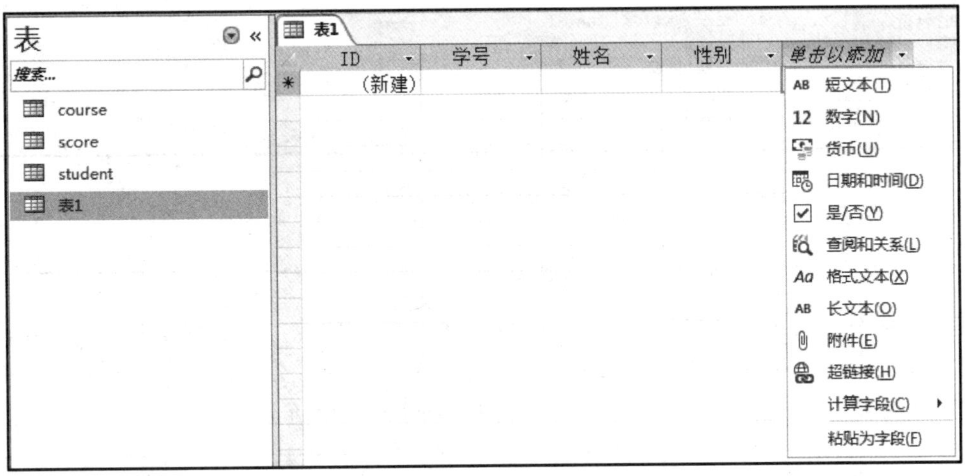

图 3.5　建立表结构

（4）添加字段或修改字段，可右键单击导航窗格的“表 1”视图名，选择“设计视图”，在“另存为”对话框中键入“student”，单击“确定”按钮，然后打开设计视图对话框，如图 3.6 所示。

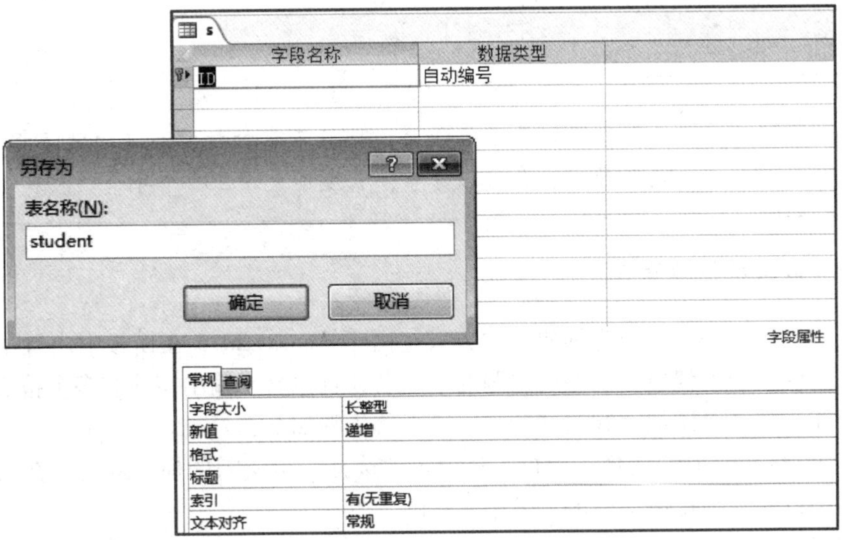

图 3.6　设计视图对话框

将缺省的“ID”改成“学号”，数据类型改成“短文本”，依次添加姓名、性别等所有字段并修改数据类型，该表大部分数据类型选择“短文本”，出生日期和入学年月选择“日期/时间”类型，照片选择“OLE 对象”类型，如图 3.7 所示。

student

字段名称	数据类型	说明(可选)
姓名	短文本	
性别	短文本	
出生日期	日期/时间	
籍贯	短文本	
民族	短文本	
政治面貌	短文本	
身份证件号	短文本	
户口性质	短文本	
班号	短文本	
入学年月	日期/时间	
联系电话	短文本	
血型	短文本	
照片	OLE 对象	

图 3.7　使用设计视图添加表字段

要点提示

一般每个字段应指定有意义的名称，以中文或英文命名，以便当在字段列表窗格中看见该字段时就能够知道它包含的内容和意义。保存表时，会要求创建一个主键，如果没有指定主键，系统会采用一个唯一标识的 ID 号作为表中的主键。

（5）单击右上角的“关闭”按钮即可保存，在导航窗格双击“student”表名，添加数据记录，按照字段名在空格中键入数据，见图 3.1 学生信息表。关于插入照片数据的方法见 3.2.8 节。

（6）若要移动列，单击对应的列标题选择该列，然后将该列拖至所需的位置。也可以选择多个相邻的列，然后将这些列一起拖动到新位置。

要点提示

Access 数据库对文本类型数据管理最强大，一般不参加数学运算的数字都定义为短文本，例如工作证号、电话号码、身份证号等，长度不大于 255 个字节。

3.1.2　使用模板创建表

使用模板创建表是一种快速创建表的方式，由于 Access 2013 在模板中内置了一些常见的示例表，这些表中不仅包含了相关主题的字段名，且包含了输出窗体和多个报表，用户可以根据需要在数据表中添加、修改和删除字段。其步骤如下：

（1）打开 Access 2013 的样本模板，从列表中选择一个所需的模板双击，在右侧窗格中选择存储路径，键入数据库文件名，见第 2 章图 2.26。

（2）若选择“学生”模板，自动生成“学生”表和“监护人”表结构，此时按照“学生导航”的按组筛选，在导航窗格中列出已经建立结构的表、报表、窗体、查询等相关内容，如图 3.8 所示。

（3）若要添加数据，只需在表中添加数据记录，或在图 3.8 中的“学生列表”第一个空单元格中开始键入或粘贴来自另一个数据源的数据即可。当建立好表数据，相应的查询、

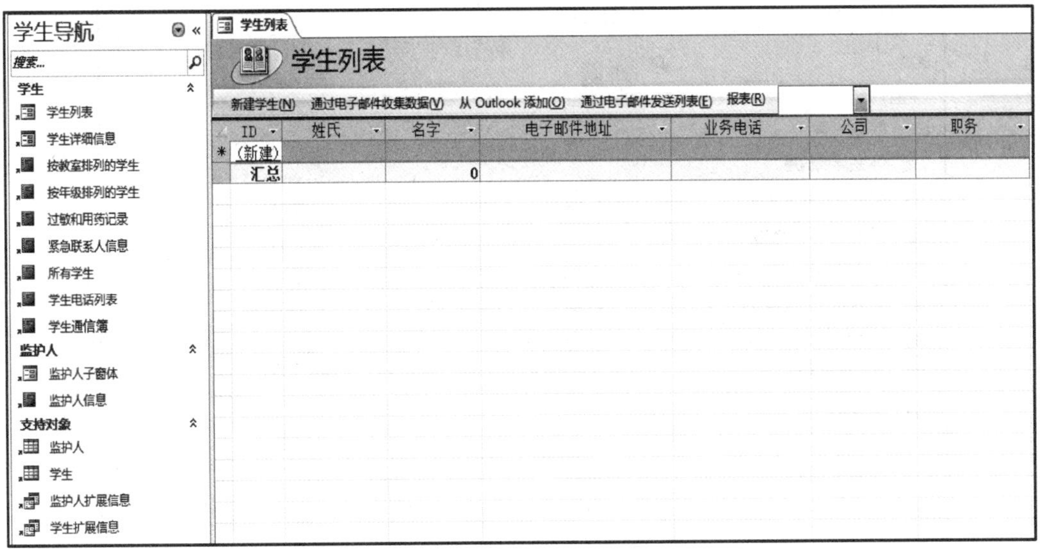

图 3.8 学生模板内容

窗体、报表即可完成。添加数据表内容后结果如图 3.9 所示。

图 3.9 利用模板创建表

（4）若要删除列出的字段，选中该列，单击工具栏图标 ✕删除 或在右击快捷菜单中选择“删除字段”。也可在导航窗格中选择表后右击，单击“设计视图”，从打开的设计视图界面进行删除或修改“字段名称”“数据类型”和“长度”等字段属性，如图 3.10 所示。

（5）保存表：单击“Office”按钮，然后单击“保存”按钮或按“Ctrl”+“S”快捷键。

3.1.3 使用表设计器创建表

表的设计视图是表设计器的主要工具，使用设计视图创建表是 Access 中最常用的方法之一。在设计视图中，用户可以为字段设置不同属性。数据表中每个字段的可用属性取决于为该字段选择的数据类型。它以设计视图为界面，引导用户通过人机交互来完成对表的定义。利用模板创建的数据表在修改时也需要使用表设计器，如图 3.10 所示。在设计视图中，首先创建新表的结构，然后切换至数据表视图以输入数据，或者使用其他方法（如粘贴或导入）输入数据。下面通过案例一的内容详细地讲述添加字段、设置字段属性的方法，以及如何在设计视图中修改数据表。

（1）单击【创建】选项卡，再单击“表设计”或工具栏图标。

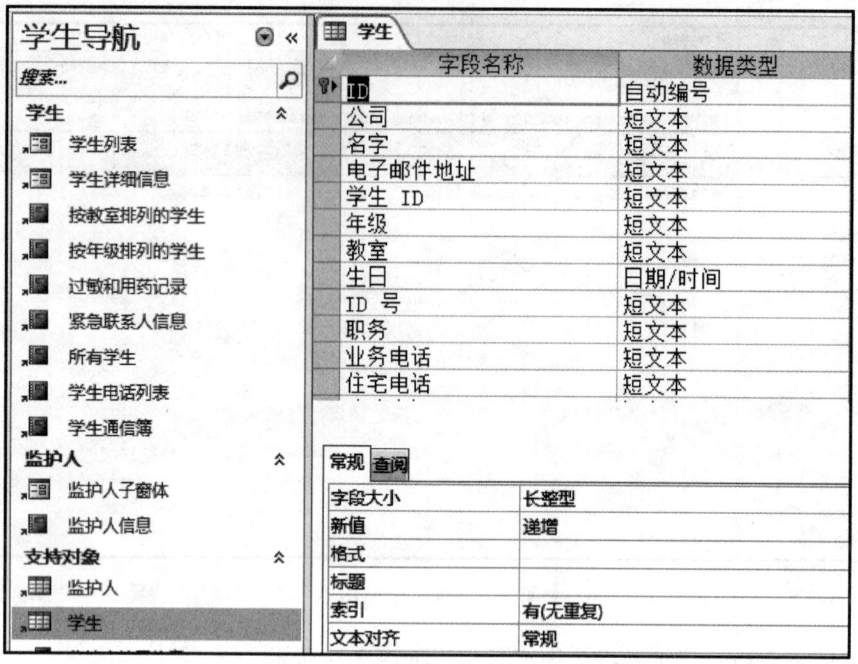

图 3.10　在设计视图中修改学生模板内容

（2）系统自动以“表 1”视图名创建表，右击导航窗格中的“表 1”打开表设计器，按照图 3.6，将表视图名改为“score”。

（3）根据案例一的学生成绩表（score）的三个字段，在“字段名称”列中分别键入字段名称“学号”“课程号”和“成绩”；从“数据类型”列表中选择“学号”“课程号”字段类型都是“短文本”、字段大小分别是 10 位和 6 位，“成绩”字段类型选择“数字”型、“长整型”。如图 3.11 所示。

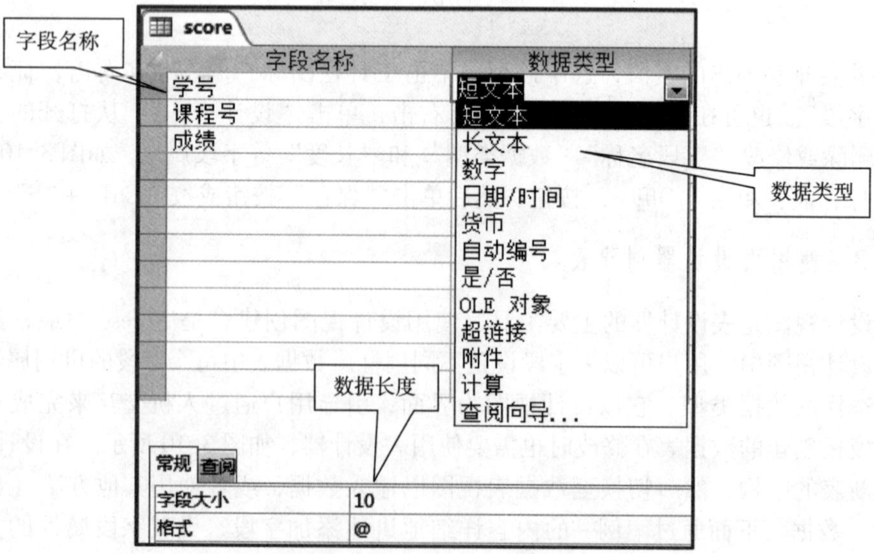

图 3.11　使用表设计器建立成绩表

【说明】学号的长度和课程号长度不能超过 10 位和 6 位，其类型、大小必须和学生信息表 student 的学号和课程表 course 的课程号一致。因为 score 表通过学号与 student 表建立关系，通过课程号与 course 表建立关系（参见 3.2.10 节　三、建立关系的内容）。

（4）添加完成后应保存该表，单击【文件】菜单下的“保存”按钮或按“Ctrl”+“S”快捷键；也可直接单击“关闭”按钮再进行保存。

（5）若要添加、删除、修改字段，可随时切换到设计视图，在导航窗格中右键单击该表，然后选择“设计视图”或工具栏图标，则打开图 3.11 所示的设计视图界面，选择字段右击，进行“插入行”“删除行”处理或直接修改内容。

（6）双击导航窗格的 score 视图名，即可按照学生的学号、课程号、成绩进行录入，完成案例一图 3.2 的成绩表。

同理按照上述方法创建课程表 course，完成案例一图 3.2 课程表的创建。

根据第 2 章 2.3.2 节中例 8 的图 2.17 所示的学生数据库表 E－R 图，使用表设计器继续创建班级表 class、专业表 professional 和教师表 teacher。

单击【创建】选项卡，选择“表设计”，分别键入三个表的字段名，选择字段类型和大小，保存在三个表中，如图 3.12 所示。

teacher

教师编号	教师姓名	性别	专业代号
00102	何树仁	男	003
00109	胡雨月	女	002
00108	江平	女	001
00106	康凯	女	001
00104	刘东升	男	001
00105	王伟新	女	003
00101	夏利方	女	002
00110	张峰	男	003
00103	赵凯亮	男	001

professional

专业代号	专业名称	负责人
1001	计算机科学技术	谭蜜文
1002	国际贸易	周天宇
1003	财务会计	刘玉溪
1004	通信与电子工程	仲述明
1005	自动化	王安河
1006	工商管理	何春红
1007	数学	许婷

class

班号	班级名称
2013101	2013级计算机
2013201	2013级国际贸易
2013301	2013级财务会计
2013401	2013通信与电子工程
2013501	2013自动化一班

图 3.12　使用表设计器建教师、专业和班级表

3.1.4　使用表设计器修改表

使用表设计器可以添加表字段、删除表字段和修改表字段。以 course 表为例，在“上课周”后添加“课时”字段的方法如下：

（1）选中导航窗格中的 course 表右击，选择“设计视图”，在“主讲教师”处右击，单击“插入行”，填写“课时”，数据类型选择“数字”即可，如图 3.13 所示。

（2）选择“上课周”字段，单击下面“查阅”选项卡，选择“组合框”“值列表”，并在“行来源”中键入上课周的星期数，如图 3.14 所示。这样该项数据可通过选择进行数据的填入，详细方法见 3.2.10 节。

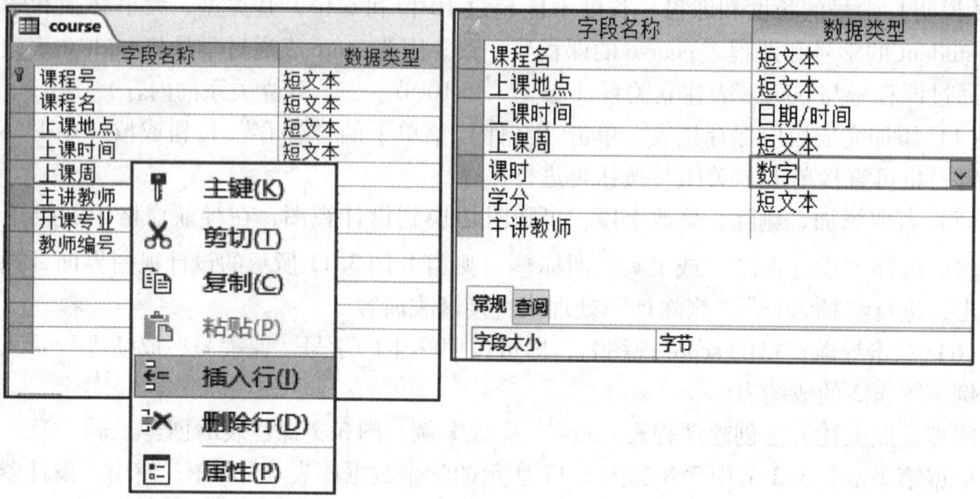

图 3.13　修改表结构

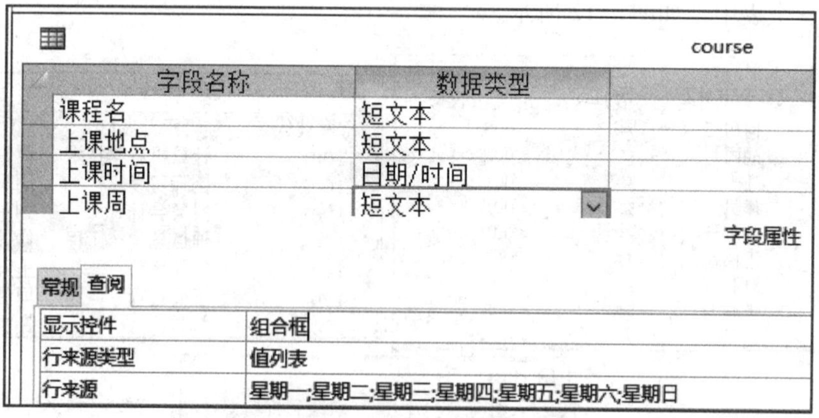

图 3.14　修改“上课周”为组合框

（3）单击“关闭”按钮，保存该表。在导航窗格双击，打开表填入数据即可，如图 3.2 所示。

3.2　设置字段属性

字段的属性是指字段数据的类型、大小、外观和其他一些能够说明字段所表示的信息描述。Access 为大多数属性提供了默认设置，一般能够满足用户的需要。用户也可以改变默认设置或自行设置。常用的属性有数据类型、字段大小、字段格式、输入掩码、默认值和有效性规则等。

3.2.1　字段数据类型

数据表中的每一列称为一个字段，字段名称用于标识每个字段唯一的名字。如“学生信息表”中的学号、姓名、性别、出生年月等。字段名称的长短要适当，太短不足以标识一个字段，太长不但难记忆，且也不易被引用。在设计数据表时必须根据字段内容选择相应的数据类型。Access 为字段提供了 12 种数据类型。当建立好数据库后将自动打开表结构设计窗口，单击功能区【创建】选项卡的“表设计器”，即可打开对话框输入字段名并选择数据类型，如图 3.15 所示。

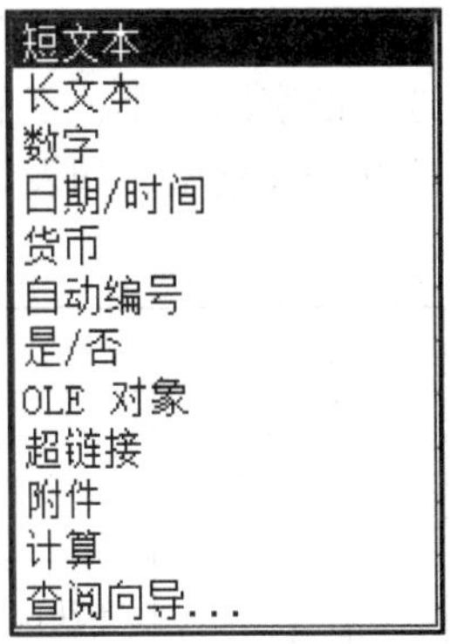

图 3.15　表结构设计窗口

其中，数据类型的设置依据如表 3.1 所示。

不同的数据类型有不同的属性，字段大小是设置存储字段中文本的最大长度或数值的取值范围。短文本类型的字段宽度可以定义在 1 ~255 个字节之间，缺省值是255 个字节。对于短文本类型的宽度，定义得宽一些并不会浪费磁盘空间，因为 Access 系统以实际输入的字符个数来决定所需要的磁盘空间。

表 3.1　数据类型表

数据类型	说　明	举　例	存储空间
短文本	用来存储文字数据，如字母、数字、字符、汉字等	姓名、地址、电话等字符串	最长为 255 个字符
长文本	用来存储长度不固定的数据	简历、说明等	最大可达64 000 个字符
数字	用来存储需计算的数值数据，含字节、整型、长整型、单精度型、双精度型、同步复制 ID 与小数等 7 种	成绩、年龄工资等需要计算的数据	
日期/时间	用来存储日期和时间数据	出生日期、入学时间	8 个字节
货币	用来存储货币数字，例如定金、单价汇款等货币金额	工资总额、奖金等，如（￥1000.00）	8 个字节
自动编号	在添加记录时自动插入唯一序号（每次递增 1）或随机编号	表中自动添加编号，不用人工输入	4 个字节
是/否	代表两种值：“是”或“否”，是/否、真/假、开/关、-1/0	例如：男性为“是”用“1”表示，女性为“否”用“0”表示	1 个字节
OLE 对象	用来存放图片、声音、电子表格及二进制等各类型的数据文件（对象）	例如：图片、声音、动画等数据，或 Excel 电子表格、Word 文件等	最大可为 1 GB
超链接	保存超级链接的字段，超级链接可以是某个 UNC 路径或 URL	例如：http://www.sina.com.cn，新浪的 www 网站	最长为 64 000 个字符
附件	用于窗体的标签，若未输入标题，则该字段用作标签		
计算	用于函数计算、数值计算	例如：工资总和平均年龄等的计算	
查阅向导	可以在此字段中选择输入的数据	例如：在性别字段中，可以选择事先设置好的男、女	4 个字节

数字类型有 7 种选择，其字段宽度包括小数位和小数点位，在列表中共列出了 7 种可以选择的字段大小：字节、整型、长整型、单精度型、双精度型、同步复制 ID 和小数，缺省选择是长整型，如表 3. 2 所示。

表 3. 2　数字类型说明

可设置值	说　明	小数位数	存储空间
字节	保存 0 ~ 255（无小数位）的数字	无	1 个字节
整型	保存 −32 768 ~ 32 767（无小数位）的数字	无	2 个字节
长整型	（默认值）保存从 −2 147 483 648 ~ 2 147 483 647 的数字（无小数位）	无	4 个字节
单精度型	保存 -3.4×10^{38} ~ -1.4×10^{-45} 的负值，1.4×10^{-45} ~ 3.4×10^{-38} 的正值	7	4 个字节
双精度型	保存 -1.8×10^{308} ~ -4.9×10^{-324} 的负值，1.8×10^{308} ~ 4.9×10^{-324} 的正值	15	8 个字节
同步复制 ID	建立同步复制唯一标识符	无	16 个字节
小数	精度是 18 位	自动	32 个字节

3. 2. 2　设置字段格式

Access 2013 字段格式属性用于自定义文本、数字、是/否类型和日期/时间类型字段的输出（显示或打印）格式。它依据使用的数据类型不同而有所不同，只影响数据的显示形式而不影响保存在数据表中的数据。数据类型的格式设置取值如表 3. 3 所示。

表 3. 3　数据类型的格式设置

日期/时间型		数字/货币型		文本/备注型	
设置	说明	设置	说明	设置	说明
常规日期	2007/6/19 17：34：23	常规数字	3456. 789	@	要求文本字符或空格
长日期	2007 年 6 月 19 日	货币	¥3456. 79	&	不要求文本字符
中日期	07—06—19	欧元	ε3456. 79	<	使所有字符变为小写
短日期	2007/6/19	固定	3456. 79	>	使所有字符变为大写
长时间	17：34：23	标准	3, 456. 79	是/否型	
中时间	5：34 下午	百分比	123. 00%	是	−1 表示真值
短时间	17：34	科学计算	3. 46E +03	否	0 表示假值

3. 2. 3　设置常用字段属性

使用设计视图修改表是 Access 中最常用的方法，在设计视图中，用户可以修改字段设置属性。在 Access 数据表中，每一个字段的可用属性取决于为该字段选择的数据类型、大小和格式。常用设置如表 3.4 所示。

表 3.4　字段常用设置

属性	说　明
字段大小	对于文本字段，字符数小于 255 字节则为短文本，否则定义为长文本；数值字段，用于设置将存储的数值类型（“长整型”“双精度型”等）。其中总长度包括整数位、小数位和小数点。若保留 1 位小数，总长度最小设置为 3 位
格式	用于设置数据的显示方式，它不会影响在字段中存储的实际数据。可以选择预定义的格式，也可以输入自定义格式
输入掩码	设定此字段中输入的所有数据指定模式，有助于确保正确输入所有数据格式
默认值	指定每次添加新记录时将在此字段中出现的默认值。若要在“日期/时间”字段中记录添加现有日期，则可以将“Date( )”（不含引号）作为默认值输入
必填	设置此字段中是否需要必写项，如果将此属性设置为“是”，则 Access 只允许在为此字段输入值的情况下才能添加新记录

3.2.4　输入掩码

一、输入掩码的方法

输入掩码是用于设置字段（在表和查询中）、文本框以及组合框（在窗体中）中的数据格式，并可对允许输入的数值类型进行控制，输入掩码可以用来分隔输入空格的原义字符（例如空格、点、点画线和括号）。在创建输入掩码时，可以使用特殊字符来要求某些必须输入的数据（电话号码的区号、电话分机号码），而其他数据则是可选的，如年龄段的上限及下限设置等。这些字符指定了在输入掩码中必须输入的数据类型和位数，例如：“(###)######## - ####”。使用“输入掩码”属性，可控制用户在文本框类型控件中的输入值，如图 3.16 所示。

图 3.16　输入掩码控制

其中，输入掩码的方法可以是利用向导输入掩码或手工设置。利用向导在“设计视图”中打开表，选中需要定义输入掩码的字段。在【常规】选项卡的窗口下方，单击与“输入掩码”属性框相邻的按钮。启动输入掩码向导后，用户可以选择掩码的类型。最后按下“完成”按钮即可完成输入掩码的设置。但该方法只能够处理“短文本”或“日期/时间”字段类型。使用手工设置输入掩码要求直接在字段的“输入掩码”属性输入框中输入定义式。例如，设置住宅电话号码格式，前面 4 位表示区号的数字格式，后面 8 位表示电话数字格式，如图 3.17 所示。

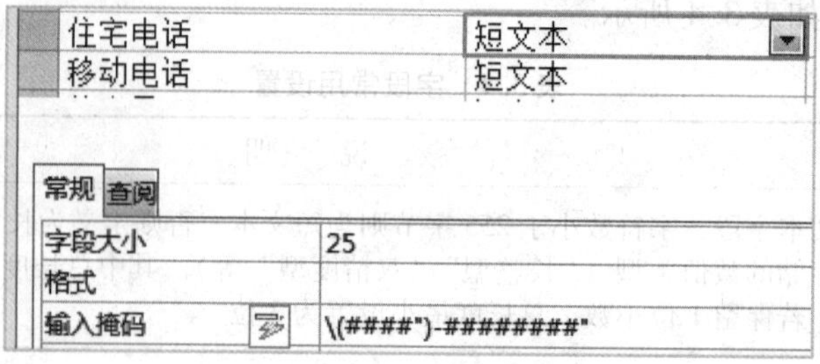

图 3.17　输入掩码设置

二、输入掩码的说明

（1）"#" 表示数字或空格（非必须输入；在"编辑"模式下空格显示为空白，但是在保存数据时空白将删除；允许为加号"+"和减号"-"）。

（2）"0" 表示数字（0~9，必须输入，不允许为加号"+"与减号"-"）。

（3）"9" 表示数字或空格（非必须输入，不允许为加号"+"和减号"-"）；

（4）"L" 表示字母（A~Z，必须输入）。

（5）"?" 表示字母（A~Z，可选输入）。

（6）"A" 表示字母或数字（必须输入）。

（7）"a" 表示字母或数字（可选输入）。

（8）"&" 表示任一字符或空格（必须输入）。

（9）"C" 表示任一字符或空格（可选输入）。

（10）"!" 表示使输入掩码从右到左显示，而不是从左到右显示。键入掩码中的字符始终都是从左到右填入。可以在输入掩码中的任何地方包括感叹号。

（11）"\" 使接下来的字符以字面字符显示。例如，"\A" 只显示为 A。

知识拓展

将掩码属性设为"密码"，可创建密码输入控件。在该控件中键入的任何字符都将以原字符保存，但显示为星号"*"。在窗体的密码文本框中使用该方法设置的步骤见第 5 章 5.3.2 案例七的操作步骤。

3.2.5　输入默认值

使用此属性可以指定在添加新记录时自动输入的值。如果表中记录的某字段值大部分相同，即可为该字段设置一个默认值简化输入。添加新记录时可接受默认值，也可键入新值覆盖它。例如学生基本情况表的入学日期、专业等字段同年级的值是相同的，可在入学日期默认值中键入"#2016/09/01#"，在专业默认值中键入"计算机科学技术"即可。

3.2.6　设置验证规则

设置验证规则主要用来规范字段的输入值，设定某个字段规则后，则所有这个字段内的值都不允许违反这个规则。验证规则用来检查输入字段的值是否符合要求，控制数据输入的正确性和有效性。一旦输入字段的数据违反了验证规则，Access 将弹出一个警告框说明输入错误。大多数情况下，需要在表的设计视图“验证规则”中设置字段的属性加以限制，以防止输入错误。例如在学生成绩表 score 的“成绩”字段设置“验证规则”为“(0 ~ 100)”分，若误输入不在这个范围分时，提示“学生成绩必须在 0 ~ 100 之间输入”，无法存储数据，如图 3.18 所示。

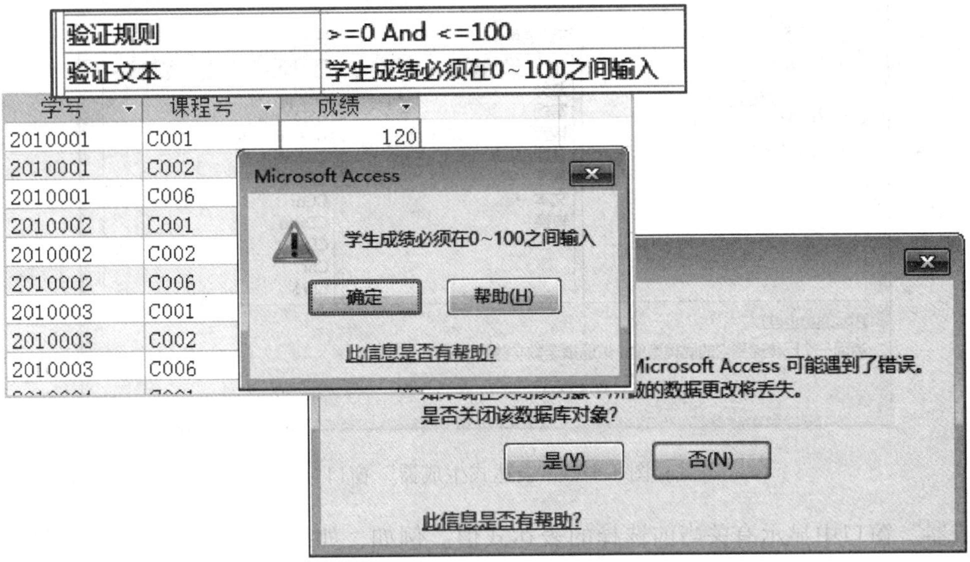

图 3.18　输入验证规则设置

知识拓展

验证规则中的表达式不使用任何特殊语法。创建表达式时，将表字段的名称用方括号括起来，将日期用井号（#）括起来，将文本值用双引号括起来，用逗号分隔项目并将列表放在圆括号内。

3.2.7　添加表达式和函数

表达式是连接运算符的式子，也是各种数据、运算符、函数、控件和属性的任意组合，其运算结果为单个确定类型的值。表达式具有计算、判断和数据类型转换等作用。在筛选条件、验证规则、查询及测试数据时，都要用到表达式。例如查询“张”姓的学生，在“姓名”下面输入表达式为“Like”张“ * ”或“张%”即可。

函数与其他高级编程语言一样，Access 2013 也支持使用函数。函数由事先定义好的一系列确定功能的语句组成，用于实现特定的功能并返回一个值。也可以将一些用于实现特殊计算的表达式抽象出来组成自定义函数。调用时，只需输入相应的参数即可实现相应的功能。Access 2013 系统本身内置了表达式生成器，当在表设计视图中添加“默认值”“验证规则”等属性时，单击该属性右侧的“⋯”按钮，可自动打开生成器，如图 3.19 所示。

表达式生成器具有智能感知功能，因此可以在键入时看到需要的选项。它还在“表达

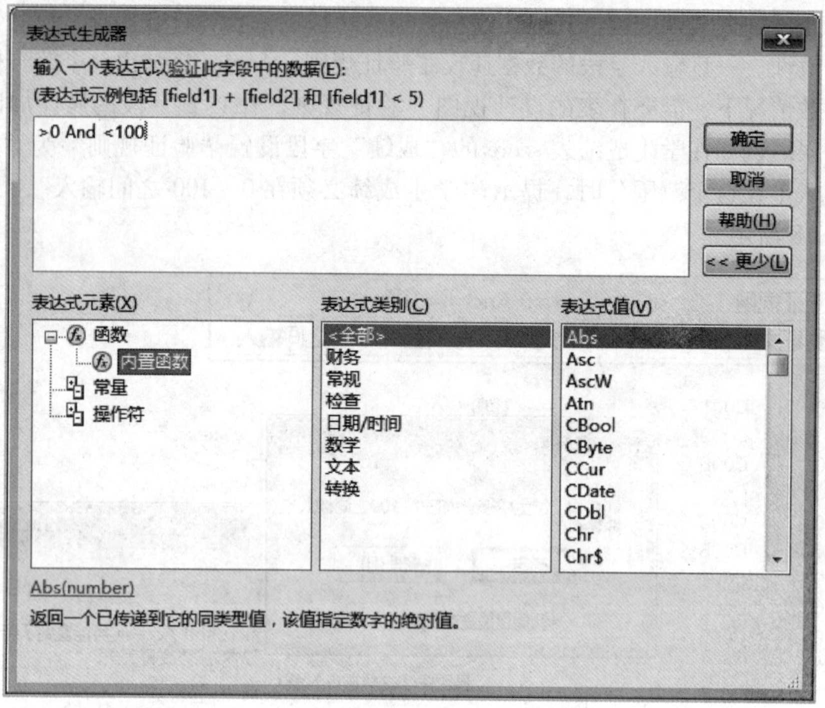

图 3.19 “表达式生成器” 窗口

式生成器” 窗口中显示有关当前选择的表达式值。例如，如果选择 Trim 函数，表达式生成器会显示“Trim（string）” 返回的一个字符串类型变量，该变量包含不带先导空格和尾随空格的指定字符串的副本。此外，对于计算字段，可以创建显示计算结果的字段，计算时若需要引用同一表中的其他字段，可以使用表达式生成器来创建计算。

3.2.8 向 OLE 对象类型的字段输入数据

例如：为 student 表中的“照片” 字段插入图片的步骤是：

（1）双击导航窗格的 student 表，在照片字段中右键单击，选择“插入对象”，在打开的对话框中选中位图“Bitmap Image”，如图 3.20 所示。

（2）在自动打开的画图板对话框中单击“粘贴” 下的“粘贴来源”，选择添加的图片即可，如图 3.21 所示。

3.2.9 设置表的索引

建立索引的目的是快速查询，该操作就是要指定一个或多个字段，以便按一个或多个字段数据值来检索、排序。即：若为某一字段建立了索引，不但加快了查找速度，还加速排序及分组操作。用于索引的字段，通常用于经常搜索、排序数据记录，如数字、英文单词和中文（不常用）。当使用多个字段组合索引时，最多不超过 10 个字段。在 Access 中，表的主关键字将自动设置索引，而对附件、超链接、OLE 对象等数据类型的字段则不能设置索引。索引属性可提供 3 项取值：

（1）“无”，表示本字段无索引。

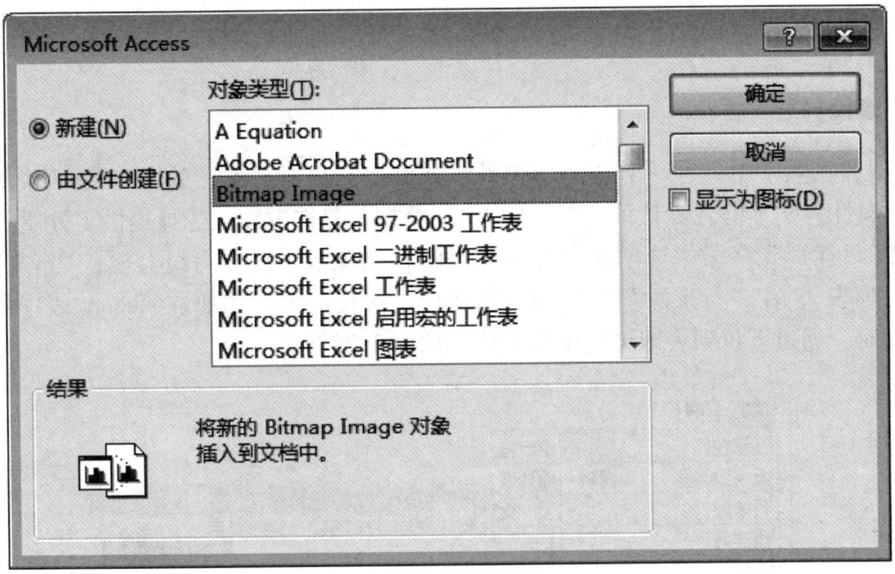

图 3.20　添加 OLE 对象数据

图 3.21　选择图片对象

（2）“有（有重复）”，表示本字段有索引，且各记录中的数据可以重复。

（3）“有（无重复）”，表示本字段有索引，且各记录中的数据不允许重复。

要点提示

并不是将所有字段都建立索引，搜索的速度就会达到最快。这是因为，索引建立的越多，占用内存空间就会越大，这样反而会减慢添加、删除和更新记录的速度。

3.2.10 字段的其他属性

一、查阅向导

【查阅】选项卡中只有一个“显示控件”属性，它只对文本、数字和是/否类型的字段有效。此属性为文本框（默认值）、列表框、组合框及复选框输入选择提供了方便。

例如：“性别”字段中选项，通过在【查阅】选项卡中设置为组合框；“行来源类型”选择“值列表”；在“行来源”框中键入选择值，保存即可。例如在 student 表中添加“性别”数据时，通过下拉列表即可选定输入值，如图 3.22 所示。

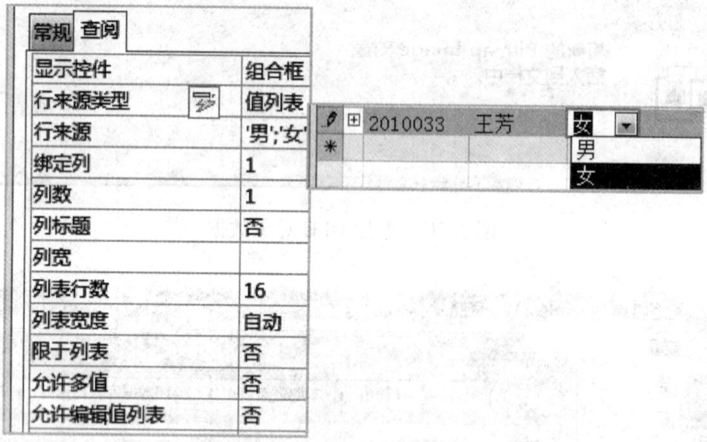

图 3.22　查阅选项设置

二、主键字段的设置

主键是数据库表中用来标志唯一实体的元素，即主键用以保证表中每个记录互不相同，一个表只能有一个主键，主键可以是一个字段，也可以由若干个字段组合而成。例如：学生基本情况表中“学号”就可以作为主键，而姓名、年龄和性别都不能唯一确定成员，所以不能作为主键。作为主键的字段要具备：

（1）字段中的每一个值都必须是唯一的（即不能重复）。

（2）主键不能为空。

建立主键的方法是在表设计器中进行，即在导航窗格中选择表右击，选择“设计视图”，选中相应字段右击，然后选择“主键”，当出现钥匙图标时，表明主键建立成功，也可以在选中相应字段后，单击工具栏的钥匙图标。例如：在案例一的 student 表中，选择“学号”右击或在工具栏中选择“主键”，如图 3.23 所示。若要删除主键，则选中该主键字

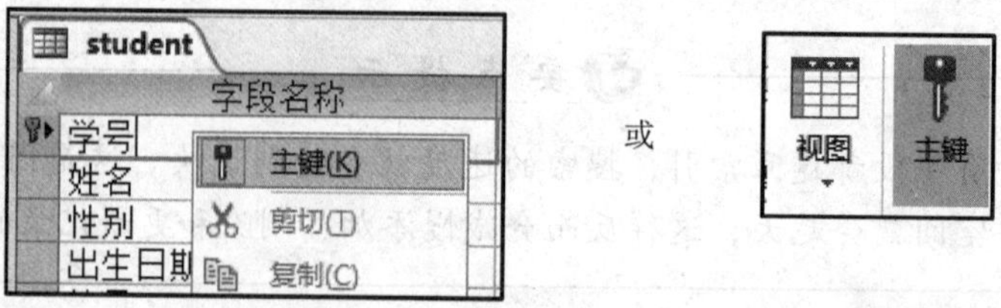

图 3.23　设置主键

段右键单击，再选择“主键”即可删除。

要点提示

在表中可能有多个字段都具有不可重复的特性，通常应尽可能挑选占用空间较小的字段作为主键，以提高查找、排序时的效率。若要选择一个字段，单击所需字段即可。若要选择多个字段，按住“Ctrl”键，然后单击其他字段。

三、建立关系

1. 表间关系的说明

数据库中的表存在表间关系，分为三种：一对一、一对多、多对多。建立表间关系是为了连接两个或多个表时，一次能查找到多个相关数据。即在表间建立关系，可以确保Access将某一表中改动反映到相关联的表中。建立表间关系不仅减少了数据冗余，同时也保证了数据的完整性和正确性。表间关系由公共属性实现，即“一”表的主键在“多”表中作为外键。

例如：学生信息表的“学号”是主键，在成绩表中一个学生有多门成绩，因此“学号”是成绩表的外键。同理，课程表的“课程号”是课程表的主键，它又是成绩表的外键。若外键所在表中该字段的值出现多次，则建立“一对多”关系，若外键所在表中该字段的值出现一次，则建立“一对一”关系。而“多对多”关系需要借助中间表，通过两个“一对多”关系实现多对多关系。

2. 建立关系的方法

根据第2章实体之间的关系图2.16，结合案例一建立的学生信息表（student）、成绩表（score）、课程表（course）之间关系的方法步骤如下：

（1）单击【数据库工具】菜单，选择关系按钮 关系，打开“显示表”对话框，选择相应表，单击“添加”按钮，如图3.24所示。

（2）将三个表添加到关系窗口空白处，此时要求student表的“学号”和course表的“课程号”建立主键（有钥匙图标），且该两个字段数据的类型、大小与score表的内容一

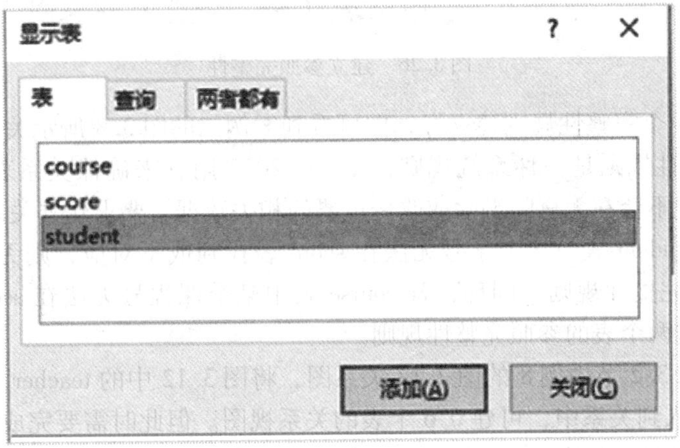

图3.24　添加关系表

致。若未建立主键，可选中相应表右击，选择“表设计”打开表设计器建立主键，如图 3.25 所示。

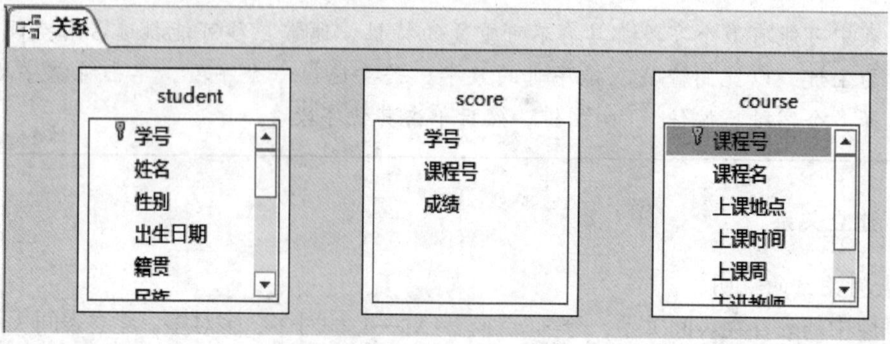

图 3.25　建立关系

（3）拖动 student 表主键到 score 表的外键（学号）处，打开建立参照完整性规则表，选中“实施参照完整性”“级联更新相关字段”“级联删除相关记录”三个复选框，单击“创建”按钮。同理再拖动 course 表主键到 score 表的外键（课程号）建立完整性规则，如图 3.26 所示。

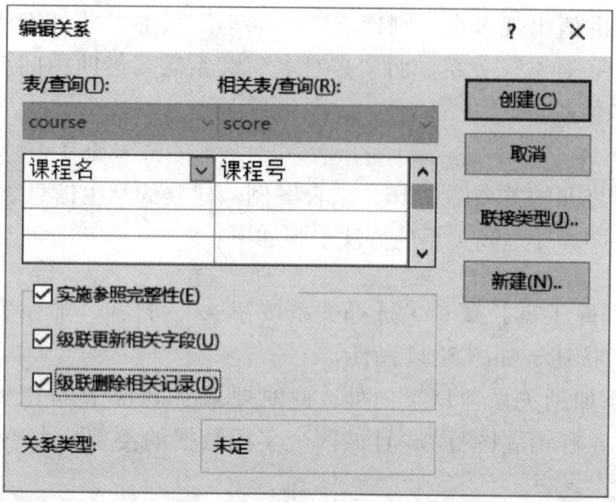

图 3.26　建立参照完整性

（4）将上述两个完整性规则建立好，即可看到案例二的图 3.3 所示关系视图。

【说明】完整性规则是一种系统规则，Access 2013 用它来确保关系表中的记录是否有效，并且确保用户不会在无意间删除或改变重要的相关数据。要求建立关系的主键与外键数据必须一致，若 student 表中某个学号无法在 score 表找到或不对应，则无法建立 student 表和 score 表的参照完整性规则。同理，若 course 表中某个课程号无法在 score 表找到或不对应，也不能建立这两个表的参照完整性规则。

按照第 2 章 2.3.2 节中例 8 的图 2.17 关系图，将图 3.12 中的 teacher 表、professional 表和 class 三个表加入到关系中，可建立 6 个表的关系视图。但此时需要完成的步骤如下：

（1）在关系视图空白处右击，选择“显示表”，将 teacher 表、professional 表和 class 表添加到关系视图中，如图 3.27 所示。

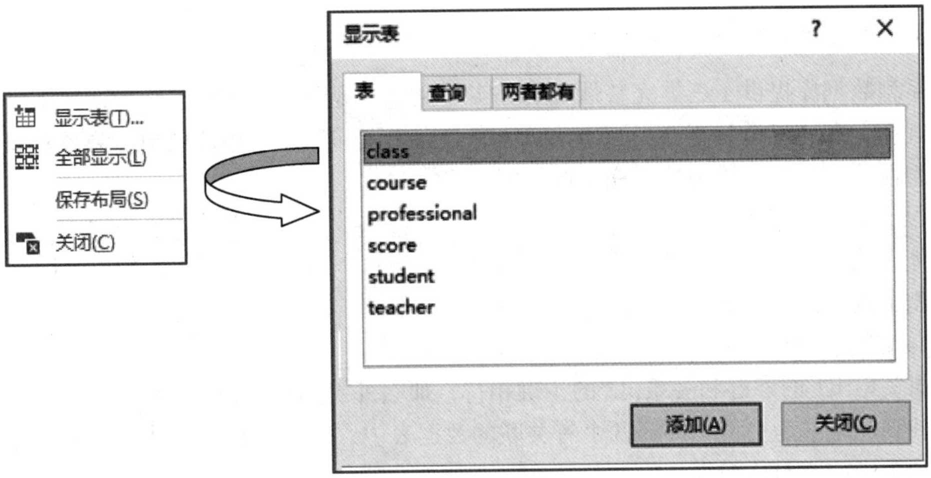

图 3.27　添加 teacher、professional 和 class 表

（2）分别右击 teacher、class 和 professional 表，选择“表设计”，在打开的表设计器中建立班号、专业代号和教师编号为主键。

（3）在 student 表中添加“班号”字段和相应数据（与 class 表数据对应），在 course 表中添加“开课专业”和“教师编号”两个字段，分别填写与 professional 表“专业代号”和 teacher 表“教师编号”相对应的数据。

（4）拖动 class 表“班号”到 student 表“班号”建立关系；拖动 professional 表“专业代号”到 course 表“开课专业”建立关系；拖动 teacher 表“教师编号”到 course 表“教师编号”建立关系，如图 3.28 所示。

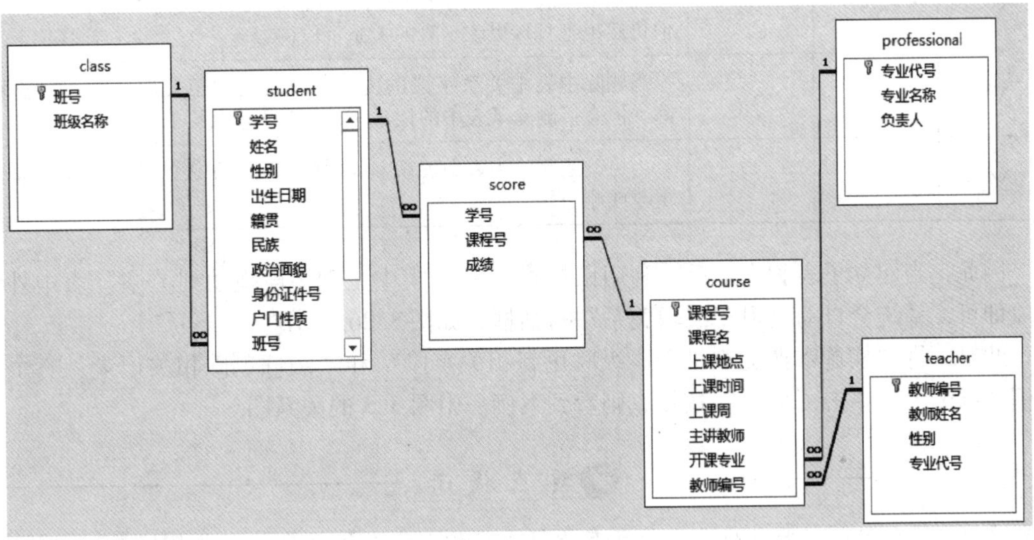

图 3.28　学生数据库关系

【说明】建立完整性规则的方法与案例二建立关系的方法完全一致，要求主键的数据必须与外键数据值相互匹配，匹配的原则是字段的类型、大小一致，字段的值相对应。

四、建立完整性规则

关系型数据库提供了三类完整性规则：实体完整性规则、参照完整性规则、用户自定义完整性规则。在这三类完整性规则中，实体完整性规则和参照完整性规则是关系模型必须满足的完整性约束条件，称为关系完整性规则。

1. 实体完整性规则

实体完整性规则是指关系的主属性（主键、主码）不能为空值且具有唯一性。相应的关系模型中以主键作为唯一性标识，主键一定是存在的实体。

2. 参照完整性规则

如果关系 R1 的外键和关系 R2 的主键相符，那么外键的每个值必须在关系 R2 中主键值中可以找到，不能为空值。即：两个有关联的数据表中，一个数据表的外键一定在另一个数据表中的主键中有对应数据。

3. 用户自定义完整性规则

用户根据实际数据库的约束条件，由环境所决定、反映某一具体应用所涉及的数据条件。例如：某单位把中年人的年龄定义为 35 到 45 岁，退休年龄是 60 岁等。应根据需求的实际情况完成用户自定义的完整性规则。Access 2013 中，完整性规则的意义如表 3. 5 所示。

表 3. 5　参照完整性规则表

复选框选项			关系字段的数据关系
参照完整性	级联更新	级联删除	
√			两表中关系字段的内容都不允许更改或删除
√	√		当更改主表中关系字段的内容时，子表的关系字段会自动更改。但仍然拒绝直接更改子表的关系字段内容
√		√	当删除主表中关系字段的内容时，子表的相关记录会一起被删除。但直接删除子表中的记录时，主表不受其影响
√	√	√	当更改或删除主表中关系字段的内容时，子表的关系字段会自动更改或删除

因此，当建立了表和主键后，利用鼠标将“一”表中主键字段拖动到“多”表中外键字段即可，系统会自动出现“编辑关系”对话框，如图 3. 26 所示。

此时，将“实施参照完整性”“级联更新相关字段”和“级联删除相关记录”三个复选框全部选中，单击“创建”按钮，则看到案例一中图 3. 3 的关系图。

要点提示

创建关系时，不要求公共字段具有相同的名称，它必须具有相同的数据类型，也必须具有相同字段大小属性设置。即：外键数据类型应该与参照表主键类型一致。若外键数据值在参照表主键中无法找到，或数据类型不匹配，则违背了实施参照完整性规则，无法建立关系。

本章小结

本章重点讲述了数据库表、关系的建立，包括建立表的数据类型、字段属性、设置主键、设置验证规则、掩码、添加表达式、建立索引的方法和内容。通过三张表格详细说明了属性设置方法，包括数据类型、大小、限定条件、取值范围和格式，并对 OLE 字段数据添加进行了举例说明。

通过案例一对数据库表、关系的制作，学生应掌握建立数据库表、添加数据及建立关系的方法。从中掌握设置属性、格式、掩码、添加主键、索引、表达式及验证规则的操作方法，案例一的操作贯穿于整个章节中。

本章练习

一、问答题

1. 建立数据库表有哪几种方法？它们有什么不同？
2. 什么是表的主键？设置主键的规则是什么？
3. 添加掩码的作用是什么？应如何操作？
4. 验证规则指的是什么？如何建立？
5. 常见的数据库表关系有哪几种？说明建立关系的作用。

二、选择题

1. “学号”字段中含有“1”“2”“3”等值，则在表设计器中，该字段可以设置成数字类型，也可以设置为（　　）类型。

A. 货币　　B. 文本　　C. 附件　　D. 日期/时间

2. 输入掩码通过（　　）减少输入数据时的错误。

A. 限制可输入的字符数　　B. 仅接受某种类型的数据

C. 在每次输入时，自动填充某些数据　　D. 以上全部

3. 下列（　　）不是 Access 2013 数据库的对象类型？

A. 表　　B. 向导　　C. 窗体　　D. 报表

4. 关系数据库中的表不必具有的性质是（　　）。

A. 数据项不可再分　　B. 同一列数据项要具有相同的数据类型

C. 记录的顺序可以任意排列　　D. 字段的顺序不能任意排列

5. 创建表时可以在（　　）中进行。

A. 报表设计器　　B. 表浏览器　　C. 表设计器　　D. 查询设计器

6. 不能进行索引的字段类型是（　　）。

A. 附件　　B. 数值　　C. 字符　　D. 日期

7. 文本类型的字段最多可容纳（　　）个中文字。

A. 255　　B. 256　　C. 128　　D. 127

8. 若要查询成绩为 60 ~ 80 分（包括 60 分，不包括 80 分）的学生的信息，成绩字段的查询准则应设置为（　　）。

A. >60 or <80　　B. >=60 And <80

C. >60 And <80　　D. IN（60，80）

9. 数据类型是（　　）。

A. 字段的另一种说法

B. 决定字段能包含哪类数据的设置

C. 一类数据库应用程序

D. 一类用来描述 Access 表向导允许选择的字段名称

10. 利用对话框提示用户输入参数的查询过程称为（　　）。

A. 选择查询　　B. 参数查询　　C. 操作查询　　D. SQL 查询

11. 掩码“####-######”对应的正确输入数据是（　　）。

A. abcd-123456　　B. 0755-123456　　C. ####-######　　D. 0755-abcdefg

12. （　　）数据类型可以用于为每个新记录自动生成数字。

A. 数字　　B. 超链接　　C. 自动编号　　D. OLE 对象

13. Access 2013 共提供了（　　）种数据类型。

A. 9　　B. 10　　C. 11　　D. 12

14. 存储学号的字段适合于采用（　　）数据类型。

A. 货币　　B. 文本　　C. 日期　　D. 长文本

15. 掩码“LLL000”对应的正确输入数据是（　　）。

A. 555555　　B. aaa555　　C. 555aaa　　D. aaaaaa

16. 在数据表的设计视图中，数据类型不包括（　　）类型。

A. 文本　　B. 逻辑　　C. 数字　　D. 长文本

17. 以下关于 Access 2013 的说法中，不正确的是（　　）。

A. Access 2013 风格与 Microsoft Office 2013 系列软件具有完全一致的风格

B. Access 2013 可以作为个人计算机和大型主机系统之间的桥梁

C. Access 2013 适用于大型企业、学校、个人等用户

D. Access 2013 可以接受多种格式的数据

18. 使用表设计器来定义表的字段时，以下（　　）可以不设置内容。

A. 字段名称　　B. 数据类型　　C. 说明　　D. 字段属性

19. 字段名可以是任意想要的名字，最多可达（　　）个字符。

A. 16　　B. 32　　C. 64　　D. 128

20. Access 2013 中，（　　）字段类型的长度不由系统决定。

A. 是/否　　B. 文本　　C. 货币　　D. 长文本

三、填空题

1. Access 2013 常用的数据类型有数字、文本、日期/时间和________。

2. 字段按其所存数据的不同而被分为不同的数据类型，其中“文本”数据类型用于存放________数据。

3. 在 Access 2013 中，如果一个字段中要保存长度多于 255 个字符的文本和数字的组合数据，选择________数据类型。

4. 计算机处理的数据通常可以分为三类，其中反映事物数量的是________类型数据。

5. 如果一张数据表中含有照片，那么“照片”这一字段的数据类型通常为________。

四、考核要点

1. 创建表的方法和步骤。
2. 设置字段属性和格式。
3. 设置表的主键。
4. 查阅向导的规则。
5. 设置索引的方法。
6. 添加掩码的方法。
7. 添加不同类型数据的方法。
8. 添加完整性规则的目的和方法。
9. 数据库表关系的种类及建立关系的目的。
10. 建立表间关系的方法。

练习参考答案

第 4 章

创建和使用查询

查询就是对数据库中的数据进行查找，形成动态数据集。查询可以对数据库中的一个表或多个表的数据进行浏览、筛选、排序、检索、统计和加工等操作，把建立的查询看作是一个临时表，也成为视图。使用查询是根据查询条件从数据源中创建符合条件的动态记录集合。查询的数据来源是表或已建立的查询。查询类型主要有选择查询、交叉表查询、参数查询、操作查询和 SQL 特定查询等。

4.1 选择查询

4.1.1 创建简单选择查询

选择查询是最常见的查询类型，它不仅可以对记录进行分组，还可以对记录进行汇总、计数、求平均值以及进行其他类型的总和计算。可以让用户根据指定条件对数据库进行检索，筛选出符合条件的记录，构成一个新的数据集，方便用户对数据库进行查看和分析。

案例二 制作条件查询

在这个案例中，将重点讲述使用 Access 2013 制作条件查询的过程和方法、分类统计查询的过程，帮助用户掌握 Access 2013 多种查询使用。

一、案例说明

图 4.1 和图 4.2 是制作好的条件查询视图。其数据源选择了学生信息表（student）、成绩表（score）和本学期课程表（course），见案例一中的图 3.1、图 3.2。其中图 4.1 查询条件是选修“Access 数据库应用技术”、成绩大于 80 的学生信息。图 4.2 是按本学期开设的课程统计查询各科成绩的平均分。该案例操作过程见 4.1.2 小节。

学号	姓名	性别	课程名	成绩	主讲教师
2013020	郭婉珍	女	Access数据库应用技术	84	刘东升
2013002	李英	女	Access数据库应用技术	89	刘东升
2013005	赵闯	男	Access数据库应用技术	90	刘东升
2013020	郭婉珍	女	Access数据库应用技术	82	刘东升
2013025	李新名	女	Access数据库应用技术	86	刘东升
2013028	陈蕊	女	Access数据库应用技术	90	刘东升

图 4.1 选择查询结果

课程名	成绩 之 平均值
Access数据库应用技术	79.8125
C语言程序设计	75.1111111111111
操作系统	78.4545454545455
概率与统计	73.8888888888889
数据库结构	78
数学	76.7368421052632
信息管理	83.5
英语	82.46875

图 4.2　查询统计各科成绩平均分

该案例的教学目标是学习加入数据源、查询条件、分类汇总、统计的设置方法。

二、知识点分析

（1）生成简单查询、复合查询的方法。
（2）设置查询数据源、查询条件。
（3）设置查询字段。
（4）分类汇总查询的方法。

4.1.2　设置查询条件（含表达式、函数）

选择查询是应用最广泛的查询类型，它有“查询向导”和“设计视图”两种方法。

一、使用向导（案例一操作过程）

（1）单击【创建】选项卡中的“查询向导”按钮，在打开的对话框中选定“简单查询向导”项。

（2）从“表/查询”下拉列表中选择表，然后选择所需字段，再单击“下一步”按钮，可看到如图 4.3 所示的对话框，选定学生（student）、成绩（score）、课程（course）三个表

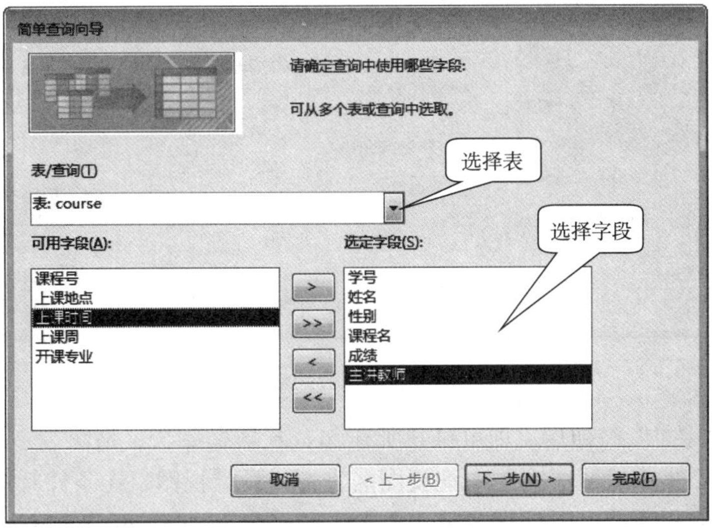

图 4.3　利用查询向导选择查询字段

中的学号、姓名、性别、课程名、成绩和主讲教师部分字段。

（3）单击“下一步”按钮，选择“明细（显示每个记录的每个字段）”，如图 4.4 所示。

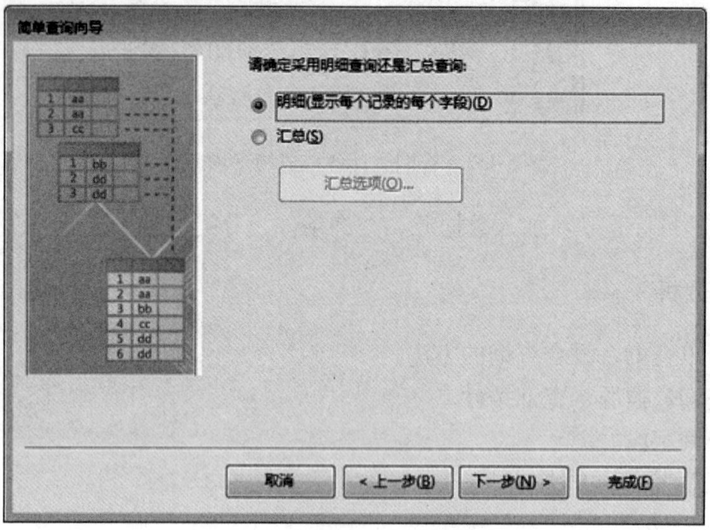

图 4.4　选择明细

（4）单击“下一步”按钮，键入查询标题“查询 Access 数据库考试情况”，如图 4.5 所示。

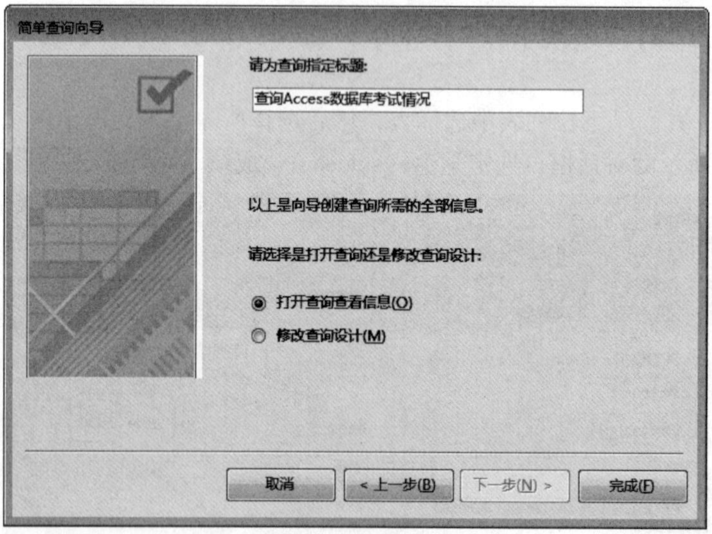

图 4.5　添加查询标题

（5）单击“完成”按钮后，即可打开所有 Access 数据库考试情况表。此时在导航窗格中右击“Access 数据库考试情况”查询视图名，打开设计视图，在条件行中“课程名”列内添加“Access 数据库技术”课程名字、在成绩列上键入“ >=80 “的查询条件，如图 4.6 所示。

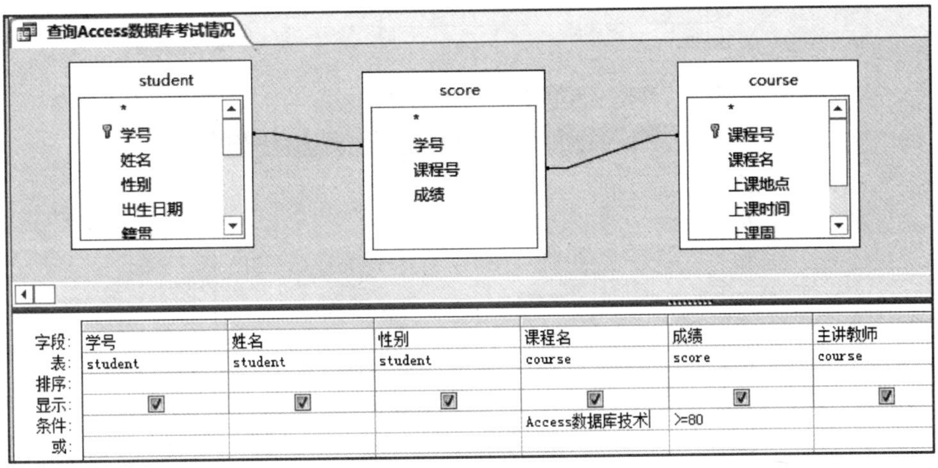

图 4.6　添加查询条件

（6）此时可看到图 4.1 的查询结果。

（7）按照上述方法，使用“查询向导”添加成绩表和本学期课程表，选择“课程名”和“成绩”字段；同理在导航窗格中右击查询视图名，打开设计视图，再选择功能区工具栏“汇总”项，则打开汇总选项对话框，在“总计”行中的“成绩”列选择“平均值”，如图 4.7 所示，（还可选择成绩字段汇总、最大和最小），然后单击“确定”按钮。

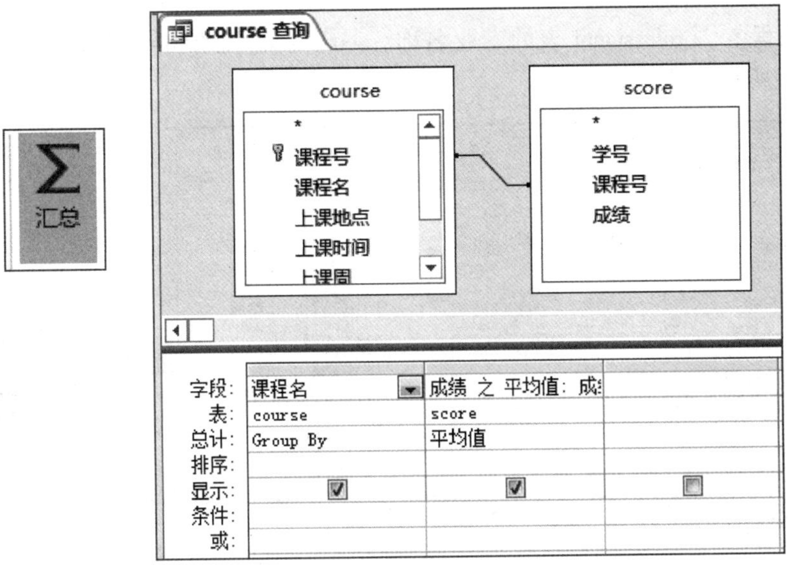

图 4.7　求表中数值字段的平均值

（8）这样便完成了图 4.2 所示的各科平均成绩统计。

二、使用查询设计

（1）单击【创建】选项卡中的“查询设计”按钮，在打开的对话框中选定数据源，其数据源可以是表、查询或两者均有，可从打开的“显示表”对话框中进行选择，如图 4.8 所示。

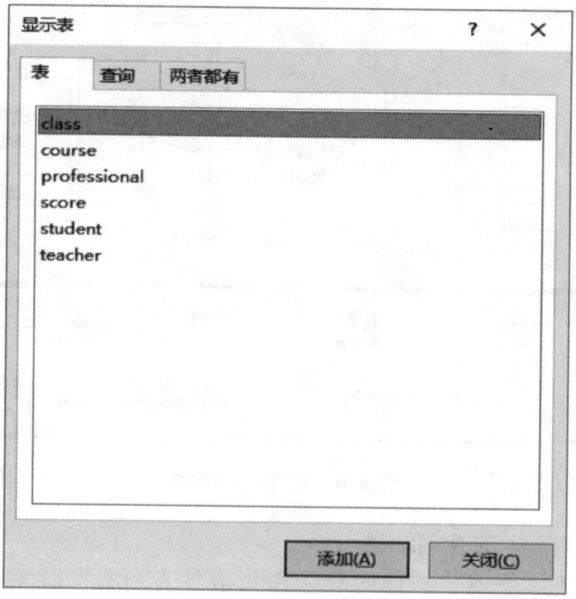

图 4.8　选择查询数据源

（2）按照第 2 章 2.3.2 节中例 8，现将 class、student、score、course、professional 和 teacher 六个表添加到查询设计视图中，选择 class 表的班级名称、student 表的学生姓名、course 表的课程名、professional 表的专业名称、score 表的成绩和 teacher 表的教师姓名，可看到如图 4.9 所示的对话框。

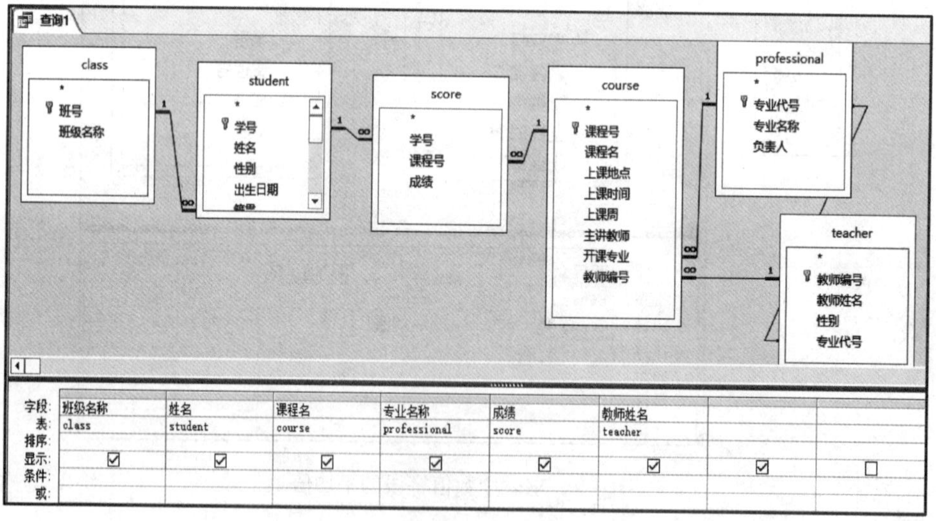

图 4.9　使用查询设计

（3）单击“关闭”按钮，打开保存对话框，查询结果如图 4.10 所示。

【说明】查询设计中最常用的是选择查询，通过设置查询条件以获得所需要的数据。

①条件表达式中数据类型常用的有：数字型、短文本型、日期型和是/否型常量。其中：

数字型：直接输入数值，例如，123，123.45。

综合查询

班级名称	姓名	课程名	专业名称	成绩	教师姓名
2013级计算机	吴文龙	英语	国际贸易	87	夏利方
2013级计算机	吴文龙	数学	财务会计	100	王伟新
2013级计算机	吴文龙	操作系统	计算机科学技术	95	康凯
2013级计算机	李英	数学	财务会计	77	王伟新
2013级计算机	李英	操作系统	计算机科学技术	87	康凯
2013级计算机	李英	英语	国际贸易	88	夏利方
2013级计算机	陈艳文	英语	国际贸易	82	夏利方
2013级计算机	陈艳文	数学	财务会计	68	王伟新

图 4.10 查询设计结果

短文本型：以双引号括起，例如“文理”。

日期型：其常量用符号“#”括起，例如#2015－04－09#。

是/否型：常用 yes 或 true 表示“是”，使用 no 或 false 表示“否”。

②条件表达式中常用的运算符：运算符是组成条件表达式的基本元素。Access 提供了算术运算符、比较运算符、逻辑运算符和特殊运算符。

③条件表达式常用函数：数值函数、字符函数、日期/时间函数、统计函数和其他函数。

例如：查询 student 表中 1996 年 1 月 1 日到 12 月 31 日出生的女生方法是：

单击【创建】选项卡中的“查询设计”按钮，添加 student 表，在“性别”栏中填写“女”，在“出生日期”栏中填写“ >= #1996/1/1 # And <= #1996/12/31 #”即可，如图 4.11 所示。

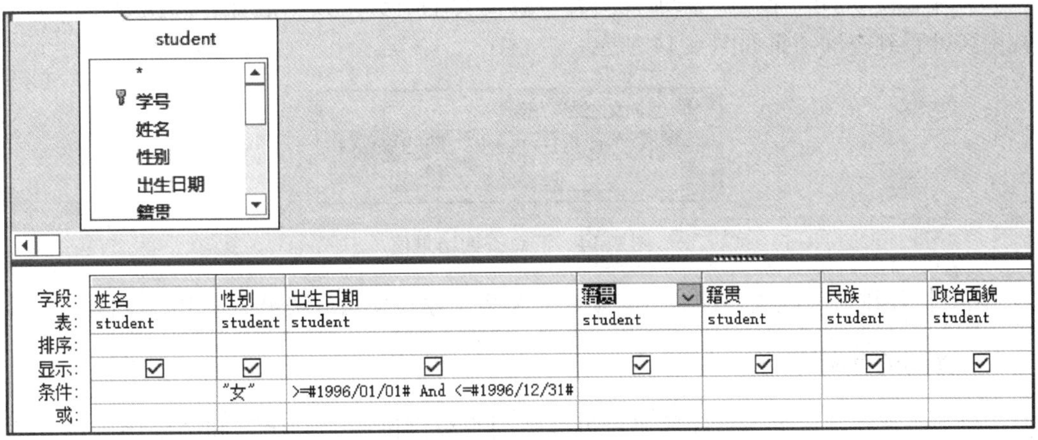

图 4.11 设置日期查询

要点提示

使用查询设计可以从多表中任意选择字段进行查询，要求这些表必须建立关系，形成的多表综合查询视图可以作为窗体、报表的数据源。该方法能方便地从数据库中查找所需的数据进行输出和形成报表。

三、使用分组汇总设定查询

汇总查询包括分组、合计、平均值、求最大最小等 12 项内容如图 4.12 所示，单击工具栏“汇总”图标即可打开。

针对学生表 student，统计学生中女生团员的人数，方法是：

（1）单击【创建】选项卡中的“查询设计”按钮，添加 student 表，在查询视图上单击工具栏中的“汇总”按钮，出现“总计”列表。选择统计所需的字段：学号、性别和政治面貌。

（2）在“学号”下方总计列表中选择“计数”，在“性别”和“政治面貌”下方的“条件”列表中键入“女”和“团员”，如图 4.13 所示。

图 4.12　分组汇总查询

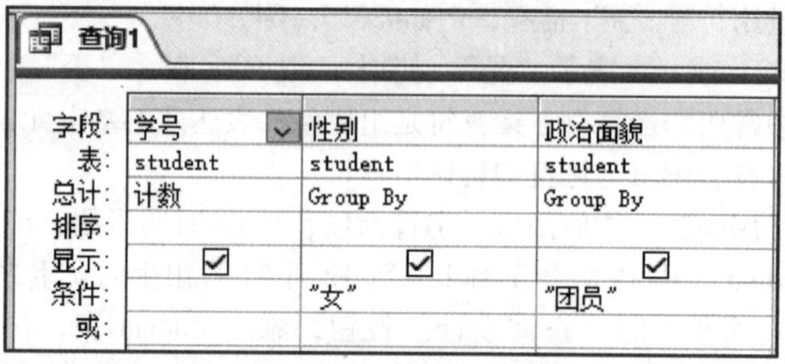

图 4.13　设置汇总查询条件

（3）单击“关闭”按钮，添加视图名“查询女生团员人数”后保存。在导航窗格中双击视图名可看到查询结果如图 4.14 所示。

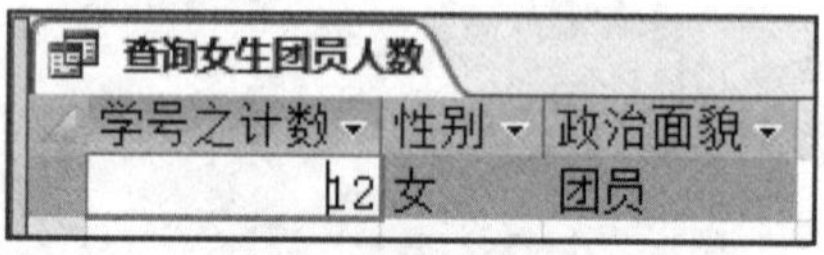

图 4.14　汇总查询结果值

【说明】使用多表建立查询时，必须建立关系，建立关系方法见 3.2.10 节内容。

四、查询的有序输出

按照某一字段数据大小有序输出，可以使用系统提供的“升序”和“降序”改变输出次序。若数据类型为短文本型，大小按照字母或汉字拼音的 ASCII 码进行排列，若是数字型则直接按照大小进行排列。例如，将学生成绩表 score 按照大小排列的方法是：

（1）单击【创建】选项卡中的“查询设计”按钮，选择 score 表。

（2）选择 score 表的输出字段“学号”“课程号”和“成绩”。

（3）在“排序”项的“成绩”列中选择“降序”，单击“关闭”按钮，填写保存视图名，如图 4.15 所示，单击“确定”按钮。

（4）双击导航窗格的查询视图名，可看到成绩按照从大到小的输出结果，如图 4.16 所示。

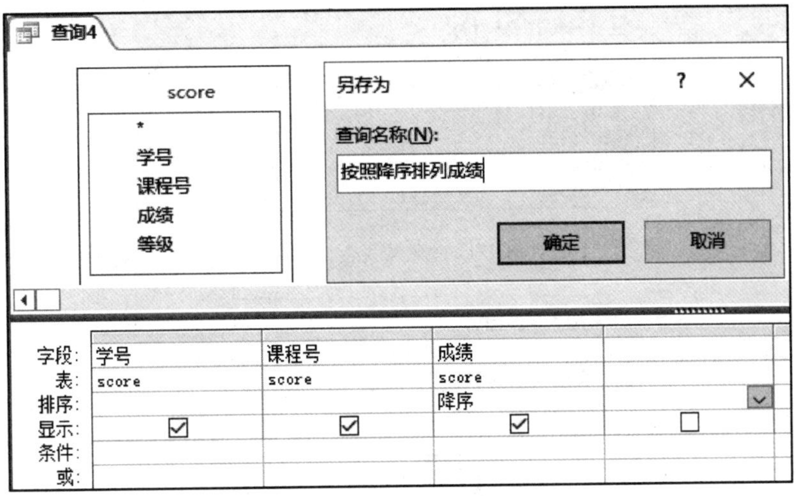

图 4.15　设置成绩降序排列

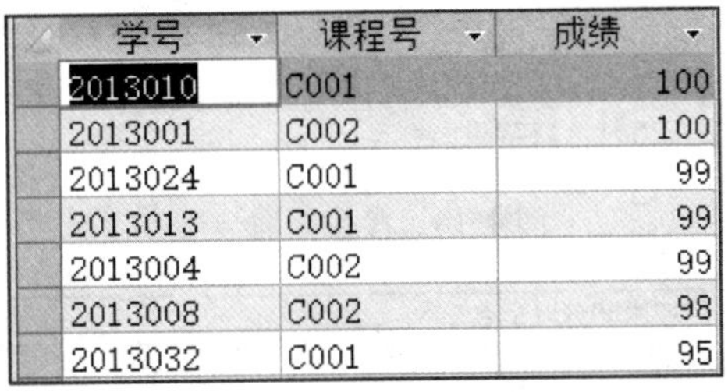

学号	课程号	成绩
2013010	C001	100
2013001	C002	100
2013024	C001	99
2013013	C001	99
2013004	C002	99
2013008	C002	98
2013032	C001	95

图 4.16　成绩降序排列结果

4.2　高级选择查询

高级选择查询包括交叉表查询、参数查询和操作查询，其中操作查询包括生成表、更新、追加和删除查询四种，其目的是通过查询操纵数据库。

4.2.1　创建高级查询

案例三　高级查询

在这个案例中，将重点讲述使用 Access 2013 制作交叉表查询、参数查询和操作查询的方法和步骤，帮助用户掌握 Access 2013 高级查询的使用。

一、案例说明

图 4.14、图 4.15 和图 4.16 分别是制作好的交叉表查询视图、参数查询视图和操作查询视图。其数据源仍选择了学生基本情况表、成绩表、课程表。其数据源见第 3 章图 3.1 和图 3.2；图 4.17 交叉表查询的目的是按不同班级、不同性别统计人数；图 4.18 参数查询能够按用户输入的学号，查询学生的选课及成绩情况；图 4.19 操作查询是按照选修 “Access 数据库应用技术”、分数大于等于 80 分的学生生成的新表。该案例操作见 4.2.2 节和 4.2.3

按照班级性别统计

班号	总计 学号	男	女
2013101	13	4	9
2013201	7	4	3
2013301	3	2	1
2013401	3	1	2
2013501	7	2	5

图 4.17　交叉表查询结果

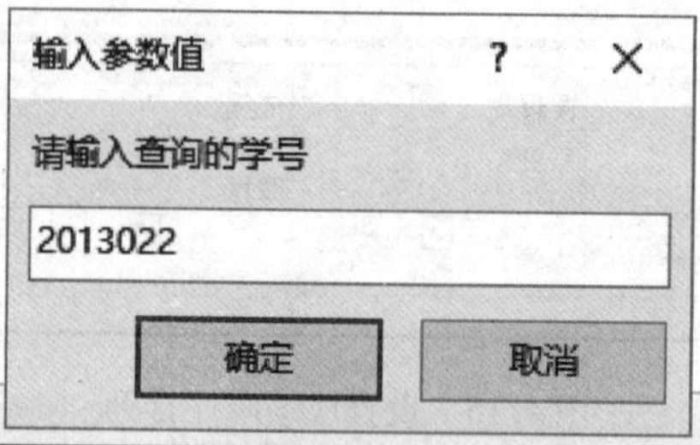

按照学号查询

学号	姓名	班号	课程名	开课专业	成绩	主讲教师
2013022	阿丽玛	2013501	英语	002	77	夏利方
2013022	阿丽玛	2013501	C语言程序设计	001	80	刘东升
2013022	阿丽玛	2013501	数学	003	90	王伟新

图 4.18　参数查询结果

Access数据库应用技术80分以上名单

学号	姓名	性别	班号	课程名	成绩
2013020	郭婉珍	女	2013501	Access数据库应用技术	84
2013002	李英	女	2013101	Access数据库应用技术	89
2013005	赵闯	男	2013101	Access数据库应用技术	90
2013020	郭婉珍	女	2013501	Access数据库应用技术	82
2013025	李新名	女	2013201	Access数据库应用技术	86
2013028	陈蕊	女	2013301	Access数据库应用技术	90

图 4.19　生成表结果

节的内容。

二、知识点分析

（1）查询条件的添加方法。
（2）交叉表查询行、列及计算字段的添加方法。
（3）设置参数查询的方法。
（4）设置操作查询的步骤。
（5）查看操作查询的结果。
（6）高级查询的应用。

4.2.2　交叉表查询

交叉表查询是结构化查询的一种，它将数据表通过字段的内容进行归类，形成行、列，重新组成新的表。交叉表又类似 Excel 中的数据透视表，可显示表中某个字段的汇总值，包括总和、计数和平均等。交叉表查询是显示多个表的数据，包括某个字段的总计和（合计、计数及平均），它将一个字段作为行标题，一个字段作为列标题，还有一个字段作为计算字段。创建方法可以使用“查询向导”和“设计视图”两种方法。一般先使用向导创建，再使用设计视图进行修改。案例三中使用向导创建交叉查询的步骤如下：

（1）单击【创建】选项卡，单击“查询向导”按钮，在打开的对话框中选择“交叉表查询向导”，然后单击“确定”按钮，如图 4.20 所示。

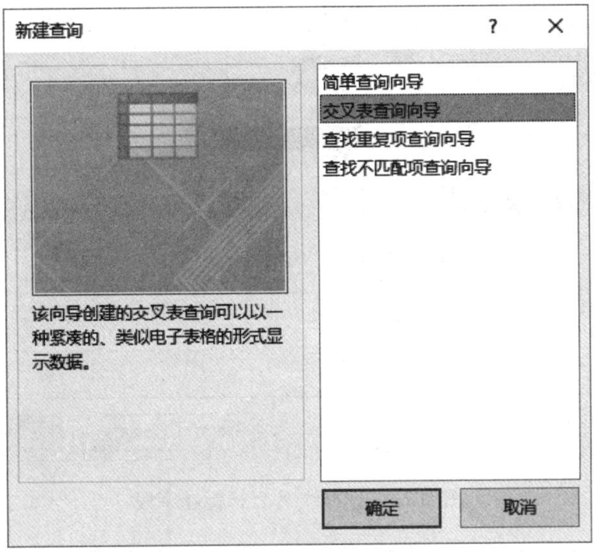

图 4.20　交叉表查询向导

（2）在“交叉表查询向导”界面中选择数据源为 student，单击“确定”按钮，如图 4.21 所示。

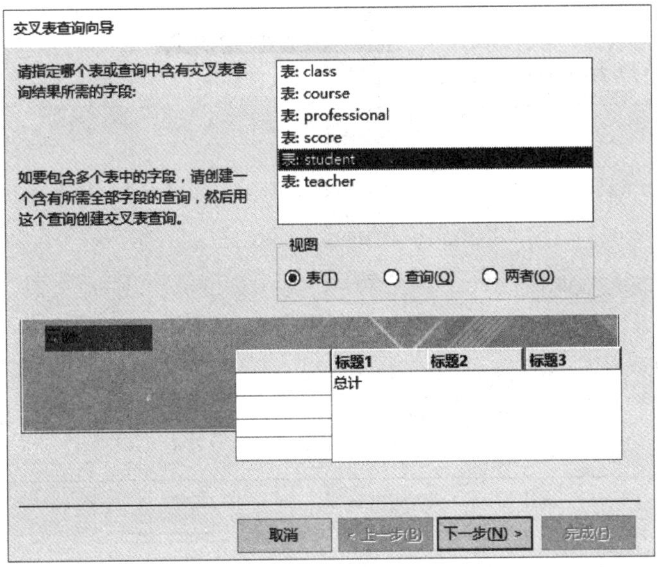

图 4.21　选择交叉表查询数据源

（3）单击“下一步”按钮，选择“班号”作为行标题（交叉表查询的行标题不能超过 3 个字段），则可看到图 4.22 所示的对话框。

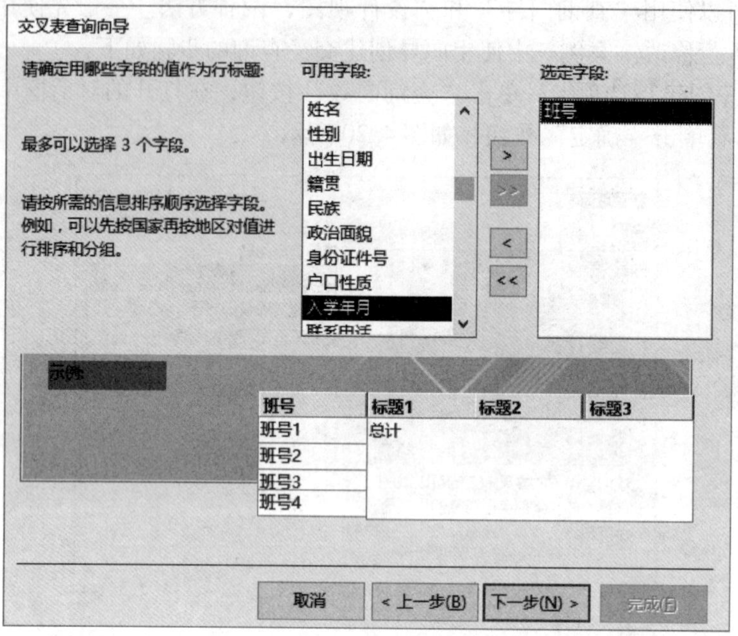

图 4.22　选择交叉表行标题字段

（4）单击“下一步”按钮，把“性别”字段作为列标题，可看到如图 4.23 所示对话框。

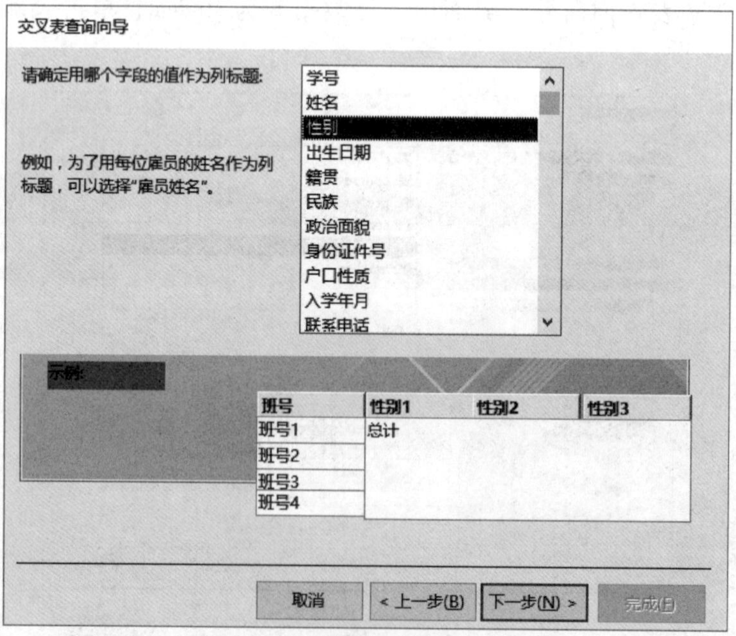

图 4.23　选择交叉表列标题字段

（5）单击“下一步”按钮，把“学号”作为交叉计算字段，在“函数”列表框下选择“计数”，可看到如图 4.24 所示对话框。

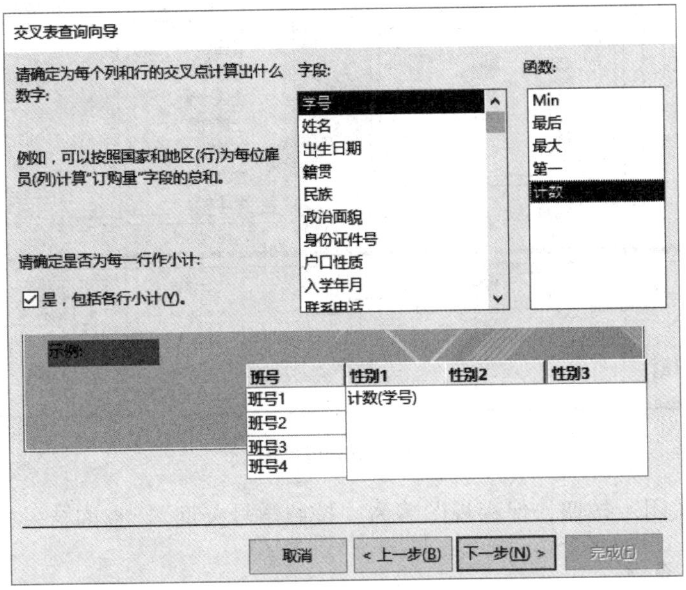

图 4.24　选择行、列标题并添加交叉计数字段

（6）单击“下一步”按钮，添加视图名后保存并退出，其查询结果如图 4.17 所示。

知识拓展

- 通过设计视图也可创建交叉表查询，这样可使用任意多个记录源（表和查询）。一般方法是先创建一个返回所需的全部数据的选择查询，然后将该查询用作交叉表查询的唯一记录源。
- 当在设计视图中生成交叉表查询时，使用设计网格中的“总计”和“交叉表”行指定字段值的列标题、行标题及用于计算总计、平均、计数或其他计算的字段值。

4.2.3　参数查询

参数查询也属于条件查询，不同的是，条件是在创建查询时输入的，而参数是在运行打开查询时输入的，这种查询更加灵活。在运行参数查询时，系统显示对话框，要求输入数据，然后将输入的数据插入到指定条件的网格。使用这种查询，可以在不打开查询设计的情况下，重复使用相同的查询结构，并进行修改。创建方法与选择查询基本相同，只是在设置输入查询字段“条件”中键入需要查询的参数即可。

案例三中按学号查询学生的选课及成绩情况，方法如下：

（1）单击【创建】选项卡中的“查询设计”按钮，添加数据源为“student”“score”和“course”表，选择查询的字段为学号、姓名、班号、课程名、开课专业、成绩和主讲教师字段。

（2）在“学号”字段下的“条件”中写入“请输入查询的学号”，如图 4.25 所示。

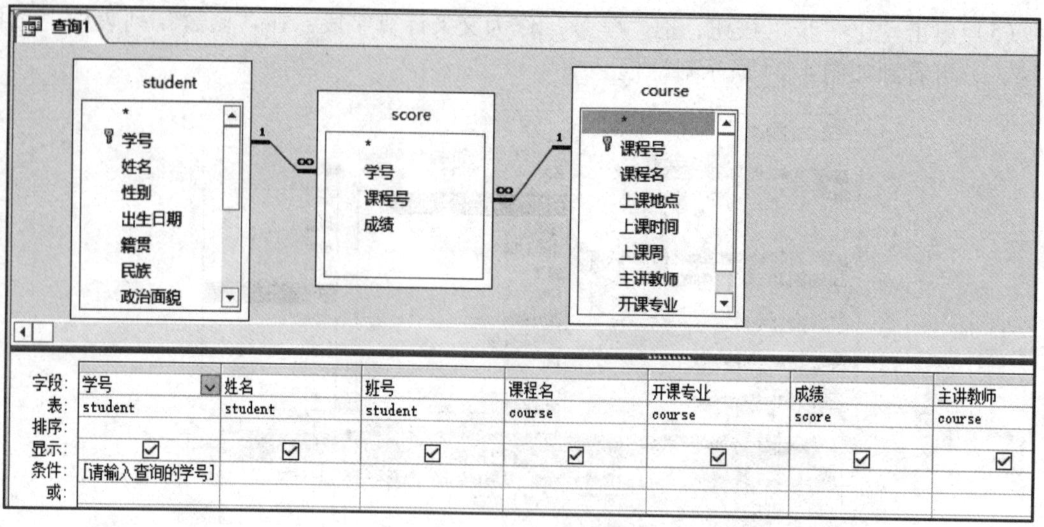

图 4.25　创建参数查询

（3）单击“关闭”按钮，保存视图名为“按照学号查询”。查询结果如图 4.18 所示。

4.2.4　操作查询

一、什么是操作查询

在前面介绍的几种查询方法都是根据特定的查询条件，从数据源中产生符合条件的动态数据集，本身并没有改变表中的原有数据，它们仅能查询数据库表而不能修改数据库表的值。而操作查询是在选择查询的基础上对数据源中的数据进行追加、删除、更新，并可根据查询条件创建新表，它不仅同时具备了选择查询、参数查询的特性，且突出了对数据库表操作。使用操作查询时应注意以下事项：

（1）操作查询将改变表中数据，在执行操作查询前应备份。

（2）操作查询的种类有：生成表查询、删除查询、更新查询和追加查询 4 种，在加入了查询条件后，分别单击相应按钮，再按“运行”按钮才能完成对表的修改操作。

单击【创建】选项卡中的“查询设计”按钮，即可在工具栏上看到操作查询按钮，如图 4.26 所示。

图 4.26　操作查询工具栏按钮视图

其中：

- 生成表查询是根据一个或多个表的全部数据或部分数据创建表，运行生成表查询即可生成一个新表。
- 追加查询是从一个或多个表中将符合条件的记录添加到一个或多个表的尾部。

- 删除查询是从一个或多个表中删除一组符合条件的记录。
- 更新查询是对一个或多个表中符合条件的一组记录作更新。

二、生成表查询

如果经常需要从多个表中提取数据，可以采用建立查询的方法，但最好的方法应该是使用生成表查询，即可以从多个表提取数据生成一个新表永久保存。创建生成表查询的方法与选择查询相似。若查询学生中选修了“Access 数据库应用技术”课程、成绩大于等于 80 分的学生，要求将学号、姓名、性别、班号、课程名和成绩字段生成一个新表，其步骤如下：

（1）单击【创建】选项卡，再单击“查询设计”按钮，在打开的对话框中选择数据库表、选择所需字段的方法同前述。

（2）在打开的查询视图的“课程名”列上键入“Access 数据库应用技术”，“成绩”列上键入“ >=80”，其操作视图如图 4.27 所示。

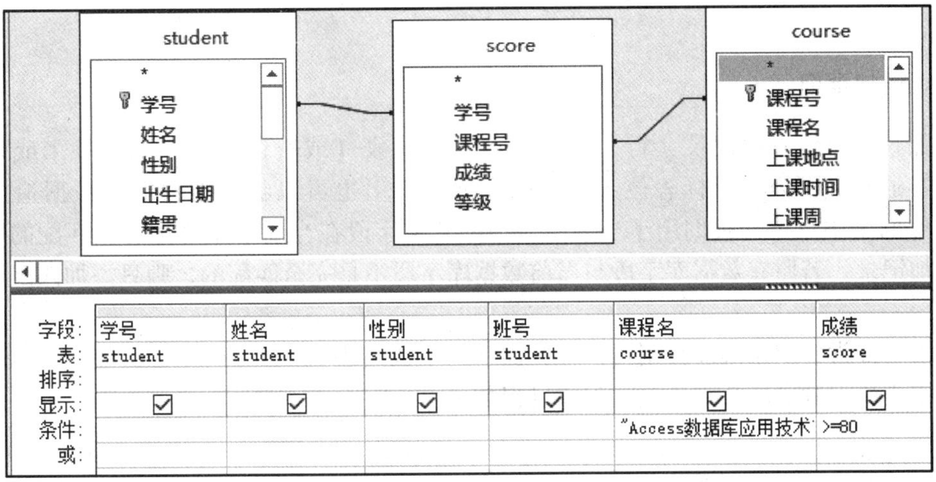

图 4.27　设置查询条件视图

（3）单击“生成表”按钮，填写表名称“Access 数据库应用技术 80 分以上名单”，单击“确定”按钮保存生成表，如图 4.28 所示。

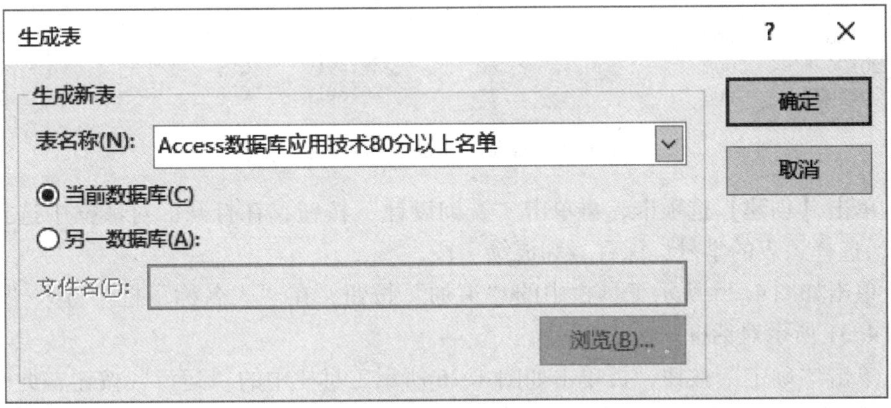

图 4.28　保存生成表

（4）再单击图 4. 26 中的“运行”按钮，弹出如图 4. 29 所示对话框。

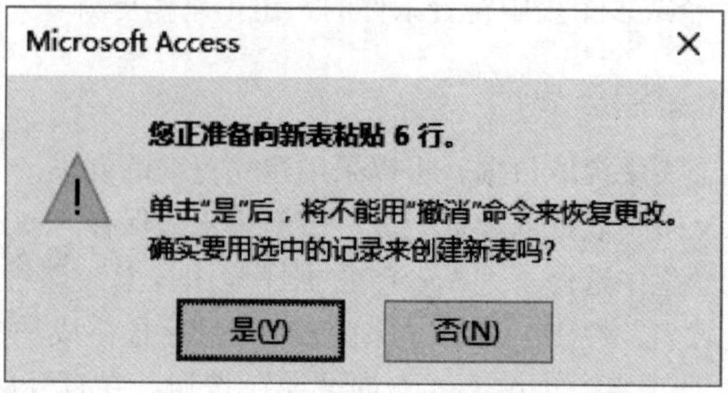

图 4. 29　形成查询生成表

（5）单击“是”按钮，再单击“关闭”按钮以保存该生成表查询视图。此时，在导航窗格中增加了“Access 数据库应用技术 80 分以上名单”的表。双击该表的结果如图 4. 19 所示。

三、追加查询

追加查询可将一组记录（行）从一个或多个源表（或查询）添加到另一个或多个目标表中。通常，源表和目标表位于同一数据库中，但也可以将其他数据库数据追加到当前数据库的表中。追加查询用于当某一表中的某些字段在当前表中必须有相匹配的字段时才能追加记录。若原有数据库字段与当前数据库字段不是完全匹配的，则只添加匹配字段中的数据。

追加查询常常用来添加数据行，若有如下两个成绩表 score1 和 score2，如图 4. 30 所示，将 score1 表追加到 score2 表后面，创建过程如下：

score1

学号	课程号	成绩
2013019	C008	65
2013020	C008	84
2013021	C008	72
2013022	C008	79
2013023	C008	82
2013024	C008	90
2013025	C008	68
2013026	C008	80
2013027	C008	75

score2

学号	课程号	成绩
2013009	C007	75
2013010	C007	64
2013011	C007	82
2013012	C007	79
2013013	C007	78
2013014	C007	60
2013015	C007	78
2013016	C007	60
2013017	C007	85

图 4. 30　成绩表 score1 和 score2 表

（1）单击【创建】选项卡，再单击“查询设计”按钮，在打开的对话框中选择数据库 score1 表，选择该表的学号、课程号和成绩字段。

（2）单击如图 4. 26 所示工具栏中的“追加”按钮，在“表名称”框中键入“score2”，看到如图 4. 31 所示对话框。

（3）单击“确定”按钮，再单击如图 4. 26 所示工具栏中的“运行”按钮，此时弹出追加数据记录对话框，如图 4. 32 所示。

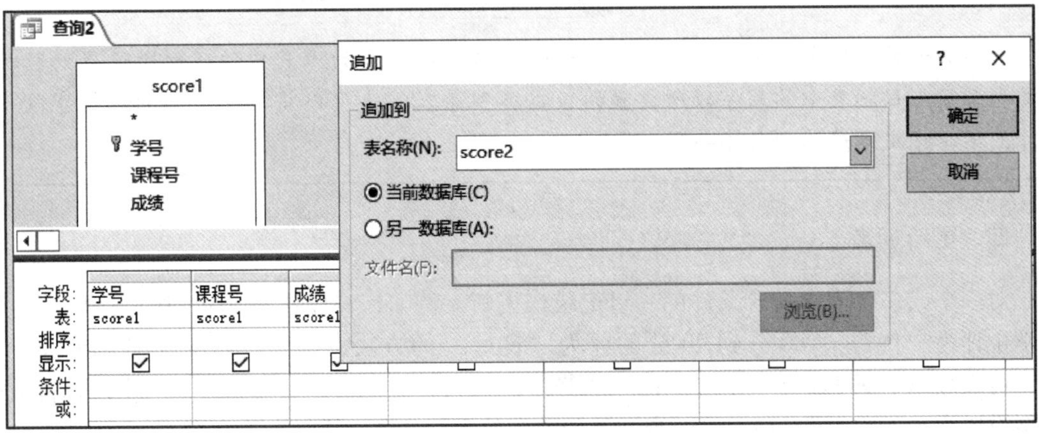

图 4.31 追加查询数据

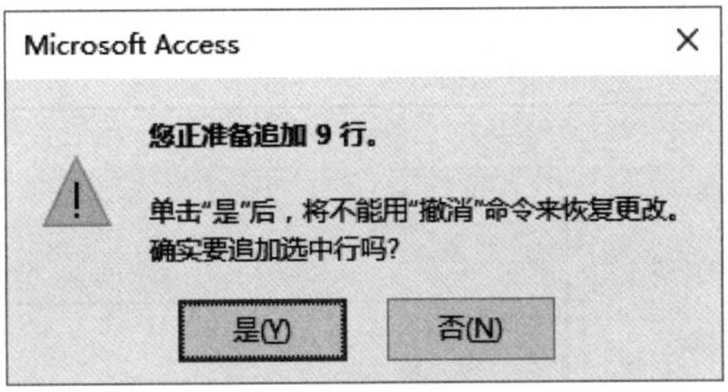

图 4.32 追加查询确认

（4）单击“是”按钮，可看到表 score1 追加到 score2 后面。Score2 表如图 4.33 所示。

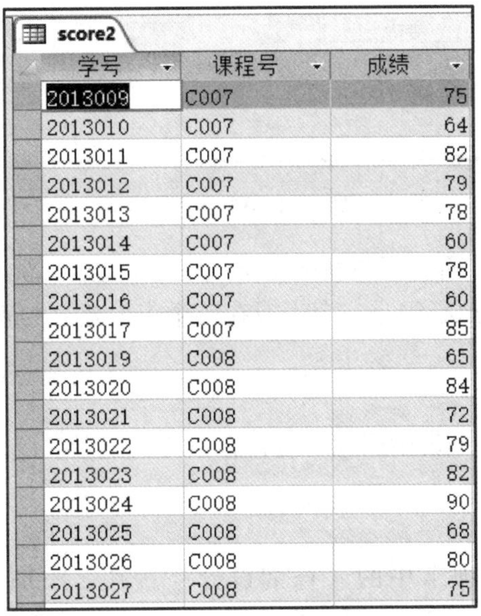

score2

学号	课程号	成绩
2013009	C007	75
2013010	C007	64
2013011	C007	82
2013012	C007	79
2013013	C007	78
2013014	C007	60
2013015	C007	78
2013016	C007	60
2013017	C007	85
2013019	C008	65
2013020	C008	84
2013021	C008	72
2013022	C008	79
2013023	C008	82
2013024	C008	90
2013025	C008	68
2013026	C008	80
2013027	C008	75

图 4.33 追加后 score2 表数据

要点提示

追加查询的结果无法撤消，因此应小心操作。此外，为源表中的字段所设置的数据类型必须与目标表中的表字段所设置的数据类型兼容。除可以将数字追加到文本字段中外，不能将文本追加到数字字段。

四、更新查询

对一个或多个表中符合条件的一组记录作更新。例如，将成绩表 score 中大于等于 90 分的学生评为“优秀”，80 分到 90 分的评为“良好”的方法，首先在表中添加“等级”字段，可按照第 3 章 3.1.4 节所介绍的方法修改表结构，先增加一行写入“等级”，并将数据类型设置为“短整型”。利用更新查询添加数据的操作步骤如下：

（1）单击【创建】选项卡，再单击“查询设计”按钮，添加 score 表，选择成绩“等级”字段，单击图 4.26 工具栏的“更新”按钮，添加更新条件为：>= 80 and < 90，在“更新到”中写入“良好”，再单击“运行”按钮，如图 4.34 所示。

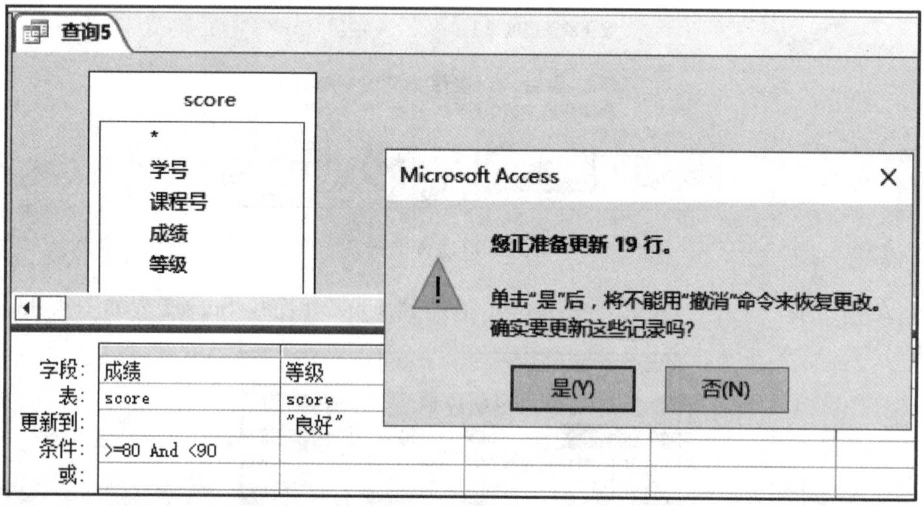

图 4.34　更新表数据

（2）单击“是”按钮，再打开更新的 score 表，可观察更新结果。

【说明】更新查询数据源必须是一个表或在一个表上建立的查询，而不能为多表查询。

五、删除查询

删除查询是从一个或多个表中删除一组符合条件的记录。此过程将从表中删除整行或者可以一次删除大量记录。

其操作方法和步骤如下：

（1）单击【创建】选项卡中的“查询设计”按钮，添加表并加入删除条件，单击图 4.26 工具栏中的“删除”按钮，再选择“运行”按钮，弹出如图 4.35 所示对话框。

（2）若删除表中所有记录，不需要添加删除条件。

（3）从导航窗格中双击删除的表，即可看到删除记录的情况。

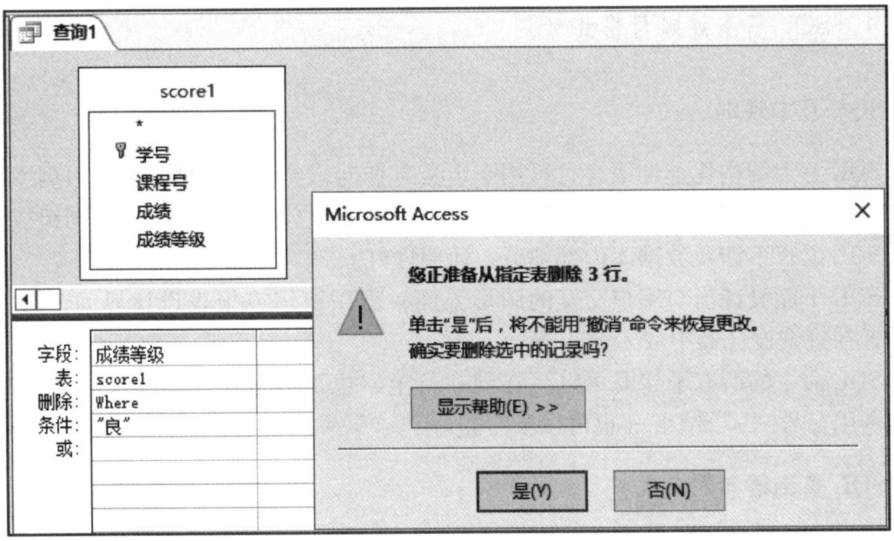

图 4.35 删除查询结果

要 点 提 示

选择查询与操作查询的区别：

打开选择查询可直接显示查询结果，而打开操作查询不直接显示操作查询结果，只有打开操作的目标表（更新、追加、删除、生成的表），才能看到操作查询的结果。

知 识 拓 展

对于删除操作：

- 打开原表，才能看到删除的结果。
- 若不添加删除条件，则表示删除表的全部记录。
- 若要从多个表中删除相关记录，必须已经建立了相关表之间的关系；并且在建立关系对话框中分别选中“实施参照完整性”和“级联删除相关记录”复选框，这样才能将关联表中记录删除。

4.3 SQL 查询

SQL（Structured Query Language，结构化查询语言）是在数据库系统中应用广泛的数据库查询语言，它包括了数据定义、查询、操纵和控制 4 种功能。SQL 查询是使用一些特定语句实现的查询，由查询向导和使用查询设计视图建立的查询实质是用 SQL 语句编写的查询命令，它是解决无法使用查询设计视图进行创建查询的一种方式，功能比较强大，这类查询主要有 3 种类型：传递查询、数据定义查询、联合查询。

4.3.1 SQL 基本规则与格式

一、SQL 基本规则

（1）SQL 意为结构化查询语言，可用于定义、查询、更新、管理关系型数据库系统。

（2）SQL 是一种非过程语言，易学易用，语句由近似自然语言的英语单词组成。

（3）SQL 语言不涉及数据库内部细节，通用性好。

（4）SQL 不能设计出与用户交互的图形界面，需用窗体或报表设计界面，通过对象事件添加或者在查询设计器中嵌入 SQL 命令。

（5）SQL 命令的所有子句既可以写在同一行上，也可以分行书写；大小写字母的含义相同；命令用分号“;”结束（也可以不写）。

二、SQL 查询语句的格式

```
SELECT ALL/DISTINCT 字段 1 AS 新字段名 1,字段 2 AS 新字段名 2...
  [INTO 新表名]
FROM 表或视图(多个用逗号分隔)
[WHERE <条件表达式>]
       [GROUP BY <分组表达式>]
         [HAVING <条件表达式>]
           [ORDER BY 字段列表[ASC|DESC]]
```

其中：

DISTINCT：表示输出无重复记录，即计算时取消指定列中重复的值。

ALL：计算所有的值。

AS：表示要重命名字段名。

FROM：添加数据源（表或查询视图），若有多个数据源用逗号隔开。

WHERE：添加条件语句。AND 为“与”条件，OR 为“或”条件。

ORDER BY：按照字段名排序，若有多个字段用逗号隔开，按照先后顺序排序。

ASC 为升序，DESC 为降序，缺省为升序。

【说明】上面的只有 FROM 是必选项，其他均为可选项。若要显示数据源中所有字段使用下面语句：

SELECT * FROM 数据源

4.3.2 创建 SQL 查询

一、创建 SQL 查询

（1）单击【创建】选项卡中的“查询设计”按钮，并关闭弹出的“显示表”对话框；再选择“查询”菜单中的“SQL 视图”命令，如图 4.36 所示。

（2）在弹出的“SQL 视图”编辑器框中输入 SQL 语句。

（3）单击工具栏的“运行”按钮即可执行该语句。

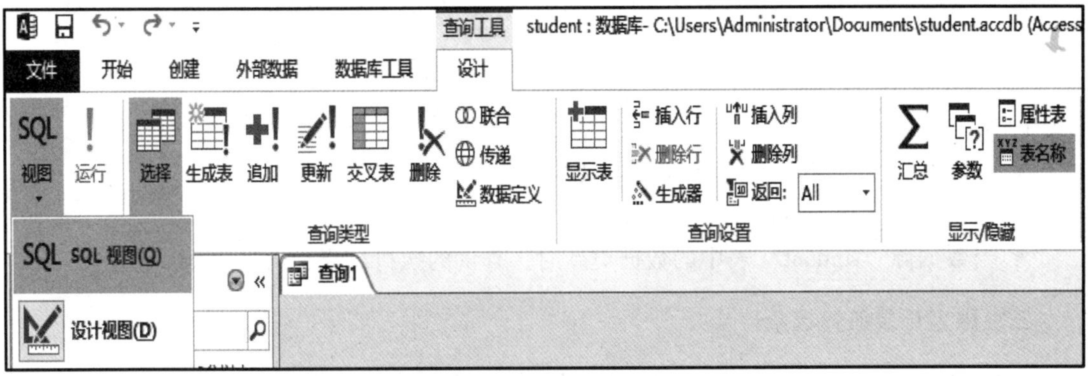

图 4.36　创建 SQL 语句

二、简单 SQL 语句

下面的 SQL 语句是最简单的查询形式，生成的记录集包含本学期开设的所有课程数据，如图 4.37 所示。

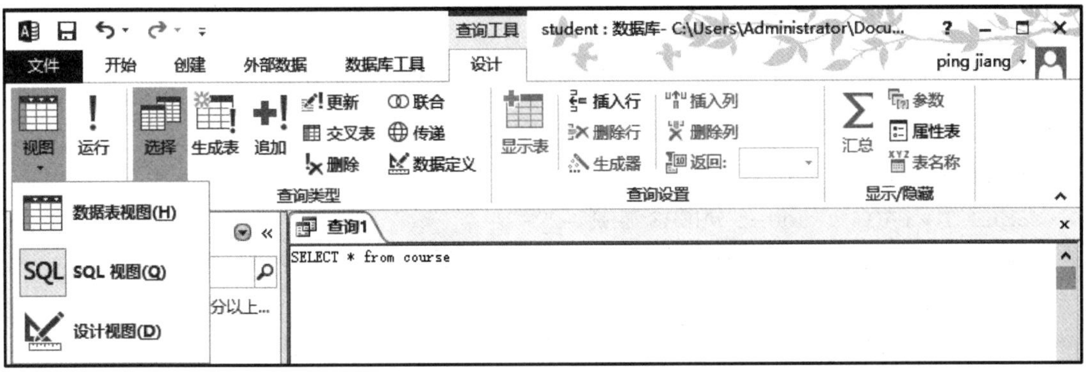

图 4.37　最简单的 SQL 语句

其中："＊" 指表中所有字段（列）。FROM 子句用于指定数据表。

其 course 表查询结果如图 4.38 所示。

查询1

课程	课程名	上课地点	上课时间	上课居	课时	主讲教师	开课专业	教师编
C001	英语	1号教学楼201	8:00:00	1	72	夏利方	002	00101
C002	数学	2号教学楼402	8:00:00	2	72	王伟新	003	00105
C003	概率与统计	1号教学楼203	10:00:00	3	48	何树仁	003	00102
C004	C语言程序设计	3号教学楼204	.4:00:00 PM	4	56	刘东升	001	00104
C005	数据库结构	4号教学楼105	14:00:00	2	48	赵凯亮	001	00103
C006	操作系统	1号教学楼206	.8:00:00 PM	1	60	康凯	001	00106
C007	信息管理	3号教学楼402	14:00:00	1	48	周鑫赢	002	00107
C008	Access数据库技术	2号教学楼301	14:00:00	3	64	刘东升	001	00104

图 4.38　最简单的 SQL 语句查询结果

例 1：选择“student”表中的“学号”“姓名”“性别”字段构成记录集。

SQL 语句为：

```
SELECT 学号,姓名,性别 FROM student
```

【说明】

- 字段名之间的逗号“,”必须是英文字符。
- 数据源名字“student”必须存在。
- 当数据源“student”表中的数据更新时，查询的执行结果也自动更新。

三、限定记录集筛选条件

在 SELECT 语句的各子句中，WHERE 子句使用频率最高。该子句指明查询的条件。在 WHERE 子句中可使用各种关系（比较）运算符表示筛选记录的条件，生成记录集。生成记录集过程如图 4.39 所示。

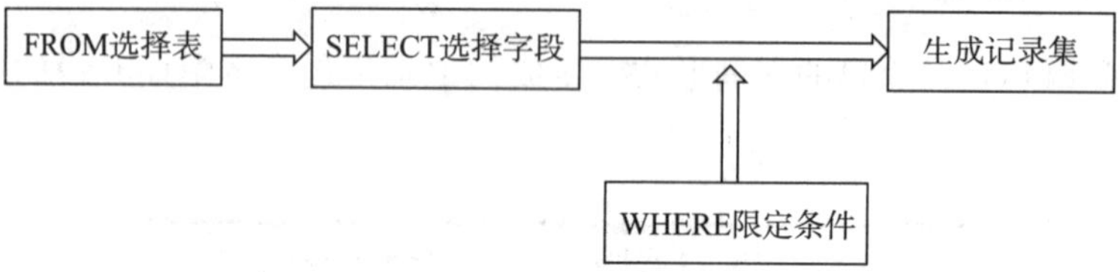

图 4.39　生成记录集过程

例 2：选择“student”表中的所有男生构成记录集。

SQL 语句为：

```
SELECT * FROM student WHERE 性别 = "男"
```

例 3：获取“student”表中的女生且 1996 年和以后出生的学生构成记录集。

SQL 语句为：

```
SELECT 学号,姓名,性别,出生日期 FROM student WHERE 性别 = "女" AND YEAR(出生日期) >=1996
```

查询结果如图 4.40 所示。

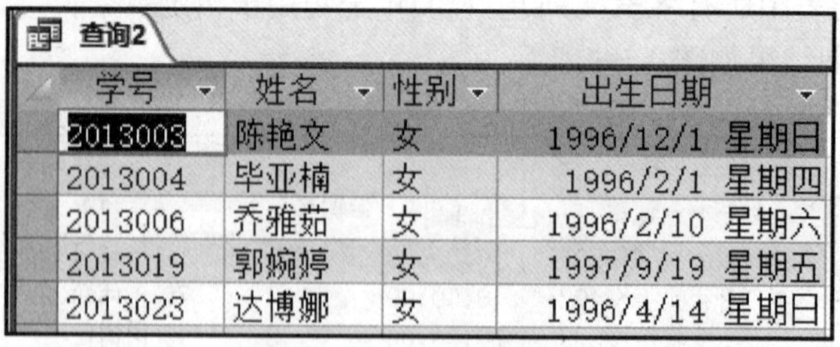
查询2

学号	姓名	性别	出生日期
2013003	陈艳文	女	1996/12/1 星期日
2013004	毕亚楠	女	1996/2/1 星期四
2013006	乔雅茹	女	1996/2/10 星期六
2013019	郭婉婷	女	1997/9/19 星期五
2013023	达博娜	女	1996/4/14 星期日

图 4.40　例 3 查询结果

在 WHERE 子句中使用 Like 运算符可实现模糊查询（不能确定查询的具体内容，例如按姓查找）。SQL 语句中 Like 运算符的通配符是“%”，可代表任何字符，字符数不限。

例 4：用 LIKE 运算符实现查找所有姓“王”学生和名字是“婷”的模糊查询。

SQL 语句为：

```
SELECT * FROM student WHERE 姓名 LIKE "王*" OR 姓名 LIKE "?? 婷"
```

查询结果如图 4.41 所示。

查询3

学号	姓名	性别	出生日期	籍贯	民族	政治面貌
2013010	王瑞	女	1995/5/26 星期五	黑龙江省拜泉县	汉族	团员
2013019	郭婉婷	女	1997/9/19 星期五	黑龙江省泰来县	达斡尔族	群众
2013033	王芳	女	1995/9/14 星期四	河南南阳	汉族	团员

图 4.41　例 4 查询结果

【说明】LIKE 中的“*”表示与任何个数的数字和字母匹配。

LIKE 中的“?”表示与一位字母匹配。

例 5：查询学生的学号尾数不在 0 ~4 的学生记录集。

SQL 语句为：

```
SELECT * FROM student WHERE 学号 LIKE '*[!0-4]'
```

其结果如图 4.42 所示。

查询3

学号	姓名	性别	出生日期	籍贯	民族	政治面貌
2013005	赵闯	男	1994/12/23 星期五	兴安盟突泉县	汉族	团员
2013006	齐雅茹	女	1996/2/10 星期六	阿荣旗	达斡尔族	群众
2013007	杜雪梅	女	1995/6/2 星期五	黑龙江明水县	汉族	团员
2013008	佳雪	女	1995/4/12 星期三	莫力达瓦达斡	达斡尔族	群众
2013009	张思哲	男	1995/3/21 星期二	黑龙江省拜泉	汉族	党员
2013015	金子寒	男	1995/10/16 星期一	黑龙江省齐齐	鄂温克族	党员

图 4.42　例 5 查询结果

例 6：查询学生成绩在 70 到 80 分的学生情况。

SQL 语句为：

```
SELECT * FROM student WHERE 成绩 BETWEEN 70 AND 80
```

例 7：输出 student 表中姓名、性别、年龄和政治面貌且年龄大于 20 岁的学生信息。

SQL 语句为：

```
SELECT 姓名,性别,YEAR(NOW())-YEAR(出生日期)AS 年龄,政治面貌 FROM
student WHERE YEAR(NOW())-YEAR(出生日期)>20
```

输出结果如图 4.43 所示。

姓名	性别	年龄	政治面貌
吴文龙	男	21	党员
李英	女	21	团员
赵闯	男	22	团员
杜雪梅	女	21	团员
佳雪	女	21	群众
张思哲	男	21	党员
王瑞	女	21	团员

图 4.43　例 7 查询结果

四、用 ORDER BY 子句将记录排序输出

对查询的结果按照一个或多个属性列升序或降序排列。

例 8：输出 score 表中的所有记录，按考试成绩降序排列。

SQL 语句为：

```
SELECT * FROM score ORDER BY 成绩 DESC
```

例 9：输出 score 表中成绩大于 80 分的学生，要求按照成绩降序排列，若成绩相同则再按课程号降序排列。

SQL 语句为：

```
SELECT * FROM score WHERE 成绩 >80 ORDER BY 成绩 DESC,课程号 DESC
```

例 10：输出 score 表中成绩最高的前 5 名学生。

SQL 语句为：

```
SELECT TOP 5 * FROM score ORDER BY 成绩 DESC
```

五、SELECT 嵌套查询

嵌套查询就是查询语句条件中还包括查询，也称子查询，子查询可以多层嵌套，系统执行时从内层到外层进行。

例 11：查询比学生“单晓轩”年龄小的同学信息。

SQL 语句为：

```
SELECT * FROM student WHERE 出生日期 >(SELECT 出生日期 FROM student WHERE 姓名 ="单晓轩");
```

其结果如图 4.44 所示。

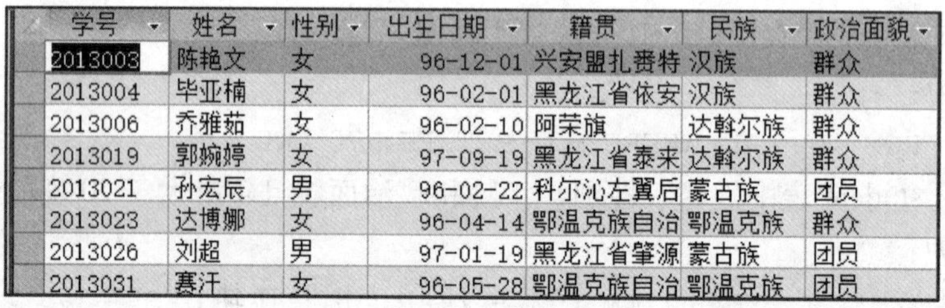

学号	姓名	性别	出生日期	籍贯	民族	政治面貌
2013003	陈艳文	女	96-12-01	兴安盟扎赉特	汉族	群众
2013004	毕亚楠	女	96-02-01	黑龙江省依安	汉族	群众
2013006	乔雅茹	女	96-02-10	阿荣旗	达斡尔族	群众
2013019	郭婉婷	女	97-09-19	黑龙江省泰来	达斡尔族	群众
2013021	孙宏辰	男	96-02-22	科尔沁左翼后	蒙古族	团员
2013023	达博娜	女	96-04-14	鄂温克族自治	鄂温克族	群众
2013026	刘超	男	97-01-19	黑龙江省肇源	蒙古族	团员
2013031	赛汗	女	96-05-28	鄂温克族自治	鄂温克族	团员

图 4.44　例 11 查询结果

例 12：查询和学生“李想”同家乡的同学信息。

SQL 语句为：

```
SELECT * FROM student WHERE 籍贯 = (SELECT 籍贯 FROM student WHERE 姓名 = "李想")
```

六、基于多个记录源的查询

多记录源的查询也称为多表组合查询。该查询要求多个表必须具有关系，即数据库中的表之间相互关联字段必须建立关联。下面的案例是根据第 3 章图 3.28 已经建立关联的学生数据库中六个表（student、score、course、class、professional 和 teacher）进行的。

例 13：要求输出所有学生的学号、姓名、课程名、课时、成绩、主讲教师信息。

SQL 语句为：

```
SELECT student.学号,姓名,课程名,课时,成绩,主讲教师 FROM student,score,
course WHERE student.学号=score.学号 AND score.课程号=course.课程号
```

其运行结果如图 4.45 所示。

学号	姓名	课程名	课时	成绩	主讲教师
2013001	吴文龙	英语	72	87	夏利方
2013002	李英	英语	72	88	夏利方
2013003	陈艳文	英语	72	82	夏利方
2013004	毕亚楠	英语	72	90	夏利方
2013005	赵闯	英语	72	91	夏利方
2013006	乔雅茹	英语	72	89	夏利方
2013007	杜雪梅	英语	72	93	夏利方
2013008	佳雪	英语	72	94	夏利方
2013009	张思哲	英语	72	95	夏利方
2013010	王瑞	英语	72	100	夏利方

图 4.45　例 13 查询结果

【说明】由于“学号”是 student 表和 score 表共有的字段，所以输出时应加入表名加以区别。

例 14：要求输出所有学生的学号、姓名、班级名称、课程名和选修了“Access 数据库应用技术”的课程及考试成绩。

SQL 语句为：

```
SELECT student.学号,姓名,班级名称,课程名,成绩 FROM class,student,score,
course WHERE class.班号 = student.班号 AND student.学号 = score.学号 AND
score.课程号=course.课程号 AND 课程名="Access 数据库应用技术";
```

其输出结果如图 4.46 所示。

学号	姓名	班级名称	课程名	成绩
2013002	李英	2013级计算机	Access数据库应用技术	89
2013003	陈艳文	2013级计算机	Access数据库应用技术	78
2013005	赵闯	2013级计算机	Access数据库应用技术	90
2013007	杜雪梅	2013级计算机	Access数据库应用技术	65
2013009	张思哲	2013级计算机	Access数据库应用技术	70
2013020	郭婉珍	2013自动化一班	Access数据库应用技术	82
2013024	白文琪	2013级国际贸易	Access数据库应用技术	68
2013025	李新名	2013级国际贸易	Access数据库应用技术	86
2013028	陈蕊	2013级财务会计	Access数据库应用技术	90

图 4.46　例 14 查询结果

例 15：输出所有学生的学号、姓名、课程号、课程名、成绩，并按考试成绩降序排列。

SQL 语句为：

```
SELECT student.学号,姓名,course.课程号,课程名,成绩 FROM student,score,
course WHERE student.学号=score.学号 AND score.课程号=course.课程号 ORDER
BY 成绩 DESC;
```

例 16：检索至少选修教师编号 00105 所授课程中一门课程的女生姓名和班号。

SQL 语句为：

SELECT 姓名,性别,班号 FROM student,score,course WHERE student.学号 = score.学号 AND score.课程号 = course.课程号 AND 性别 ="女" AND 教师编号 ='00105';

其输出结果如图 4.47 所示。

姓名	性别	班号
李英	女	2013101
陈艳文	女	2013101
毕亚楠	女	2013101
乔雅茹	女	2013101
杜雪梅	女	2013101
佳雪	女	2013101
郭婉婷	女	2013501
郭婉珍	女	2013501
阿丽玛	女	2013501
达博娜	女	2013501
白文琪	女	2013201
李新名	女	2013201

图 4.47　例 16 查询结果

七、聚合函数的使用

（1）COUNT（DISTINCT/ALL）列名：统计一列中值的个数。

（2）SUM（DISTINCT/ALL）列名：计算一列值的总和。

（3）AVG（DISTINCT/ALL）列名：计算一列值的平均值。

（4）MAX（DISTINCT/ALL）列名：计算一列值的最大值。

（5）MIN（DISTINCT/ALL）列名：计算一列值的最小值。

例 17：统计每门课程的学生选课人数（超过 10 人的课程才统计）。要求输出课程号和选课人数，查询结果按人数降序排列，若人数相同，按课程号升序排列。

SQL 语句为：

SELECT 课程号,COUNT(学号)AS 选课人数 FROM score GROUP BY 课程号 HAVING COUNT(*)>10 ORDER BY COUNT(*)DESC;

其输出结果如图 4.48 所示。

例 18：求选修了“Access 数据库应用技术”课程女生的平均分。

SQL 语句为：

SELECT AVG(成绩)AS Access 课程女生平均分 FROM student,score,course WHERE student.学号 =score.学号 AND course.课程号 =score.课程号 AND 课程名 ="Access 数据库应用技术" AND 性别 ="女";

其输出结果如图 4.49 所示。

课程号	选课人数
C001	32
C002	18
C008	12

图 4.48　例 17 查询结果

Access课程女生平均分
77

图 4.49　例 18 查询结果

例 19：计算选修课程号为 C008 号课程的平均成绩。

SQL 语句为：

SELECT AVG(成绩)AS C008 平均分 FROM score WHERE 课程号 ="C008";

例 20：计算 student 表中男女生的平均年龄。

SQL 语句为：

SELECT 性别,ROUND(AVG(year(now())-year(出生日期)),1)AS 平均年龄 FROM student GROUP BY 性别;

例 21：输出考试最高成绩和最低成绩。

SQL 语句为：

```
SELECT MAX(成绩)AS 最高分,MIN(成绩)AS 最低分 FROM score
```

其输出结果如图 4.50 所示。

例 22：查询没有学过“夏利方”老师课的同学的学号、姓名和班级号。

SQL 语句为：

```
SELECT student.学号,姓名,班号 FROM student WHERE student.学号 NOT IN
(SELECT DISTINCT score.学号 FROM score,course WHERE score.课程号 =course.课
程号 AND 主讲教师 ="夏利方");
```

其输出结果如图 4.51 所示。

最高分	最低分
100	32

图 4.50 例 21 查询结果

学号	姓名	班号
2013033	王芳	2013501

图 4.51 例 22 查询结果

八、HAVING <条件表达式>

HAVING 子句必须和 GROUP BY 配合使用，和 WHERE 子句一样，所需要的组也指定约束条件。但不同的是：

（1）WHERE 子句的 <条件表达式> 是在 GROUP BY 分组之前起作用，而 HAVING <条件表达式> 是在 GROUP BY 分组之后起作用，所以在 HAVING <条件表达式> 中可以使用聚合函数，WHERE 子句不能出现聚合函数。

（2）WHERE 子句与 HAVING 短语的区别在于作用对象不同。WHERE 子句作用于基本表或视图，从表中选择满足条件的元组。HAVING 短语作用于 GROUP BY 分组，从分组中选择满足条件的组。

例 23：统计选课表中及格学生每门课程的平均分。

SQL 语句为：

```
SELECT 课程号,AVG(成绩)AS 平均分 FROM
score GROUP BY 课程号 HAVING AVG(成绩) >=
60;
```

统计结果如图 4.52 所示。

课程号	平均分
C001	82.46875
C002	76
C003	73.8888888888889
C004	75.1111111111111
C005	78
C006	78.4
C008	78.4166666666667

图 4.52 例 23 统计结果

例 24：查询选修了至少 3 门课的学生学号。

```
SELECT 学号 FROM score GROUP BY 学号
HAVING COUNT(*) >=3
```

九、生成表查询语句

生成表查询是将 SELECT 命令执行的结果形成一个表保存在数据库中。其 SQL 代码是在 SELECT 命令的字段名列表后加上子句 INTO <新表名>。

例 25：将所有选修“Access 数据库应用技术”课程、成绩大于 80 分的学生学号、姓

名、班级、课程名和成绩存入到一个新表 grade 中，并要求全部信息按成绩降序排列。

SQL 语句为：

```
SELECT student.学号,姓名,班号,成绩,课程名 INTO grade FROM student,score,
course WHERE student.学号=score.学号 AND score.课程号=course.课程号 AND 课
程名="Access 数据库应用技术" AND 成绩>=80 ORDER BY 成绩 DESC
```

执行结果及生成的新表如图 4.53 所示。

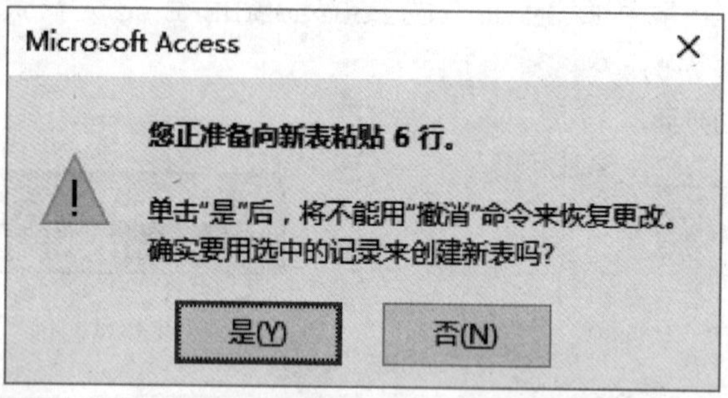

学号	姓名	班号	成绩	课程名
2013028	陈蕊	2013301	90	Access数据库应用技术
2013005	赵闯	2013101	90	Access数据库应用技术
2013002	李英	2013101	89	Access数据库应用技术
2013032	丛学文	2013501	88	Access数据库应用技术
2013025	李新名	2013201	86	Access数据库应用技术
2013020	郭婉珍	2013501	82	Access数据库应用技术

图 4.53　例 25 生成表查询结果

十、追加查询语句

追加查询将表中符合条件的记录添加到另一个表中。

例 26：将 score2 表所有成绩大于等于 80 分的记录追加到已有成绩表 score 中。

SQL 语句为：

```
INSERT INTO score(学号,课程号,成绩) SELECT 学号,课程号,成绩 FROM score2
WHERE 成绩>=80;
```

执行结果如图 4.54 所示。

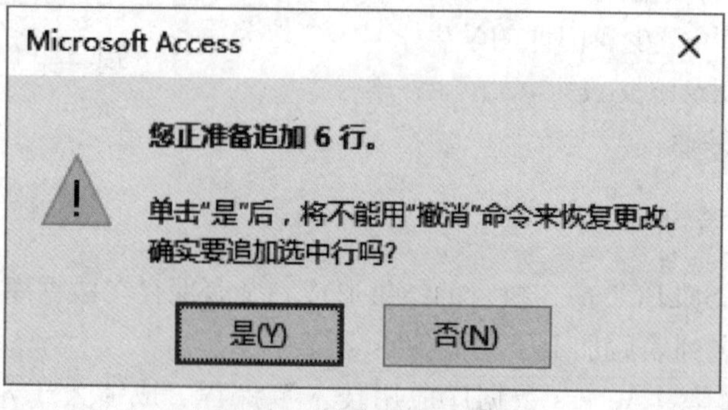

图 4.54　例 26 追加表数据

【说明】此时，在 score 表中插入了 score2 表成绩大于等于 80 分的所有记录。

例 27：将丢失的某个学生成绩插入到表 score 中。

SQL 语句为：

```
INSERT INTO score(学号,课程号,成绩)VALUES("2013001","C006",79)
```

执行结果如图 4.55 所示。

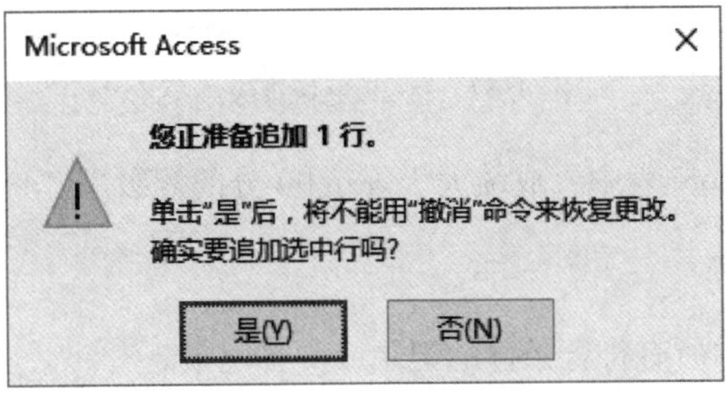

图 4.55 例 27 追加表数据

【说明】此时在 score 表中插入学号为“2013001”、课程号为“C006”、成绩为 79 分的一条记录。

十一、更新查询语句

根据某种规则批量修改表中的数据。

例 28：将 course 表的学分用 16 课时 1 个学分进行更新修改。（先按照第 3 章 3.1.4 节的方法修改结构，添加学分字段）

SQL 语句为：

```
UPDATE course SET 学分 =课时/16
```

执行结果如图 4.56 所示。

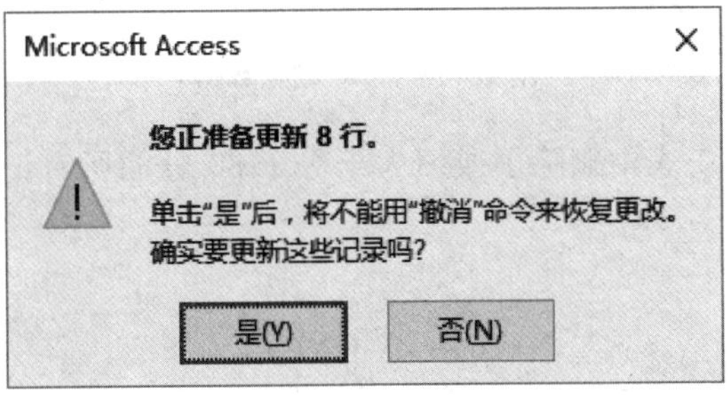

图 4.56 例 28 更新数据

【说明】此时在 course 表中“学分”用课时/16 进行了修改。

例 29：将 score 表中成绩为 90 分以上的“等级”更新为“优秀”。（该表已经有等级字段）

SQL 语句为：

```
UPDATE score SET 等级 ="优秀" WHERE 成绩 >=90
```

执行结果如图 4.57 所示。

score

学号	课程号	成绩	等级
2013001	C006	79	
2013001	C001	87	良好
2013001	C002	100	优秀
2013001	C006	95	优秀
2013002	C001	88	良好

图 4.57　例 29 更新等级结果

【说明】此时，在 score 表中，成绩大于等于 90 分的等级用“优秀”进行了填充。

十二、删除查询语句

按规则一次删除表中所有符合条件的记录或所有记录。

例 30：将 score1 表中成绩大于等于 80 分的记录删除。

SQL 语句为：

```
DELETE FROM score1 WHERE 成绩 >=80
```

执行结果如图 4.58 所示。

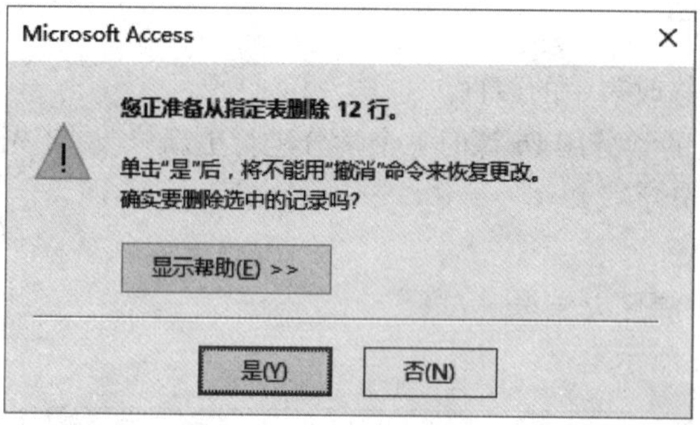

图 4.58　例 30 删除数据

【说明】此时在 score1 表中删除了成绩大于等于 80 分的所有记录，若将数据记录全部删除，去掉条件即可。

本章小结

本章重点讲述了 Access 2013 查询方式，包括选择查询、统计汇总查询、交叉表查询、参数查询、操作查询（该查询可操纵表）和 SQL 查询，通过两个案例分别讲述了一般查询和高级查询的基本操作步骤、查询工具栏界面及不同的查询输出。在 SQL 查询中列举了 30 个小例程说明查询语句 SELECT 的用法，包括简单查询、条件查询、嵌套查询和多条件查询等。学生不仅能掌握 Access 2013 的基本查询功能，还能掌握不同查询的操作步骤及 SQL 语句的用法。

本章练习

一、问答题

1. Access 2013 中查询方式有哪几种?
2. 操作查询包含哪几种操作?
3. 制作选择查询和操作查询的结果有何不同?
4. 在“查询参数”窗口定义查询参数时，除定义查询参数的类型外，还要定义什么?
5. 简单查询向导中汇总选项包括哪几种汇总方式?

二、选择题

1. 若要查询成绩为 60 ~ 80 分之间（包括 60 分，不包括 80 分）的学生的信息，成绩字段的查询准则应设置为（　　）。

A. >60 OR <80　　B. >=60 AND <80

C. >60 AND <80　　D. IN(60, 80)

2. 若上调产品价格，最方便的方法是使用（　　）。

A. 追加查询　　B. 更新查询

C. 删除查询　　D. 生成表查询

3. 若要查询姓李的学生，查询准则应设置为（　　）。

A. LIKE"李"　　B. LIKE"李*"

C. ="李"　　D. >="李"

4. 若要用设计视图创建一个查询，查找总分在 255 分以上（包括 255 分）的女同学的姓名、性别和总分，正确的设置查询准则的方法应为（　　）。

A. 在准则单元格键入：总分 >=255 AND 性别 ="女"

B. 在总分准则单元格键入：总分 >=255；在性别的准则单元格键入:"女"

C. 在总分准则单元格键入：>=255；在性别的准则单元格键入:"女"

D. 在准则单元格键入：总分 >=255 OR 性别 ="女"

5. 下列对 Access 2013 查询叙述错误的是（　　）。

A. 查询的数据源来自表或已有的查询

B. 查询的结果可为其他数据库对象的数据源

C. Access 2013 的查询可以分析、追加、更改、删除数据

D. 查询不能生成新的数据表

6. 查询向导的数据可以来自（　　）。

A. 多个表　　B. 一个表

C. 一个表的一部分　　D. 表或查询

7. 如果在数据库中已有同名的表，（　　）查询将覆盖原有的表。

A. 交叉表　　B. 追加　　C. 更新　　D. 生成表

8. 以下叙述中，（　　）是错误的。

A. 查询是从数据库的表中筛选出符合条件的记录，构成一个新的数据集合
B. 查询的种类有：选择查询、参数查询、交叉表查询、操作查询和 SQL 查询
C. 创建复杂的查询不能使用查询向导
D. 可以使用函数、逻辑运算符、关系运算符创建复杂的查询

9. 可建立下拉列表式输入的字段对象是（　　）类型字段。
A. OLE　　B. 长文本　　C. 超级链接　　D. 查阅向导

10. 以下叙述中，（　　）是正确的。
A. 在数据较多、较复杂的情况下使用筛选比使用查询的效果好
B. 查询只从一个表中选择数据，而筛选可以从多个表中获取数据
C. 通过筛选形成的数据表，可以提供给查询、视图和打印使用
D. 查询可将结果保存起来，供下次使用

11. 如果经常定期性地执行某个查询，但每次只是改变其中的一组条件，那么就可以考虑使用（　　）。
A. 选择查询　　B. 参数查询　　C. 交叉表查询　　D. 操作查询

12. 创建参数查询时，在条件栏中应将参数提示文本放置在（　　）中。
A. { }　　B. ( )　　C. [　]　　D. 《》

13. 在 WHERE 子句的条件表达式中，可以用（　　）通配符与所在位置的零个或多个字符相匹配。
A. *　　B. %　　C. ?　　D. ->

14. SELECT 语句的执行结果是（　　）。
A. 数据项　　B. 元组　　C. 表　　D. 视图

15. 在 SELECT 语句的下列子句中，通常和 HAVING 子句同时使用的是（　　）。
A. ORDER BY 子句　　B. WHERE 子句
C. GROUP BY 子句　　D. 均不需要

16. 在分组检索中，要去掉不满足条件的分组和不满足条件的记录，应当（　　）。
A. 使用 WHERE 子句
B. 先使用 HAVING 子句，再使用 WHERE 子句
C. 使用 HAVING 子句
D. 先使用 WHERE 子句，再使用 HAVING 子句

17. SQL 的标准函数 COUNT、SUM、AVG、MAX、MIN 等，不允许出现在查询语句的（　　）子句中。
A. SELECT　　B. HAVING
C. WHERE　　D. GROUP BY... HAVING

18. 已知基本表 S 对应的关系模式为（S#，SNAME，AGE），下列 SELECT 子句中错误的是（　　）。
A. SELECT S#，AVG（AGE）　　B. SELECT DISTINCT AGE
C. SELECT SNAME 姓名　　D. SELECT AGE > 20

19. SQL 属于（　　）数据库语言。
A. 层次型　　B. 网状型　　C. 关系型　　D. 面向对象型

20. 下列聚合函数中不忽略空值（NULL）的是（　　）

A. SUM（列名）　　B. MAX（列名）

C. COUNT（*）　　D. AVG（列名）

三、填空题

1. SQL 查询主要有 3 种类型，包括________、数据定义查询和联合查询。

2. 结构化查询语言 SQL 具有数据定义、________、________、________四种功能。

3. 统计某列中值的个数应使用________函数。

4. 如果查询中的查询条件还有查询，则称这种查询为________。

5. 查询中统计元组的个数时，应使用________函数。

6. SELECT 语句中，________子句用于选择满足给定条件的元组；使用________子句可按指定列值分组，同时使用________子句可提取满足条件的组。

7. 当 FROM 子句中出现多个基本表或视图时，系统将执行________操作。

8. 在 SQL 中，若将查询结果排序，应在 SELECT 语句中使用________子句，其中________选项表示升序，________选项表示降序，缺省为________序。

9. 在使用 SELECT 语句进行查询操作时，若希望查询结果中不出现重复的元组，应在 SELECT 子句中使用________保留字。

10. WHERE 子句的条件表达式中，字符串匹配操作符是________；与字符串的零个或多个字符相匹配的符号是________；与字符串中的单个字符相匹配的符号是________。

四、操作题

按照要求写出 SQL 语句并上机运行。

设学生数据库中有学生表、成绩表和课程表，学生表、成绩表和课程表参见第 3 章中图 3.1 和图 3.2。

1. 输出学生表中成绩高于 90 分的男生记录信息；

2. 输出学生表中的姓名、性别、出生日期和年龄；

3. 要求查找学生的姓名、所学的课程名称、成绩；

4. 要求查找选修了“Access 数据库应用技术”课程且考试成绩大于 80 分的学生姓名、成绩；

5. 要求查找姓李的学生的姓名、所学的课程名称、成绩并按考试成绩降序排列；

6. 要求查找 1996 年出生的女生姓名；

7. 查找学生表包含“丹”字和姓李的学生学号、姓名、性别和入学成绩；

8. 统计选修了某二门课程的男生，生成一个表（按成绩降序）；

9. 查询和“王瑞”同学籍贯相同的同学信息；

10. 查询选修了“Access 数据库应用技术”课程的学生学号、姓名、成绩和课程名称，并按考试成绩降序排列。

五、考核要点

1. Access 2013 的主要查询方式。

2. 基本选择查询的内容。
3. 参数查询的内容。
4. 交叉表查询的内容。
5. 操作查询的内容。
6. 添加查询条件及不同查询的操作步骤。
7. 查看查询结果的方法。
8. SQL 查询语句的用法。

练习参考答案

第5章

创建和使用窗体

5.1 窗体类型和视图

窗体是 Access 数据库的对象之一，它的实质是运行 Windows 环境下面向对象、事件驱动的应用程序。窗体的主要功能是显示和处理数据，实现人机交互，如输入、修改和删除数据库中相关表或查询对象的数据内容。窗体的功能特色为：

（1）输出数据：在窗体中可显示多个表、查询的数据，并可进行添加、删除、修改等编辑操作。界面上可添加人性化设计视觉效果。

（2）输入数据：窗体可以作为向数据库中输入数据的界面，完成数据库的修改，且可在窗体中显示输入错误的警告和解释信息。

（3）控制应用程序流程：和 Visual Basic 的窗体一样，可以利用 VBA 编写代码，与函数和过程结合完成人机交互信息等，一般通过命令按钮控件改变应用程序的流向。

（4）子窗体可自动显示增加数据行：即在子窗体数据行后面自动显示出一个可以输入数据的空白行，以便能新增一条记录。

5.1.1 窗体类型

Access 2013 中窗体分单窗体、数据表窗体、分割窗体、多项目窗体和模式对话框窗体等，且在主窗体内可插入子窗体。其中：

（1）单窗体为一个窗体中显示一条记录；

（2）数据表窗体表示在一个窗体上按照表格显示多条记录；

（3）分割窗体是单一窗体和数据表窗体类型的结合；

（4）多项目窗体为一个窗口中显示若干条记录；

（5）模式对话框窗体上显示一种交互式窗体，在其上面已经加入了“确定”和“取消”按钮。

5.1.2 窗体视图与窗体结构

一、窗体视图

窗体包括窗体视图、布局视图和设计视图3种类型。其中：

（1）窗体视图：用于查看窗体的效果；

（2）布局视图：用于修改窗体最直观的视图，根据数据在窗体视图中的显示，可对窗体进行必要的更改。

（3）设计视图：可以对窗体中的内容进行修改，可以编辑窗体中需要显示的任何元素，不仅包括显示文本框、样式、多种控件及图片等，还可绑定数据源和控件进行输入的编辑。通过编辑窗体的页眉、页脚、页面页眉和页面页脚做出多种效果的显示界面。

二、窗体结构

窗体结构包括五部分，在使用设计视图创建窗体时，右击选择“页面页眉/页脚”和“窗体页眉/页脚”，可看到窗体的所有部分，如图 5.1 所示。其中：

（1）窗体页眉：出现在运行中的窗体顶部，其内容不因记录内容的变化而改变。

（2）页面页眉：出现在每个窗体打印页上方。运行窗体时，屏幕上不显示页面页眉内容。

（3）主体：在窗体设计视图中必须包含的部分，应用程序主要针对主体设计用户界面。

（4）页面页脚：出现在每个窗体打印页下方，运行窗体时，屏幕上不显示页面页脚内容。

（5）窗体页脚：出现在运行中的窗体最底部。

图 5.1　窗体设计视图

5.1.3　案例

案例四　使用窗体设计制作服装销售管理界面

在这个案例中，讲述使用 Access 2013 窗体向导制作窗体的过程和方法，通过使用向导，掌握添加数据库数据及修饰窗体外观的方法，学会使用窗体展示数据库表交互界面的创建方法。

一、案例说明

图 5. 2 是使用窗体向导制作的服装信息展示界面，图 5. 3 为使用空白窗体制作的服装信息展示界面，这两种方法操作简单、使用方便，是初学者制作窗体比较快捷的方法。其详细操作见 5. 2. 1 节和 5. 2. 2 节的内容。

二、知识点分析

（1）窗体与数据库表的连接方法。
（2）使用标签设置窗体标题。
（3）在窗体中修改图片缩放模式。
（4）修改窗体外观的方法。
（5）掌握窗体视图。

三、案例展示

（1）使用“窗体向导”创建窗体，如图 5. 2 所示。
（2）使用“空白窗体”设计服装展示界面，如图 5. 3 所示。

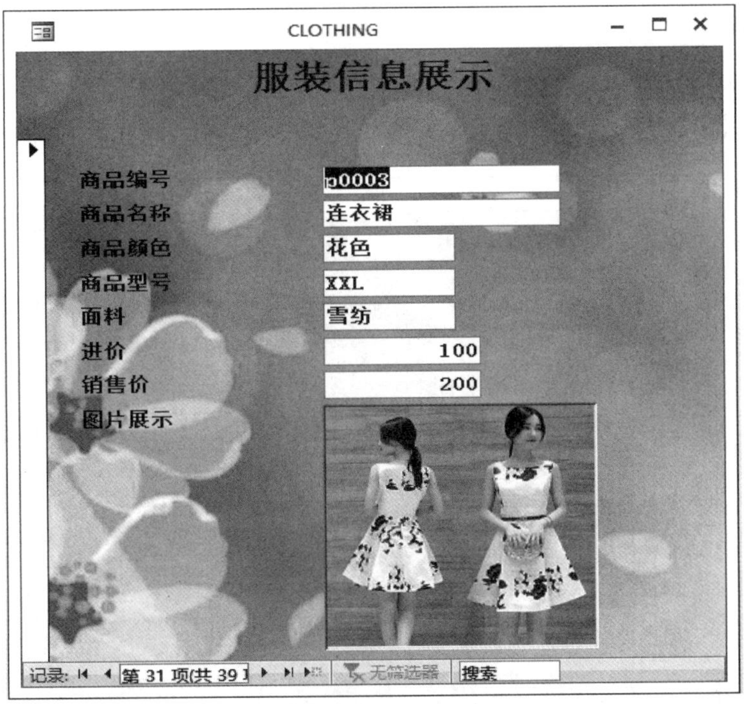

图 5. 2　使用窗体向导设计服装信息窗体

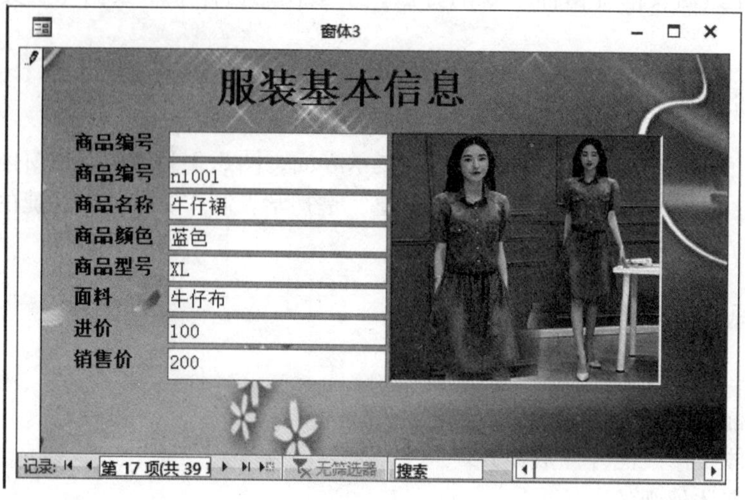

图 5.3　使用空白窗体设计服装信息

案例五　使用窗体设计制作学生管理系统

在这个案例中，将重点讲述使用窗体设计视图新建窗体的方法，通过添加按钮操作、背景操作、添加图片对象、图片模式选择的操作步骤，进一步掌握窗体控件的使用。

一、案例说明

图 5.4 是制作好的学生基本情况窗体视图，图 5.5 是学生个人分割窗体视图，它们的数据源均选择了 student 表，通过窗体选项卡和“上一项”“下一项”等按钮操作完成相应功

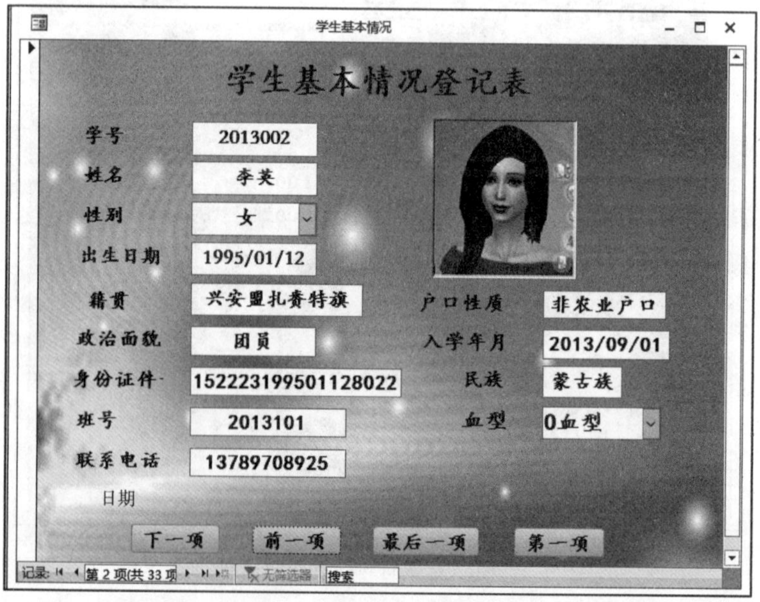

图 5.4　通过窗体设计制作窗体

能。实现学生信息的录入和显示。详细操作见 5.2.3 节的内容。

二、知识点分析

（1）设置窗体与数据库表的绑定与输出。
（2）选项组控件的使用方法。
（3）导航按钮的使用。
（4）窗体图片的添加。
（5）分割窗体的创建方法和步骤。
（6）修饰窗体控件的外观。

三、案例展示

（1）使用学生表制作学生基本情况的窗体，如图 5.4 所示。
（2）使用学生表制作的分割窗体，如图 5.5 所示。

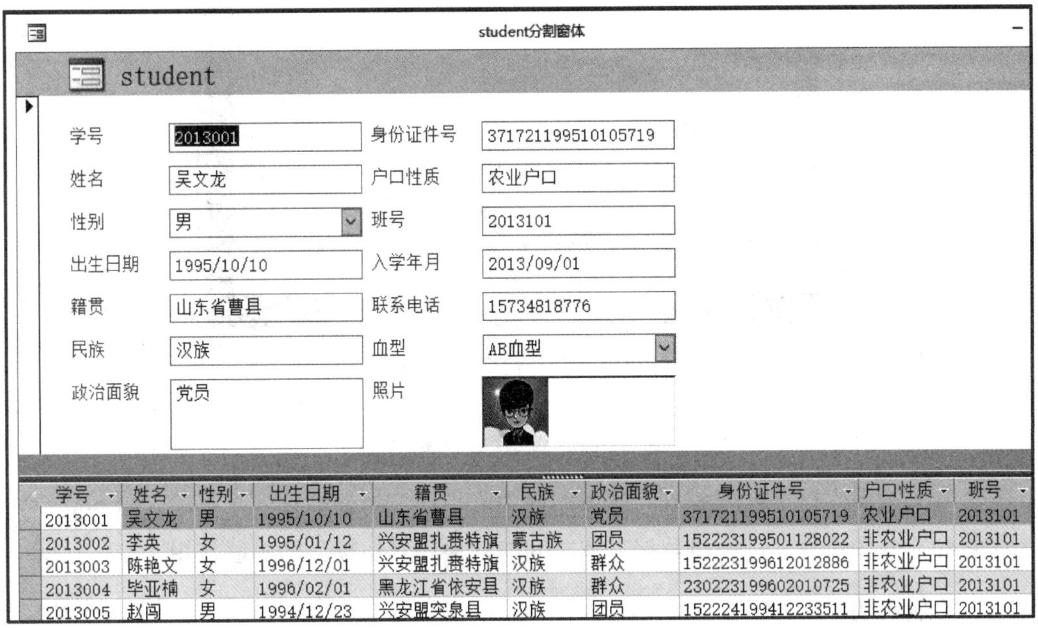

图 5.5　制作分割窗体

案例六　使用窗体设计输入界面

在这个案例中，将重点讲述制作窗体输入界面的方法步骤，通过添加窗体不同控件，说明文本框、选项组按钮、记录操作按钮与数据库连接的操作步骤，进一步掌握通过窗体输入数据的方法。

一、案例说明

图 5.6 是课程录入窗体视图，其数据源选择了 course 表，通过添加选项卡控件、数据项、选项组按钮和“添加记录”“保存记录”“撤消记录”“删除记录”等记录操作按钮，

实现每个学期课程的数据录入。详细操作过程见 5. 2. 4 节的内容。

二、知识点分析

（1）窗体数据项的排列。
（2）选项组控件的使用方法。
（3）记录操作按钮的使用。
（4）修饰窗体显示外观。

三、案例展示（见图 5.6）

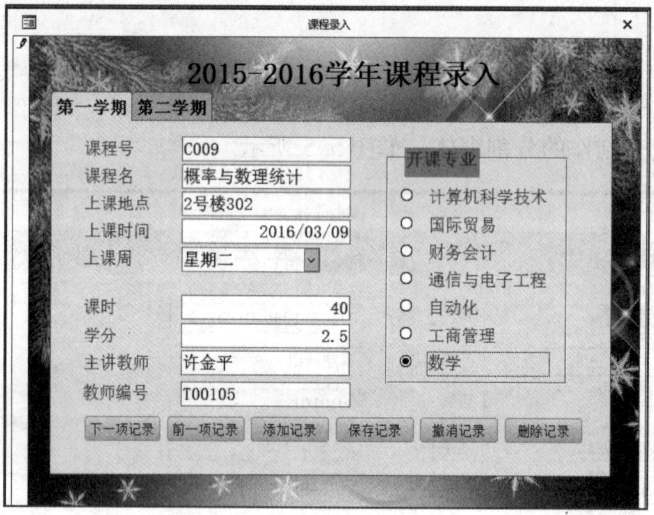

图 5. 6　制作数据录入窗体

案例七　使用窗体控件

在这个案例中，通过制作两个窗体界面使用的控件，包括标签、文本框、组合框、选项组、按钮和插入图像等，进一步掌握窗体之间的切换和其他控件的关联作用。

一、案例说明

图 5. 7 是制作好的管理员登录界面，图 5. 8 为导航控件制作的综合管理窗体界面。其数据源选择了 student、score 和 course 表，通过管理员登录，进入综合管理，由导航可进入更多管理菜单。详细操作见 5. 3. 1 ~ 5. 3. 6 节的内容。

二、知识点分析

（1）文本框、密码框的添加和使用。
（2）图像和未绑定对象框的使用。
（3）矩形框的使用。
（4）导航控件的使用。
（5）选项卡控件的操作。

三、案例展示（见图 5.7、图 5.8）

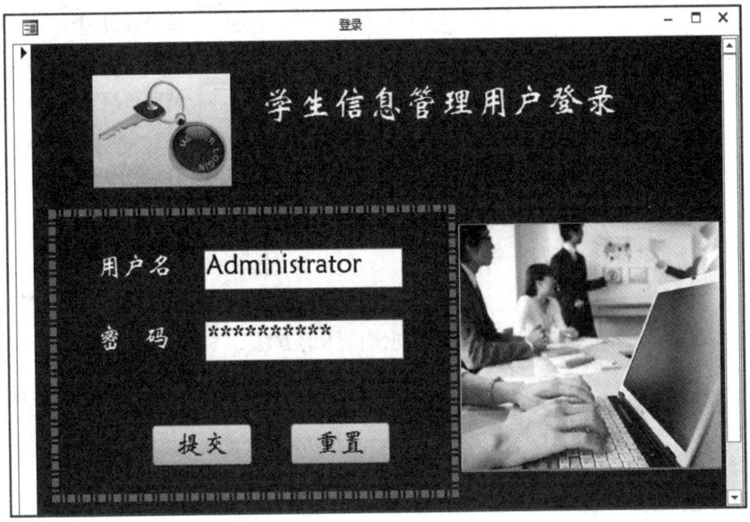

图 5.7　管理员登录界面

图 5.8　综合管理窗体界面

5.2　创建窗体

创建窗体有多种方法，通过【新建】选项卡，可以使用“窗体”“窗体设计”“空白窗体”“窗体向导”“导航”及“其他窗体”创建。其中，在“其他窗体”的下拉列表中，包含着“多个项目”“数据表”“分割窗体”“模式对话框”“数据透视图”和“数据透视表”子窗体内容。其创建窗体的命令工具栏如图 5.9 所示。

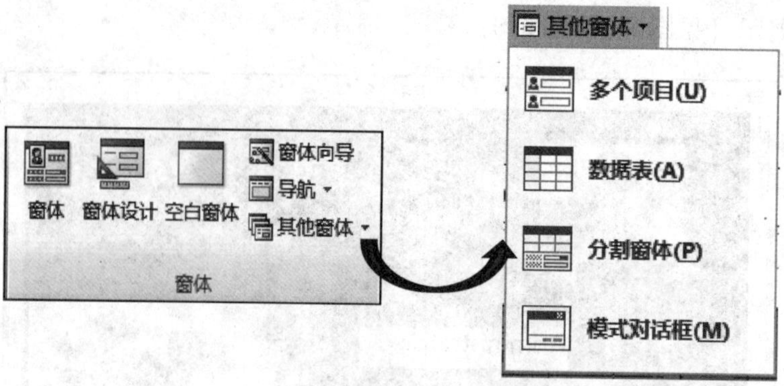

图 5.9　创作窗体的方法

5.2.1　使用向导创建窗体

一、利用向导创建多个数据源窗体的步骤

（1）单击【创建】选项卡中的“窗体向导”按钮，选择窗体中显示的表或查询数据源，再选择字段，如图 5.10 所示对话框。

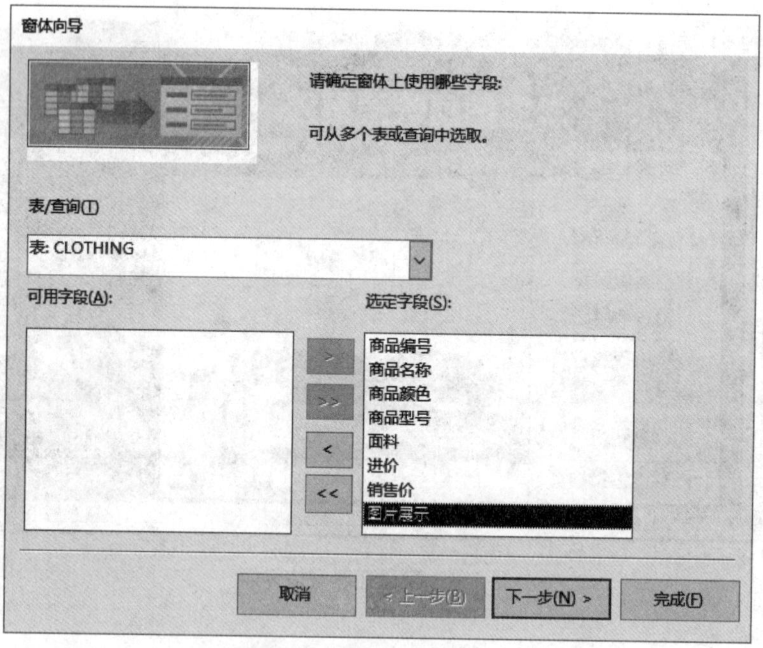

图 5.10　选择数据源中字段

（2）从“表/查询”下拉列表中选择数据源（表或视图），在“可用字段”中选择窗体中的显示表或查询中的字段，通过单击 > 按钮添加到选定字段中（若按 >> 键，则选择了数据源中的所有字段）。

（3）选择表或查询数据源字段后，再按照“下一步”的提示进行选择即可完成。

二、案例四的操作步骤

（1）单击【创建】选项卡中的“窗体向导”按钮，选中已经存在的服装信息“CLOTHING”表，通过选择上面的选择按钮选择所有字段，看到如图 5.10 所示对话框。

（2）单击“下一步”按钮，选择窗体布局为“纵栏表”，看到如图 5.11 所示对话框。

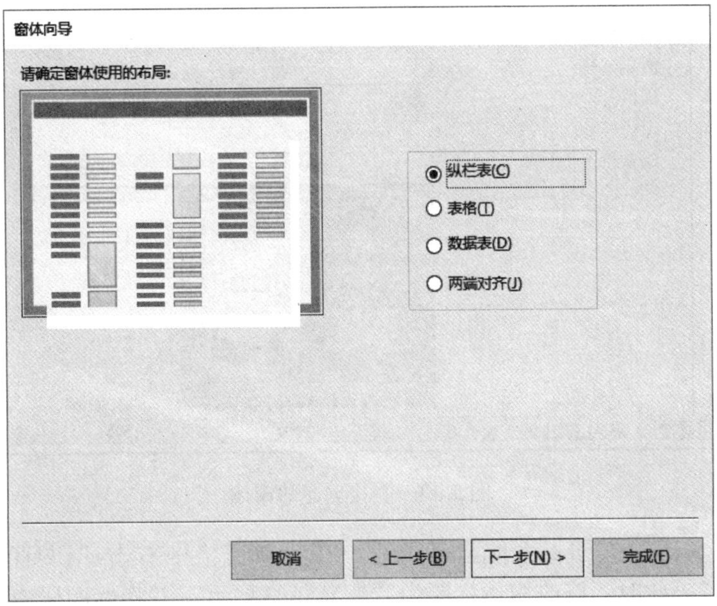

图 5.11　选择纵栏表窗体布局

（3）单击“下一步”按钮，指定保存的窗体视图名，缺省值为使用数据库表名“CLOTHING”，如图 5.12 所示。

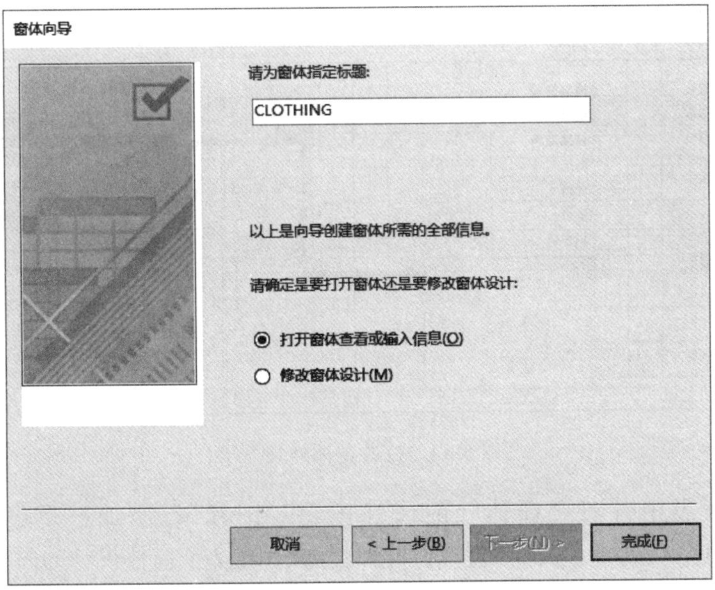

图 5.12　指定窗体视图名

（4）单击“完成”按钮，可看到未加任何修饰的窗体，如图 5.13 所示。

图 5.13　直接创建的窗体

（5）单击“关闭”按钮，系统自动保存，在导航窗格中右击“CLOTHING”视图名，选择“设计视图”，此时，修改窗体标题为“服装信息展示”并将标题居中，拖动图片大小到合适位置，然后右击图片框，选择属性中的“缩放模式”为“拉伸”，如图 5.14 所示。

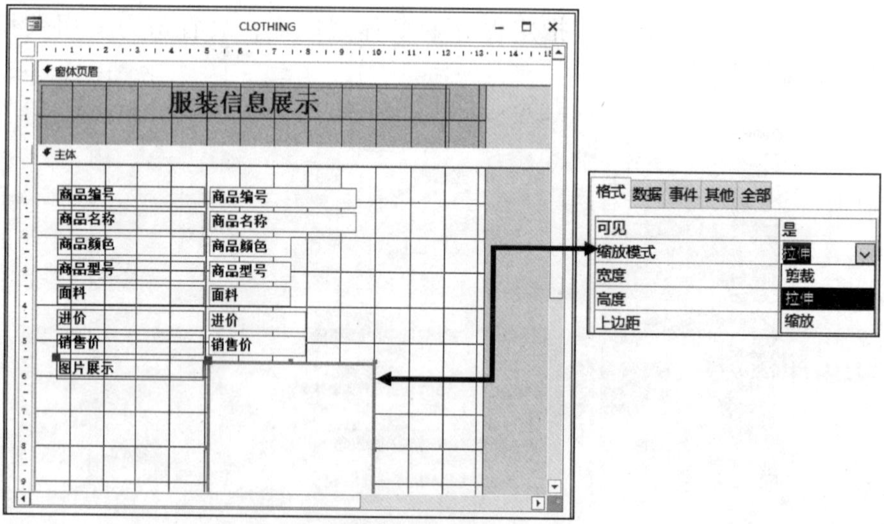

图 5.14　修改窗体外观显示

（6）在属性表中针对“窗体”的属性标题“图片”，添加一个已有的图片文件“bg2. jpg”，如图 5.15 所示。加入图片的详细过程见 5.2.2 节窗体设计的内容。

（7）单击“关闭”按钮，保存系统，在导航窗格中双击“CLOTHING”视图名即可看

图 5.15　添加窗体背景图片

到案例四的图 5.2 所示结果。

5.2.2　使用空白窗体创建窗体

制作简单的显示界面可以使用“空白窗体”构建。利用空白窗体创建窗体的步骤如下：

（1）选中导航窗格已存在的表，单击【创建】选项卡中的“空白窗体”按钮，将在布局视图中打开一个空白窗体。此时，右窗格中自动显示数据源的“字段列表”窗格，此时显示所有数据源，包括已经建立的表视图和查询视图，选择所需要的数据即可。按照案例四的图 5.3，选择“CLOTHING”，再单击其右侧的“＋”则展开字段列表，如图 5.16 所示。

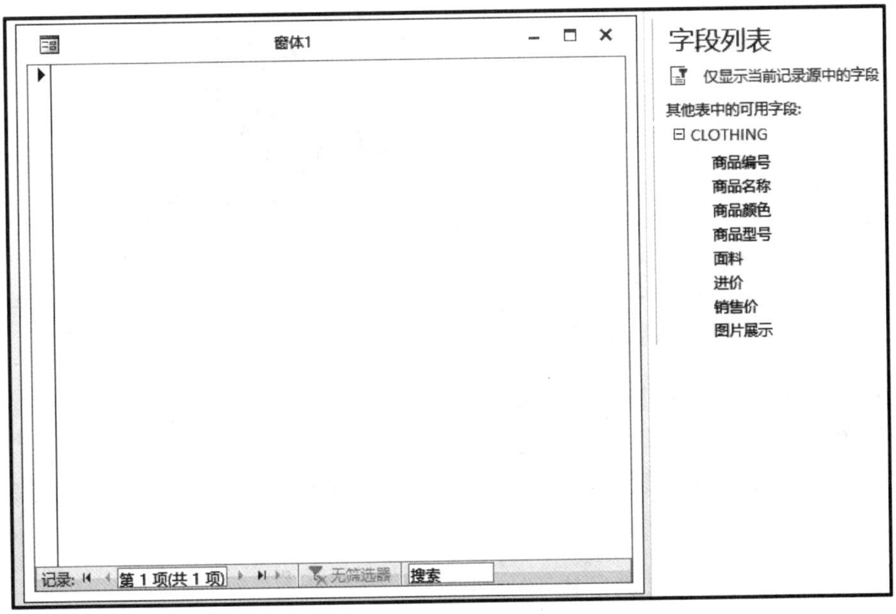

图 5.16　空白窗体视图

（2）若要向窗体添加一个字段，双击或拖动该字段到窗体的空白处，系统自动布局格式。添加多个字段，分别双击或拖动其他字段到窗体中，为了使得图片数据在另一列上，此时在空白处单击，再拖动图片数据到右侧位置，如图5.17所示。

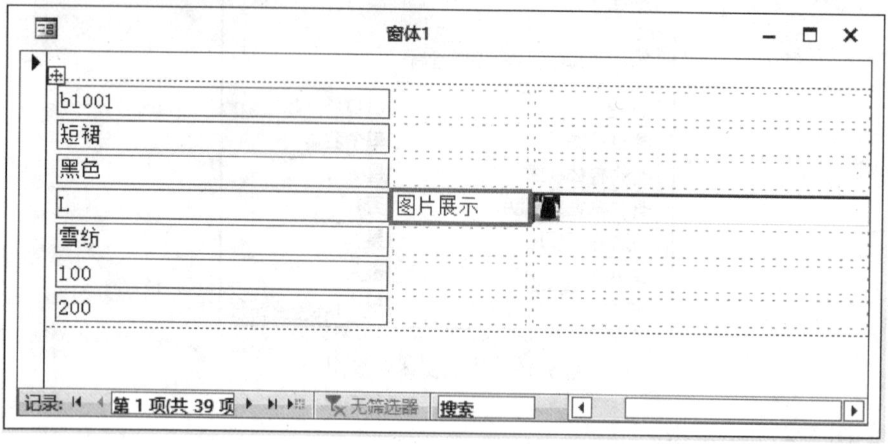

图5.17　在空白窗体上拖动字段结果

（3）选中图5.14中“图片展示”所在列的任何一个单元格右击，单击“删除列”；再选中图片列所有单元格（按住“Shift”键可进行多选单元格操作），右击选择“合并/拆分”命令，调整图片大小到合适位置，如图5.18所示。

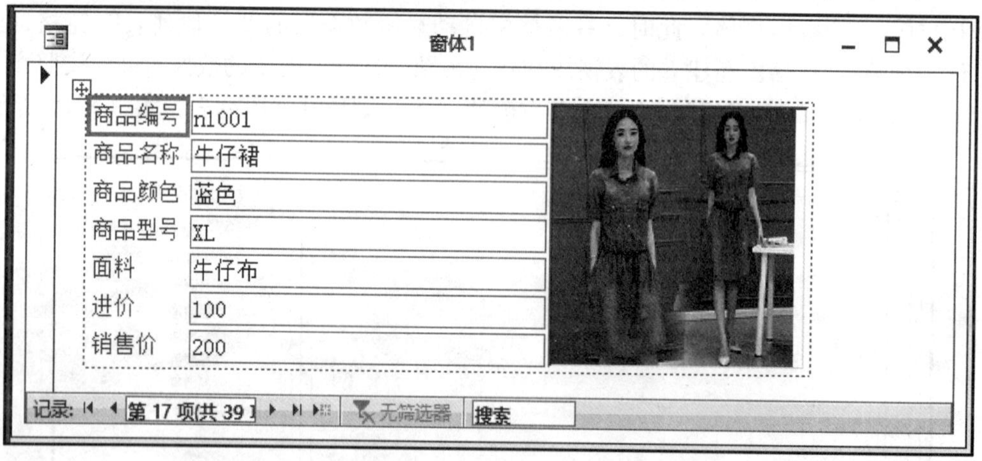

图5.18　在空白窗体上合并图片单元格结果

（4）单击“关闭”按钮进行保存，在导航窗格中右击保存的窗体视图名“窗体1”，选择“设计视图”，在工具栏中添加标题文字标签，修改文字大小和字体，如图5.19所示。

（5）单击“关闭”按钮进行保存，在导航窗格双击即可看到案例四的图5.3所示结果。

5.2.3　使用窗体设计创建窗体

窗体设计提供了窗体结构更为方便的设计窗体方法，它可以按照自己的设计思路进行布

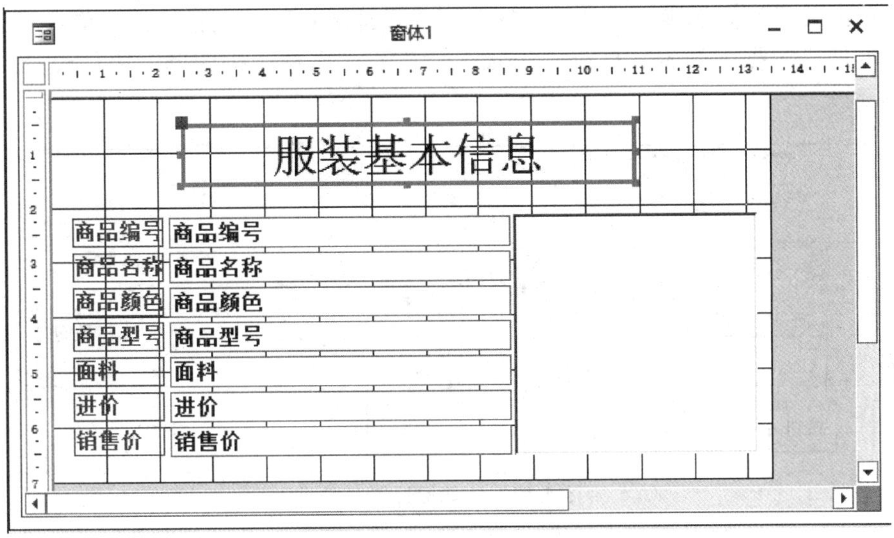

图 5.19 在空白窗体上修改标题文字

局，是最常用的窗体设计方法。该方法主要是使用窗体的“设计视图”自行添加数据和布局，用其他方法制作的窗体均可使用该方法修改。因此，在窗体设计时可向窗体添加更多类型的控件。例如添加背景图片、选项组合框控件、按钮、单选和复选按钮以及绑定对象等，还可以在文本框中编辑控件来源，调整窗体控件的大小、颜色和字体等内容。它能更改某些无法在布局视图中更改的窗体属性。

一、案例五的操作步骤

(1) 单击【创建】选项卡中的“窗体设计”按钮，打开窗体“主体”，如图 5.20 所示。

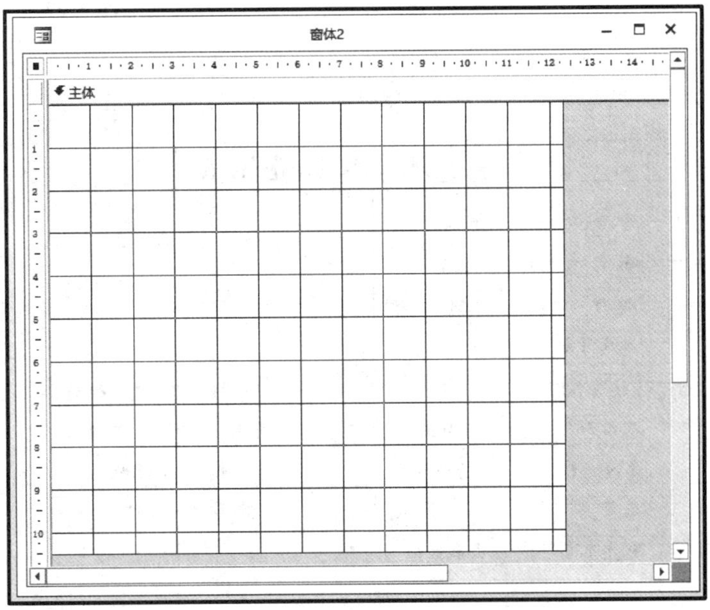

图 5.20 窗体编辑视图

（2）单击【设计】选项卡，在打开的“窗体设计工具”中选择控件，单击“添加现有字段”项可加入数据库数据，此外还可加入标签、文本框、按钮等，窗体设计工具栏如图 5.21 所示。

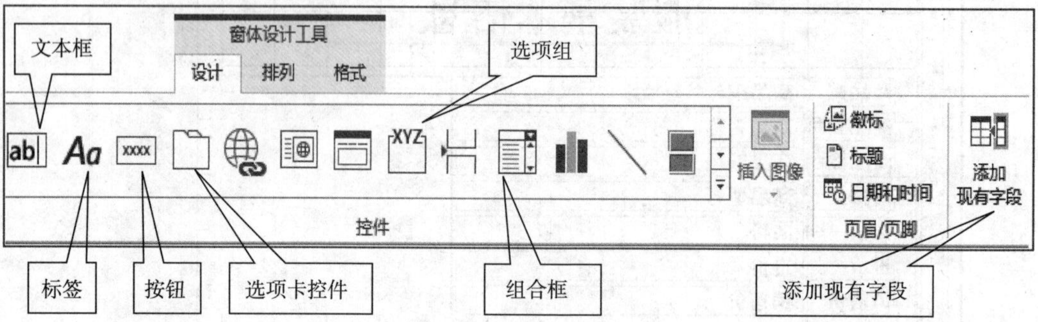

图 5.21　窗体设计工具栏

（3）选择“添加现有字段”项，在窗体右侧出现“字段列表”对话框，在其下面出现数据库列表。选择“student”表后单击“+”号，则展示所有字段数据，如图 5.22 所示。

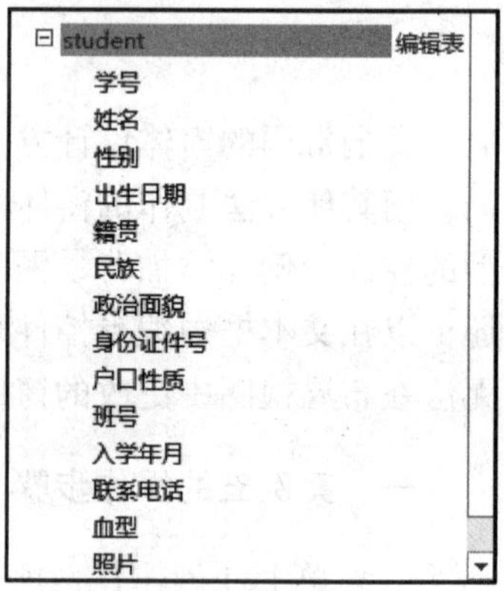

图 5.22　student 表数据字段

（4）双击数据字段名或拖动字段名到窗体，则在窗体上显示该字段标签和值，即完成了数据库表与窗体的链接。此时可对窗体上显示的数据进行排列布局，单击工具栏内的“开始”按钮，可修改标签的字体大小、颜色和字体。

在窗体主体内单击【设计】选项卡添加标题“学生基本情况登记表”标签，并修改字体的大小和字体，如图 5.23 所示。

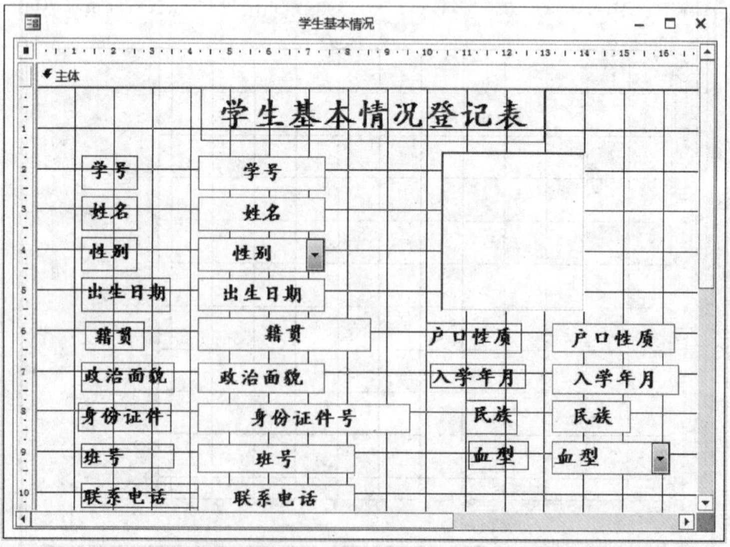

图 5.23　学生窗体设计

（5）拖动命令按钮到窗体，则打开“命令按钮向导”对话框，选择“记录导航”和“转至下一项记录”，如图 5. 24 所示。

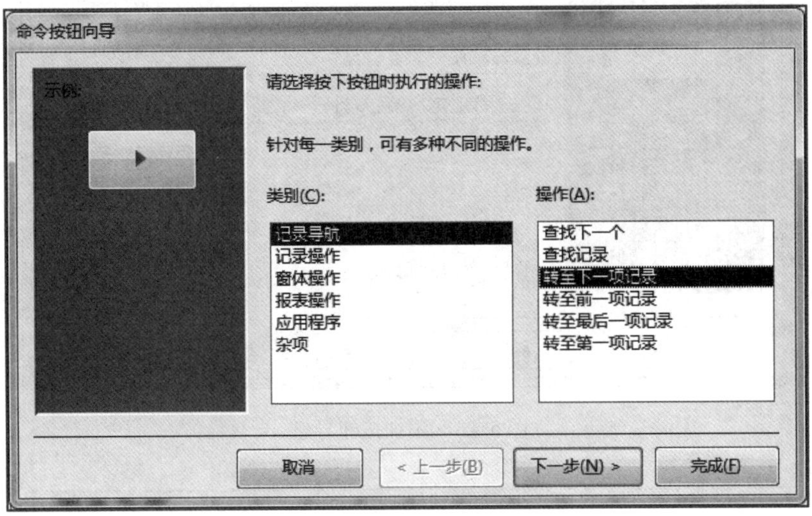

图 5. 24　“命令按钮向导”对话框

（6）单击“下一步”按钮，再选择“文本”，完成窗体上的“下一项记录”按钮，如图 5. 25 所示。

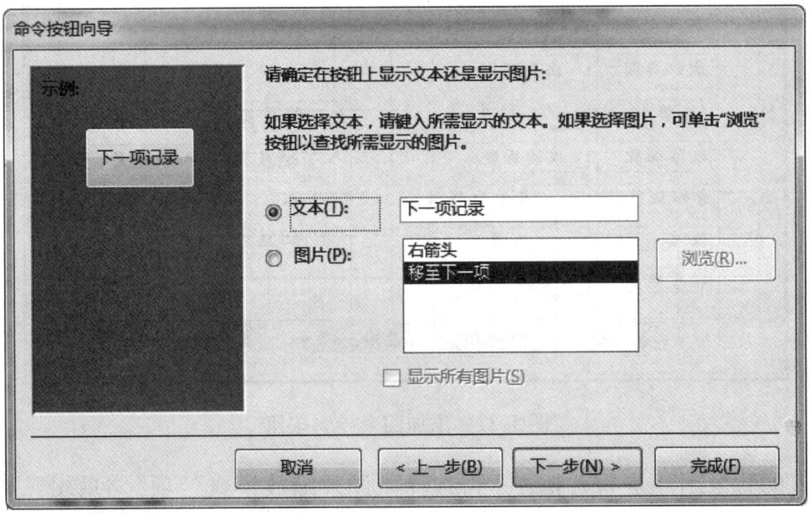

图 5. 25　添加按钮导航

（7）单击“下一步”按钮，显示缺省命令按钮的名字“Command1”，再选择“完成”按钮，如图 5. 26 所示。

（8）同理，按照上述方法拖动 3 次命令按钮，分别选择“转至前一项记录”“转至最后一项记录”“转至第一项记录”按钮，结果如图 5. 27 所示。

（9）单击工具栏的属性表或右击“属性”，打开属性表，从“所选内容的类型：窗体”下拉列表中选择“窗体”，再对【格式】选项卡中的“图片”项添加图片，找到图片所在

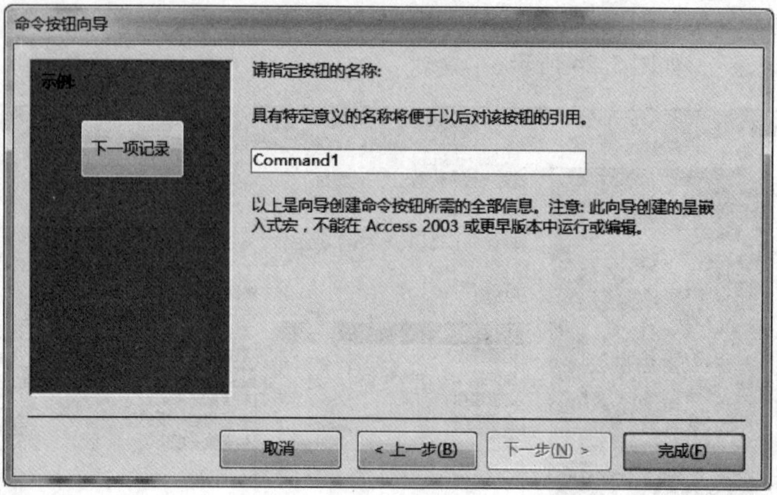

图 5.26　添加按钮导航

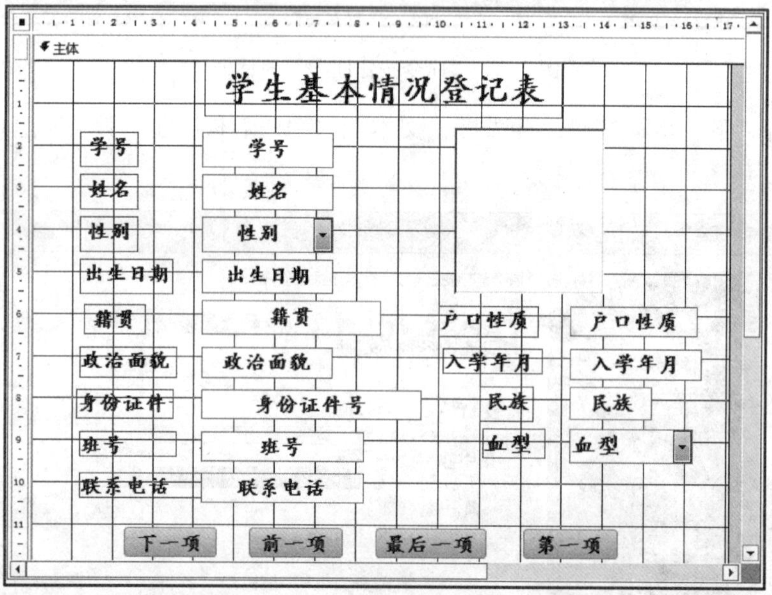

图 5.27　添加四个导航按钮

位置（案例五的背景图片是 bg7. jpg）。再选择“图片缩放模式”项（“剪辑”“拉伸”“缩放”），其中：“剪辑”会剪切图片，“拉伸”将图片按窗体大小显示；“缩放”按照图片全景显示。缺省为“剪辑”，这里选择“拉伸”，如图 5. 28 所示。

（10）单击“关闭”按钮保存窗体，在导航窗格中双击视图名即可看到案例五中的图 5. 4 所示结果。

二、案例六的操作步骤

（1）单击【创建】选项卡中的“窗体设计”按钮，添加标题“2015—2016 学年课程录入”标签，通过窗体属性添加背景图片。

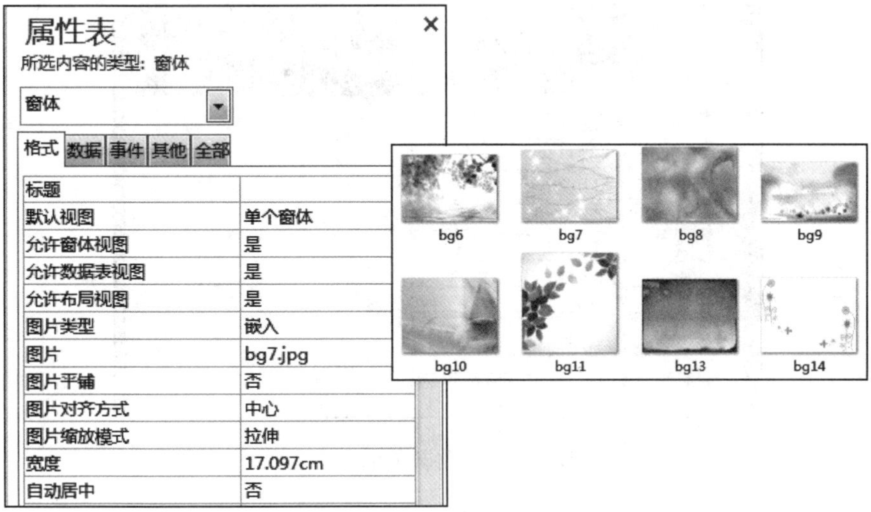

图 5.28 选择窗体背景图片

（2）在窗体“属性表”中，添加窗体属性“记录源”选择 course 课程表。

（3）通过图 5.21 中的【设计】选项卡，添加选项卡并分别修改标题为“第一学期”和“第二学期”，如图 5.29 所示。

图 5.29 添加选项卡控件

（4）在窗体设计的“添加现有字段”中，拖动数据源 course 表的所有字段到窗体，通过

下的

进行大小调整、对齐排列，如图 5.30 所示。

（5）在图 5.21 的窗体设计工具栏中选择“选项组”按钮，在窗体右侧空白处单击即可打开“选项组向导”对话框，在对话框中输入专业标签名称，如图 5.31 所示。

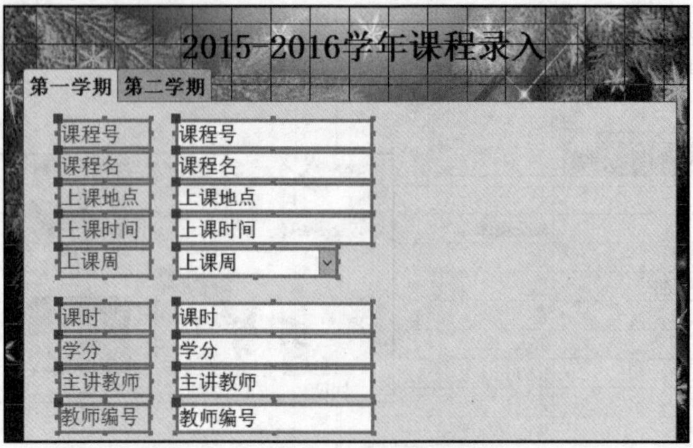

图 5.30　添加数据项并排列对齐

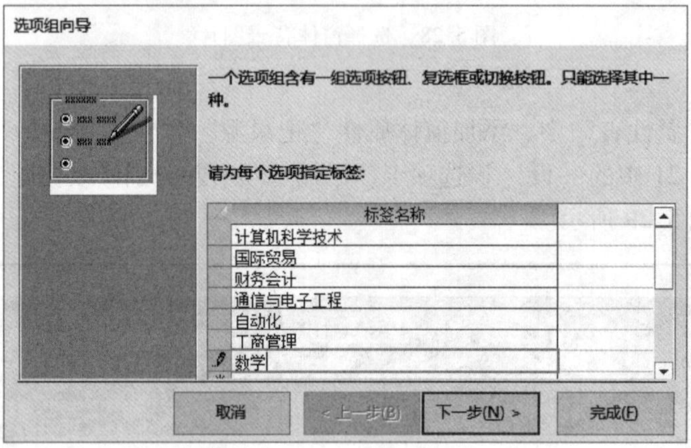

图 5.31　“选项组向导”对话框

（6）单击“下一步”按钮，再选择“否，不需要默认选项”，如图 5.32 所示，再单击“下一步”按钮。

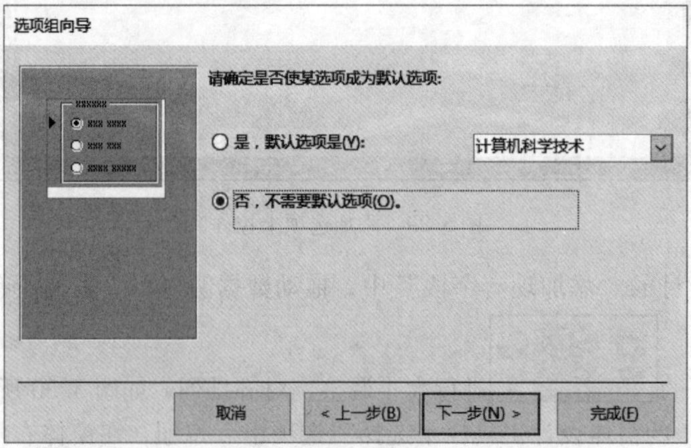

图 5.32　选择是否需要默认选项

(7) 针对“标签名称”下专业对应的专业代码，修改“值”下面的内容，缺省为阿拉伯数字 1，2，3…，如图 5.33 所示。

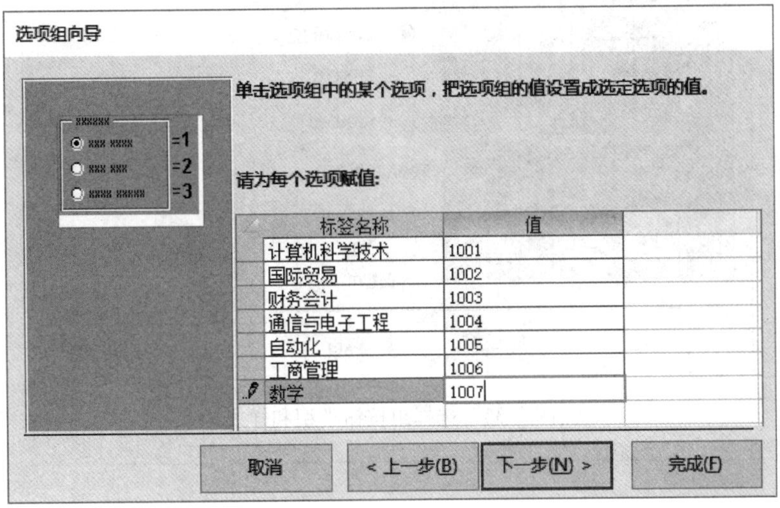

图 5.33　修改默认值的内容

(8) 单击“下一步”按钮，在“在此字段中保存该值”右侧的列表框中选择“开课专业”字段，如图 5.34 所示。

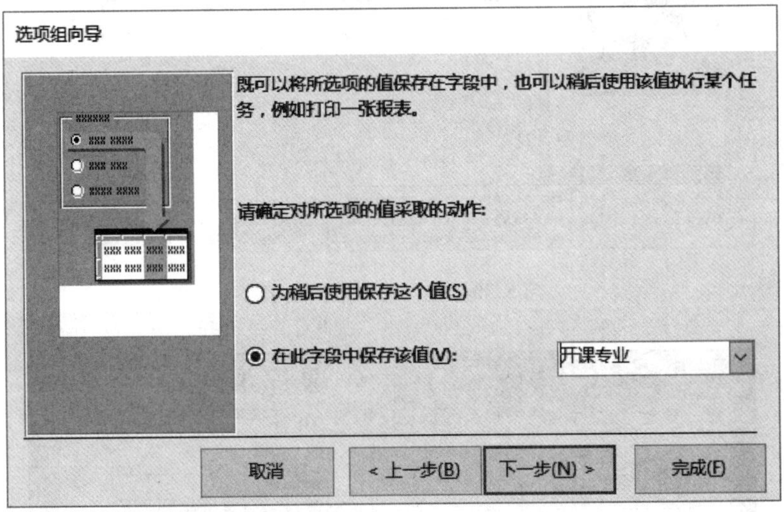

图 5.34　选择保存表字段

(9) 单击“下一步”按钮，选择选项组按钮类型及显示样式，缺省为第一项，此时可直接选择默认，如图 5.35 所示。

(10) 单击“下一步”按钮，键入选项组名字，缺省系统指定为 Frame1 到 Frame n，此时可按照窗体中的数量修改数字，如图 5.36 所示。

(11) 单击“完成”按钮，此时可修改显示的字体大小和显示位置（可使用缺省），如图 5.37 示。

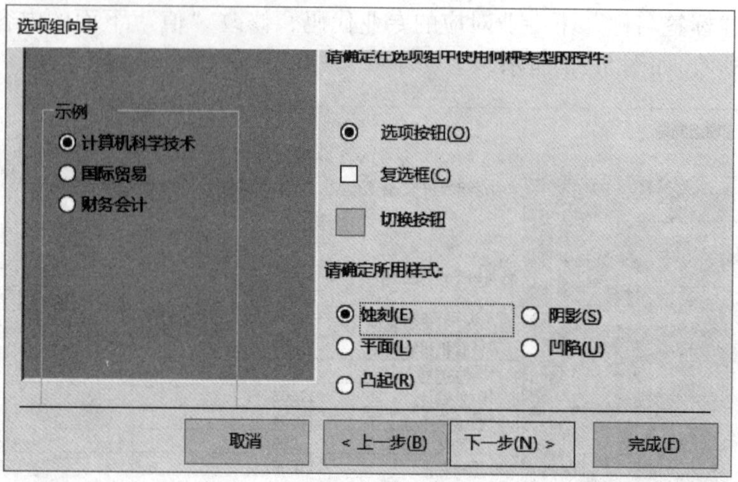

图 5.35　选择组按钮类型和样式

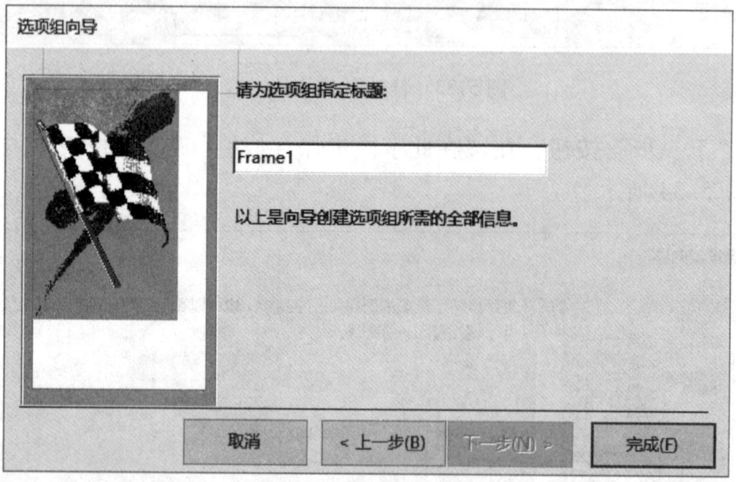

图 5.36　键入选项组按钮名字

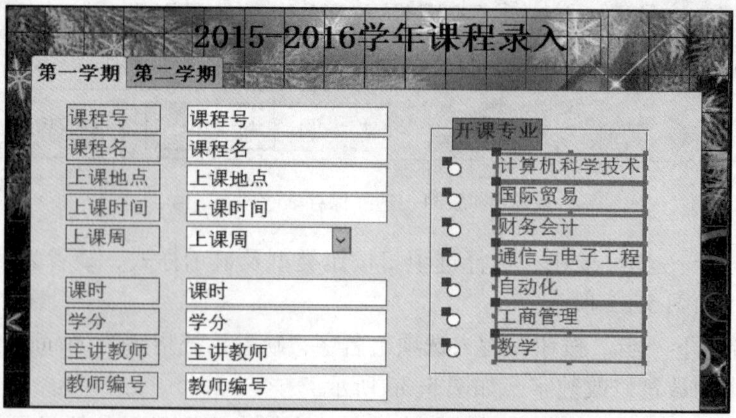

图 5.37　添加字段及选项组结果

【说明】上面“上课周”选项是组合框内容，该内容可以在数据库表中使用列表，参见第 3 章建立数据库表中的 3.2.10 节内容。

(12）选择图 5.21 工具栏中的“按钮”项，在下面空白处单击，即可打开“命令按钮向导”对话框，添加“下一项记录”和“上一项记录”方法见案例五的操作步骤。

(13）再选择图 5.21 工具栏中的“按钮”项，在下面空白处单击，在打开的“命令按钮向导”对话框中，选择“记录操作”下的“添加新记录”，如图 5.38 所示。

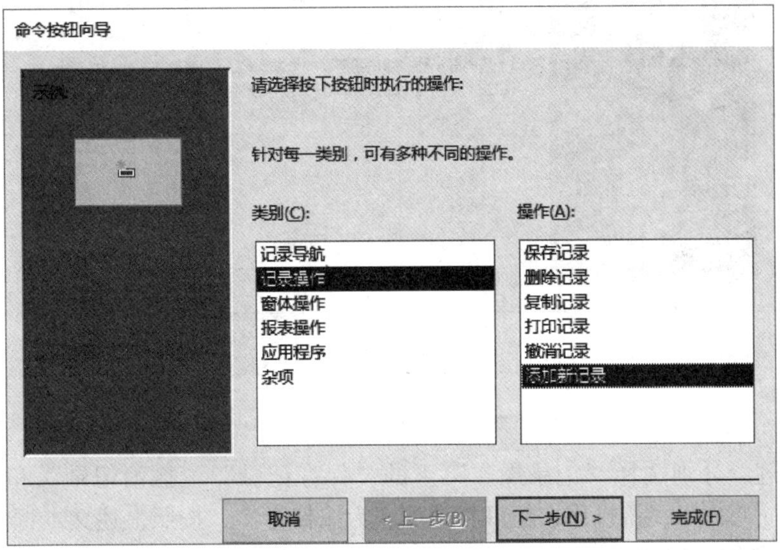

图 5.38　添加记录操作按钮（1）

(14）单击“下一步”按钮，选择“文本”，此时“添加记录”可自动为按钮标签，如图 5.39 所示。

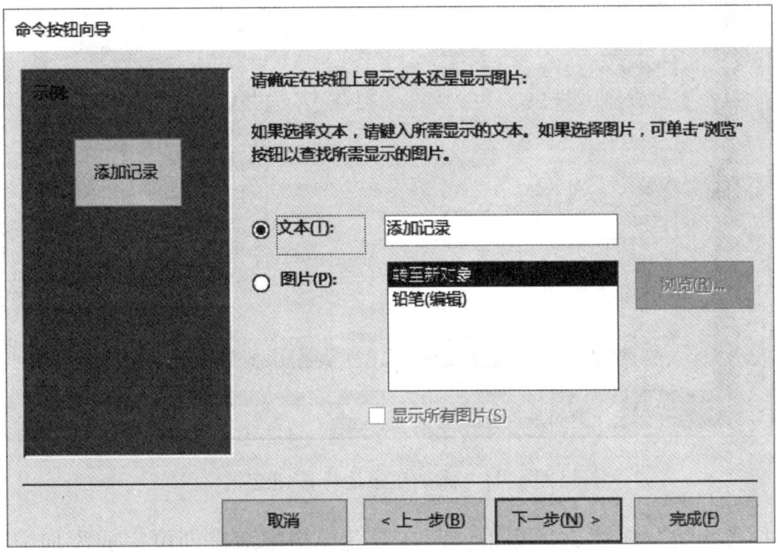

图 5.39　添加记录操作按钮（2）

（15）单击“下一步”按钮，可自行键入命令按钮名以便编程对按钮的引用，缺省系统自动添加按钮名为 Command1 到 Command n，如图 5.40 所示。

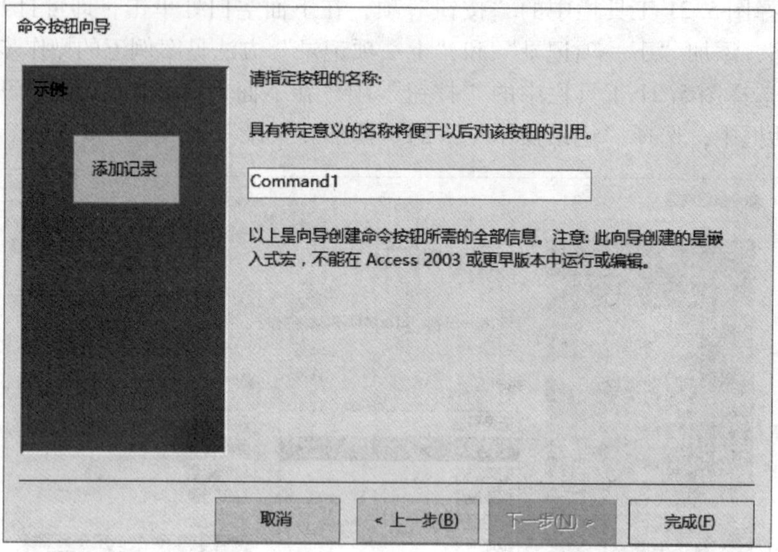

图 5.40　添加记录操作按钮（3）

（16）同理，分别选择“记录操作”下的“保存记录”“撤消记录”和“删除记录”项，分别选择“文本”，该操作按钮可自动加入为按钮标签，按照上述文本框的排列对齐方式调整位置，其结果如图 5.41 所示。

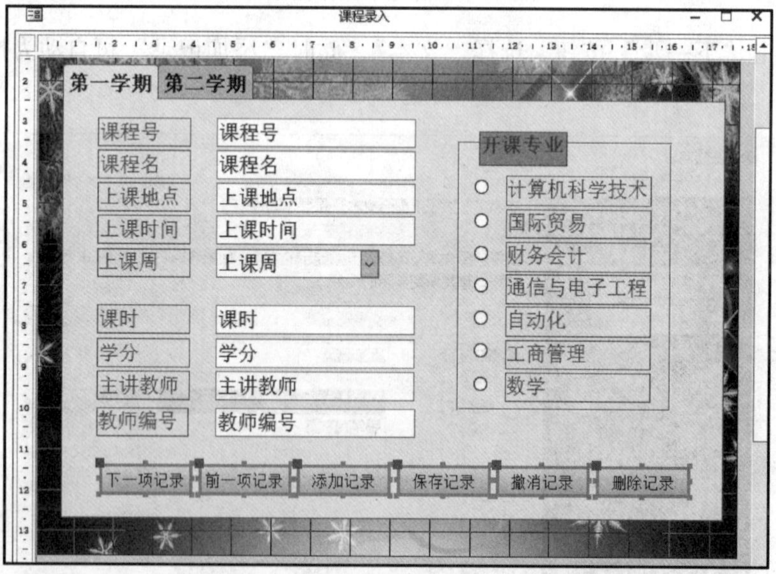

图 5.41　添加记录操作按钮结果

（17）单击“关闭”按钮，保存系统，在导航窗格中双击即可完成添加记录、删除记录等操作，见案例六的图 5.6 所示结果。

三、创建带有子窗体的窗体

（1）单击【创建】选项卡中的“窗体向导”按钮，分别选择“student”表、“course”表和“score”表数据源中的多个字段，通过单击“下一步”按钮，分别选择三个表的所需字段，如图 5.42 所示。

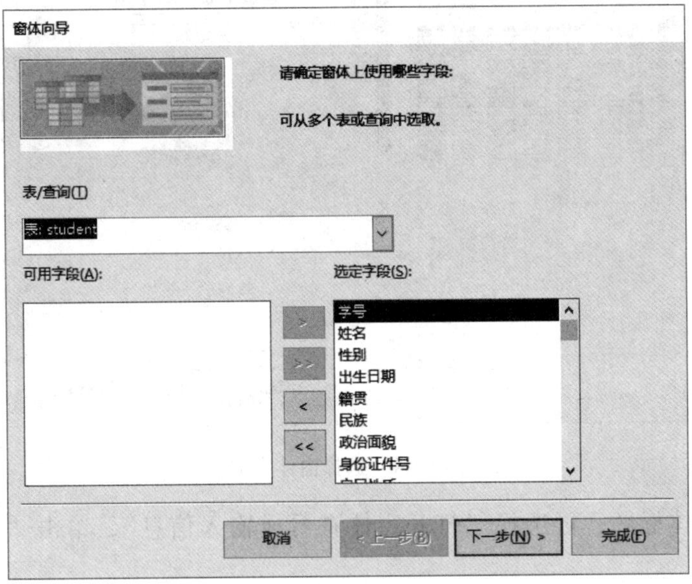

图 5.42　选择输出字段

（2）单击“下一步”按钮，在对话框右上角看到输出字段数据，选择“带有子窗体的窗体”（当选择数据源是多个表时才出现），如图 5.43 所示，单击“下一步”按钮。

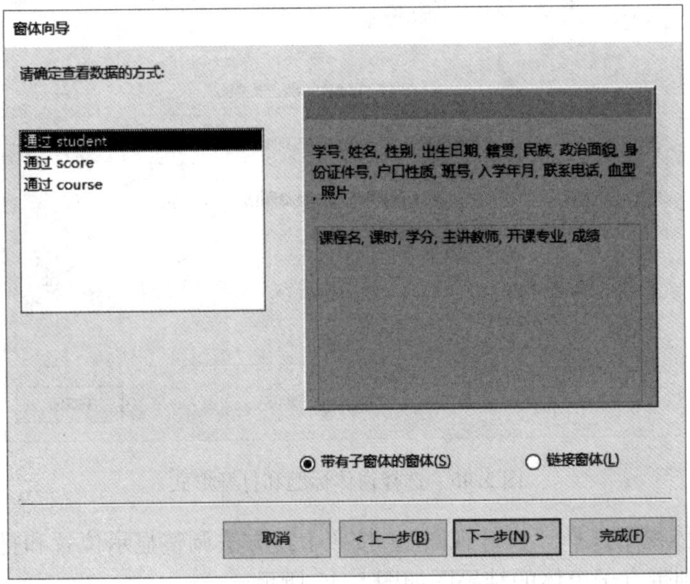

图 5.43　查看输出字段

（3）在输出形式中选择“数据表”显示方式，如图 5.44 所示，单击“下一步”按钮。

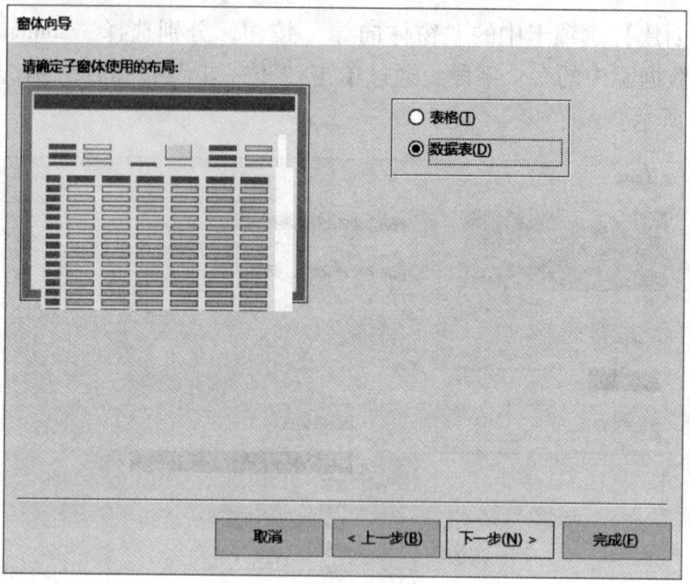

图 5.44　选择窗体布局

（4）指定窗体标题，再选择“打开窗体查看或输入信息”，单击“完成”按钮，如图 5.45 所示。

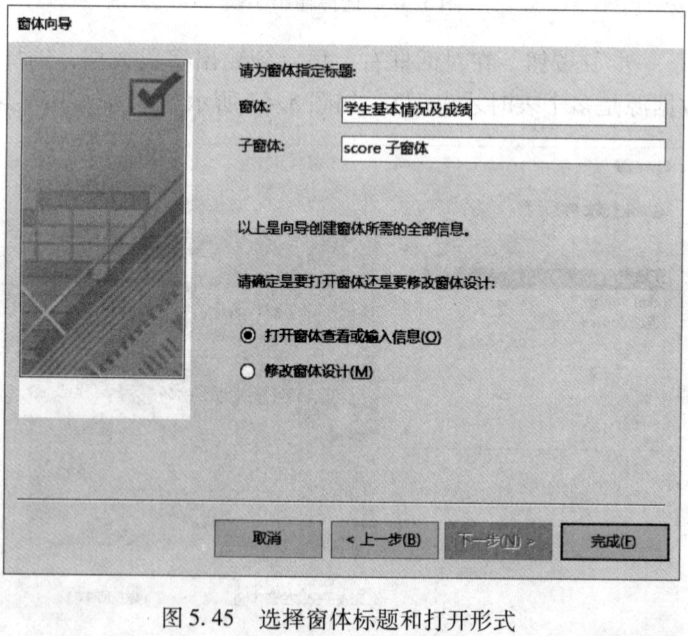

图 5.45　选择窗体标题和打开形式

（5）右击窗体视图选择“设计视图”，按照上述方法调整显示位置和排列对齐方式，保存后再双击可看到带有子窗体的结果图如图 5.46 所示。

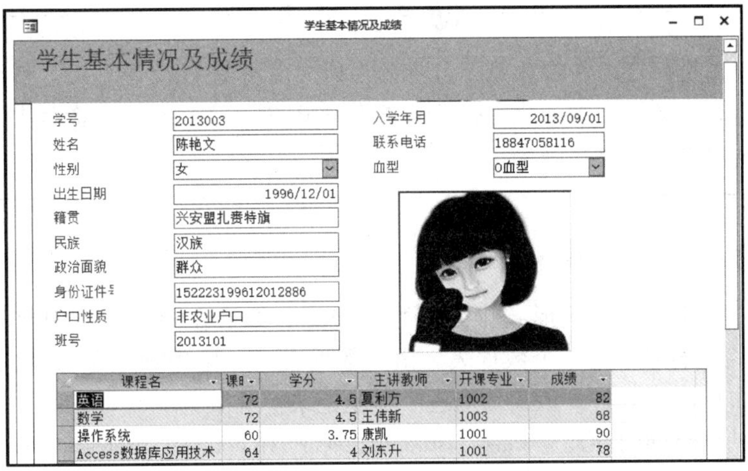

图 5.46 带有子窗体的结果图

若在窗体上放入多个表和查询中的字段，则在窗体向导的第一页上选择第一个查询中的字段后，请不要单击“下一步”或“完成”按钮。而是应该重复这些步骤，再选择一个表或查询，单击在窗体上的其他字段。然后单击“下一步”或“完成”按钮继续操作。

5.2.4 利用“窗体”自动创建窗体

（1）单击【数据库工具】选项卡中的“关系”命令，建立 student 表与 score 表的一对多关系，建立 score 表与 course 表的一对多关系。单击“关闭”保存。

（2）选择 student 表，再单击【创建】选项卡中的“窗体”命令，即可自动完成布局显示的窗体，如图 5.47 所示。

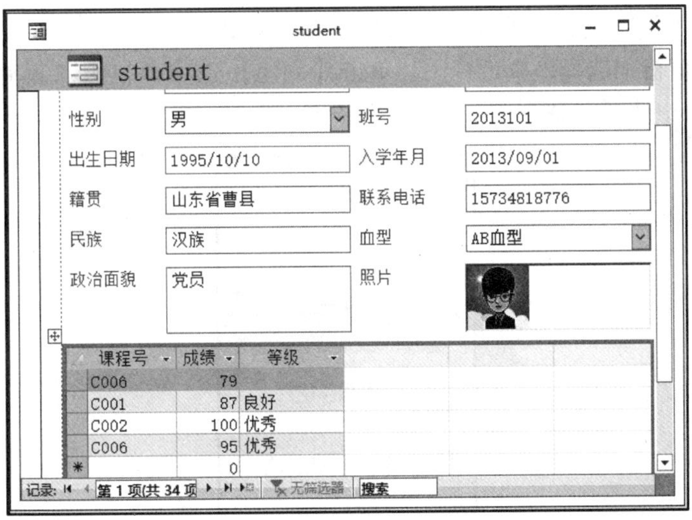

图 5.47 利用“窗体”命令自动建立窗体

要点提示

在布局视图中，可以在窗体显示数据的同时对窗体进行设计更改，根据需要调整文本框的大小以适合数据。若创建窗体的表或查询具有一对多关系，将向基于相关表或相关查询的窗体中添加一个数据表。

5.2.5 创建数据表窗体

数据表是以行和列的简单形式排列的数据视图。如果在导航窗格中双击数据表窗体，Access 2013 会将该表显示为一个数据表。由于数据表可以紧凑地显示数据，因此便于总体查询。若用“布局视图”打开该窗体能逐个显示记录。

（1）首先使用查询向导建立 class、student、score 和 course、professional、teacher 三个表的联合查询；建立方法参见第 4 章查询向导，如图 5.48 所示。

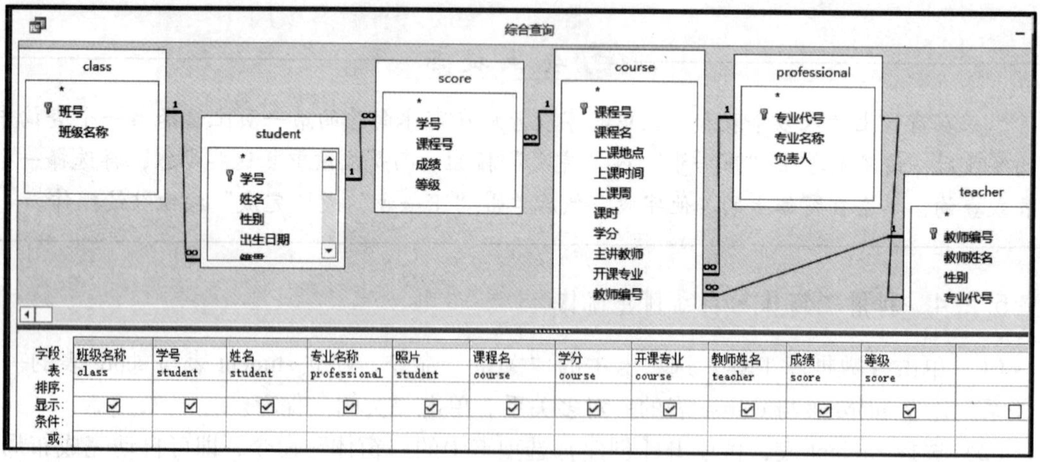

图 5.48　利用“查询向导”建立综合查询

（2）单击“关闭”按钮并保存为“综合查询”视图。

（3）在导航窗格中选择该查询视图，单击【创建】选项卡中的“其他窗体”按钮，在“其他窗体”列表中选择“数据表”，如图 5.49 所示。

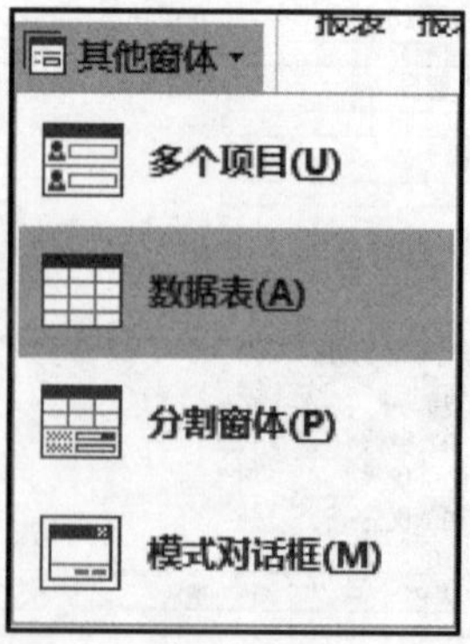

图 5.49　选择“数据表“窗体

（4）此时立即可看到如图 5.50 所示的数据表窗体视图。

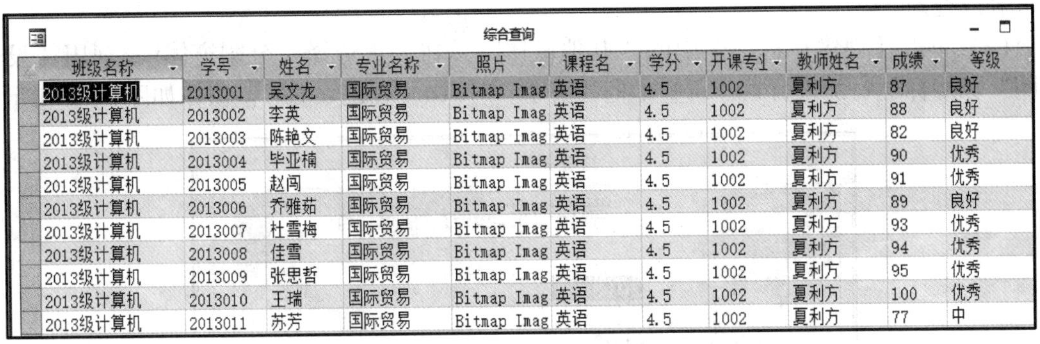

班级名称	学号	姓名	专业名称	照片	课程名	学分	开课专业	教师姓名	成绩	等级
2013级计算机	2013001	吴文龙	国际贸易	Bitmap Imag	英语	4.5	1002	夏利方	87	良好
2013级计算机	2013002	李英	国际贸易	Bitmap Imag	英语	4.5	1002	夏利方	88	良好
2013级计算机	2013003	陈艳文	国际贸易	Bitmap Imag	英语	4.5	1002	夏利方	82	良好
2013级计算机	2013004	毕亚楠	国际贸易	Bitmap Imag	英语	4.5	1002	夏利方	90	优秀
2013级计算机	2013005	赵闯	国际贸易	Bitmap Imag	英语	4.5	1002	夏利方	91	优秀
2013级计算机	2013006	乔雅茹	国际贸易	Bitmap Imag	英语	4.5	1002	夏利方	89	良好
2013级计算机	2013007	杜雪梅	国际贸易	Bitmap Imag	英语	4.5	1002	夏利方	93	优秀
2013级计算机	2013008	佳雪	国际贸易	Bitmap Imag	英语	4.5	1002	夏利方	94	优秀
2013级计算机	2013009	张思哲	国际贸易	Bitmap Imag	英语	4.5	1002	夏利方	95	优秀
2013级计算机	2013010	王瑞	国际贸易	Bitmap Imag	英语	4.5	1002	夏利方	100	优秀
2013级计算机	2013011	苏芳	国际贸易	Bitmap Imag	英语	4.5	1002	夏利方	77	中

图 5.50　数据表窗体

（5）在导航窗格中双击该窗体或右击该窗体选择“布局视图”，形成查询窗体如图 5.51 所示。

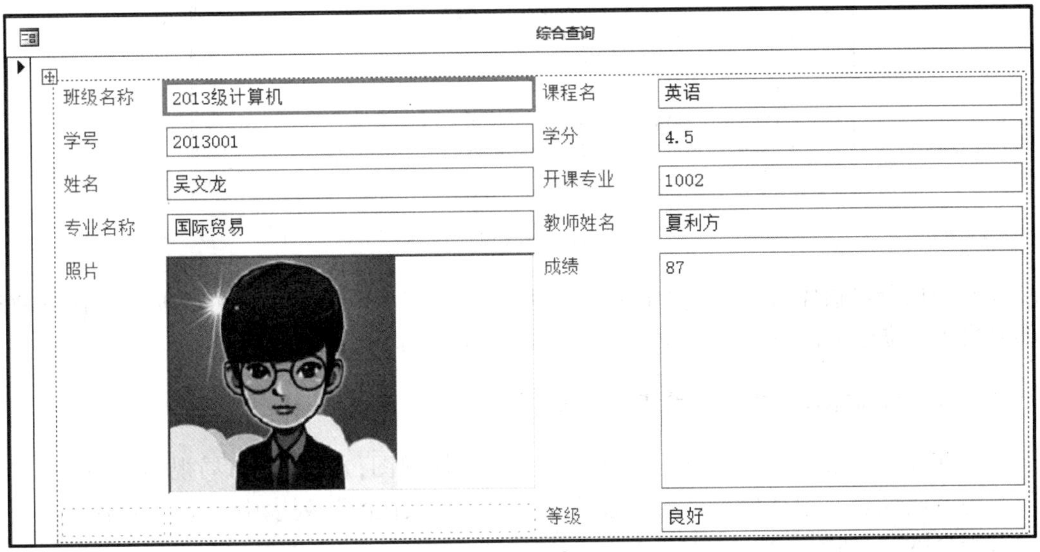

图 5.51　查询窗体视图

5.2.6　使用分割窗体创建窗体

一、创建分割窗体

分割窗体可以同时提供窗体视图和数据表两种视图，即使用分割窗体模式可以将普通视图和数据视图合并在同一个窗体中显示。它不同于窗体/子窗体的组合，它的两个视图连接到同一数据源，并且总是相互保持同步。如果在窗体的一个部分中选择了一个字段，则会在窗体的另一部分中也选择了相同的字段。可以从任一部分添加、编辑或删除数据（只要记录源可更新，且未将窗体配置为阻止这些操作），使用“分割窗体”操作步骤如下：

（1）在导航窗格中，单击包含要在窗体上显示的数据表或查询。或在数据表视图中打开该表或查询。

（2）单击【创建】选项卡中的“其他窗体”按钮，再选择“分割窗体”。利用“设计视图”添加标题、加入背景、调整本框的大小。对 score 表建立的分割窗体如图 5.52 所示。

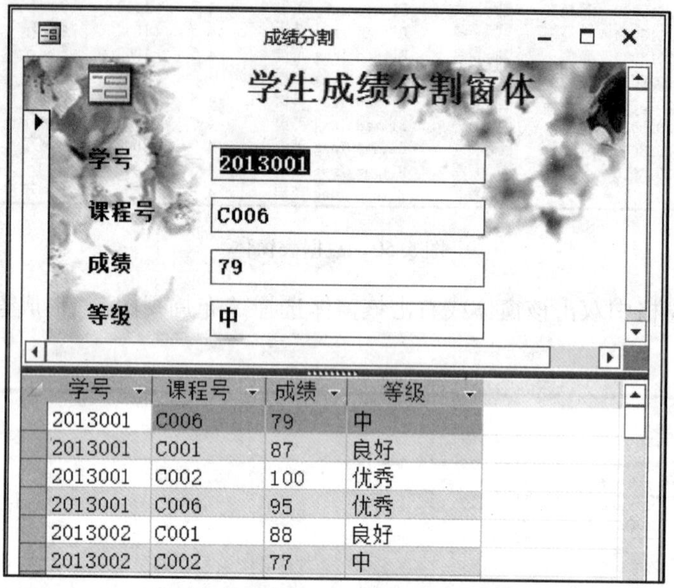

图 5.52　分割窗体视图

（3）使用分割窗体可以在一个窗体中同时显示两种窗体类型，即可以使用窗体的数据表部分快速定位记录，还能使用窗体部分查看或编辑记录。

二、将现有窗体转变为分割窗体的方法

（1）在导航窗格中右击任意一个已经建立的窗体视图，选择“布局视图”，再从“窗体”下的“属性表”中选择“格式”选项卡，在“默认视图”列表中，将“单个窗体”改为“分割窗体”，如图 5.53 所示。

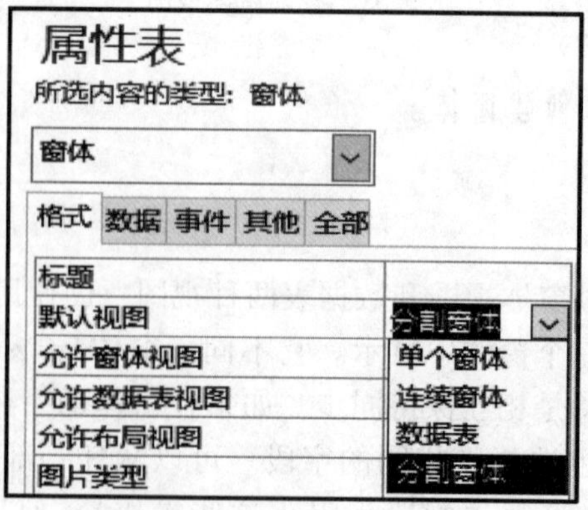

图 5.53　选择“分割窗体”属性

（2）保存并关闭窗体，然后在导航窗格中双击窗体打开即可。例如将服装销售的单个窗体改为分割窗体，如图 5.54 所示。

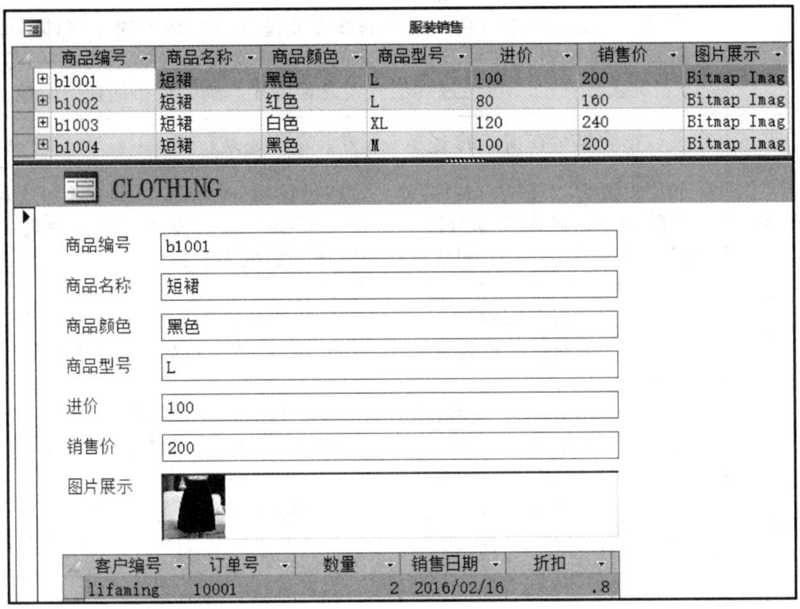

图 5.54　转换的分割窗体

三、设置分割窗体属性

在打开的分割窗体属性列表“格式”中，通过更改窗体属性值以显示不同效果，如图 5.55 所示。

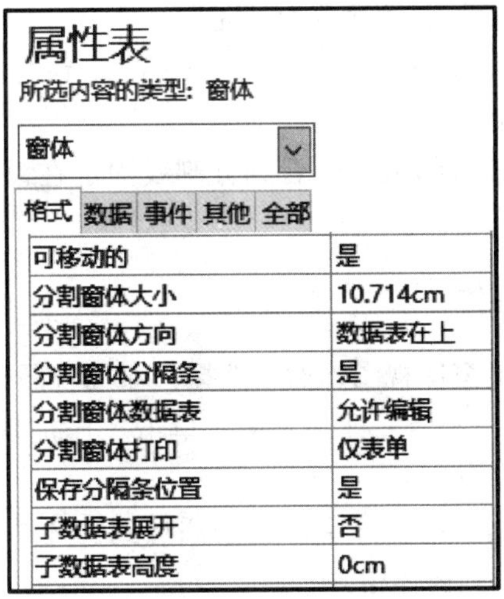

图 5.55　分割窗体属性值设置

设置分割的属性值如表 5.1 所示。

表 5.1　分割窗体属性表

属性	说　明
分割窗体大小	允许为分割窗体部分指定精确的高度或宽度（具体取决于窗体是垂直还是水平分割）。例如，键入“1”可将窗体的高度或宽度设置为 1 英寸（1 英寸 = 2.54 厘米）。键入“自动”可通过其他方式设置尺寸，例如在布局视图中拖动分隔条
分割窗体方向	定义数据表显示在窗体的上方、下方、左侧还是右侧
分割窗体分割条	如果设置为“是”，Access 将允许通过移动分割两部分的分隔条来调整窗体和数据表的大小。可以拖动分隔条，扩大或缩小数据表的空间。如果该属性设置为“否”，将隐藏分隔条，且无法调整窗体和数据表的大小
分割窗体数据表	如设置为“允许编辑”（且窗体的记录源可更新），Access 将允许对数据表进行编辑。如果该属性设置为“只读”，Access 将禁止对数据表进行编辑
分割窗体打印	指定在打印窗体时打印窗体的哪部分。如果此属性设置为“仅表单”，则仅打印窗体部分。如果此属性设置为“仅数据表”，则仅打印数据表部分
保存分隔条位置	如果设置为“是”，当窗体打开时，分隔条将处于上次关闭窗体时所在的位置。如果此属性设置为“否”，将无法调整窗体和数据表的大小，并会隐藏分隔条

四、固定窗体分割线

将窗体分割线固定在某个位置以使用户无法移动的操作方法如下：

（1）在导航窗格上右击窗体视图，选择“设计视图”，按 F4 显示属性下拉列表。

（2）从属性表顶部的下拉列表中选择“窗体”，并将列表中的“分割窗体分隔条”属性设置为“否”。

（3）将“保存分隔条位置”属性设置为“是”。

（4）在导航窗格中单击“布局视图”，将分隔条拖动到所需位置（或在“分割窗体大小”属性框中键入精确的高度）。

（5）切换到窗体视图以查看结果，可看到分割线固定在设置的位置，分隔条被隐藏起来了。

五、将字段添加到分割窗体

（1）在导航窗格中右击该窗体视图，然后选择“布局视图”。

（2）在【设计】选项卡中的“工具”组中，单击“添加现有字段”，并找到要添加的字段，然后将该字段拖到窗体中。

（3）如果将字段拖到数据表中，该字段也会添加到窗体中，但可能不会显示在需要它的地方。因此，建议将字段拖到窗体中。

六、从分割窗体中删除字段

（1）在导航窗格中右击该窗体视图，然后选择“布局视图”。

（2）在分割窗体的窗体部分中，单击字段以将其选中，然后按“Delete”键。

(3) 此时，将同时从窗体和数据表中删除字段。

5.2.7　使用多项目创建窗体

使用“窗体”工具创建窗体时，创建的窗体一次显示一条记录。如果需要一次显示多条记录，可使用“多项目”工具，其创建步骤如下：

(1) 在导航窗格中，单击在窗体上显示的数据表或查询，或者在数据表视图中打开该表或查询。

(2) 单击【创建】选项卡中的“其他窗体”按钮，然后选中“多项目”项即可完成。利用第 3 章中“Access 数据库应用技术 80 分以上名单”查询视图，创建的多项目窗体如图 5.56 所示。

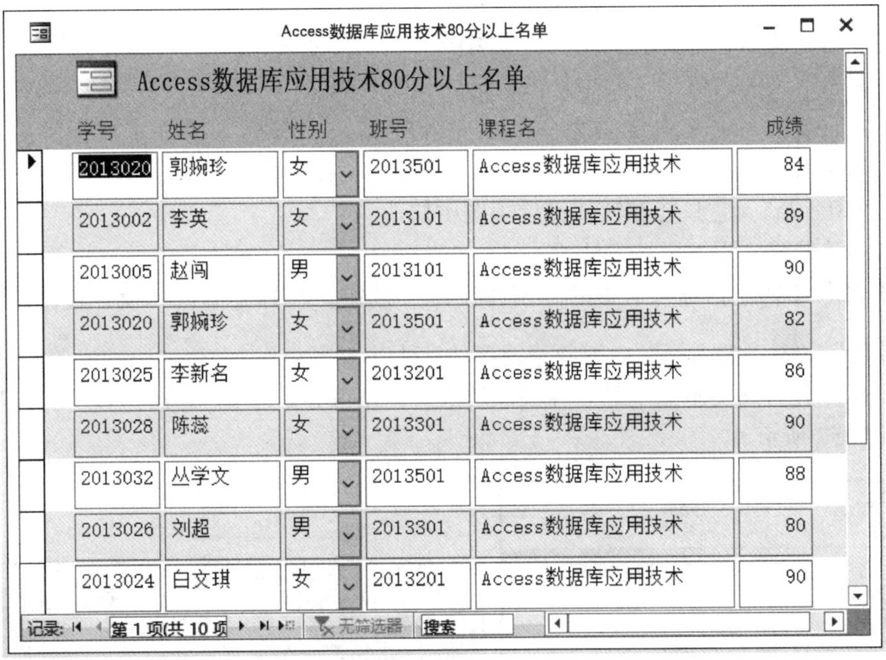

图 5.56　多项目制作的窗体

要点提示

使用“多项目”工具时，创建的窗体类似于数据表。数据排列成行和列的形式，可以查看多条记录。但“多项目”窗体提供了比数据表更多的自定义选项，例如添加图形元素、按钮和其他控件的功能，且在布局视图中显示窗体数据的同时，可按照数据调整文本框的大小或按其他操作更改设计。

5.3　使用窗体

用户通过窗体交换界面可更为有效地使用数据库，它不仅为引人入胜的外观增加了使用数据库的乐趣和效率，还省略了搜索所需内容的步骤，且提高了数据库的可用性。窗体作为一个数据库对象，不仅用于输入、编辑、显示表或查询中的数据，也可以使用窗体来控制对数据的访问数量。如从大量的数据中显示某些用户需要查看的几个字段，便可设计所需字段的窗体。根据命令按钮向导，可以自动执行常用的记录导航、记录操作，窗体操作和其他操作等。如案例四、案例五和案例六。

窗体具有文本框、组合框、列表、选项组合选项卡等控件，每个控件可与不同表中的字段、查询、宏或与其他打开的窗体控件相关联。控件可用于从表中读取数据或将数据写入基础表中，即完成对数据库表的读写操作。对窗体控件的操作取决于基础数据源设置的数据类型、字段设置的属性、控件设置的属性值等。

5.3.1 标签控件

标签常用于窗体、报表显示说明性文本中，例如：说明、标题或简短的提示。标签并不显示字段或表达式的数值，它们总是未绑定的，而且当从一个记录移到另一个记录时，它们的值都不会改变。Access 中自动为命令按钮外的每一个非标签控件添加标签时，名称用 Label 加数字命名。该控件标题属性最常用，颜色值常用三基色 RGB（x，y，z）表示，其取值范围均为 0 ~ 255。它只能在窗体设计视图中修改。

例如，登录窗体添加标签方法为：

（1）单击【创建】选项卡中的“窗体设计”按钮，在打开的窗体设计视图中，选择工具栏“控件” Aa，键入标题内容并修改字体、大小和颜色。

（2）标签具有同文本框中的 6 种特殊效果，默认值是“平面”。若选择“凸起”效果的标签如图 5.57 所示。

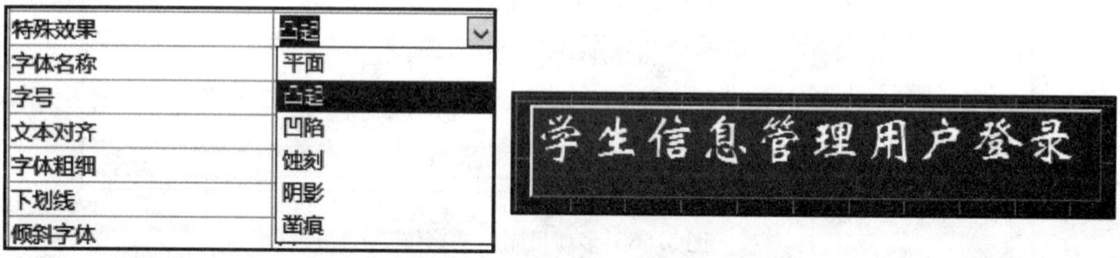

图 5.57 设置标签属性

5.3.2 文本框控件

一、文本框控件的使用

文本框是用户交互的一个重要控件，在窗体、报表中可以使用文本框来显示记录源上的数据，它在窗体和报表中是查看和编辑数据的标准控件，文本框中可以显示多种不同类型的数据。这种与某个字段中的数据相绑定称作绑定文本框，在窗体中，可以使用绑定到可更新记录源的文本框来输入或编辑字段中的数据。在文本框中所做的更改将反映在基础表中。一种创建绑定文本框的快速方法是将字段从“字段列表”窗格拖动到窗体或报表上。Access 会自动为下列数据类型的字段创建文本框：

（1）文本；
（2）长文本；
（3）数字；
（4）日期/时间；
（5）货币；
（6）超链接。

拖动其他数据类型的字段会创建不同类型的控件。例如，如果将“是/否”字段从“字段列表”窗格拖动到窗体或报表上，Access 将创建一个复选框；如果将“OLE 对象”字段拖动到窗体或报表上，将创建一个绑定对象框；如果将附件字段拖动到窗体或报表上，将创建一个附件控件。

用于显示计算结果或接收用户输入的数据称为未绑定文本框，系统均以“Text”加数字命名，用 Value 表示它的值，常用的属性设置有高度、宽度、格式及输入掩码等。例如，登录界面，在文本框中输入用户名、密码的文本框为未绑定文本框。

二、向窗体中添加绑定文本框

（1）在导航窗格中右击窗体视图，选择“设计视图”，在【格式】选项卡中的“控件”组中，单击“添加现有字段”或双击图标。

（2）在“字段列表”窗格中，展开包含要绑定到文本框字段的表。将字段从“字段列表”窗格拖动到窗体中。

（3）选定工具栏中文本框，并拖动到窗体，再将未绑定文本框的“控件来源”属性设置为绑定到表中的字段或查询视图字段。这种方法需要在建立窗体时，首先选择窗体属性的记录源为表或查询，然后才能添加控件来源。例如将 teacher 表添加到窗体中。可选择绑定“教师姓名”字段，如图 5.58 所示。

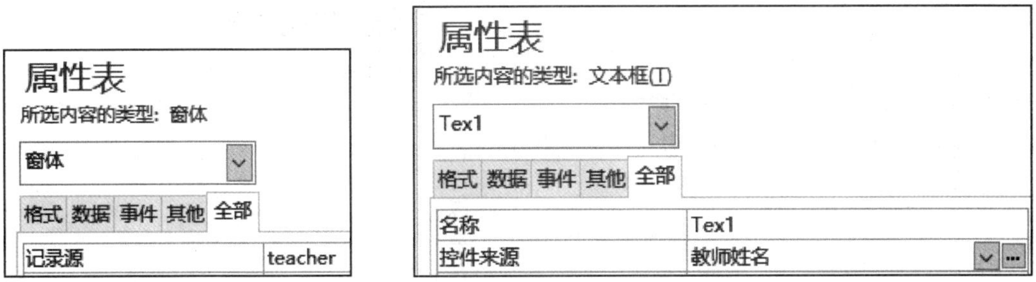

图 5.58　在窗体添加记录源

当拖动文本框到窗体时，可立即打开文本框向导对话框，此时可选择文本框的字体、字号、字型和对齐方式，如图 5.59 所示。

（4）单击“取消”按钮可直接修改文本框标签或单击“下一步”按钮选择输入法模式，如图 5.60 所示。

（5）单击“下一步”按钮可键入文本框名称，缺省是 Text + 数字，如图 5.61 所示。

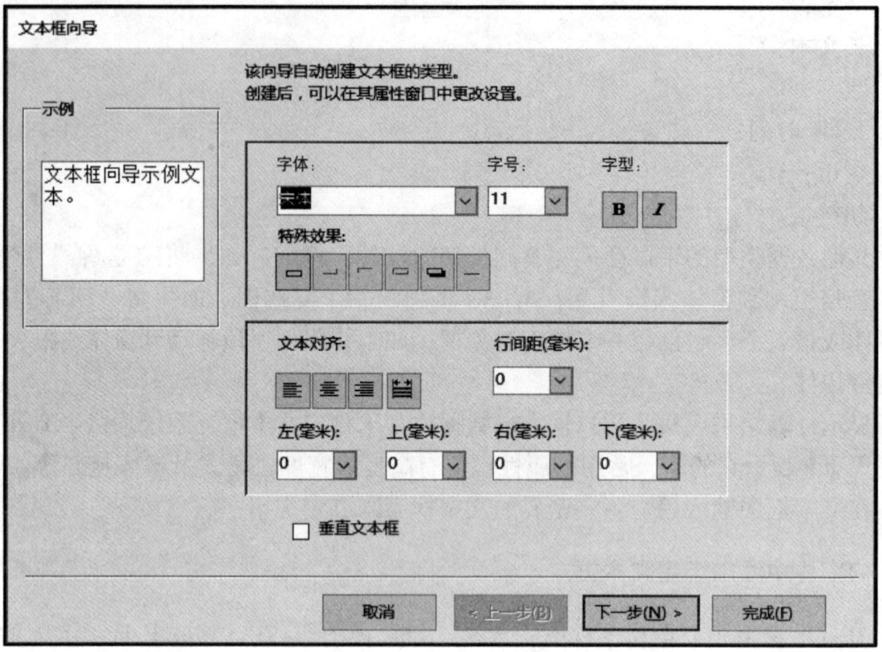

图 5.59 “文本框向导”对话框

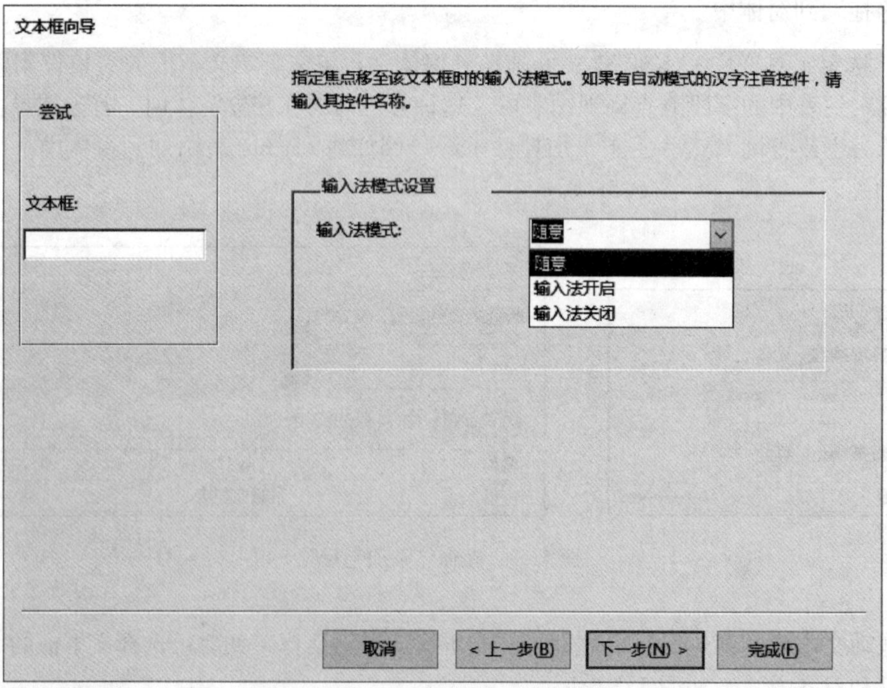

图 5.60 选定文本框输入法模式

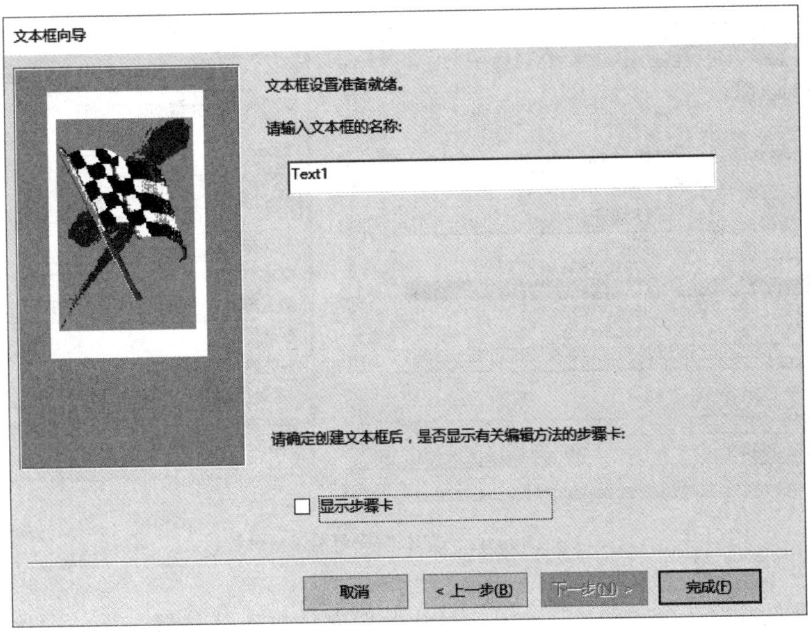

图 5. 61　输入文本框名称

三、向窗体中添加未绑定文本框

未绑定文本框不与数据库中表或查询中的字段绑定。未绑定文本框可用于显示计算的结果或接收不想直接存储在表中的输入和输出。添加未绑定文本框的方法如下：

（1）在导航窗格中右击窗体视图，选择“设计视图”，在【设计】选项卡下的“控件”组中，单击“文本框”。

（2）将指针定位在窗体要放置文本框的位置，然后单击以插入文本框，此时，Access 2013 还会在文本框的左侧放置一个标签，因此，在指针的左侧为标签留出一些空间，以后可以重新调整标签和文本框的位置。也可以单击标签然后按“Delete”键将它删除。

（3）另一种创建未绑定文本框的方法是：首先将字段从“字段列表”窗格拖动到窗体或报表上以创建一个绑定文本框，然后删除其“控件来源”属性中的值。如果在设计视图中执行此操作，文本框将显示“未绑定”而不是字段名称。在布局视图中，文本框将不再显示数据。

四、案例七的操作步骤（一）

（1）在添加好标题的登录窗体中，添加一个矩形框，改变边框的样式、宽度和颜色值。

（2）在工具栏的“控件”组中，选择“文本框”，在窗体的空白处添加两个文本框，单击打开的文本框向导对话框的“取消”按钮，修改文本框标签的名字为“用户名”和“密码”，文本框外观具有“平面、凸起、凹陷、蚀刻、阴影和凿痕”等 6 种特殊效果，默认值是“平面”效果。

（3）单击“密码”文本框，在属性表中的“输入掩码”格中键入“密码”文字，或双击右侧的“…”按钮，打开“输入掩码向导”对话框，选择“密码”，如图 5. 62 所示。

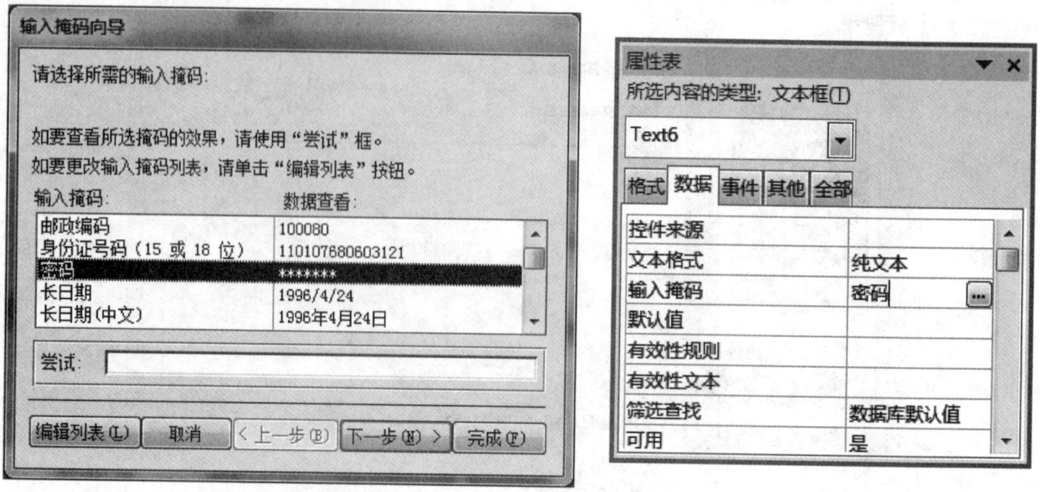

图 5.62　文本框属性窗口

(4) 在工具栏中选择图像按钮，打开图像对话框查找位置，添加图片到标题左上角。调整图片的大小和位置。

(5) 在工具栏中选择未绑定对象按钮，在打开的对象对话框中选择“Bitmap Image”，在打开的画图板中选择“粘贴”和“粘贴来源”，找到图片，再到右下角调整图片的大小和位置。

(6) 在密码文本框下面添加“提交”和“重置”按钮，在打开的命令按钮向导对话框中选择“取消”，直接修改按钮文字即可完成登录界面的设计，如图 5.63 所示。添加按钮对象过程及事件过程见 5.3.2 至 5.3.5 节的内容。

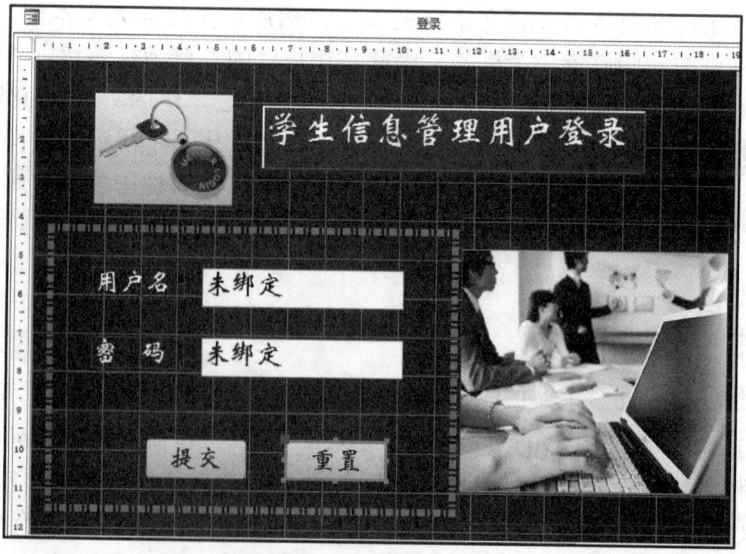

图 5.63　登录框窗体视图

五、文本框属性

文本框属性设定是按需求进行的，其“格式”“数据”“事件”“其他”和“全部”属性中，最常用属性如表 5.2 所示。

表 5.2　文本框常用属性

属性名	说　明
名称	通过名称判断包含什么数据，也可在其他文本框中使用的表达式中引用该文本框。一般文本框名是 text + 序号
控件来源	此属性决定了文本框是绑定文本框、未绑定文本框还是计算文本框。如果“控件来源”属性框中的值是表中字段的名称，则说明文本框绑定到该字段。如果“控件来源”中的值为空白，则文本框是未绑定文本框。如果“控件来源”中的值是表达式，则文本框是计算文本框
文本格式	如果文本框绑定到长文本字段，则可以将“文本格式”属性框中的值设置为“格式文本”。这样，可以向文本框中包含的文本应用多种格式样式。例如，可以为一个单词应用加粗格式，而另一个单词应用下划线格式
可以扩大	此属性对于报表中绑定到“文本”或“备注”字段的文本框尤其有用。默认设置为“否”。如果文本框中要打印的文本过多，文本将会被截断（剪切）。然而，如果将“可以扩大”属性框的值设置为“是”，文本框就会自动调整其垂直大小，以便打印或以预览的方式显示它包含的所有数据

5.3.3　按钮控件

命令按钮是用于运行宏、调用 Visual Basic 函数或运行事件过程的一种控件，窗体上的命令按钮能启动一个操作或一个操作集合。常用于进行“添加记录”“保存记录”“退出”等操作。这些操作可以是一个过程，也可以是一个宏。Microsoft Access 2013 提供了 30 多种不同类型的命令按钮向导，能自动创建按钮和事件过程，如“添加记录”“上一条”“下一条”等，如案例五所示。案例六中的图 5.6 详细说明了添加操作按钮的方法，根据导航向导即可完成操作步骤。对于命令按钮更多的使用，如使用命令按钮来完成某项特殊功能，需要编写宏或事件过程来附加在该按钮的 OnClick 属性中，案例七中的图 5.7 管理员登录窗体按钮的过程代码见第 9 章。

5.3.4　组合框和列表框控件

组合框和列表框都可向用户提供选项列表，均用于在一个数组中保存多个数据。在窗体列表框中可以有一个或多个字段，如果列表中包含的行数超过控件中可以显示的行数，则 Access 将在控件中显示一个滚动条；用户只能从列表中选择值，而不能输入新值，列表框中的列表是由数据行组成的。组合框的列表由多行数据组成，但只显示一行，可以单击右侧的向下按钮显示多行。组合框既可以选择，也可输入文本，即组合框是列表框与文本框的合成。列表框与组合框都具备 6 种特殊效果，如图 5.64 所示。默认的效果是“凹陷”。

由于许多数据内容由固定内容组成，例如学生基本情况登记表中的性别、户口性质、政

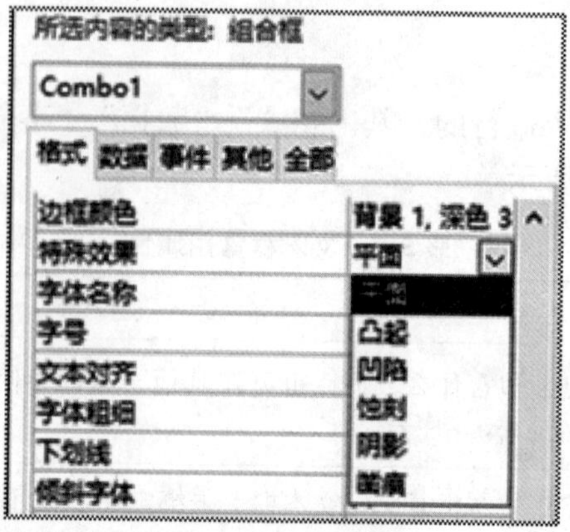

图 5.64　组合框的特殊效果

治面貌、血型等数据，内容相对是固定的，一般选择“组合框”或“列表框”工具比较方便。以新生大学生的“户口性质”为例，介绍添加组合框的使用方法。

（1）单击【创建】选项卡中的“窗体设计”按钮，将 student 表作为窗体的数据源，单击工具栏上的组合框图标，打开“组合框向导”对话框，如图 5.65 所示。选择“自行键入所需的值”项，单击“下一步”按钮。

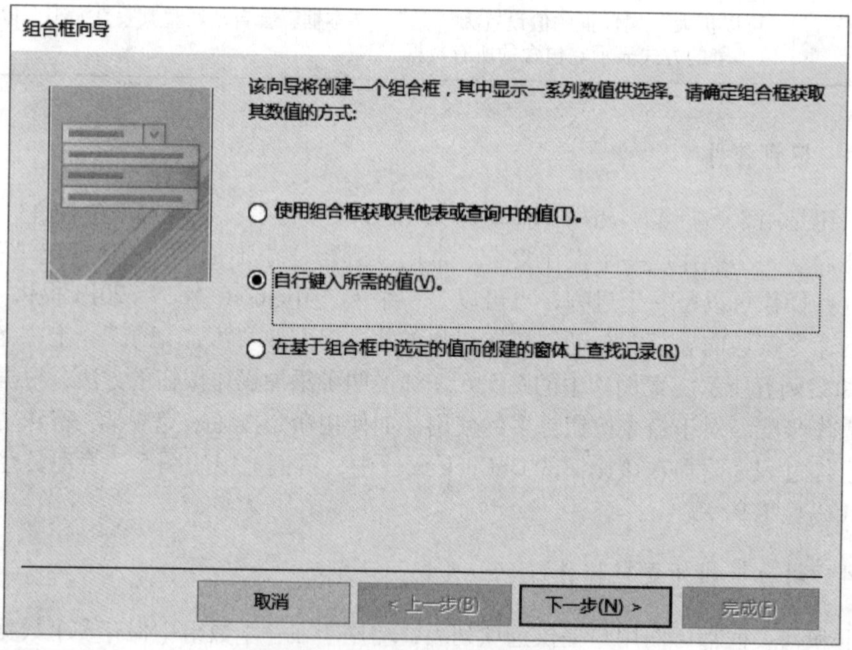

图 5.65 “组合框向导”对话框

（2）在“第一列”下面输入已固定选项名字，然后单击“下一步”按钮，如图 5.66 所示。

（3）在“将该数值保存在这个字段中”项右侧列表内选择“户口性质”，然后单击“下一步”按钮，如图 5.67 所示。

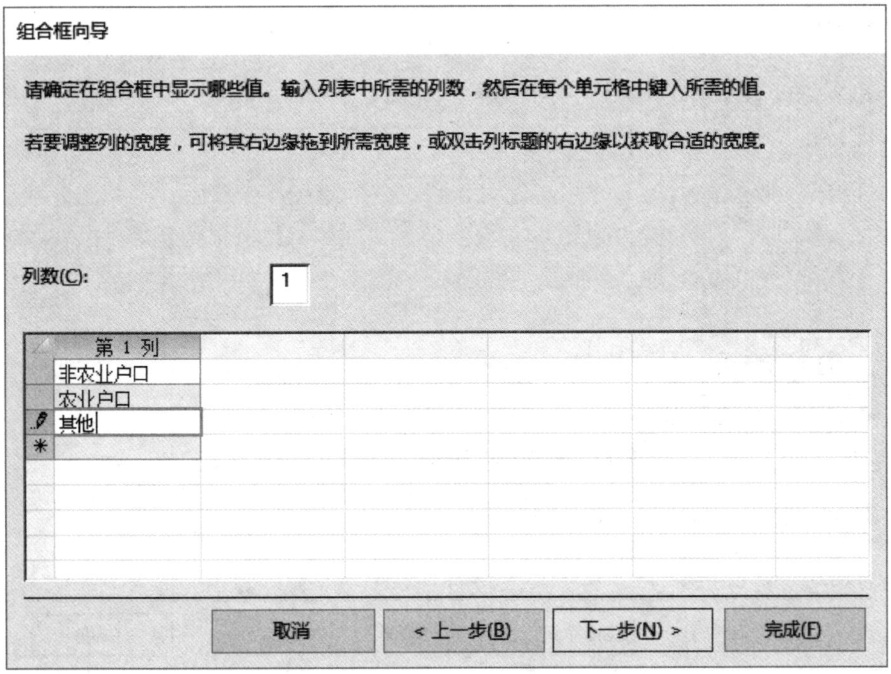

图 5.66　键入固定选项值

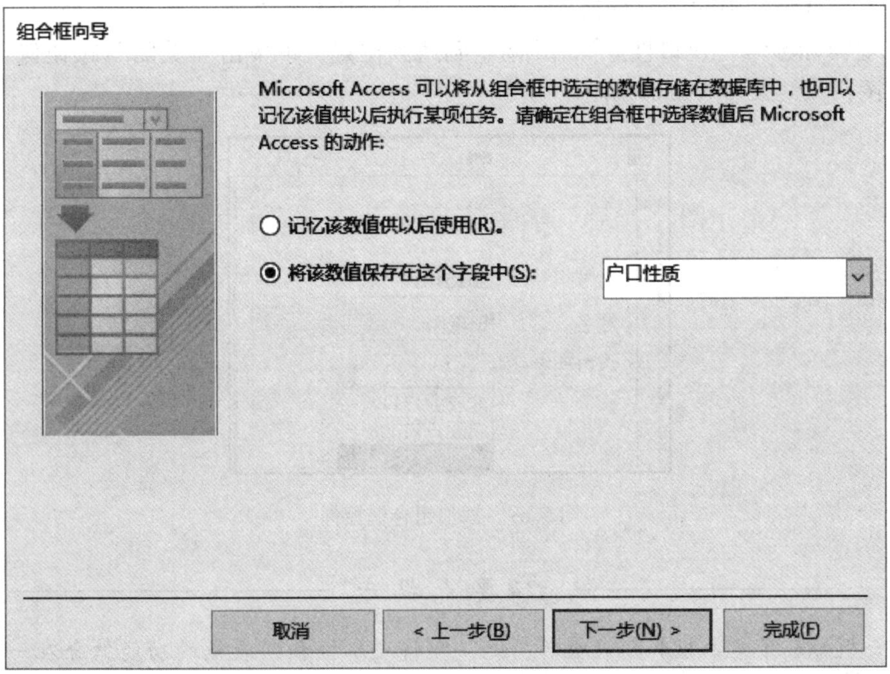

图 5.67　添加组合框数据

（4）在“请为组合框指定标签”下面键入组合框名或使用缺省值，单击“完成”按钮，如图 5.68 所示。

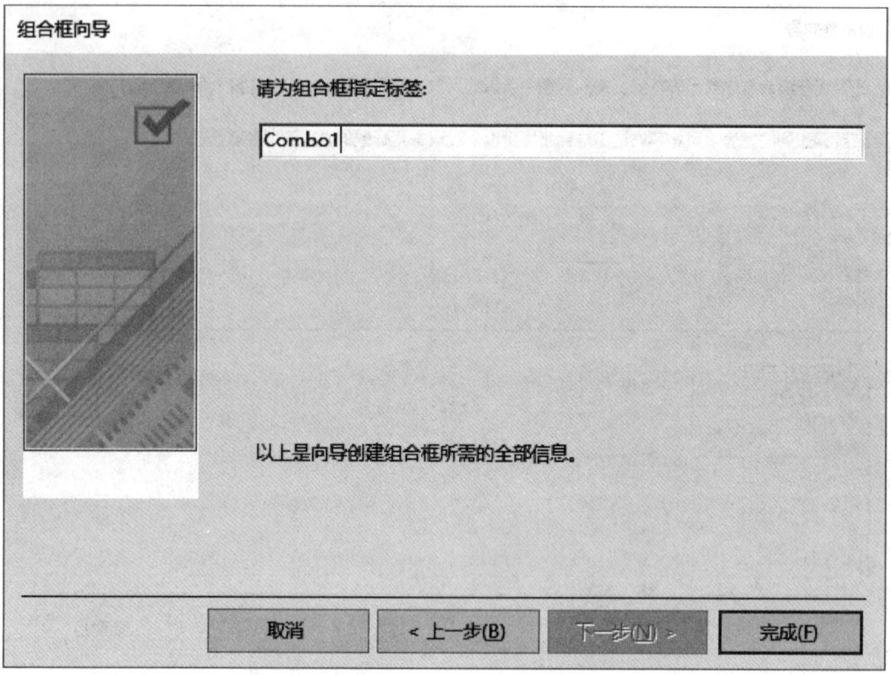

图 5. 68　命名组合框

（5）将窗体属性中的“数据输入”改成“是”（缺省为“否”）。

（6）更换标签为“户口性质”，并调整到适当位置，再单击“关闭”按钮保存。双击该窗体视图，其结果如图 5. 69 所示。

图 5. 69　添加组合框控件

要点提示

组合框融合了文本框和列表框的功能，即将文本框和列表框的功能结合在一起。用户既可在组合框中输入文本，也可以直接从列表中选定项目。案例五的性别也可以在属性中的“控件来源”中添加“性别”字段，在“行”来源中添加“男；女”，在“行来源类型”中选择“值列表”完成。

5.3.5　选项卡控件（含切换按钮、选项按钮、选项组和复选框控件）

一、案例七的操作步骤（二）

选项卡控件是个容器控件，也是在窗体中创建多个页面的控件。例如案例七中的图 5.8 所示窗体，添加选项卡及导航按钮的方法如下：

（1）单击【创建】选项卡中的“窗体设计”按钮，再选择控件，在窗体的空白处单击，即可添加选项卡控件。

（2）选择“属性”将名称改为“第一学期”和“第二学期”，如图 5.70 所示。

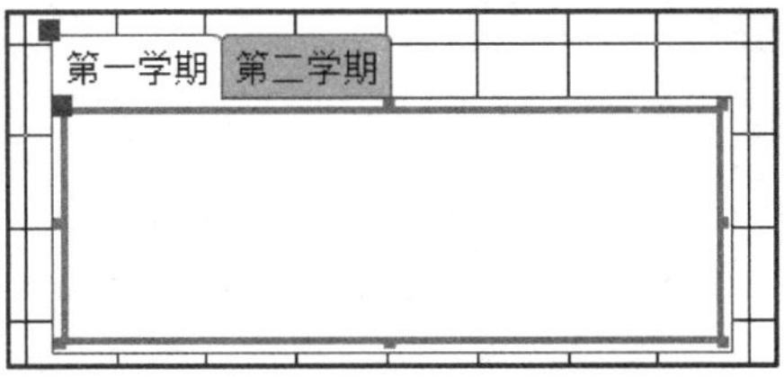

图 5.70　添加选项卡控件

（3）调整选项卡控件大小到合适位置，添加打开窗体的按钮。在打开的“命令按钮向导”对话框上选择“窗体操作”和“打开窗体”，单击“下一步”按钮，如图 5.71 所示。

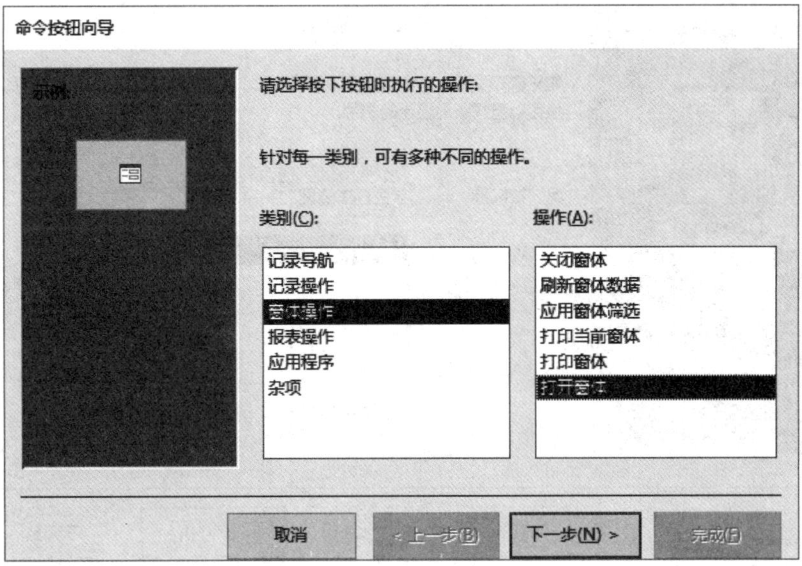

图 5.71　添加窗体导航按钮

（4）根据已建立的窗体，选择“学生基本情况”，单击“下一步”按钮，如图 5.72 所示。

（5）选择“默认打开窗体并显示所有记录”，单击“下一步”按钮，在文本框中键入“学生基本情况”，单击“下一步”按钮，如图 5.73 所示。

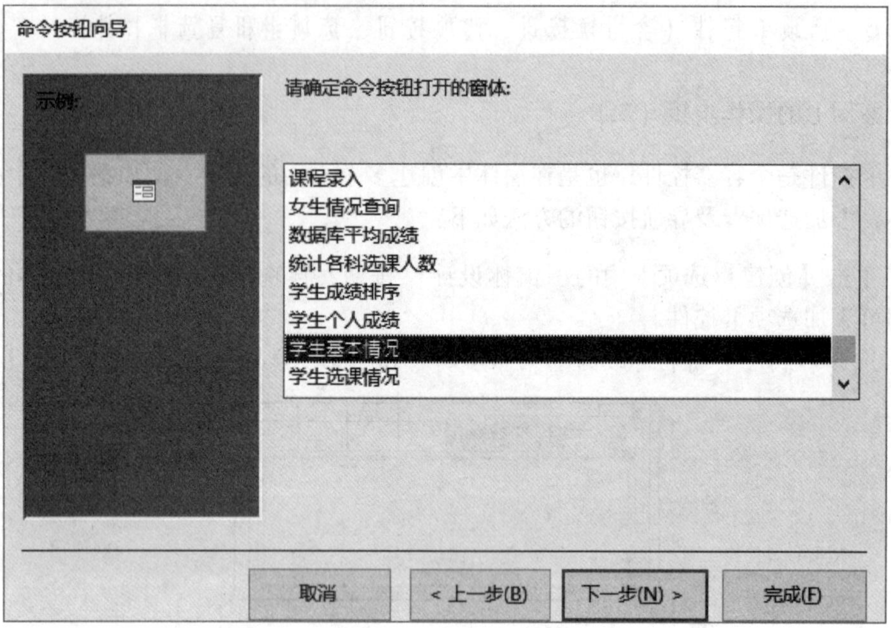

图 5.72　选择已有的窗体

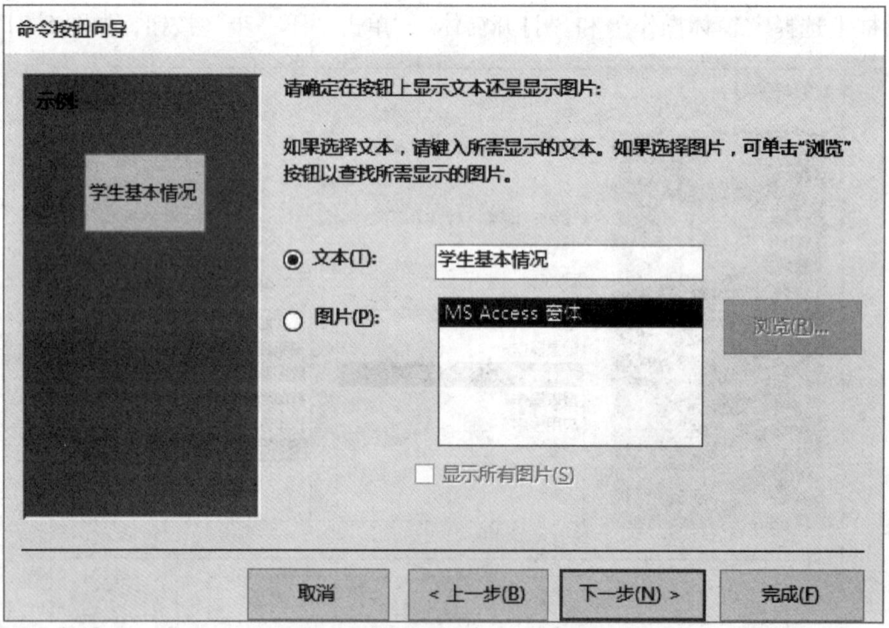

图 5.73　添加按钮标签名

（6）单击“下一步”按钮，再单击“完成”按钮即可制作好第一个按钮操作。同理，按照上述方法再加入已完成的六个窗体按钮。通过工具栏的“图像”按钮在右侧加入图片，如图 5.74 所示。

（7）单击“关闭”按钮保存，将视图名改成“综合管理”即可。

图 5.74　制作的选项卡窗体

二、复选框、单选框

复选框和单选框按钮均可作为独立控件显示表、查询值，若选择了复选/单选框，其值则为“True”，否则其值为“False”。它一般与字段绑定，复选框用于可选定多个字段，单选用于只选定一个“是/否”的字段，通过事件编程过程中的值判断哪个选项按钮被选中。若一个按钮为“True”，其他必须是“False”。可用按钮值 Option. Value = 1 表示选中，Option. Value = 0 表示未选中，详细编程方法见第 9 章。

例如，学生选择性别、课程字段，添加单选和复选框的方法如下：

（1）在窗体的设计视图中，拖动“设计”工具栏中的 ◉ 和 ☑ 图标到窗体适当位置，在单选按钮框中键入性别“男”“女”，修改属性【数据】选项卡的“控件来源”为“性别”字段。同理，在复选框中键入语言内容，修改其属性为语言字段。如图 5.75 所示。

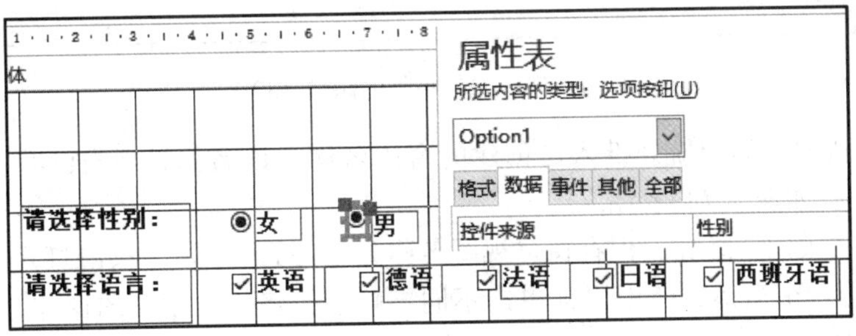

图 5.75　添加单选和复选框

（2）将窗体上的复选框按钮属性“控件来源”的值统一绑定到“语言”字段。可以将复选框选定数据写入到表中。复选框被选中可用 Check. Value = -1 表示，其编程方法见第 9 章。

（3）将窗体属性“数据输入”改为“是”，单击“关闭”按钮保存。双击视图后结果如图 5.76 所示。

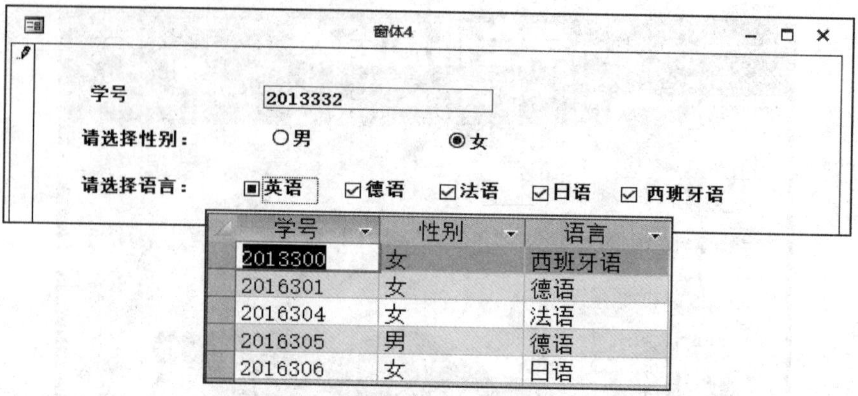

图 5.76　单选框与复选框按钮的使用

5.3.6　导航控件

导航控件能方便地在同一个窗体中打开不同的子窗体，这使得用户对多个窗体之间切换更容易。

在窗体上选中导航控件，能直接按照水平布局创建导航按钮，通过导航按钮可直接将数据库已经建立的窗体汇集在一起，形成一个应用系统。制作方法如下：

（1）单击【创建】选项卡中的“窗体设计”按钮，打开新建窗体。

（2）单击“导航控件”图标，将导航控件放入窗体中，如图 5.77 所示。

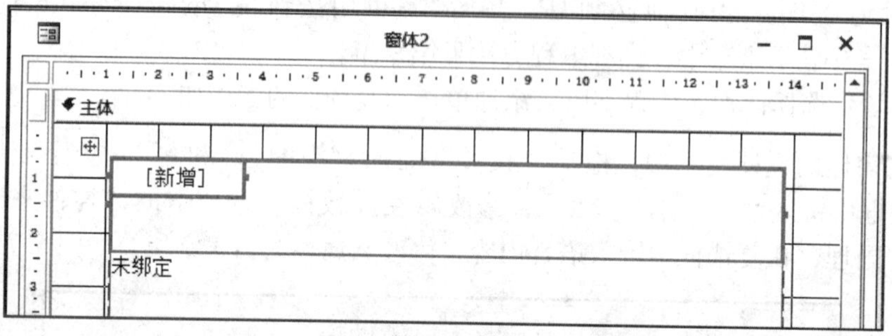

图 5.77　导航控件的添加（1）

（3）在“新增”的导航处键入已创建的窗体名称（该名称必须与已有窗体名称一致，否则无法导航），如图 5.78 所示。

（4）单击“关闭”按钮，保存窗体视图名称为“综合管理”，双击打开该导航窗体后，导航自动打开第一个窗体，使用鼠标单击不同导航按钮将打开相应的窗体，如案例七中的图 5.8 所示结果。

5.3.7　图表控件

图表控件是在窗体上使用图表形式显示记录，汇总数据，通过选择相应的数据源（表、查询），即可创建出图表窗体，操作步骤如下：

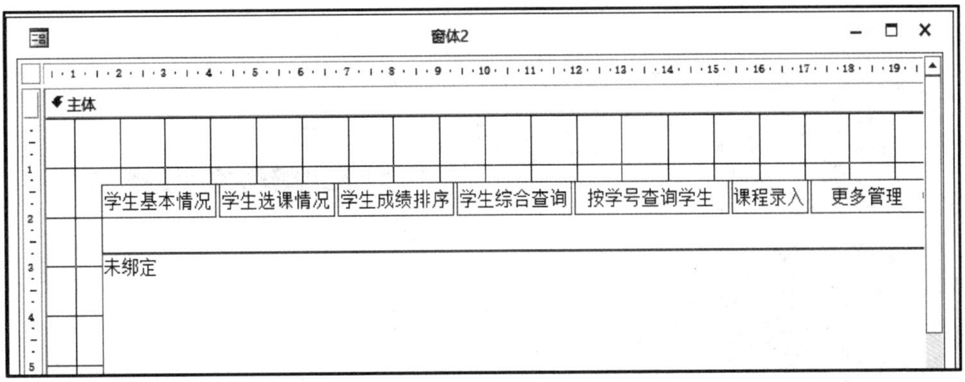

图 5.78 导航控件的添加（2）

（1）在新建的窗体设计视图中，选择工具栏的“图表”图标，可以打开“图表向导”对话框选择数据源，包括已建立的表和查询，如图 5.79 所示。若选择“课程选课人数”查询，则单击“下一步”按钮。

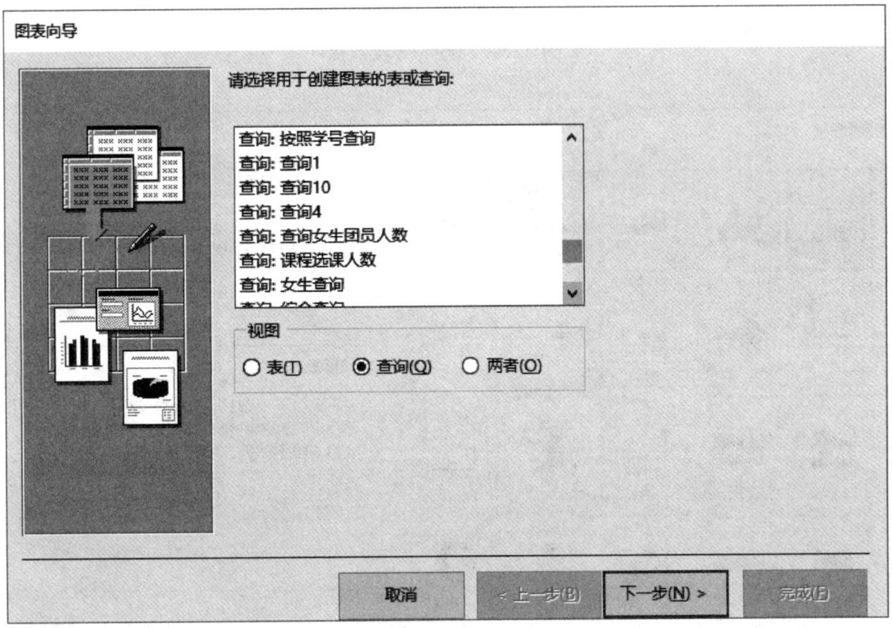

图 5.79 “图表向导”对话框

（2）然后在弹出的对话框中选择表的数据，如图 5.80 所示。

（3）单击“下一步”按钮，选择图表类型，缺省为柱形图，如图 5.81 所示。

（4）单击“下一步”按钮，指定数据在图表中的布局方式，可拖动右面显示的字段到示例图表中，也可按照缺省选择，如图 5.82 所示。

（5）单击“下一步”按钮，打开“图表向导”最后一个对话框，在该对话框的“请指定图表的标题”文本框中输入图表名称，单击“完成”按钮。保存后双击，其结果如图 5.83 所示。

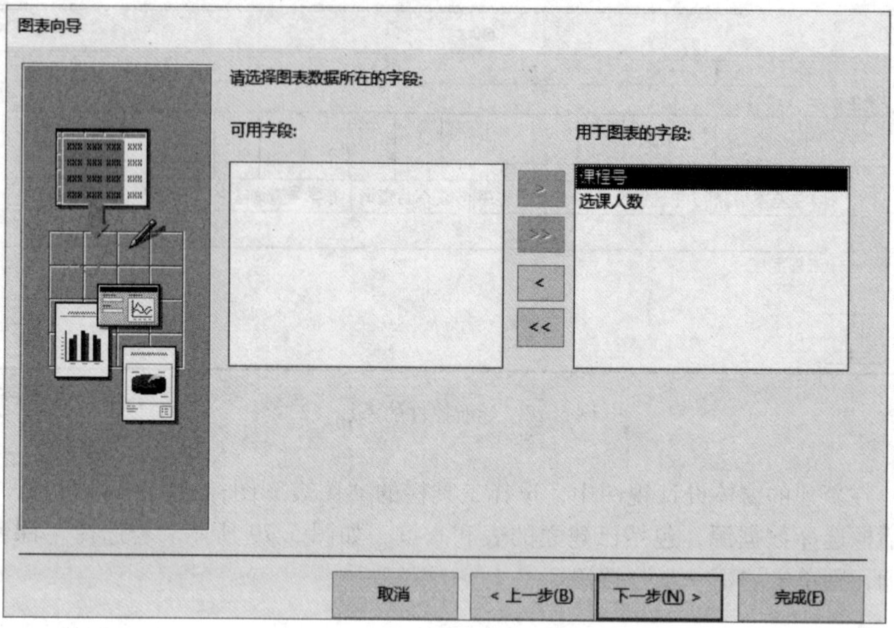

图 5.80　选择图表数据

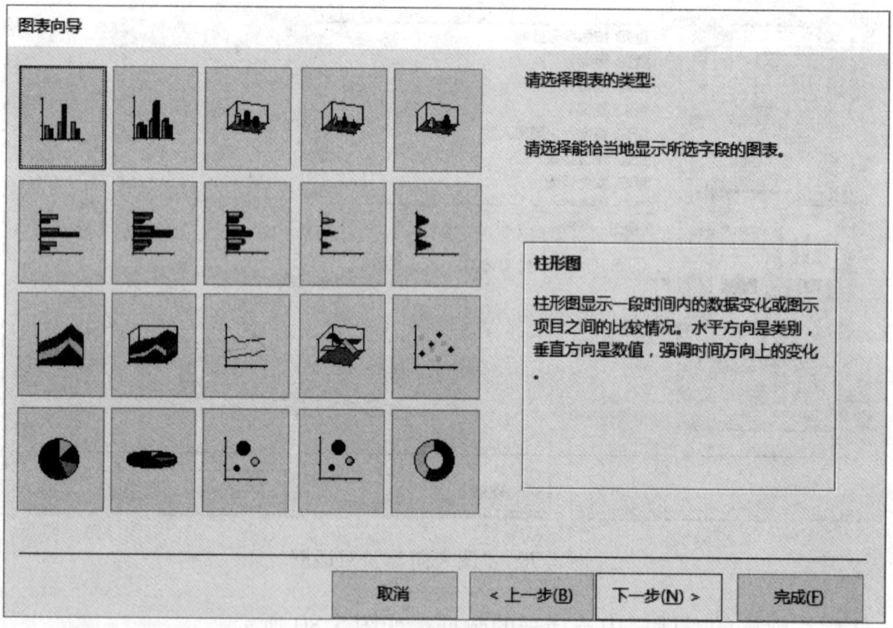

图 5.81　选择图表类型

5.3.8　Web 浏览器控件

Web 浏览器是一个用于文档检索和显示的客户应用程序，通过超文本传输协议 HTTP 与 Web 服务器相连，WWW 服务器将超文本（hypertext）、超媒体（hypermedia）以网页显示出来。

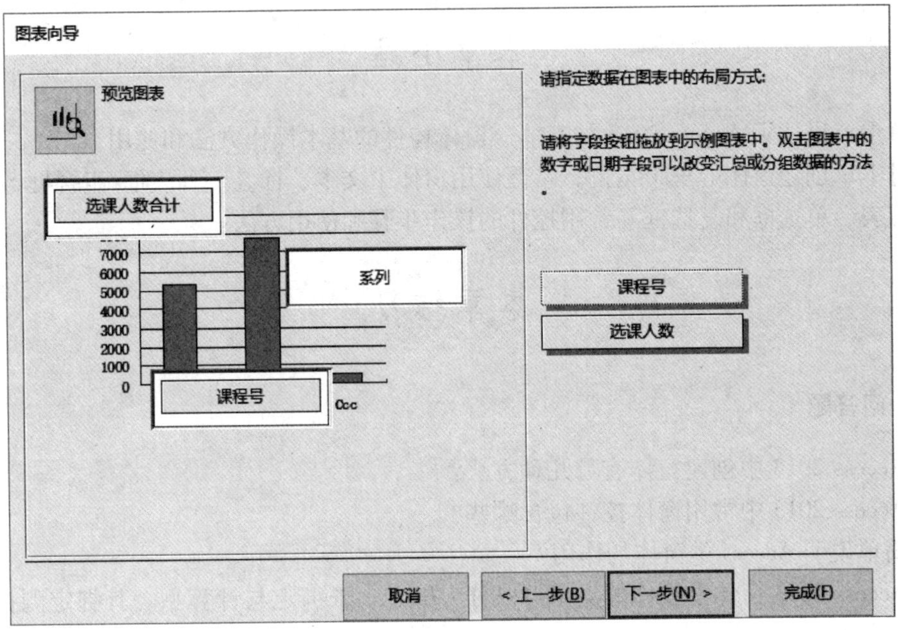

图 5.82　选择布局方式

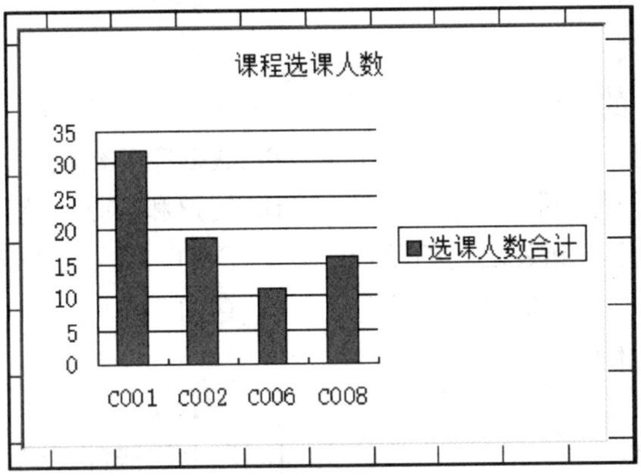

图 5.83　图表结果

Web 浏览器控件能在窗体上显示万维网、局域网和本地网页 HTML 格式的文字、图像信息。这些数据可以是其他网址的超链接，也可以是本地链接，用户通过窗体可迅速地浏览各种信息。Web 浏览器控件负责取得网页的内容（HTML、XML、图像等）、样式信息（例如加入 CSS），以及计算网页的显示方式等。

知识拓展

窗体中的信息主要有两类：一类是设计者在窗体附加的一些提示信息，这些信息对数据表中的每一条记录都是相同的，不随记录而变化。另一类是处理表或查询的记录，当记录变化时，这些信息也随之变化。

本章小结

本章重点讲述了 Access 2013 的窗体、窗体控件的基本操作方法和使用。

通过本章创建窗体的三个案例，掌握使用窗体中文本、标签、列表框/组合框、选项卡、按钮、图表、单选框和复选框等常用控件的操作步骤和使用方法。

本章练习

一、问答题

1. Access 2013 中创建窗体有哪几种方法？
2. Access 2013 中常用窗体控件包含哪些？
3. 简单说明 Access 中窗体的作用？
4. Access 2013 窗体上控件的类型可以分为绑定、未绑定与计算型。其绑定型控件的主要作用是什么？
5. 组合框和列表框控件常用于哪些数据？

二、选择题

1. 窗体是（　　）的接口。

A. 用户和用户之间　　B. 数据库和数据库之间

C. 操作系统和数据库之间　　D. 用户和数据库之间

2. （　　）是连接用户和表之间的纽带，以交互窗口方式表达表中的数据。

A. 窗体　　B. 报表　　C. 查询　　D. 宏

3. 窗体的数据可以来自（　　）。

A. 多个表　　B. 一个表

C. 一个表的一部分　　D. 以上说法都正确

4. 在窗体中，用来输入成批字段数据的交互控件是（　　）。

A. 文本框　　B. 标签　　C. 复选框控件　　D. 列表框

5. 打开窗体属性对话框，可以更改的对象是（　　）。

A. 窗体上单独的控件　　B. 窗体节（如主体或窗体页眉）

C. 整个窗体　　D. 以上全部

6. 要改变窗体上文本框控件的数据源，应设置的属性是（　　）。

A. 记录源　　B. 控件来源　　C. 筛选查阅　　D. 默认值

7. 在窗体设计视图中，必须包含的部分是（　　）。

A. 主体　　B. 窗体页眉和页脚

C. 页面页眉和页脚　　D. 以上 3 项都要包括

8. 下面不是窗体的“数据”属性的是（　　）。

A. 允许添加　　B. 排序依据　　C. 记录源　　D. 自动居中

9. 下面不是文本框“事件”的属性的是（　　）。

A. 更新前　　B. 加载　　C. 退出　　D. 单击

10. 在 Access 2013 中已建立了“学生”表。其中有照片字段，在使用空白窗体为该表创建窗体时，“照片”字段所使用的默认控件是（　　）。

A. 图像框　　B. 文本框　　C. 标签　　D. 列表框

三、填空题

1. Access 2013 创建窗体的数据源可以是________或________。

2. 窗体通常由窗体页眉、窗体页脚、________、页面页脚及________5 部分组成。

3. Access 2013 中窗体视图有设计视图、________、数据表视图、________、数据透视图视图和布局视图等 6 种类型。

4. 在窗体设计视图中，必须包含的部分是________。

5. 在 Access 2013 数据库中，如果窗体上输入数据来自表、查询或者某固定内容的数据，可以使用________控件来完成。

6. 选项组的复选框控件一般对应的字段类型是________型。

四、考核要点

1. Access 2013 窗体的创建方法。

2. 窗体种类。

3. 窗体视图内容。

4. 添加窗体控件、修饰及使用方法。

练习参考答案

第6章

创建和打印报表

报表是Access 2013数据库中的一个对象，它是以打印格式显示数据的一种有效方式，其主要作用是将数据库数据打印输出。报表不仅能将大量数据进行分类、排序和汇总，还可以嵌入图片和图像来丰富数据显示，并最终生成数据的打印报表。

6.1 创建报表

报表同窗体一样，本身不存储数据，它的数据来源于表、查询和SQL语句，只是在运行的时候将信息收集起来。报表有报表视图、打印预览、布局视图和设计视图四种视图方式。其中，“报表视图”和“布局视图”均显示报表的实际效果，前者不能修改，后者可进行修改。“设计视图”可以创建报表或更改已有报表的布局；“打印预览”可以用于查看报表的页面数据输出形式、显示报表打印时的样式并在报表中显示出全部数据；创建报表的方法有：报表（自动创建）、报表设计、报表向导、空报表和标签五种方法，如图6.1所示。

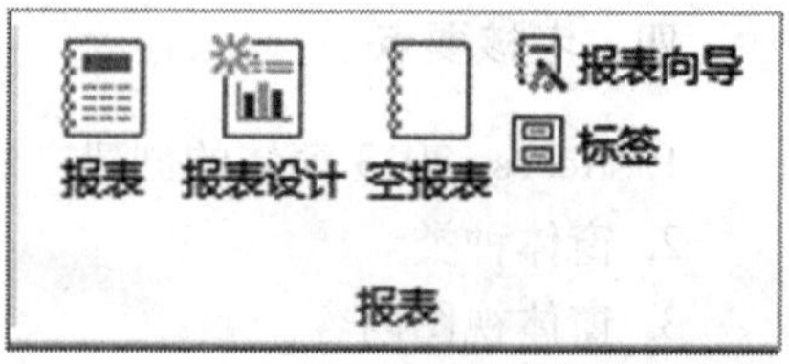

图6.1 创建报表的方法

案例八 学生报表

在这个案例中，将重点讲述使用Access 2013制作报表的方法步骤，帮助用户掌握Access 2013报表的使用，操作步骤见6.1.1节。

一、案例说明

图6.2是制作好的学生报表。数据源选择了第3章的学生student表。

二、知识点分析

（1）报表的创建方法。
（2）报表页眉中添加标题的方法。
（3）页面页眉中添加时间、日期函数。
（4）插入页码。
（5）设置报表页脚汇总计数函数。
（6）报表节的使用。
（7）报表页面的设置。
（8）报表打印。

三、案例展示（见图 6.2）

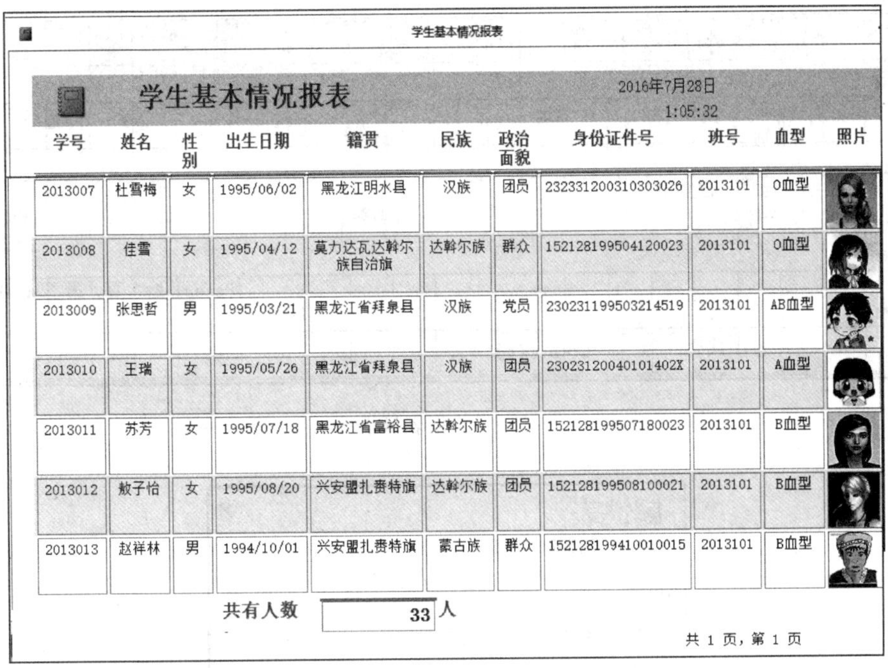

学生基本情况报表

学生基本情况报表　　2016年7月28日 1:05:32

学号	姓名	性别	出生日期	籍贯	民族	政治面貌	身份证件号	班号	血型	照片
2013007	杜雪梅	女	1995/06/02	黑龙江明水县	汉族	团员	232331200310303026	2013101	O血型	
2013008	佳雪	女	1995/04/12	莫力达瓦达斡尔族自治旗	达斡尔族	群众	152128199504120023	2013101	O血型	
2013009	张思哲	男	1995/03/21	黑龙江省拜泉县	汉族	党员	230231199503214519	2013101	AB血型	
2013010	王瑞	女	1995/05/26	黑龙江省拜泉县	汉族	团员	23023120040101402X	2013101	A血型	
2013011	苏芳	女	1995/07/18	黑龙江省富裕县	达斡尔族	团员	152128199507180023	2013101	B血型	
2013012	敖子怡	女	1995/08/20	兴安盟扎赉特旗	达斡尔族	团员	152128199508100021	2013101	B血型	
2013013	赵祥林	男	1994/10/01	兴安盟扎赉特旗	蒙古族	群众	152128199410010015	2013101	B血型	

共有人数 33 人

共 1 页，第 1 页

图 6.2　学生基本情况报表

6.1.1　使用设计视图创建报表

使用报表向导可以很方便地创建报表，但创建出来的报表形式和功能都比较单一，布局较为简单，多数情况下不能满足用户的要求。一般先通过自动向导制作报表后，再利用设计视图对报表做进一步的修改，或者直接通过报表设计视图创建报表。案例八的操作步骤如下：

(1) 单击【创建】选项卡，再单击“报表设计”按钮，单击工具栏“添加现有字段”选择表，再将字段拖动到报表的“主体”中，字段在拖动时，把标签和文本框同时拖到主体，此时，需要删除标签，在“页面页眉”中添加对应的标签名“学生基本情况报表”，调整报表字体大小与字型。

(2) 右击“主体”，添加“报表页眉/页脚”，在报表页眉中添加标题、报表日期和时间，在页面页脚和报表页脚中添加页码和汇总函数，如图 6.3 所示。

(3) 单击报表工具中的“属性”，在属性对话框中可调整报表属性。报表属性如图 6.4 所示，其中的 5 个选项卡为：

①格式：设置报表标题、字体等外观。

②数据：设置报表记录源。

③事件：设置事件响应。

④其他：设置报表的名称、标签相关属性。

⑤全部：包含所有的属性设置项目。

单击“格式”中的“图片”可添加背景。

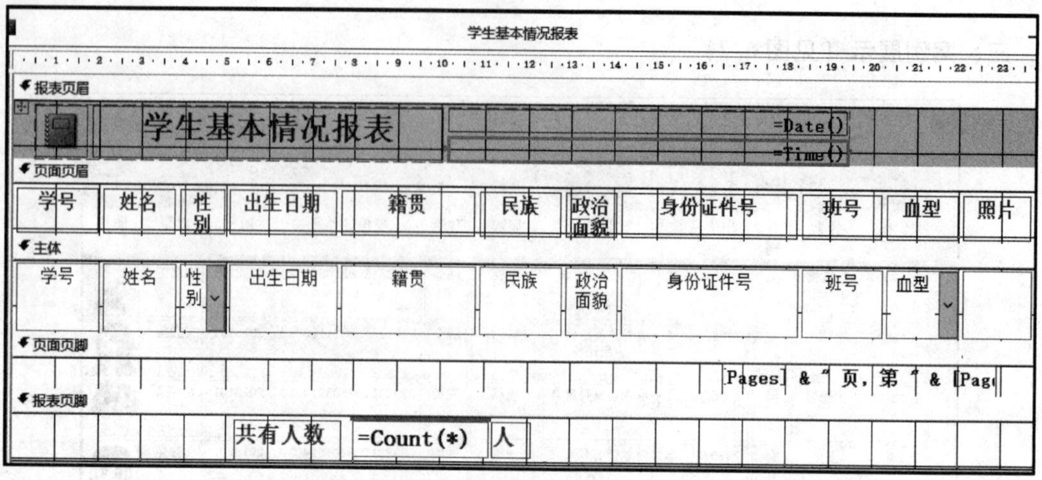

图 6.3　报表属性

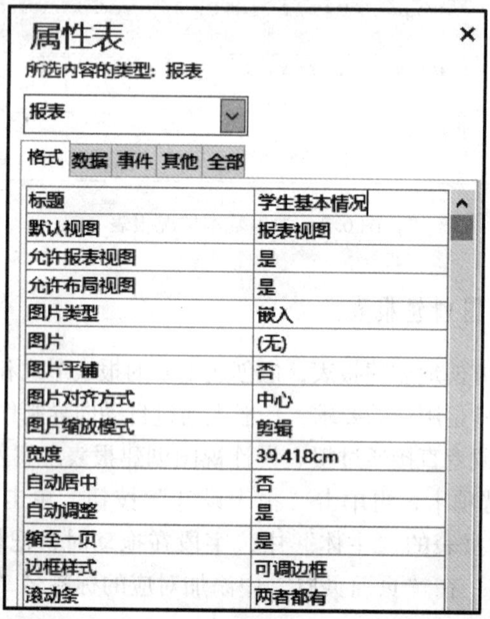

图 6.4　报表属性

（4）保存后在导航窗格中双击报表视图，结果如案例八图 6.2 所示。

6.1.2　自动创建报表

自动创建报表只能基于一个表或一个查询，并自动输出给定表或查询中的所有字段和记录。当使用一个表的部分数据或多个数据表数据时，先要生成单表或多表查询，再建立报表。建立自动报表的方法步骤如下：

（1）选择数据源，单击表或查询，这里选择 course。

（2）单击【创建】选项卡，再单击“报表”按钮，自动创建报表如图 6.5 所示。

（3）单击“关闭”按钮并保存后，在导航窗格上双击可以打开报表，右击视图，选择

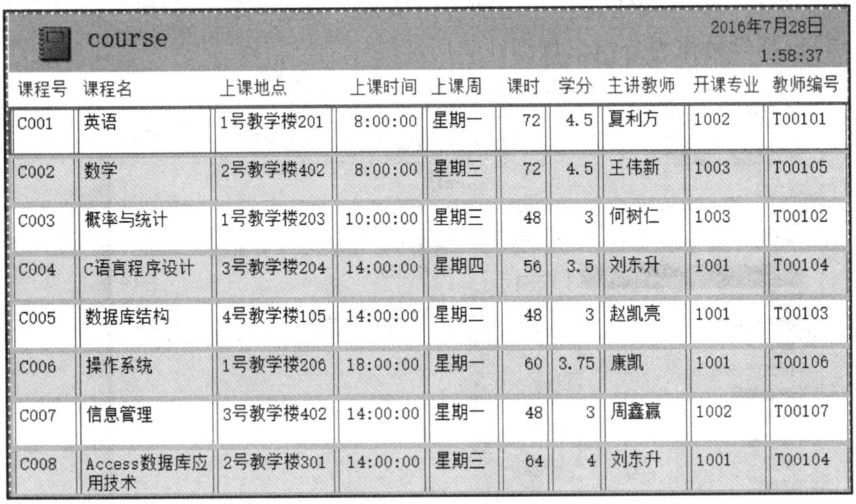

course　　2016年7月28日 1:58:37

课程号	课程名	上课地点	上课时间	上课周	课时	学分	主讲教师	开课专业	教师编号
C001	英语	1号教学楼201	8:00:00	星期一	72	4.5	夏利方	1002	T00101
C002	数学	2号教学楼402	8:00:00	星期三	72	4.5	王伟新	1003	T00105
C003	概率与统计	1号教学楼203	10:00:00	星期三	48	3	何树仁	1003	T00102
C004	C语言程序设计	3号教学楼204	14:00:00	星期四	56	3.5	刘东升	1001	T00104
C005	数据库结构	4号教学楼105	14:00:00	星期二	48	3	赵凯亮	1001	T00103
C006	操作系统	1号教学楼206	18:00:00	星期一	60	3.75	康凯	1001	T00106
C007	信息管理	3号教学楼402	14:00:00	星期一	48	3	周鑫赢	1002	T00107
C008	Access数据库应用技术	2号教学楼301	14:00:00	星期三	64	4	刘东升	1001	T00104

图 6.5　自动创建报表

“设计视图”可进行报表修改。

6.1.3　使用报表向导创建报表

使用报表向导创建报表不仅可以选择报表上显示哪些字段，还可以指定数据的分组和排序方式。并且，如果事先指定了表与表之间的关系，还可以使用来自多个表或查询的字段进行创建。利用报表向导创建报表的步骤如下：

（1）单击【创建】选项卡，再单击“报表向导”按钮，选择报表中的表或查询数据源，再选择字段（操作同窗体向导）。若选择三个表（student、score、course），结果如图 6.6 所示。

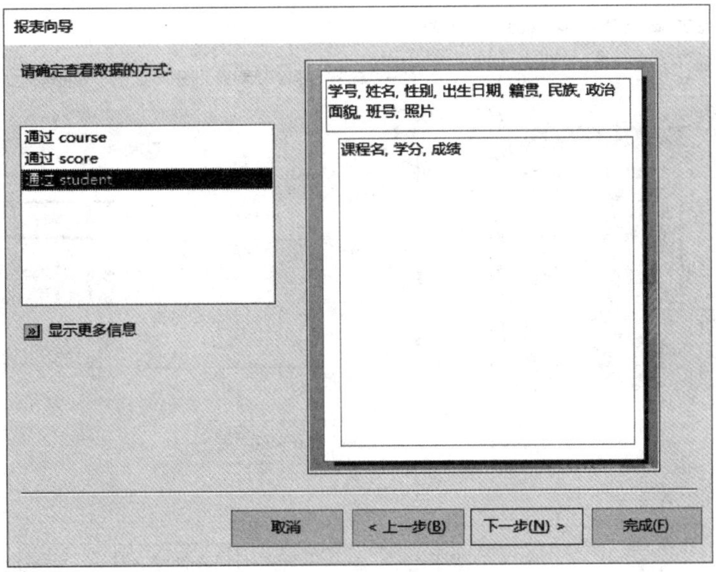

图 6.6　报表添加字段

（2）单击“下一步”按钮，若要添加分组级别，双击列表中分组字段名称并将其添加到报表中。若选择学号作为分组，如图 6.7 所示。

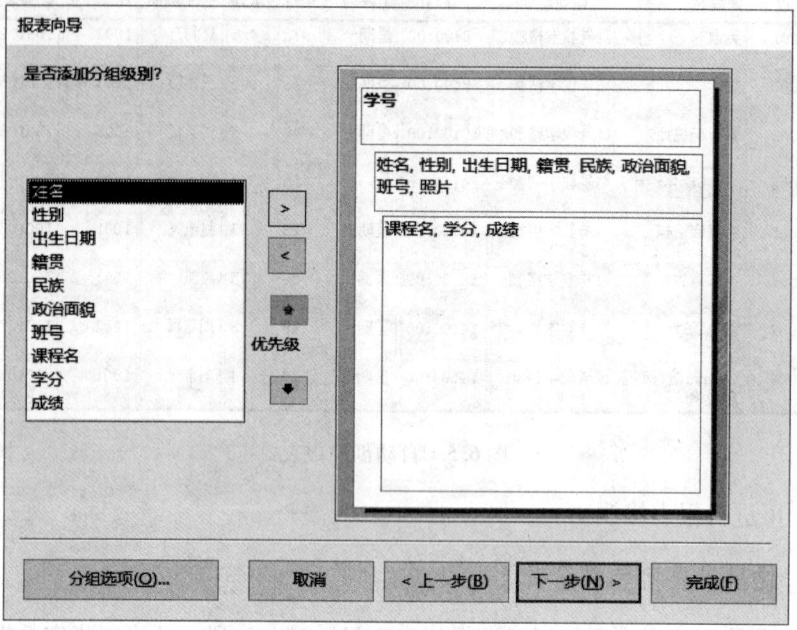

图 6.7　报表添加分组级别

（3）可以按升序或降序对记录进行排序，排序最多可以使用四个字段作为排序依据，且按顺序依次排序，即：当第一排序字段数值相同时按第二排序字段排序，当第二排序字段数值相同时按第三排序字段排序，以此类推。若按成绩降序排序，如图 6.8 所示。

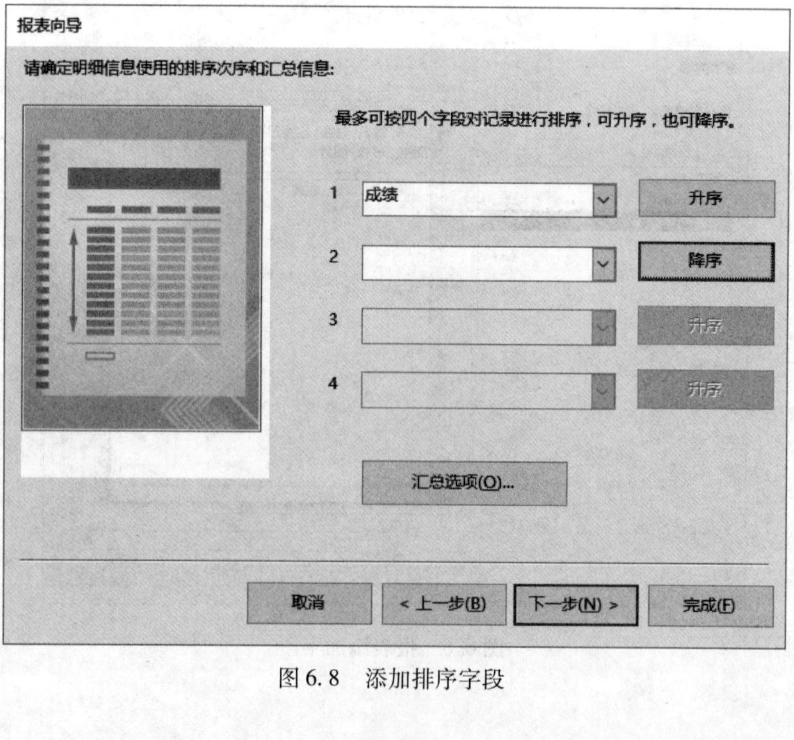

图 6.8　添加排序字段

（4）单击“汇总选项”按钮，可在对话框中进行选项，默认选择表中数字成绩字段的“平均”“最小”和“最大”进行报表制作，如图 6.9 所示。

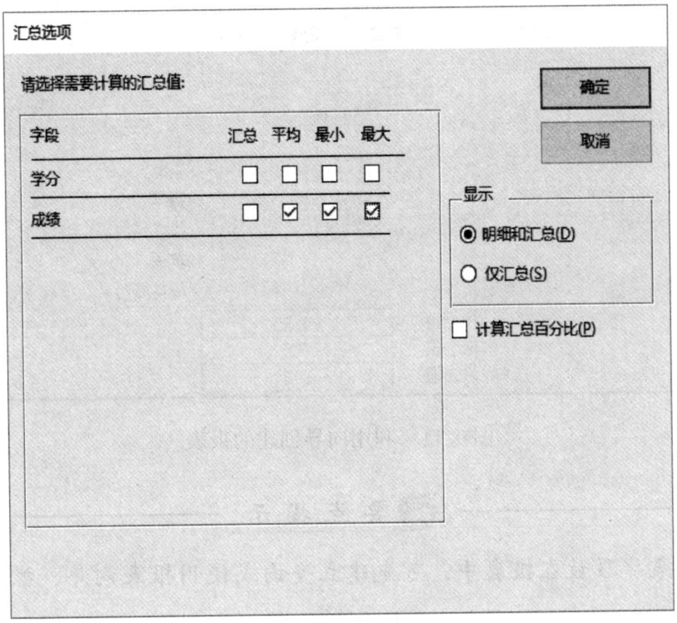

图 6.9　添加汇总内容

（5）单击“下一步”按钮，选择报表布局方式，添加报表视图名，单击“完成”按钮保存。

（6）双击打开视图，使用报表设计工具的“排列”命令调整字段宽度、对齐方式；将“页面页眉”的字段名与“学号页眉”与“主体”对齐，对每个学生的学号、姓名、性别等字段仅出现一次的内容放“学号页面”中，其他放“主体”中，汇总值放在“学号页脚”中，如图 6.10 所示。

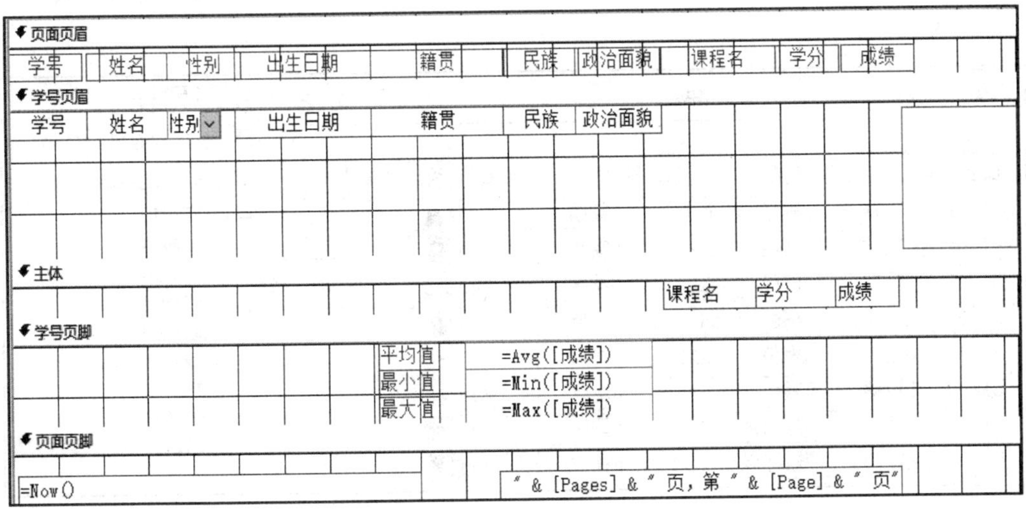

图 6.10　调整显示格式

（7）修改后单击“关闭”按钮进行保存，最后双击该报表，结果如图6.11所示。

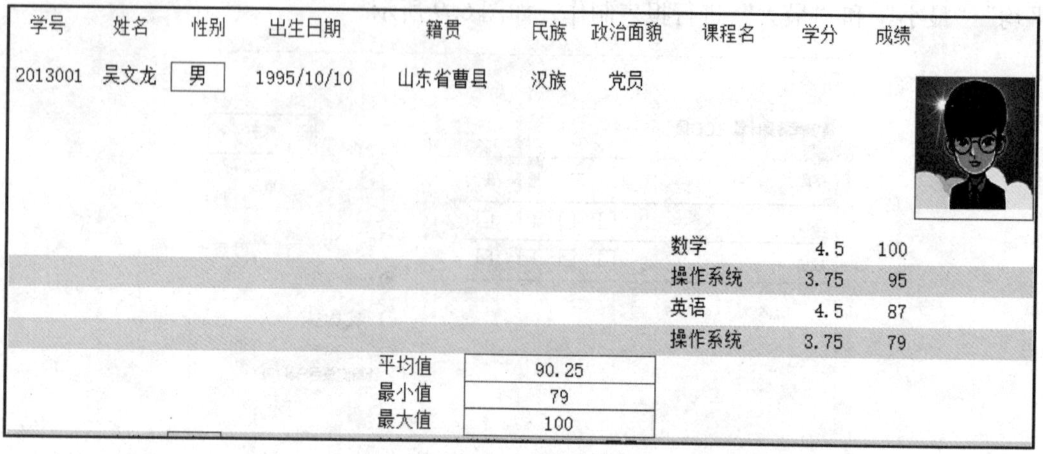

图6.11 利用向导创建的报表

要点提示

若要将多个表字段放在报表中，可先建立查询或使用报表向导，操作方法与创建窗体相同。

6.1.4 使用空白报表工具创建报表

如果使用报表工具或报表向导不能满足报表的设计需求，可以使用空白报表工具生成报表。当计划只在报表上放置很少几个字段时，使用该方法生成报表方便、快捷。其方法如下：

（1）单击【创建】选项卡，再单击“空报表”按钮，在右窗体“字段列表”中选定字段拖动到空报表中，也可将部分字段或全部表字段拖动到空报表中，以服装信息表数据为例，如图6.12所示。

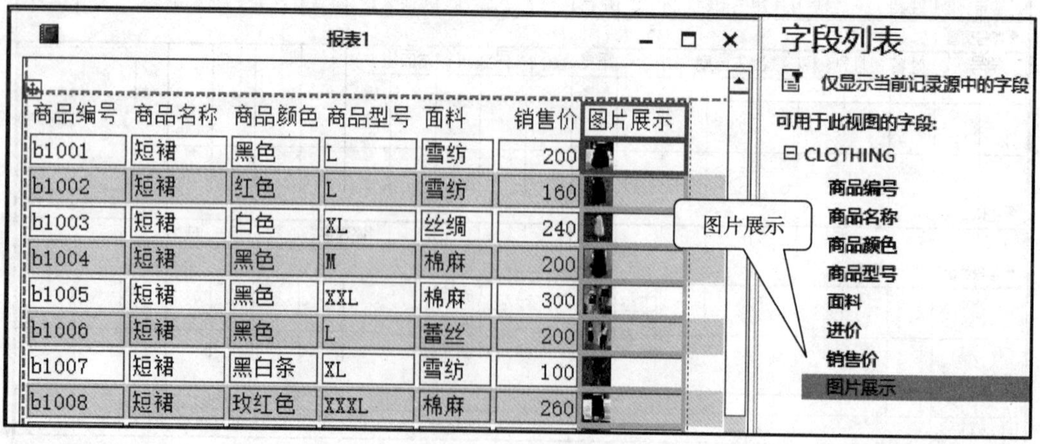

图6.12 利用“空报表”创建报表

（2）单击“关闭”按钮并保存后，再右击保存的报表视图，选择“设计视图”，在打开的报表设计视图中右击，添加“报表页眉/页脚”，在报表页眉中添加标题、报表日期和时间，在页面页脚和报表页脚中添加页码和汇总函数，也可得到如图 6.2 所示的结果。

知识拓展

制作报表常采用先使用“空报表”方法添加字段内容，再使用“设计视图”进行修改，这种方法比较快捷，若在案例八中使用这种方法更加方便。

6.1.5　使用标签创建报表

创建标签报表一般可通过向导创建。其方法步骤如下：

（1）选择数据源表或查询视图，单击【创建】选项卡，再单击“标签”按钮，自动打开标签向导，选择标签的型号、尺寸。本例选择“Access 数据库应用技术 80 分以上名单”，如图 6.13 所示。

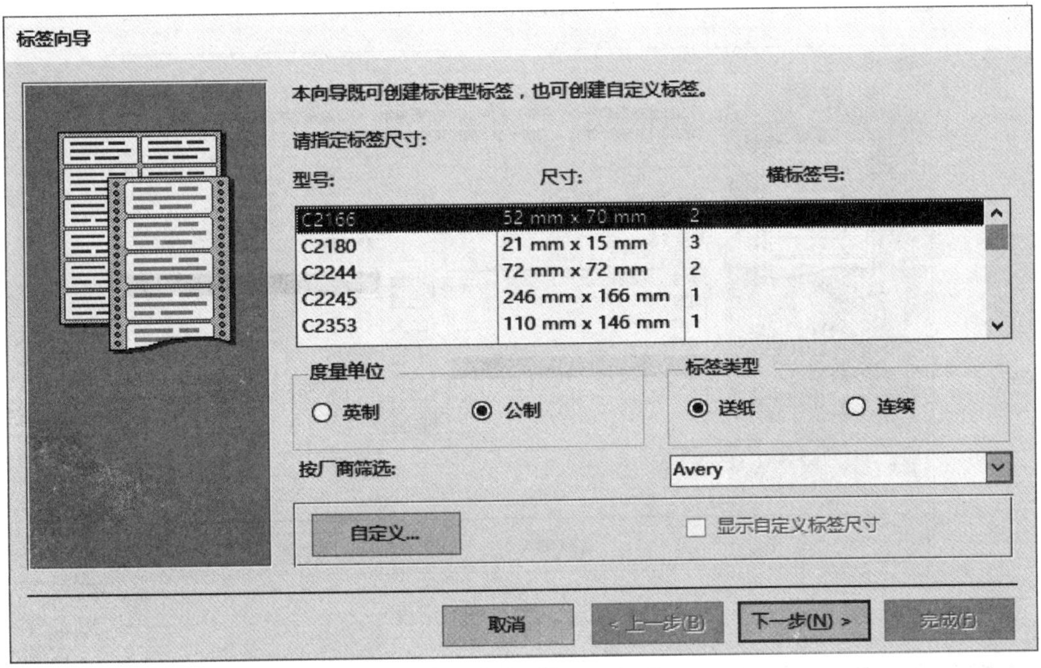

图 6.13　选择标签报表的型号、尺寸

（2）单击“下一步”按钮，选择标签的字体和颜色。再单击“下一步”按钮，选择邮件标签显示内容，添加该查询的所有字段，如图 6.14 所示。

（3）单击“下一步”按钮，添加标签报表排序依据，可以选择一个或多个字段，这里选择“成绩”字段，如图 6.15 所示。

（4）单击“下一步”按钮，填写标签报表视图名，再单击“完成”按钮保存后退出。

（5）右击该标签，选择“设计视图”，在“页面页眉”中添加标题，在“主体”中调整空格，如图 6.16 所示。

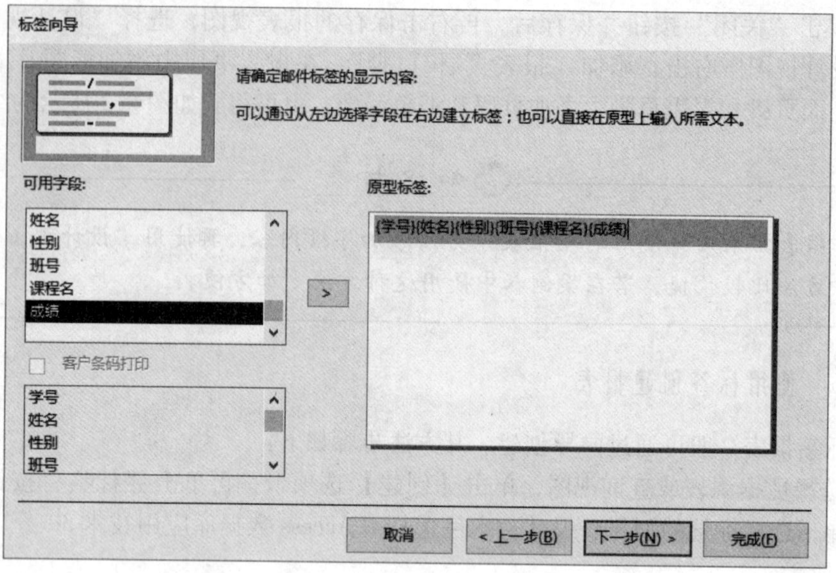

图 6.14　选择标签报表的字段

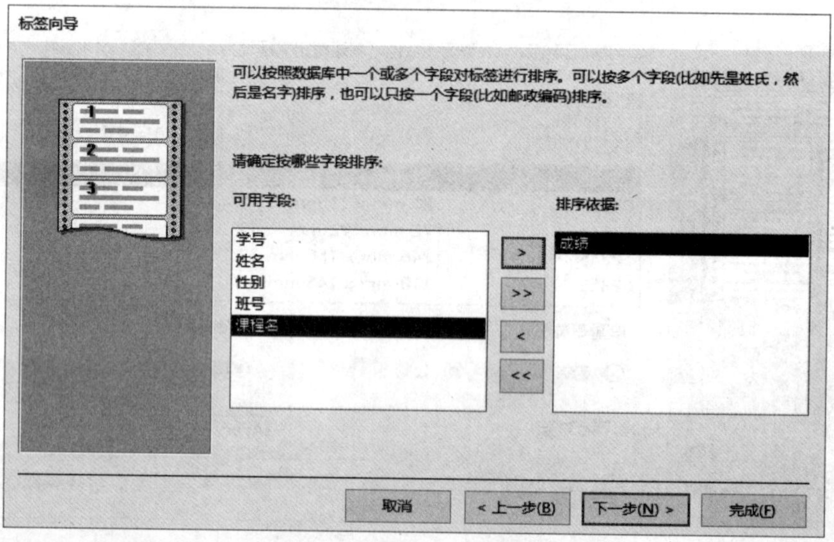

图 6.15　选择排序的字段

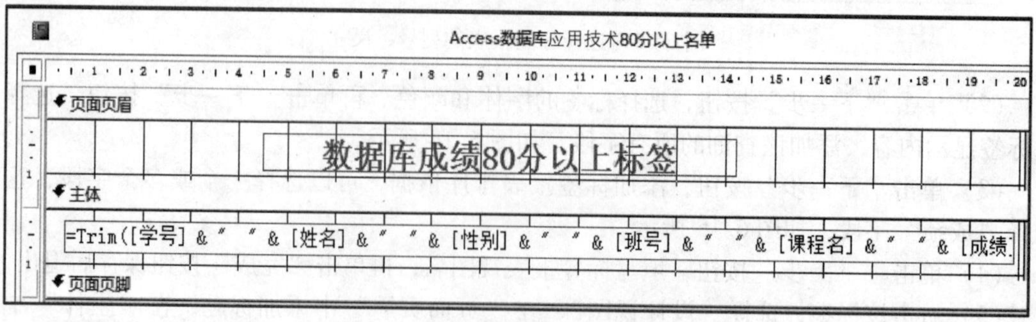

图 6.16　添加标题修饰显示格式

（6）打开该标签，结果如图 6.17 所示。

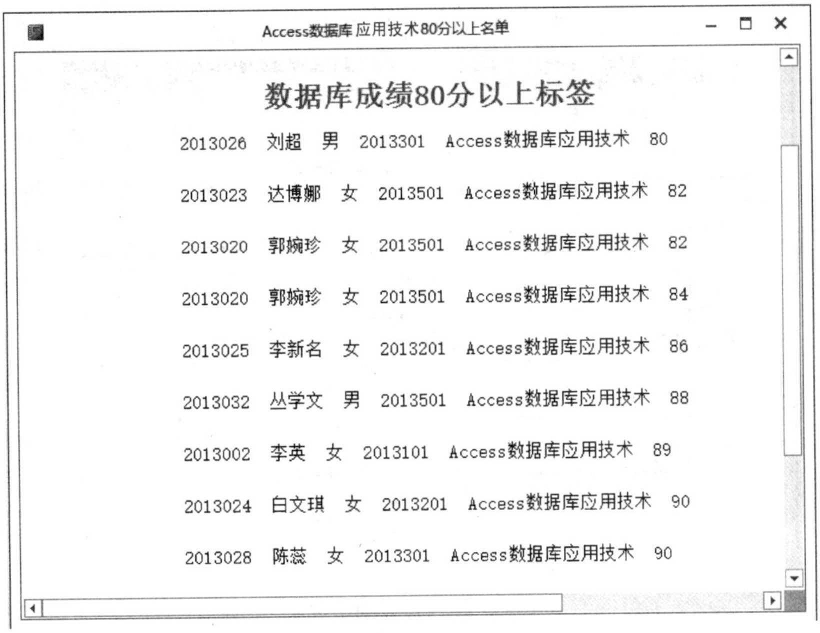

图 6.17　标签报表结果

要点提示

利用标签制作的报表，没有字段名、标题及字段之间空格。一般通过在“设计视图”中添加空格隔开每个字段。在“页面页眉”中添加标签标题和字段名即可完成。

6.2　设计报表

6.2.1　节的操作

报表由报表页眉、页面页眉、主体、页面页脚和报表页脚 5 部分组成，如图 6.18 所示，每个部分称为一个“节”。所有报表都必须有主体节。根据需要报表可以随时添加“报表页眉”“报表页脚”“页面页眉”和“页面页脚”节。

（1）报表页眉：在报表的开始处，用来显示报表的标题、图形或说明文字，报表的每一页只有一个报表页眉，仅在报表开头打印一次。使用报表页眉可以放置通常可能出现在封面上的信息，如徽标、标题或日期。如果在报表页眉中放置一个计算控件，则计算值是针对整个报表的。例如，如果将使用 Sum 聚合函数的控件放在报表页眉中，则计算值是整个报表的总计。

（2）页面页眉：用来显示报表中的字段名称或记录的分组名称，报表的每一页有一个页面页眉。

（3）主体：打印表或查询中记录的数据，是报表显示数据的主要区域，用于处理每一

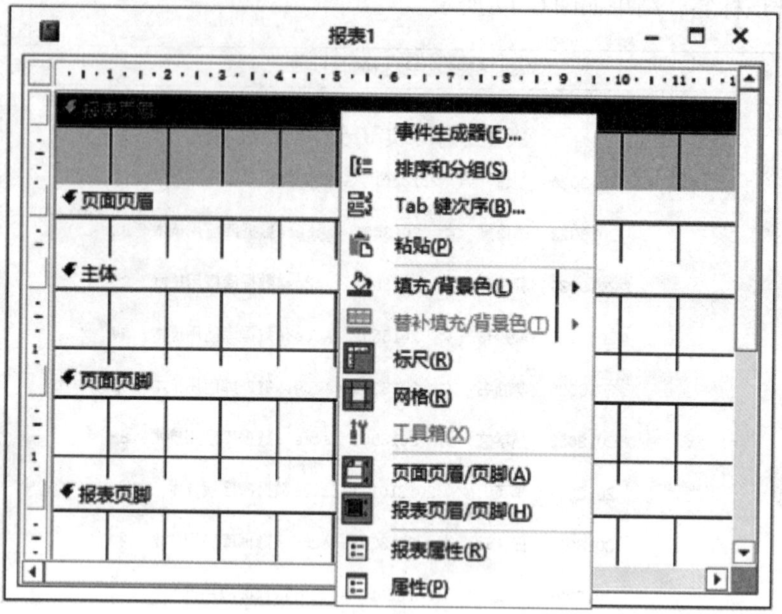

图 6.18　报表的组成

条记录。

（4）页面页脚：打印在每页的底部，用来显示本页的汇总说明，报表的每一页有一个页面页脚。

（5）报表页脚：用来在所有记录处理后，只在报表的结尾处打印一次。使用报表页脚可以打印针对整个报表的汇总或其他汇总信息。

利用“报表设计”创建报表时只显示“主体”“页面页眉”和“页面页脚”，右击报表视图可添加“报表页眉”和“报表页脚”，如图 6.18 所示。

6.2.2　排序和分组操作

输出报表时，通常需要按特定顺序组织记录。例如，在打印成绩列表时，按分数降序顺序对记录排序。对于多个报表来说，仅对记录排序还不够，还可能需要将它们划分为组。组是记录的集合，通过分组，可以直观地区分各组记录，并显示每个组的介绍性内容和汇总数据。简单的排序、分组步骤如下：

（1）若选择了数据源，单击工具栏中的“排序和分组”图标或右击报表视图，然后单击“排序和分组”。

（2）在报表下方打开“分组、排序和汇总”窗格，可单击“添加组”和“添加排序”按钮，建立组和排序，如图 6.19 所示。

（3）若要添加新的排序和分组级别，单击“添加组”或“添加排序”。“分组、排序和汇总”窗格中将添加一个新行，并显示可用字段的列表，可以单击其中一个字段名称，或单击字段列表下的“表达式”进行输入，将在报表中添加分组级别。当右击字段排序时，一次只能对一个字段排序，如果对其他字段进行排序，则将会取消对第一个字段的排序。单击“分组、排序和汇总”窗格，将添加一个新行显示可用字段，如图 6.20 所示。

图 6.19　报表分组和排序

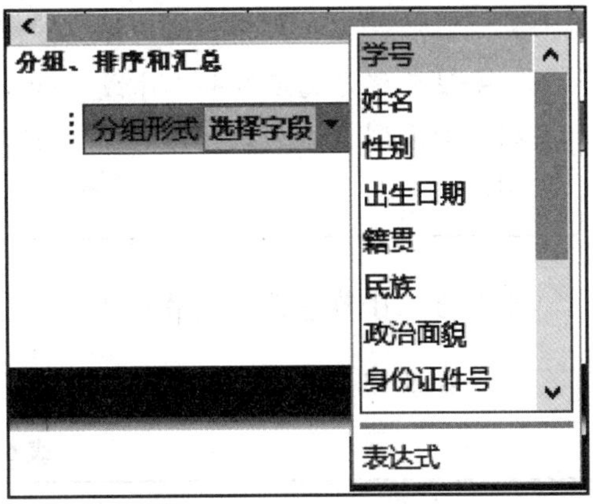

图 6.20　添加组和排序

(4) 单击一个字段名称，或者单击输入表达式的字段列表中的表达式。一旦选择域或输入表达式，Access 会向报表添加分组级别。在布局视图中，立即显示更改分组或排列顺序。

(5) 每个排序级别和分组级别都包含大量选项，通过设置这些选项来获得所需的结果。若要显示分组级别或排序级别的所有选项，要在更改的级别上单击“更多”选项，若要隐藏选项，请单击“更少”选项。若要添加汇总，单击“无汇总”选项。能添加多个字段的汇总，并且可以对同一字段执行多种类型的汇总，如图 6.21 所示。

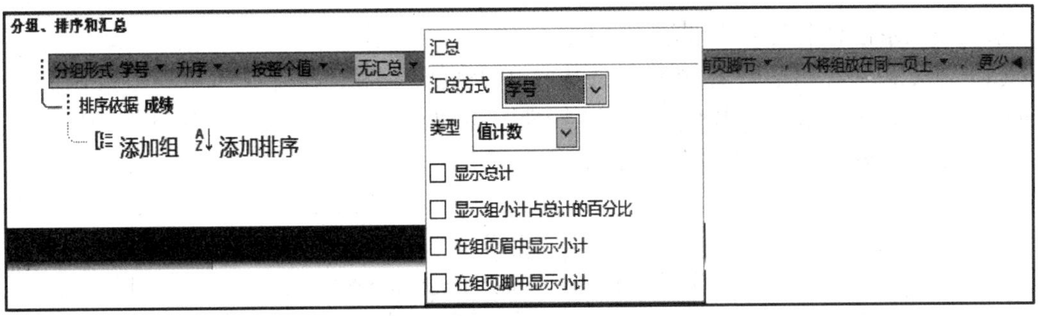

图 6.21　添加更多选项

(6) 单击“汇总方式”下拉箭头，然后选择要进行汇总的字段。

(7) 单击“类型”下拉箭头，然后选择要执行的计算类型。

(8) 选择“显示总计”，以在报表的结尾（即报表页脚中）添加总计。

(9) 选择“显示组小计占总计的百分比”，以在组页脚中添加用于计算每个组的小计占总计的百分比的控件。

(10) 选择“在组页眉中显示小计”或“在组页脚中显示小计”，以将汇总数据显示在所需的位置。

选择字段的所有选项之后，可从“汇总方式”下拉列表中选择另一个字段，重复上述过程以对该字段进行汇总。否则，单击“汇总”弹出窗口外部的任何位置以关闭该窗口。

要点提示

如果已经定义了多个排序或分组级别，则可能需要向下滚动“分组、排序和汇总”窗格才能看到“添加组”或“添加排序”按钮。一个报表最多可定义 10 个分组和排序级别。

6.2.3 计数及求和操作

Access 2013 中添加到报表的常用聚合函数如表 6.1 所示。

表 6.1 常用函数表

计算	说　明	函数
求总计	求该列所有数字的总和	Sum()
求平均	求该列所有数字的总和	Avg()
求汇总	对该列的项目进行计数	Count()
求最大值	求该列的最大数字或字母值	Max()
求最小值	求该列的最小数字或字母值	Min()
求标准偏差	估算该列一组数值的标准偏差	Stdev()
求方差	估算该列一组数值的方差	Var()

求报表记录汇总个数和求和方法如下：

（1）求汇总：在报表设计视图中选择“报表页脚”节，添加文本框，写入函数“=Count(*)”，也可右击该文本框，选择“属性”按钮，在“控件来源”属性框中输入以等号开始的 Count 函数来计算汇总值，如图 6.22 所示。

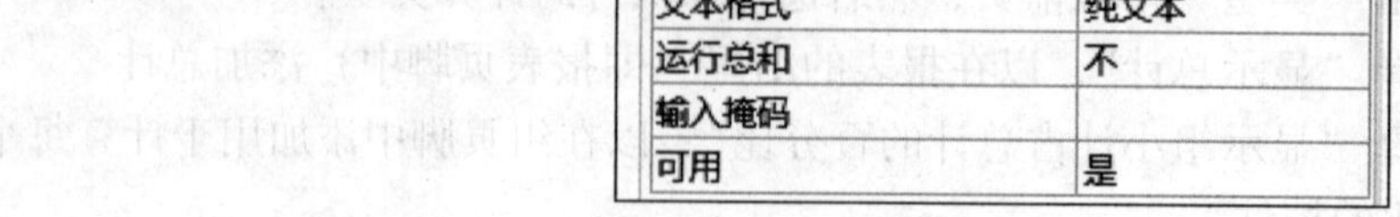

图 6.22 报表汇总函数

（2）添加时间日期：在报表设计视图中，若没有报表页眉，则添加“报表页眉/页脚”节，单击工具栏上的“日期和时间”命令，也可添加两个“文本框”控件，单击工具栏上的“属性”按钮，在“控件来源”属性框中输入表达式“=Date()”和“=Time()”，或在文本框中直接写入函数“=Date()”“=Time()”即可，这两个函数分别取当前日期和时间，通过“时间日期”对话框，选择相应日期时间格式、位置和对齐方式，如图 6. 23 所示。

(3) 求平均或求和：在报表设计视图中选择“报表页脚”节。添加文本框，写入函数“ = Avg（数值字段）”或“ = Sum（数值字段）”，该文本框“属性”的“控件来源”与表字段绑定。例如：求学生成绩平均分，如图 6. 23 所示。

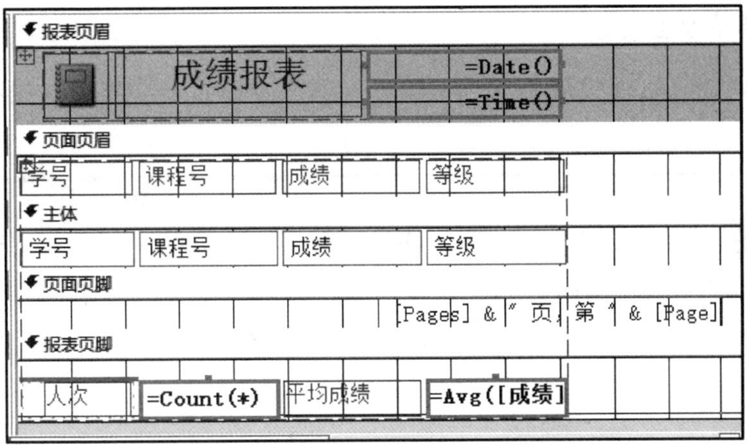

图 6. 23　添加时间、日期和平均函数

要点提示

根据报表需求，利用上述方法可在“报表页脚”节上添加表 6.1 中的其他计算函数。

6.2.4　插入徽标和页码

在报表中添加徽标和页码的操作方法如下：

(1) 添加徽标：单击工具栏的“徽标”命令，则在“报表页眉”节上可添加一个 logo 图片，此时自动打开文件路径，找到图片所在位置即可。

(2) 添加页码：单击工具栏的“页码”命令，则在“页面页脚”节或在“页面页眉”节上显示页码，也可在页面底端或顶端利用标签写入函数“ = "页" & [Page]”。

(3) 单击“页码”对话框，选择相应页码格式、位置和对齐方式，如图 6. 24 所示。

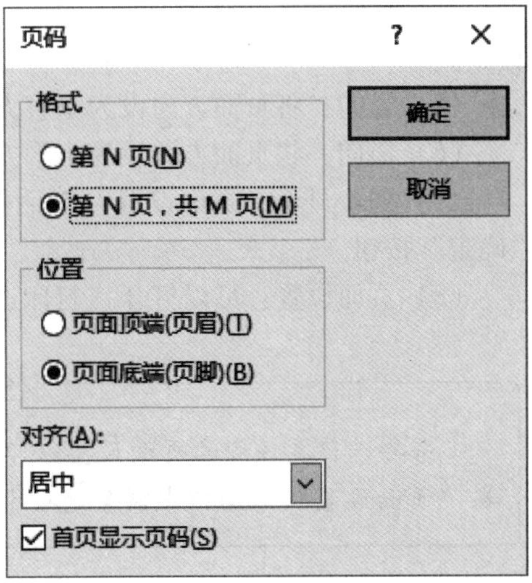

图 6. 24　选择页码格式

6.3 打　　印

在打印之前，应该仔细检查页面设置，如页边距、页面方向及报表设计结构等，并将页面设置与报表一起保存。

6.3.1 报表页面设置

单击菜单栏的【页面设置】选项卡，可看到“页面布局”组命令按钮，如图6.25所示。

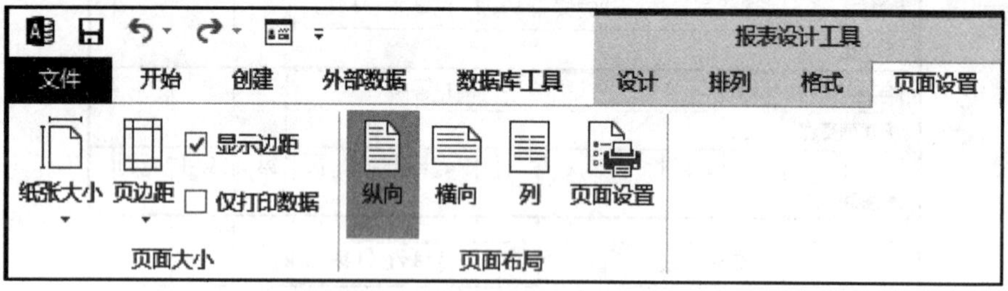

图6.25　报表页面设置

其中：

（1）纸张大小：可从纸张大小中进行选择，或输入自定义纸张大小。

（2）页边距：可从多个预定义页边距宽度中进行选择，也可单击“高级”以使用“页面设置”对话框输入自定义页边距宽度。

（3）显示边距：显示打开和关闭页边距（仅用于布局视图）。

（4）仅打印数据：禁止打印已放置在报表上的任何标签。只有与基础表或查询中的数据进行绑定的控件才会打印。对于有时在预先印制好的表单上打印的报表，此功能将很有帮助。可在此种情况下取消打印标签，当需要在空白纸张上打印报表时，可再次启用打印标签。

（5）纵向：将页面方向设为垂直方向。

（6）横向：将页面方向设为水平方向。

（7）列：显示“页面设置”对话框。输入需要的列数，设置所需的列大小，然后单击“确定”按钮。

（8）页面设置：可以打开“打印选项”“页”和“列”设置对话框，如图6.26所示。

要点提示

若要进行更详细的页面设置，单击“页面布局”组中右下角的“页面设置”按钮，在“页面设置”对话框中调整选项卡上的所有可用设置，并为报表选择特定打印机。

6.3.2 报表打印

打印是指将报表送往打印机输出。一般在打印报表之前通过选择“打印预览”视图方

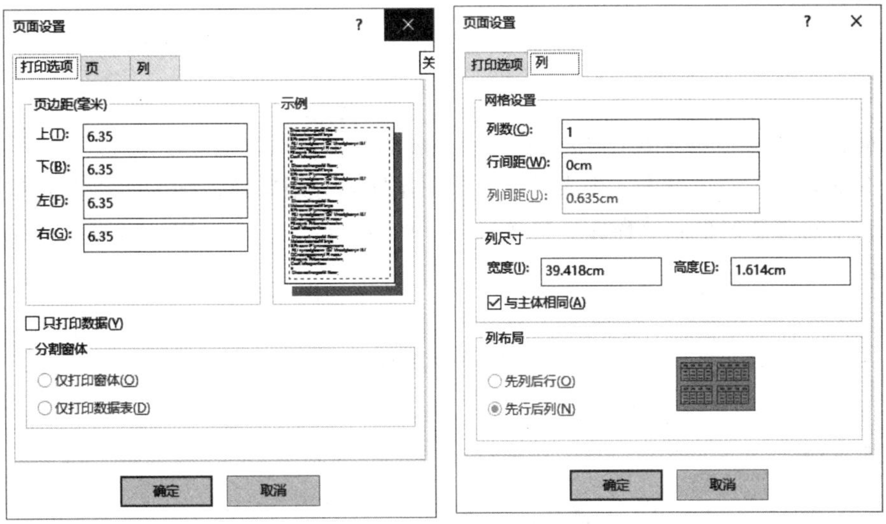

图 6.26　页面设置对话框

式先浏览打印的效果，然后才打印报表。

打印预览输出显示报表的操作方法如下：

（1）在数据库窗口“报表”对象下，单击要进行打印预览的报表。

（2）在数据库窗口单击“预览”按钮，屏幕以“打印预览”视图形式显示报表。

（3）可以右击报表视图名，选择“报表设计”按钮，做进一步修改和调整报表布局，再通过“打印预览”来查看，直到预览效果满意为止。

打印报表的操作方法如下：

（1）单击要进行打印预览的报表，或者右击报表视图名选择“打印”命令。

（2）单击【文件】菜单中的“打印”命令，显示“打印”对话框，在“打印”对话框中主要有 3 项要进行设置，分别是“打印范围”“份数”和“打印到文件”，如图 6.27 所示。

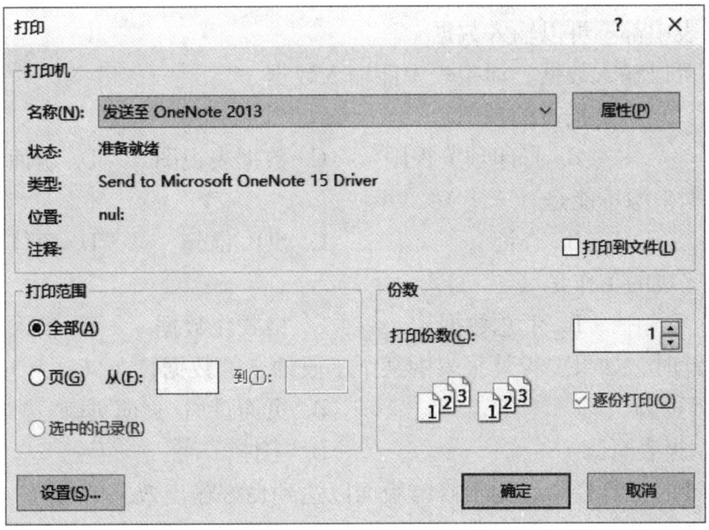

图 6.27　报表打印

本章小结

本章重点讲述了 Access 2013 报表、设计报表的基本操作方法。

通过本章案例八创建报表、报表设计，添加排序和分组操作，学生能初步掌握创建报表的五种方法，同时掌握报表节操作、排序分组、计数、求和、求平均、添加日期时间及页码的操作步骤。

本章练习

一、问答题

1. Access 2013 中创建报表有哪几种方法？
2. Access 2013 中报表节有哪些？利用“报表设计”创建报表时缺省显示的节有哪些？
3. 简单说明报表的作用？
4. 在报表设计中，求总计、平均、汇总、最大值、最小值应在哪个节完成？
5. 报表的数据源包括什么？
6. 在报表中对记录进行排序的方法是什么？

二、选择题

1. 在 Access 中能按用户的要求、格式打印输出的数据对象是（　　）。

A. 表　　B. 窗体　　C. 报表　　D. 查询

2. 报表与窗体的主要区别在于（　　）。

A. 窗体和报表中都可以输入数据

B. 窗体可以输入数据，而报表中不能输入数据

C. 窗体和报表中都不可以输入数据

D. 窗体中不可以输入数据，而报表中能输入数据

3. 下面（　　）不是报表的视图。

A. 设计视图　　B. 打印预览视图　　C. 数据表视图　　D. 版面预览视图

4. 报表的数据来源不能是（　　）。

A. 表　　B. 查询　　C. SQL 语句　　D. 窗体

5. 报表不能完成的工作是（　　）。

A. 分组数据　　B. 汇总数据　　C. 格式化数据　　D. 输入数据

6. 在报表设计时，如果要统计报表中某个字段的全部数据，在（　　）进行计算。

A. 组页眉/组页脚　　B. 页面页眉/页面页脚

C. 报表页面/报表页脚　　D. 主体

7. 在报表设计的工具栏中，用于修饰版面以达到良好输出效果的是（　　）。

A. 直线和矩形　　B. 直线和圆形

C. 直线和多边形　　D. 矩形和圆形

8. 无论是自动创建窗体还是报表，都必须选定要创建该窗体或报表基于的（　　）。
A. 数据来源　　B. 查询　　C. 表　　D. 记录
9. 需要在报表每一页的顶部显示的数据应放在（　　）节。
A. 报表页眉　　B. 页面页眉　　C. 主体　　D. 组页眉
10. 在报表中使用（　　）控件可以显示计算表达式的值。
A. 命令按钮　　B. 复选框　　C. 文本框　　D. 标签

三、填空题

1. 属于自动创建报表的方式有____________。
2. 报表的主要功能是________________。
3. Access 2013 报表中求数值字段的平均函数是______________。
4. 报表同窗体一样，本身不存储数据，它的数据来源于________________。
5. 如果设置报表上某个文本框的“控件来源”属性为“ =2 * 4 - 1”，则打开报表视图时，该文本框显示的信息为______________。
6. 在报表中添加时间时，Access 将在报表上添加一个__________，并将其“控件来源”属性设置为时间的表达式为__________________。
7. 一个报表最多可以安排____________个字段或字段表达式对记录进行排序。
8. 报表标题一般放在____________节中。
9. 报表数据输出不可缺少的内容是____________的内容。
10. 计算控件的来源属性一般设置为__________开头的计算表达式。

四、考核要点

1. Access 2013 报表的五种创建方法。
2. 报表的种类及报表的四种视图。
3. 添加报表时间、日期、页码、总计、汇总及平均函数的方法。
4. 添加报表排序和分组。

练习参考答案

第 7 章

创建和使用宏

宏也是一种操作命令，它与菜单操作命令相似，不同的是菜单命令一般用在数据库的设计过程中，而宏命令则用在数据库的执行过程中，且宏命令能在数据库中自动执行。宏又是数据库中的一个对象，它和内置函数一样，可为应用程序的设计提供各种基本功能。

Access 2013 包含宏生成器，它不需要编程，具有智能感知功能和整齐简洁的界面，其主要功能包括：

（1）可以替代用户执行重复的任务，节约用户的时间。

（2）可以使数据库中的各个对象联系得更加紧密。

（3）可以显示警告信息窗口。

（4）可以为窗体制作菜单，为菜单指定某些操作。

（5）可以把筛选程序加到记录中，提高记录的查找速度。

（6）可以实现数据在应用程序之间的传送。

宏对象是由一个或一个以上的宏操作构成，每一个宏操作可以完成一个特定的数据库动作，宏实现中间过程是自动的。宏可以独立存在，但不能单独执行，必须有一个触发器。而这个触发器通常是由窗体、报表上面的控件的各种事件来担任的。比如在窗体上单击一个按钮、文本框，这个单击过程就可以触发一个宏的操作。例如：单击某个“命令按钮”验证登录、打开表、打开查询、打开窗体和打印报表等。多个宏可以成为一个宏组，执行整个宏组时将按照从上到下的顺序执行每个宏。

7.1 常用的宏操作命令与功能

7.1.1 宏的操作功能

宏在 Access 2013 中提供了大量操作，使得宏可以从中进行选择、创建各种命令。例如：一些常用的宏操作能打开表、查询、窗体、报表，查找记录，显示消息框，或对窗体或报表应用筛选器等。这些宏操作几乎涵盖了数据库管理的全部细节。按照功能，宏大致可以分为：对象操作类、数据导入导出类、记录操作类、数据传递类、代码执行类、提示警告类和其他类。

一、宏操作的分类

（1）打开或关闭数据库对象：包括打开表、查询、窗体、报表，保存、关闭数据库等。

（2）运行和控制流程：包括执行外部应用程序、执行 SQL 语句、执行 VBA 过程、执行宏本身、运行 Access 菜单及退出 Access 等。

(3) 记录操作：包括移动记录指针、查找记录等。

(4) 设置值：包括设置控制、字段或属性值，设置系统消息等。

(5) 控制窗口：使得窗口最大、最小化，恢复窗口大小及调整窗口大小。

(6) 导入或导出数据：包括与其他数据格式传送数据的电子表格、文本文件和其他数据库对象处理。

(7) 通知或警告：包括发出警告声音、弹出信息窗口等。

(8) 菜单操作：包括用于为窗体、报表添加自定义菜单栏、定义快捷菜单、设置活动窗口及菜单状态和显示或隐藏内置或自定义的命令栏等。

(9) 选择对象、删除对象：包括对数据库对象的复制、删除和重命名等。

二、宏参数设置

1. 宏设计窗口

一般包含宏名、条件、操作、注释等四个部分，其中：

(1) 宏名：是为所创建的宏命名。

(2) 条件：设置当前宏的运行条件。

(3) 操作：包含待执行的宏指令。

(4) 注释：为每一个操作提供注释说明，以帮助用户记忆宏的作用。

2. 操作参数

是指为当前宏指令设置相关的操作参数，宏中的每个动作是由其动作名及其参数构成的。

(1) 当前选定的是打开操作，要加入打开的对象名字，例如“OpenForm 综合管理”，表示打开“综合管理”这个窗体。

(2) 参数名称：与相应的宏操作匹配。例如“OpenTable 学生”，表示打开的是“学生”表。

7.1.2　常用的宏命令

一、常用的宏操作命令

常用的宏操作命令如表 7.1 所示。

表 7.1　常用的宏操作命令

功能分类	宏命令	说　明
打开	OpenForm	在窗体视图、窗体设计视图、打印预览或数据表视图中打开窗体
	OpenModule	在指定过程的设计视图中打开指定的模块
	OpenQuery	打开选择查询或交叉表查询
	OpenReport	在设计视图或打印预览视图中打开报表或立即打印该报表
	OpenTable	在数据表视图、设计视图或打印预览中打开表

续表

功能分类	宏命令	说　明
查找、筛选记录	ApplyFilter	对表、窗体或报表应用筛选、查询或 SQL 的 WHERE 子句，以便限制或排序表的记录，以及窗体或报表的基础表，或基础查询中的记录
	FindNext	查找符合最近 FindRecord 操作或“查找”对话框中指定条件的下一条记录
	FindRecord	在活动的数据表、查询数据表、窗体数据表或窗体中，查找符合条件的记录
	GoToRecord	在打开的表、窗体或查询结果集中指定当前记录
	ShowAllRecords	删除活动表、查询结果集或窗体中已应用过的筛选
焦点	GoToControl	将焦点移动到打开的窗体、窗体数据表、表数据表或查询数据表中的字段或控件上
	GoToPage	在活动窗体中，将焦点移到指定页的第一个控件上
	SelectObject	选定数据库对象
设置值	SetValue	为窗体、窗体数据表或报表上的控件、字段设置属性值
窗口	Maximize	放大活动窗口，使其充满 Access 主窗口。该操作不能应用于 Visual Basic 编辑器中的代码窗口
	Minimize	将活动窗口缩小为 Access 主窗口底部的小标题栏。该操作不能应用于 Visual Basic 编辑器中的代码窗口
	MoveSize	能移动活动窗口或调整其大小
	Restore	将已最大化或最小化的窗口恢复为原来大小
警告	Beep	通过计算机的扬声器发出嘟嘟声
	Echo	指定是否打开回响，例如宏执行时显示其运行结果，或宏执行完才显示运行结果。此处还可设置状态栏显示文本
	Hourglass	使鼠标指针在宏执行时变成沙漏形式
	Msgbox	显示包含警告信息或其他信息的消息框
	SetWarnings	打开或关闭系统消息

二、文件宏操作命令

文件宏操作命令如表 7.2 所示。

表 7.2　文件宏操作命令

功能分类	宏命令	说　明
复制	CopyObject	将指定的对象复制到不同的 Access 数据库，或复制到具有新名称的相同数据库。使用此操作可以快速创建相同的对象，或将对象复制到其他数据库中
删除	DeleteObject	删除指定对象；未指定对象时，删除数据库窗口中当前对象

续表

功能分类	宏命令	说　　明
重命名	Rename	重命名当前数据库中指定的对象
保存	Save	保存一个指定的 Access 对象，或保存当前活动对象
关闭	Close	关闭指定的表、查询、窗体、报表、宏等窗口或活动窗口，还可以决定关闭时是否要保存更改
	Quit	退出 Access，效果与文件菜单中的退出命令相同
导入导出	OutputTo	将指定的数据库对象中的数据以某种格式输出
	SendObject	效果与文件菜单中的发送命令一样，该操作的参数对应于“发送”对话框的设置，但“发送”命令仅应用于活动对象，而 SendObject 操作可以指定要发送的对象
	TransferDatabase	在当前数据库与其他数据库之间导入或导出数据
	TransferSpreadsheet	在当前数据库与电子表格文件之间导入或导出数据
	TransferText	在当前数据库与文本文件之间导入或导出文本

三、控制宏操作命令

控制宏操作命令如表 7.3 所示。

表 7.3　控制宏操作命令

功能分类	宏命令	说　　明
更新	RepaintObjet	完成指定的数据库对象所挂起的屏幕更新，或对活动数据库对象进行屏幕更新。这种更新包括控件的重新设计和重新绘制
	Requery	通过重新查询控件的数据源，来更新活动对象控件中的数据。如果不指定控件，将对对象本身的数据源重新查询。该操作确保活动对象及其包含的控件显示最新数据
打印	PrintOut	打印活动的数据表、窗体、报表、模块数据访问页和模块，效果与文件菜单中的打印命令相似，但是不显示打印对话框
控制	CancelEvent	取消引起该宏执行的事件
	RunApp	启动另一个 Windows 或 MS-DOS 应用程序
	RunCode	调用 Visual Basic Function 过程
控制	RunCommand	执行 Access 菜单栏、工具栏或快捷菜单中的内置命令
	RunMacro	执行一个宏
	RunSQL	执行指定的 SQL 语句以完成操作查询，也可以完成数据定义查询
	StopAllMacros	终止当前所有宏的运行
	StopMacro	终止当前正在运行的宏

宏的创建方法和其他对象创建方法稍有不同。其他对象都可以通过向导和设计视图进行创建，但是宏不能通过向导创建，它只能通过设计视图直接创建。

7.2 创 建 宏

案例九 命令按钮与宏操作

在这个案例中，将重点讲述使用 Access 2013 制作命令按钮与宏一起操作的方法和步骤，帮助用户掌握利用 Access 2013 宏命令，并与表、查询、窗体和报表综合使用的方法。

一、案例说明

图 7.1 是制作好的“学生信息管理系统”的窗体界面，通过多个命令按钮，利用宏命令将制作好的表、查询、窗体和报表组合在一起，形成一个学生综合管理系统。操作步骤参见 7.2.2 节的内容。

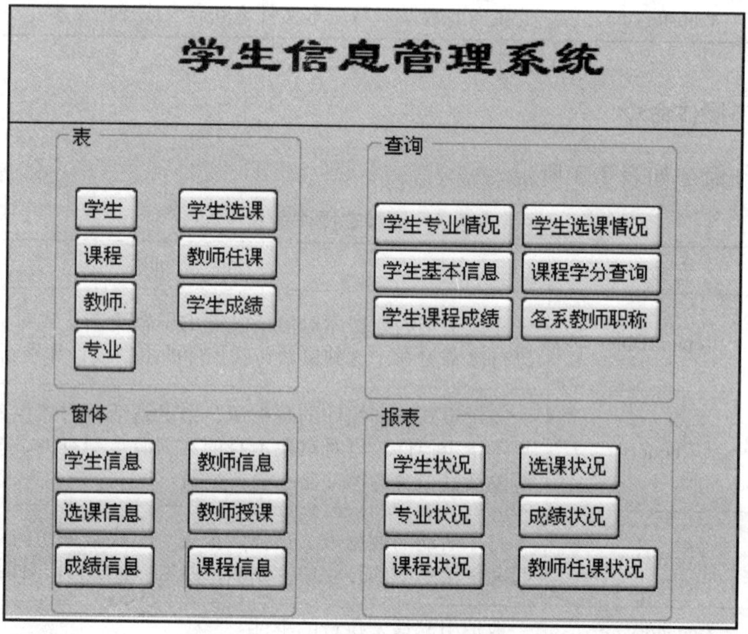

图 7.1 学生信息管理系统界面

二、知识点分析

（1）掌握宏操作界面及宏命令的使用。
（2）单宏的创建方法。
（3）利用宏打开表的方法。
（4）利用宏打开查询的方法。
（5）利用宏打开窗体的方法。
（6）利用宏打开报表的方法。

案例十　条件宏操作

在这个案例中，将重点讲述使用 Access 2013 制作条件与条件嵌套宏的方法和步骤，帮助用户在掌握 Access 2013 宏的基础上，使用高级应用方法。

一、案例说明

通过用户登录窗体界面，单击“提交”按钮，打开相应的宏操作界面，判断用户名和密码是否为空，是否正确。其相应的操作步骤见 7.2.2 节的内容。

二、知识点分析

(1) 条件宏的创建方法。
(2) 插入条件与条件嵌套的方法。
(3) 提取文本框数据的方法。
(4) 添加函数的方法。
(5) 设置打开窗体宏。

三、案例展示（见图 7.2）

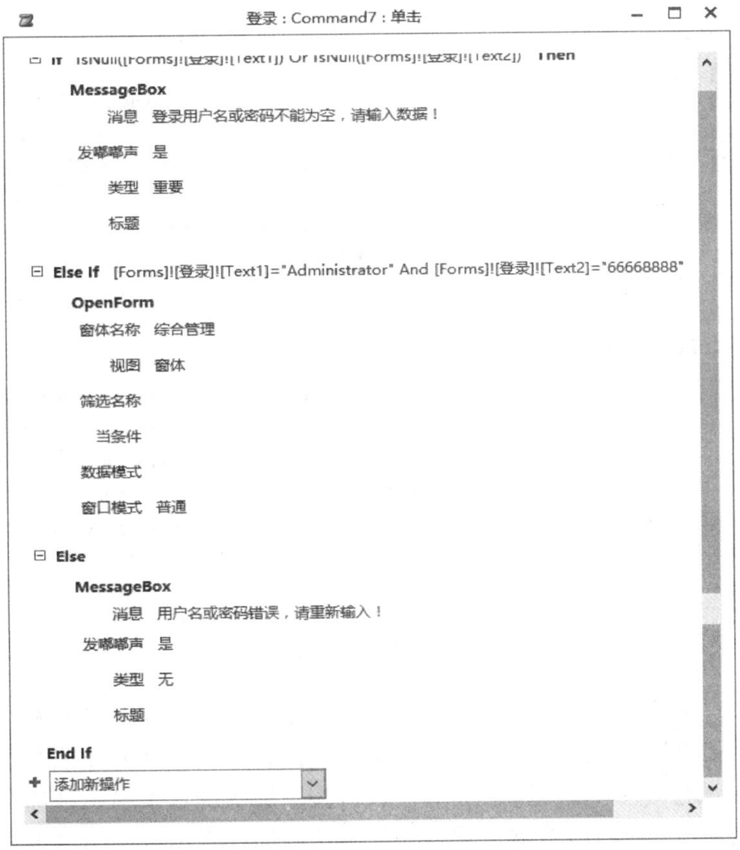

图 7.2　对象宏命令

7.2.1 宏的基本结构

宏由宏名、条件、操作和操作参数四个部分组成。其中，宏名是该宏的名称，条件用来限制宏操作执行，操作用来定义或选择要执行的宏操作，操作参数是宏操作的必要参数。

宏可以看作是一种简化的编程语言，这种语言是通过生成一系列要执行的操作来编写的函数模块，使用时只需要添加宏模块即可。

一、操作目录

在 Access 2013 中创建宏时，提供的宏“操作目录”窗格能将操作按类别分组，展开每个类别以查看其中包含的操作；“程序流程”使用注释行和操作组，可创建可读性更高的宏。如果选择了一个操作，则在“操作目录”的底部会显示该操作的简短说明。若在“操作目录”窗格顶部的“搜索”框中键入相应文本，可在该窗格中快速搜索、筛选操作列表，从包含所有宏中按照输入的文本来搜索宏名称及其说明。例如：分别打开“窗口管理”和“宏命令”，会显示其包括的宏操作，如图 7.3 所示。

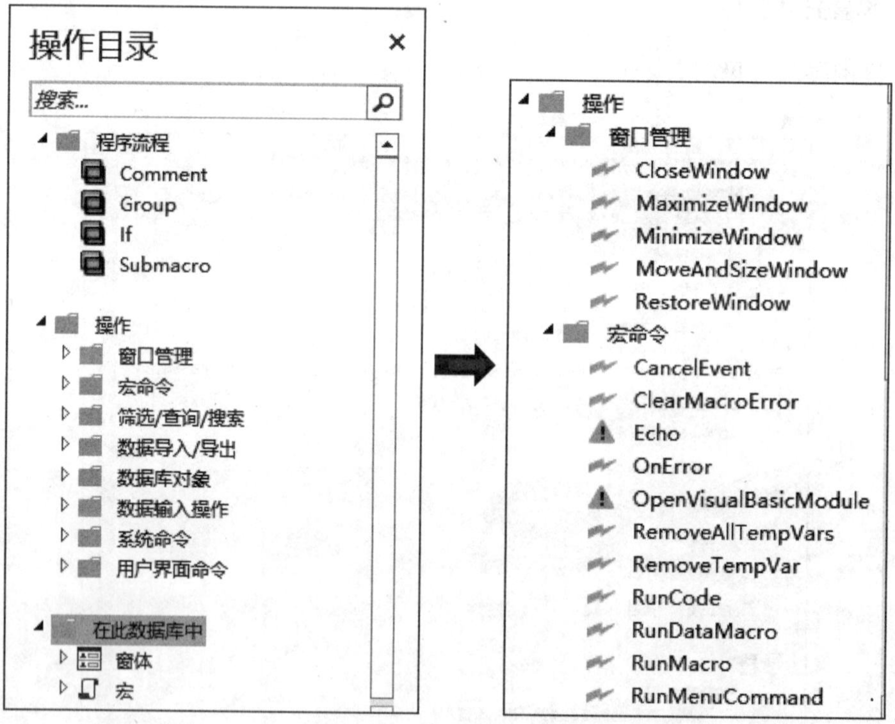

图 7.3　宏的操作目录

创建新宏时，宏操作目录将显示所有宏操作，而且所有参数都是可见的。根据宏的大小，编辑宏时可能要折叠一部分或全部宏操作（以及操作块），可单击宏名称或块名称左侧的加号（+）或减号（-）来展开或折叠。或者按上箭头键或下箭头键选择操作或块，然后按左箭头键或右箭头键折叠或展开它。也可在【设计】选项卡中的“折叠/展开”组中，单击“展开操作”或“折叠操作”项。其中不同的宏命令其结构各有不同，大多数宏操作都至少需要一个参数，可从下拉列表中选择一个值。如果参数要求键入表达式，宏内部提供了智能传感器（IntelliSense），将在键入时提示可能的值，从而帮助输入表达式内容。例如：使用打开表的宏命令“OpenTable”时，可从下面选择已经建立的表，如图 7.4 所示。

图 7.4　宏提供的智能传感器

常见宏的结构：

（1）单击“Group”，可将相关操作分为一组，并为该组指定一个有意义的名称，从而提高宏的可读性。例如，可将打开和筛选的查询多个操作分为一组，并将该组命名为“打开和查询”。“Group”块不会影响操作的执行方式，组不能单独调用或运行。分组的主要目的是标识一组操作，可在“添加新操作”中添加宏命令，在编辑大型宏时，可将每个分组块向下折叠为单行，从而减少必须进行的滚动操作。宏组语句结构如图 7.5 所示。

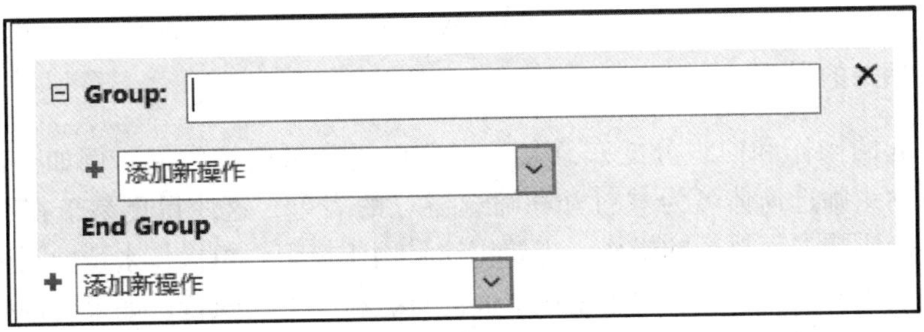

图 7.5　宏组语句结构

（2）单击“If”，可在特定条件为 true 时执行宏操作，相当于 Access 中使用的“条件”列。可以使用“Else If”和“Else”块来扩展“If”块，并支持多嵌套的 If/Else/Else If。例如：第 5 章案例七中，图 5.7 登录提交按钮的宏操作条件结构如图 7.6 所示。

说明：Text1 是用户名文本框；

Text2 是密码文本框。

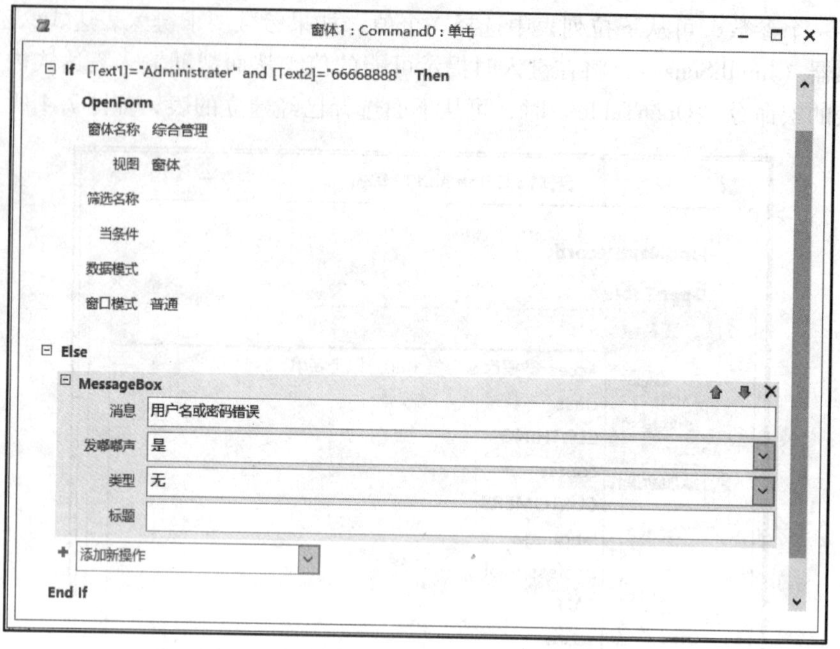

图 7.6　登录宏条件

登录时若用户名和密码分别是“Administrator”和“66668888”时，可以打开“综合管理”窗体，否则显示“用户名或密码错误”消息框。

二、添加宏的步骤

（1）浏览或搜索宏操作：单击“操作目录”并按类展开宏命令。

（2）向宏添加操作：双击宏命令。

（3）填充参数：键入或从下拉列表中选择。

（4）移动/删除：删除了某个操作块，例如“If”或“Group”块，则该块中的所有操作也会被删除。

三、组合相关的操作

组合在一起的操作和向组分配有意义的名称来提高可读性的宏。例如：建立“打开”分组操作，可为组筛选窗体名为“打开和筛选器”的表单，这使得更易于查看彼此相关的操作。组块不会影响如何执行的操作，主要用途是用于标记一组操作来帮助阅读了解宏。此外，在编辑大型宏时，可以折叠每个组块下面的行，减少滚动执行。如果要进行分组的操作位于该宏，使用此过程可将它们添加到组块，其方法如下：

（1）选择要组合的操作。

（2）右击所选的操作，然后单击创建组块。

（3）在顶部的组块框中，键入组的名称。

如果操作尚不存在：

（1）将组阻止从操作目录拖动到宏窗格。

（2）在顶部的组块框中，键入组的名称。

（3）将宏操作从操作目录拖动到组块，或在出现的添加新操作列表中选择操作。组块可以包含其他组块，并可以最多为 9 级的嵌套。

7.2.2　创建单宏/条件宏/宏组

一、单宏的操作步骤（案例九的操作步骤）

使用"窗体设计"创建一个窗体，如案例九的图 7.1 所示，添加一个"学生信息管理系统"标题标签，四个选项组分别标识"表""查询""窗体"和"报表"，在四个选项组中添加若干个按钮。每个选项组的多个按钮分别用于打开表、运行查询、执行窗体及启动报表。这些操作需要运行不同的宏。

其中：宏既可以是独立的（数据库中的单独对象，之后绑定到按钮的 OnClick 事件中），也可以直接嵌入到按钮本身的 OnClick 事件中。该案例使用单宏的方法和步骤如下：

法一：

（1）选择图 7.1 窗体"表"下的"学生"按钮，然后右键单击，选择"事件生成器"，再选择"宏生成器"，如图 7.7 所示。

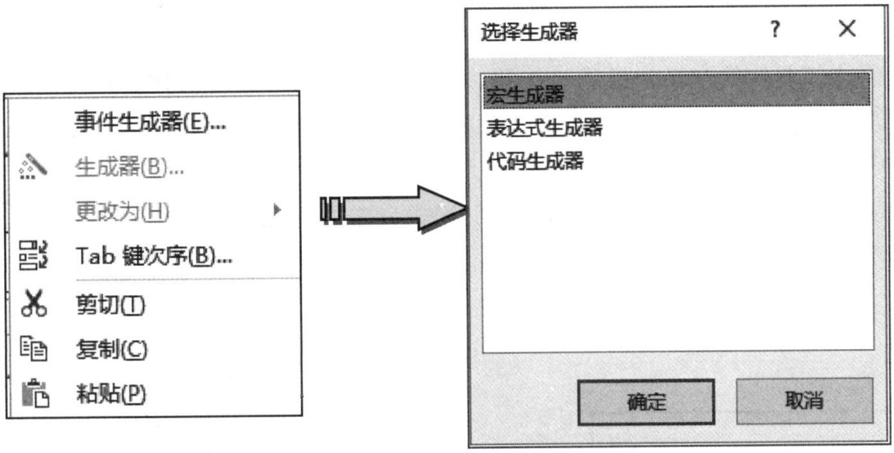

图 7.7　选择宏生成器

（2）选择"宏生成器"后，单击"确定"按钮，在打开的单宏生成器下拉列表中选择打开表的宏命令"OpenTable"，如图 7.8 所示。

（3）在打开的表对话框中选择"表名称"右侧的下拉列表，选择欲打开的学生表"student"，如图 7.9 所示。

（4）再选中图 7.1 窗体"表"下的其他按钮右击，同样选择"宏生成器"的宏命令"OpenTable"，分别选择打开相应的表，如可在课程按钮下打开"course"表、教师按钮下打开"teacher"表等，以此类推。

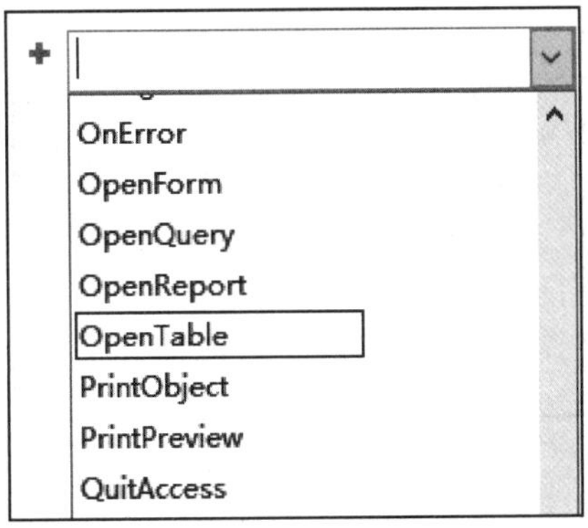

图 7.8　选择宏命令

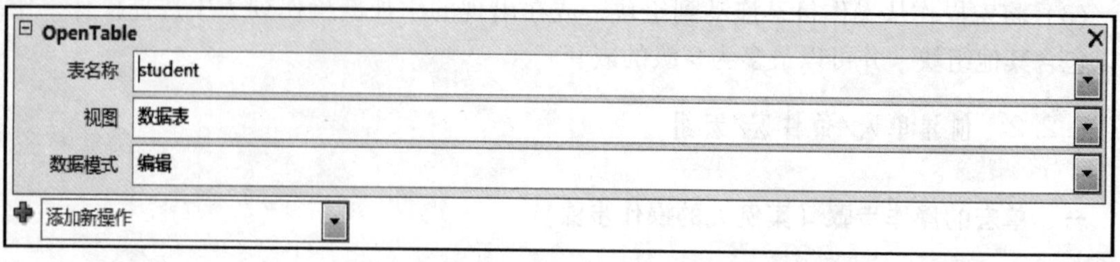

图 7.9　选择打开的表名

（5）按照上述步骤，分别选择图 7.1 窗体“查询”下的“学生选课情况”按钮，右击选择“事件生成器”，再选择宏命令“OpenQuery”，选择不同功能的查询视图名。

（6）打开“窗体”按钮的宏命令“OpenForm”，再分别打开已经存在的窗体名。

（7）打开“报表”按钮的宏命令“OpenReport”，再分别打开各自报表名。有关宏命令见 7.2 节表 7.1、表 7.2 和表 7.3。

法二：

从列表中选择操作，或从“操作目录”对话框的列表中选择宏。操作步骤如下：

（1）单击【创建】选项卡，再单击“宏”按钮，再单击下拉列表，即可打开宏设计界面，如图 7.10 所示。

（2）单击工具栏的“操作目录”按钮，在右窗口显示了宏“操作目录”，在“操作目录”窗口展开“数据库对象”，可选择相应的宏命令，如案例九中的“表”选项组按钮，选择“OpenTable”，如图 7.11 所示。

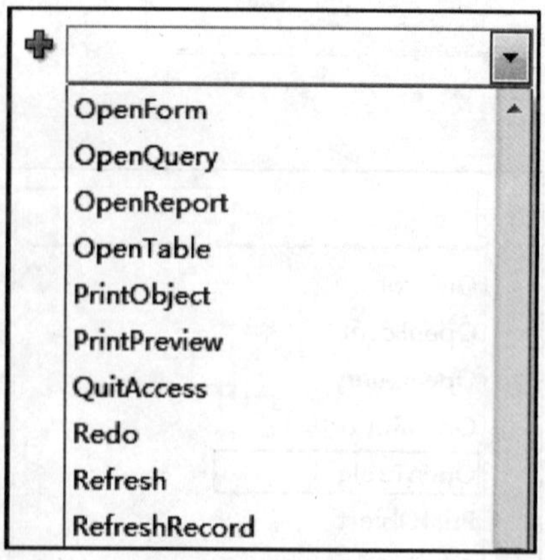

图 7.10　添加宏操作

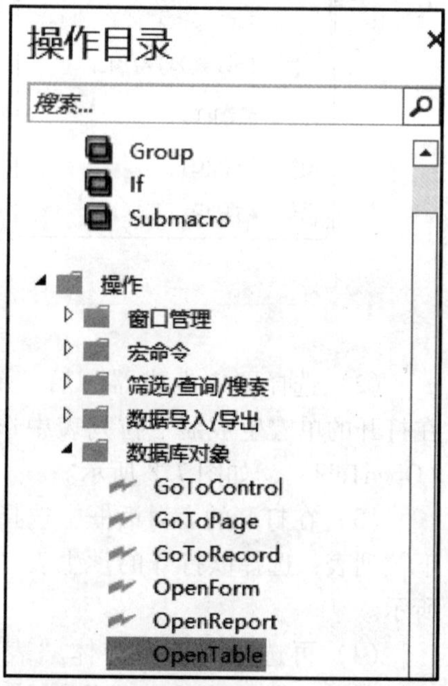

图 7.11　利用操作目录选择宏命令

（3）双击宏命令“OpenTable”，从打开的对话框“表名称”中选择表视图，可看到如图 7.10 所示对话框。

（4）对应案例九中的“窗体”选项组按钮，单击图 7.10 所示的宏命令下拉列表框，选择打开窗体宏命令“OpenForm”，或从“操作目录”的“数据库对象”中添加 OpenForm 宏命令，再选择打开的窗体名，操作界面如图 7.12 所示。

图 7.12　添加窗体单宏

（5）单击“关闭”按钮，添加窗体视图名保存即可。在导航窗格中双击名称即可打开添加的窗体。

（6）同理，单击对应案例九中的“报表”选项组按钮，单击图 7.10 所示宏命令下拉列表框，选择打开报表宏命令“OpenReport”，或从“操作目录”的“数据库对象”中添加 OpenReport 宏命令，再选择打开的报表名，操作界面如图 7.13 所示。

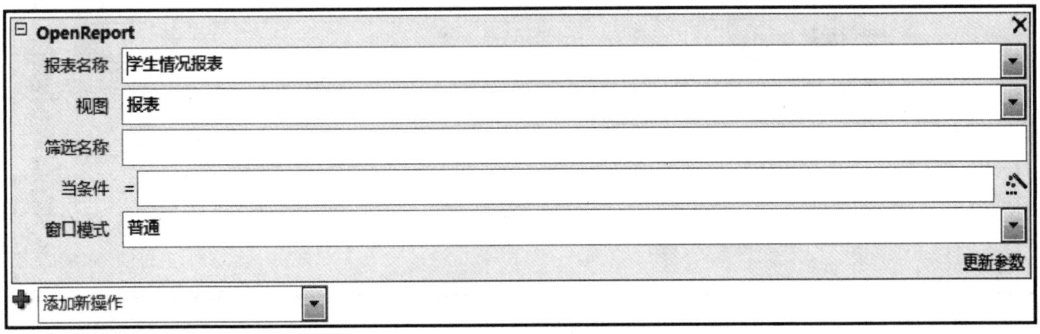

图 7.13　添加报表单宏

（7）单击对应案例九中的“查询”选项组按钮，单击图 7.10 所示宏命令下拉列表框，选择打开查询宏命令“OpenQuery”，或从“操作目录”的“筛选/查询/搜索”中添加 OpenQuery 宏命令，再选择打开的查询视图名，操作界面如图 7.14 所示。

二、条件宏的操作步骤（案例十的操作步骤）

1. 未绑定数据库表的条件宏

（1）单击【创建】选项卡，再单击“宏”按钮，在打开宏的设计界面中的下拉列表中选择“If”。

（2）在条件框中加入条件：IsNull([Forms]![登录]![Text1]) Or IsNull([Forms]![登录]![Text2])（其中 Text1、Text2 分别是图 5.7 所示用户名和密码文本框的名字，

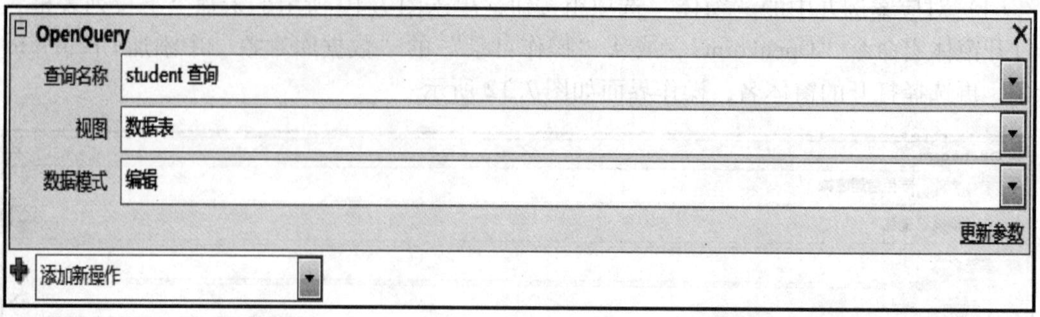

图 7.14　添加查询单宏

IsNull 表示文本框的值不为空，［Forms］！［登录］为本窗体名）。在 If 下面“添加新操作”中，加入显示消息框 MessageBox 宏命令，并添加消息“登录用户名或密码不能为空，请输入数据!”，在“类型”下选择“重要”，其对话框如图 7.15 所示。

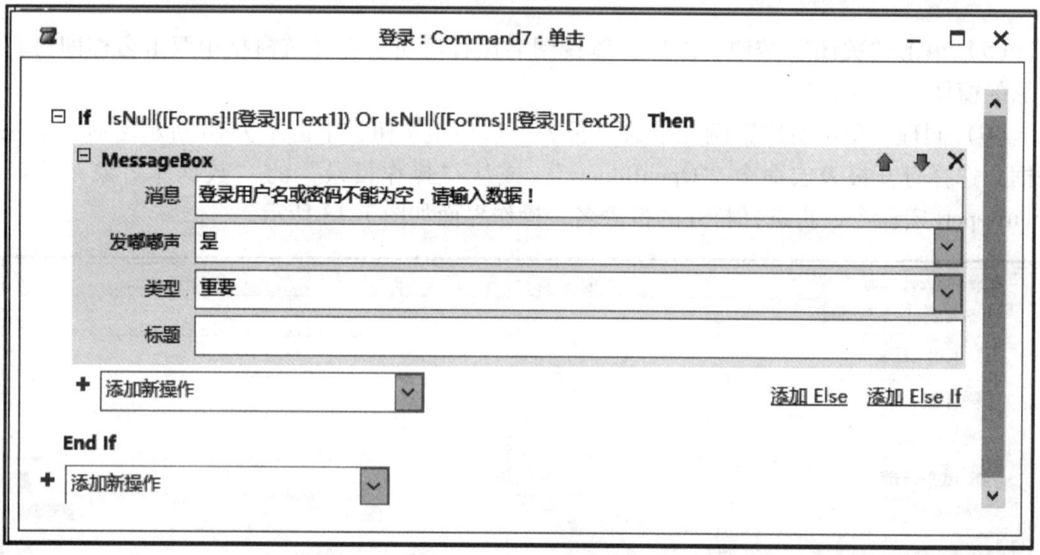

图 7.15　添加条件宏

（3）单击“关闭”按钮进行保存，此时打开登录窗体，若在用户名或密码框内未输入数据，则显示如图 7.16 所示文本框。

（4）单击图 7.15 条件内“添加 Else If”项，可再加入条件，其结果如案例九的图 7.2 所示。如果要将几个相关的宏组成一个宏对象，可以创建一个宏组。

知识拓展

条件宏操作的格式：［Forms］！［窗体名称］！［控件名称］。若快速创建一个在指定数据库对象上执行操作的宏，可将“操作目录”窗口中的宏命令拖拽到“宏”窗口的操作行。如果拖拽的是某个宏，将添加执行此宏的操作，而拖拽其他对象（表、查询、窗体、报表）将添加打开相应对象的操作。

图 7.16　登录验证

2. 绑定数据库表的条件宏

若要在宏中打开某个数据表，使用的宏命令属于绑定数据库表的宏，这些宏操作条件直接可调用数据表中数据。例如：判断数据库 score 表中每个学生成绩字段的级别，可以在条件中直接使用表的值。其方法如下：

（1）单击【创建】选项卡，再单击“宏”按钮，在打开宏的设计界面下拉列表中选择“If”。

（2）在条件框中加入条件：成绩 >= 80，在 Messagebox 中输入信息“该科成绩属于优良！请保持良好成绩”。保存为“成绩判断宏”视图，如图 7.17 所示。

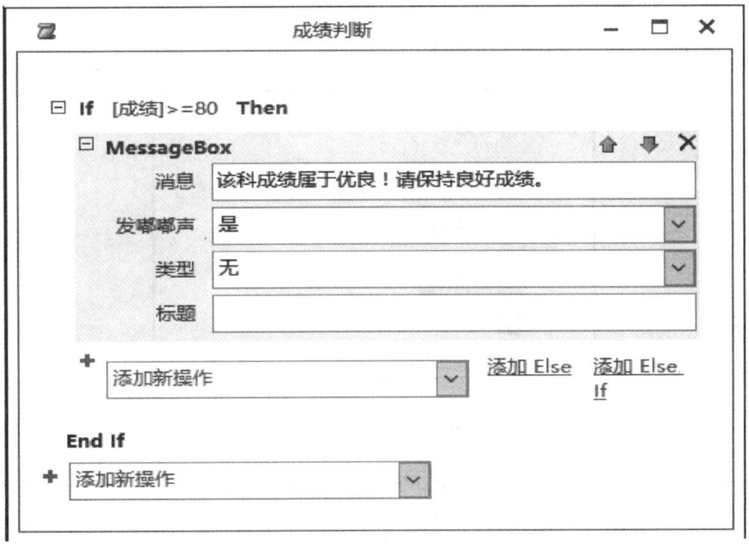

图 7.17　添加绑定数据库内容条件宏

（3）在导航栏选择成绩窗体视图，右击选择“设计视图”，选择“成绩”文本框的属性，在【事件】选项卡下的“进入”中选择“成绩判断宏”，如图 7.18 所示。

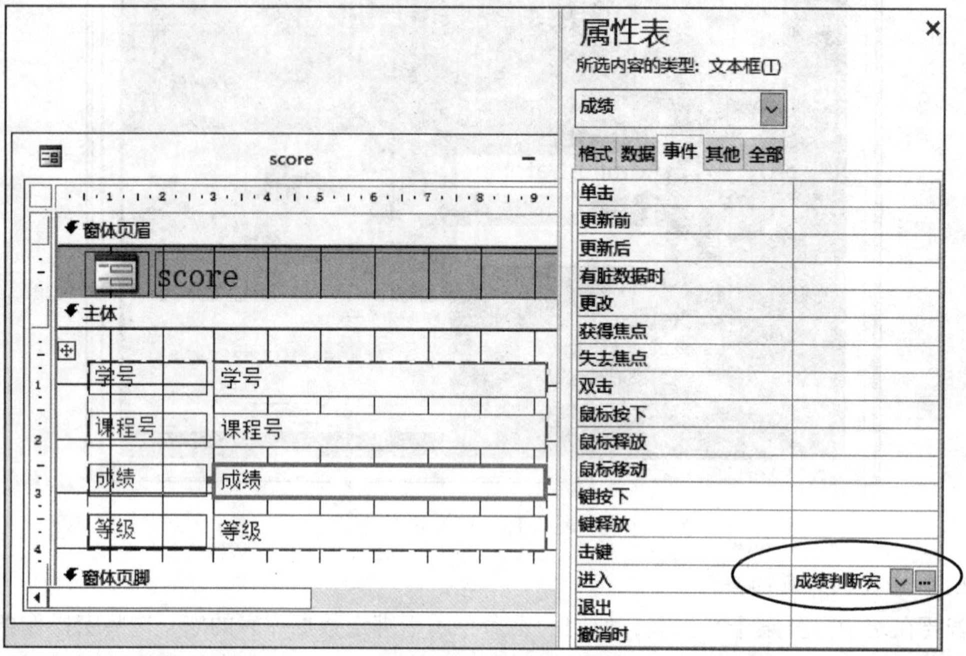

图 7.18　条件宏运行结果

三、创建宏组的操作步骤

（1）在【创建】选项卡的“其他”组中，单击“宏”。或单击工具图标，随即会显示宏生成器。

（2）在【设计】选项卡的“显示/隐藏”组中，打开“操作目录”，在右窗格的“操作目录”中，选“Group”组，如图 7.19 所示。

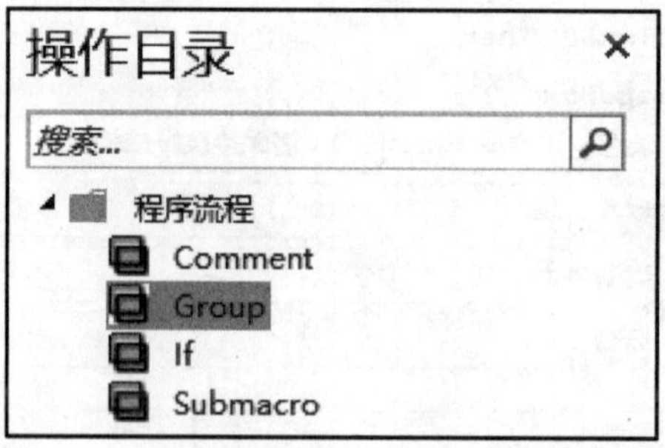

图 7.19　添加宏组

（3）在“Group”和“End Group”之间的“添加新操作”框中添加单宏操作命令。

（4）移到下一个空行的“添加新操作”，再键入该宏组中执行的下一个宏名称，如图 7.20 所示；

（5）对于设置为一个数据库对象名称的操作参数，可以通过将对象从导航窗格拖到操

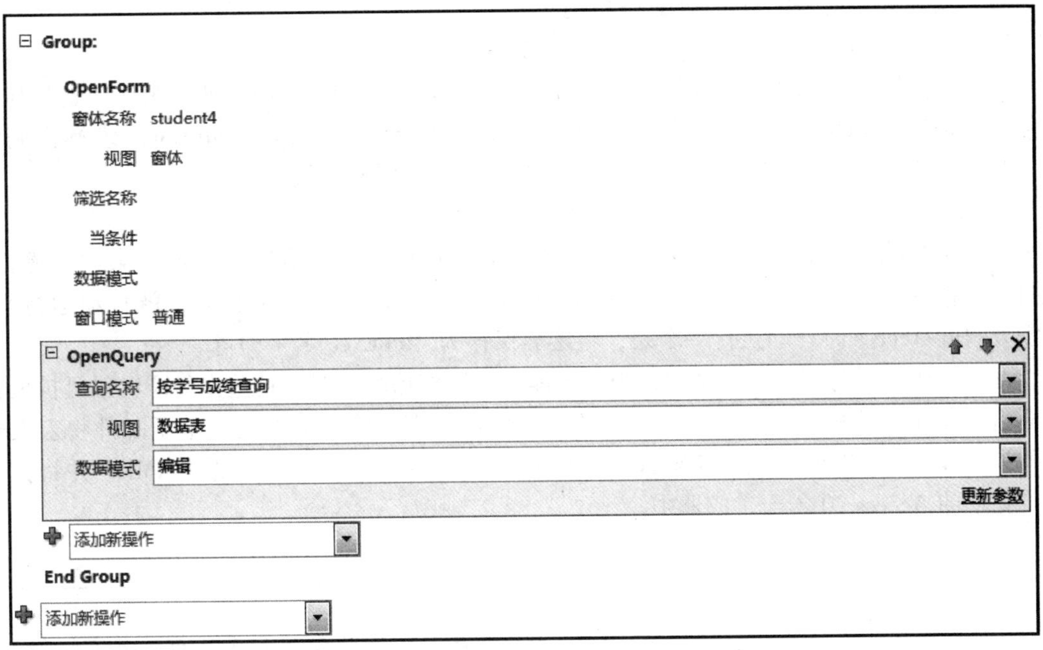

图 7.20　添加宏组内容

作的“对象名称”参数框来设置参数。还可以通过将导航窗格中的数据库对象拖到宏生成器中的空行来创建操作。如果将表、查询、窗体、报表或模块拖到宏生成器，Access 会添加一个打开该表、查询、窗体或报表的操作。如果将宏拖到宏生成器，Access 会添加一个运行该宏的操作。

(6) 对组中的每个宏重复上述步骤，可制作一个宏组操作。最后保存宏组时，指定的名称是整个宏组的名称。此名称显示在导航窗格中的“宏”下面。

知识拓展

如果通过在导航窗格中双击宏组或者在【设计】选项卡的“工具”组中单击“运行” ! 来运行宏组，Access 将仅仅运行第一个宏，而在到达第二个宏名时停止运行。

7.3　使　用　宏

宏是通过一次单击就可以应用的命令集。它们几乎可以自动完成在程序中执行的任何操作。Access 2013 拥有强大的程序设计能力，它提供了功能强大容易使用的宏，通过宏可以轻松完成许多在其他软件中必须编写大量程序代码才能做到的事情。

7.3.1　宏的调用

1. 直接运行宏

对于简单的操作序列宏，可以通过宏设计窗口中的“运行”按钮、“运行”菜单的“运行”命令或在导航窗格中双击宏名来执行。

2. 在窗体、报表或控件的事件发生时运行宏

通过在窗体、报表及其控件的事件中置入具有一定功能的宏对象，使得窗体、表及其控件能够响应事件以完成特定的操作，也可以使用“RunMacro”或“OnError”宏操作调用宏。当在对象的事件属性中输入宏名称时，宏将在该事件触发时运行。

3. 自动运行宏

若将宏存储为 AutoExec 的名字，可以在首次打开数据库时执行一个或一系列的操作。在打开数据库时，Access 将查找一个名为 AutoExec 的特殊宏，如果找到，就自动运行它。当需要打开 Access 时自动执行一个宏，将宏名保存为 AutoExec 名字即可。

此外，还可以与其他人共享宏，当把宏操作复制到剪贴板时，这些操作能够以可扩展标记语言（XML）格式粘贴到接受文本的任何应用程序中，使得能够通过电子邮件将宏发送给他人，或将宏发布到论坛、博客或其他网站上。然后，接收者可以复制 XML，并将其粘贴到他们的 Access 2013 宏生成器中。

要点提示

通常情况下直接执行宏只是进行测试。可以在确保宏的设计无误之后，将宏附加到窗体、报表或控件中，以对事件做出响应，也可以创建一个执行宏的自定义菜单命令。

7.3.2 执行条件宏操作

宏在某些情况下，希望当且仅当特定条件为真时，才在宏中执行一个或多个操作。条件是逻辑表达式。宏将根据条件结果的真或假而沿着不同的路径执行。运行宏时，先求出第一个条件表达式的结果，如果为 True 时，先执行此行所设置的操作，然后执行在“条件”列内前加省略号“…”的所有操作；再执行宏中所有其他条件列为空的操作，直到到达另一个表达式、宏名或宏的结尾为止。若条件为 Flase 时，则忽略相应操作，和在“条件”列内前加省略号“…”的所有操作，移到下一个其他条件或条件列为空的操作行。

7.3.3 宏组操作

宏组是指在同一个宏窗口中包含的一个或多个宏的集合。如果要在一个位置上将几个相关的宏集中起来，而不希望运行单个的宏，则可以将它们组织起来构成一个宏组。宏组中的每个宏都单独运行，互不相关。

在宏组中每一个宏需要一个名称，以便分别调用。宏组中的每个宏名称放在宏设计窗口的“宏名”列中。

宏组中的某一个宏可以采用【宏组名．宏名】的形式在相关对象的事件属性中调用。

要点提示

宏组不能直接运行，需要在窗体的命令按钮事件中添加宏组中的一个宏，运行窗体时，单击命令按钮来执行宏。

7.4 调试宏

宏可以理解为一段代码，调试宏就是让代码执行，看是否出现错误，若出现错误则要去修改这段代码。对于一般程序的错误均可分为两大类，一是语法错误，二是运行错误。语法错误在编译时将不能通过，这类问题大多是一些格式、书写错误。两种错误均可通过 Access 2013 提供宏的单步执行功能，观察宏的流程及每一个操作的结果来排除错误。

7.4.1 宏的语法错误调试

宏的语法错误比较容易调试，一般是宏名或格式错，根据系统提供的信息即可找到，也可通过单步执行进行。单步执行可用于每次执行一个宏操作。执行每个操作后，将出现一个对话框，显示关于操作的信息，以及由于执行操作而出现的任何错误代码，其步骤如下：

（1）在“设计视图”中打开宏，在【设计】选项卡的“工具”组中，单击“单步”，保存并关闭宏。

（2）一次运行宏时，将出现“单步执行宏”对话框。该对话框显示关于每个操作的以下信息：宏名称、条件（对于 If 块）、操作名称、参数、错误号（错误号 0 表示没有发生错误）。执行这些操作时，单击对话框中三个按钮中的某一个，若要查看关于宏中的下一个操作的信息，按“单步执行”。

（3）要停止当前正在运行的所有宏，则单击“停止所有宏”。下一次运行宏时，单步执行模式仍然有效。

（4）要退出单步执行模式并继续运行宏，单击“继续”，若在宏中最后一个操作之后按“单步执行”，则在下一次运行宏时，单步执行模式仍然有效。

（5）在运行宏时进入单步执行模式时，按“Ctrl”+“Break”键。

（6）在宏中的某个特定点进入单步执行模式时，在该点添加“SingleStep”宏操作。

（7）单步执行模式在 Web 数据库中不可用。

7.4.2 宏的运行错误和调试

宏的运行错误能编译通过，往往是结果不正确或出现死循环状态，这种错误难以确定。建议在编写宏时向每个宏添加错误处理操作，并将这些操作永久保留在宏中。如果使用此方法，在出现错误时，Access 2013 就会显示错误的说明。这些说明可以帮助了解错误出现的位置，以便能够更快地纠正错误。使用以下过程可将错误处理子宏添加到宏中：

（1）在“设计视图”中打开宏，在宏的底部，从“添加新操作”下拉列表中选择“子宏”。

（2）在“子宏”字样右侧的框中，键入子宏的名称，如 sub1，从显示在“Submacro”块的“添加新操作”下拉菜单中，选择“MessageBox”宏操作。

（3）在“消息”框中，键入以下文本：=[MacroError].[Description]。

（4）在宏的底部，从“添加新操作”下拉列表中选择“OnError”。

（5）“转至”参数设置为“宏名”，在“宏名称”框中，键入错误处理子宏的名称（在本示例中，该宏名称为 sub1），将“OnError”宏操作拖动到宏的顶部，制作的宏包含“OnError”操作，还包含一个名为“sub1”的子宏，如图 7.21 所示。

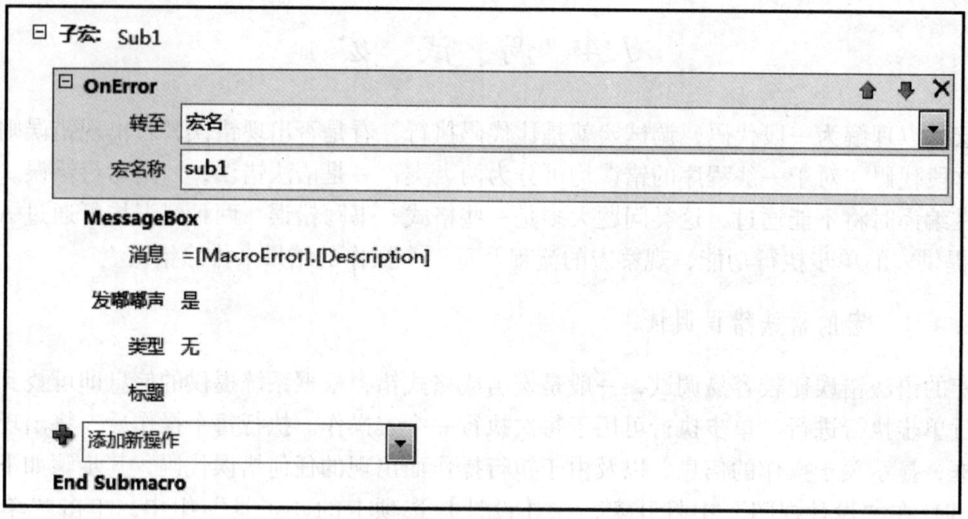

图7.21　调试宏的运行错误

要点提示

- “OnError”宏操作位于宏的顶部，在发生错误情况下它会调用“sub1”子宏。
- 只有在由“OnError”操作调用时，“sub1”子宏才会运行，并显示一个对错误进行说明的消息框。

7.4.3　逻辑错误和调试

宏在运行中的错误一般属于逻辑错误。即程序运行后，得不到预期希望的结果时，则出现了逻辑错误。通常的逻辑错误不会产生提示信息，而对于某个宏操作问题出现的错误就是逻辑错误。对于这类错误，Access 2013 可使用 OnError 和 ClearMacroError 宏命令处理。在运行过程出错时，可执行特定操作来打开信息框，根据此信息框中的提示，用户可以了解出错的原因或非预期结果的操作。

本章小结

本章重点讲述了 Access 2013 宏的基本结构、宏操作步骤、调试错误的方法。

通过本章制作的两个案例，说明宏命令的基本使用步骤和高级宏的使用方法，使学生初步掌握窗体中通过命令按钮添加宏操作及条件宏操作与调试的方法。

本章练习

一、问答题

1. 什么是 Access 2013 的宏？

2. 宏的作用是什么？
3. 宏是 Access 的一个对象，宏操作中关于表的操作是什么？
4. 条件宏指的是什么？
5. 宏的单步调试如何进行？

二、选择题

1. 有关宏的基本概念，以下叙述错误的是（　　）。
A. 宏是由一个或多个操作组成的集合
B. 宏可以是包含操作序列的一个宏
C. 可以为宏定义各种类型的操作
D. 由多个操作构成的宏，可以没有次序地自动执行一连串的操作
2. 使用宏组的目的是（　　）。
A. 设计出功能复杂的宏　　B. 设计出包含大量操作的宏
C. 减少程序内存消耗　　D. 对多个宏进行组织和管理
3. 有关宏操作，下列叙述错误的是（　　）。
A. 使用宏可以启动其他应用程序
B. 宏可以是包含列操作的一个宏
C. 宏组由若干宏组成
D. 宏的条件表达式中不能引用窗体或报表的控件值
4. 定义（　　）有利于数据库中宏对象的管理。
A. 宏　　B. 宏组　　C. 宏操作　　D. 宏定义
5. （　　）执行的宏调试工具。
A. 单步　　B. 同步　　C. 运行　　D. 继续
6. 用于退出 Access 的宏命令是（　　）。
A. Creat　　B. Quit　　C. Ctrl + All + Del　　D. Close
7. 引用窗体控件的值，可以用的宏表达式是（　　）。
A. Forms！控件名！窗体名　　B. Forms！窗体名！控件名
C. Forms！控件名　　D. Forms！窗体名
8. 引用报表控件的值，可以用的宏表达式是（　　）。
A. report！报表名　　B. report！控件名
C. report！控件名！报表名　　D. report！报表名！控件名
9. 要限制宏操作的范围，可以在创建宏时定义（　　）。
A. 宏操作对象　　B. 宏条件表达式
C. 窗体或报表控件属性　　D. 宏操作目标
10. 下列运行宏方法错误的是（　　）。
A. 单击导航窗格宏名运行宏
B. 双击导航窗格宏名运行宏
C. 在宏设计器中单击【运行】菜单的“运行”命令
D. DoCmd.RunMacro "宏名"

11. （　　）宏操作是打开查询。

A. OpenForm　　B. OpenQuery　　C. OpenTable　　D. OpenModule

12. 宏设计窗体中，条件是由（　　）菜单来设置隐现的。

A. 视图　　B. 文件　　C. 编辑　　D. 格式

13. 宏组中利用（　　）指定宏。

A. 宏的名称　　B. 宏　　C. 宏操作　　D. 名称和操作

14. 对于一个触发事件的属性，应选择宏格式为（　　）。

A. 宏组名称 . 宏　　B. 宏　　C. 宏组　　D. 都不对

15. Quit 宏操作的作用是（　　）。

A. 关闭数据库　　B. 退出运行的宏　　C. 退出表　　D. 退出窗体

16. Close 不可以关闭（　　）。

A. 当前对象　　B. 表　　C. 数据库　　D. 所有宏

17. 宏命令 GoToRecord 的功能是（　　）。

A. 刷新当前控件数据

B. 指定到满足条件的第一条记录

C. 指定到满足条件的下一条记录

D. 指定到当前记录

18. 宏命令 OpenForm 的功能是（　　）。

A. 打开查询　　B. 打开表记录　　C. 打开数据库　　D. 打开窗体

19. 宏命令 FindRecord 的操作功能是（　　）。

A. 查找指定条件的下一条记录　　B. 查找指定条件的第一条记录

C. 查找满足条件的记录　　D. 查找记录

20. 宏的具体功能不包括（　　）。

A. 显示和隐藏工具栏　　B. 打开和关闭表、查询、窗体和报表

C. 执行查询操作，以及数据的过滤、查找　　D. 设置数据库表记录的值

三、判断题

1. 运行宏的条件是由触发宏的事件发生。（　　）

2. 宏和宏组的区别是使用单一宏和多种宏操作。（　　）

3. 宏的名字可以写入表达式。（　　）

4. OpenQuery 宏操作只能打开参数查询。（　　）

5. StopMacro 操作可以停止宏的运行。（　　）

四、填空题

1. 打开报表使用的宏操作是________。

2. 如果要引用宏组中的宏，采用的语法是________。

3. 在宏中加入________，可以限制宏在满足一定的条件时才能完成某种操作。

4. 经常使用的宏运行方法是：将宏赋予某一窗体或报表控件的________，通过触发事件运行宏或宏组。

5. ________宏操作中操作的功能是显示消息信息。
6. 在 Access 系统中提供添加宏的窗口是________。
7. ________是共同存储在一个宏名下的相关宏的集合。
8. ________是调试宏的有效方法。
9. 宏组中利用________指定宏。
10. MsgBox 表示是________宏。

五、考核要点

1. Access 2013 宏的创建方法。
2. 常用的宏操作命令。
3. 条件宏的使用。
4. 宏的调试方法。

练习参考答案

第 8 章
数据库安全

数据库安全包含两层含义，第一层是指系统运行安全，系统运行安全通常受到的威胁包括：一些不法分子通过因特网、局域网等途径入侵电脑使系统无法正常启动，或编写、传播病毒引起计算机超负荷工作，使得系统无法正常运行；第二层是指系统信息安全，主要是指防止非法用户使用或访问系统中的应用程序并盗取数据库中数据。为避免应用程序及其数据遭到意外破坏，Access 2013 提供了一系列保护措施，包括设置访问密码，对数据进行加密等多种安全策略。

8.1 数据库安全策略

8.1.1 数据库安全的特征

数据库系统的安全特性主要是针对数据而言的，包括数据独立性、数据安全性、数据完整性、并发控制、故障恢复五个方面。

（1）数据独立性：数据独立性包括物理独立性和逻辑独立性两个方面。物理独立性是指用户的应用程序与存储在磁盘上的数据库中的数据是相互独立的；逻辑独立性是指用户的应用程序与数据库的逻辑结构是相互独立的。

（2）数据安全性：操作系统中对象是以文件为存储单位，而数据库支持的应用要求更为严格。比较完整的数据库对数据安全性常采取以下措施：

- 将数据库中需要保护的部分与其他部分相隔。
- 采用授权规则，如账户、口令和权限访问控制方法。
- 对数据进行加密后存储于数据库。

（3）数据完整性：数据完整性包括数据的正确性、有效性和一致性。正确性是指数据的输入值与数据表对应域的类型一样；有效性是指数据库中的理论数值满足现实应用中对该数值段的约束；一致性是指不同用户使用的同一数据的一致性。保证数据的完整性，防止合法用户使用数据库时向数据库中加入不合法的数据

（4）并发控制：当数据库应用要实现多用户共享数据时，同时访问数据库就需要实施并发控制操作，排除和避免重复读写、丢失、修改错误的发生，保证数据的正确性。目前，数据库的并发控制主要采用的是封锁机制。

（5）故障恢复：当数据库丢失、被破坏或系统误操作造成数据错误时，无论是物理上或是逻辑上的错误，应通过及时备份或其他方法，尽快恢复丢失的数据和数据库系统出现的故障。

8.1.2 设置数据库密码

一、设置数据库安全的方法

Access 提供了设置数据库安全的几种传统方法：为打开的数据库设置密码，设置用户级安全，以限制没有权限用户访问或更改数据库内容，或加密数据库使用户无法通过程序或字处理查看和修改数据库中的数据。使用密码保护数据库或其中的对象安全性也称为共享级安全性。密码能无限制地访问所有 Access 数据和数据库对象。

（1）设置密码：最简单的方法是为打开的数据库设置密码，它是一种保护 Access 数据库的简便方法。设置密码后，打开数据库时将显示要求输入密码的对话框，只有正确输入密码的用户才能打开数据库。在数据库打开之后，数据库中的所有对象对用户都将是可用的。

（2）用户级安全：设置数据库安全最灵活、最广泛的方法是设置用户级安全。这种安全需要用户在启动 Access 时确认自己的身份并键入密码。

（3）加密数据库：对数据库进行加密将压缩数据库文件，并使用户无法通过工具程序或字处理程序查看和修改数据库中的保密数据。

二、使用数据库密码进行加密的步骤

（1）先关闭制作好的数据库，再打开数据库（本例选择 student. accdb），运行 Access 2013，在导航窗格右下角双击“打开其他文件”，出现打开对话框，如图 8. 1 所示。

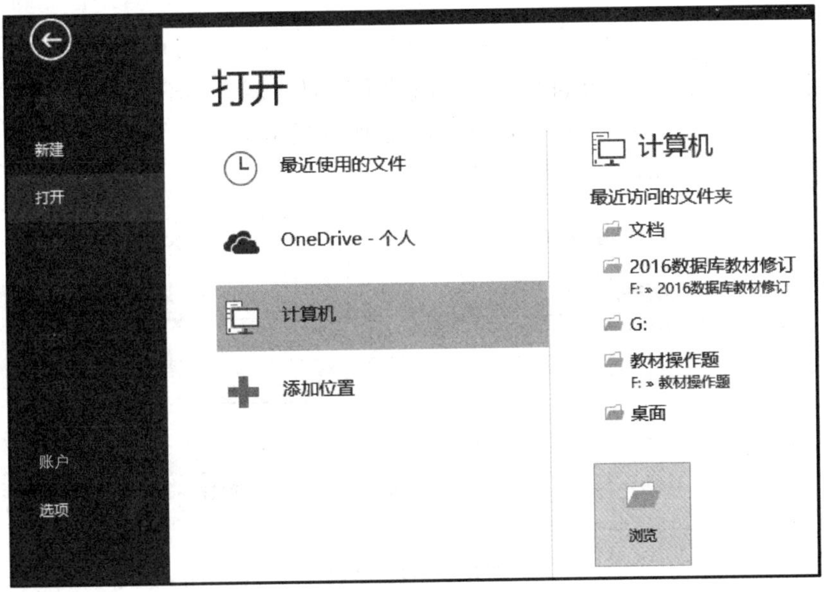

图 8. 1 打开数据库

（2）单击“打开”下的“计算机”和“浏览”，在文件路径的右下角，显示按钮下拉列表，设置“以独占方式打开”，如图 8. 2 所示。

（3）在【文件】选项卡中，单击“信息”，再单击“用密码进行加密”按钮，如图 8. 3 所示。

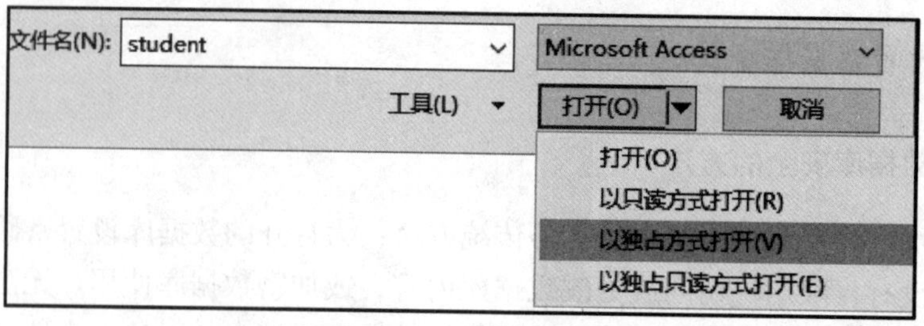

图 8.2　设置以独占方式打开数据库

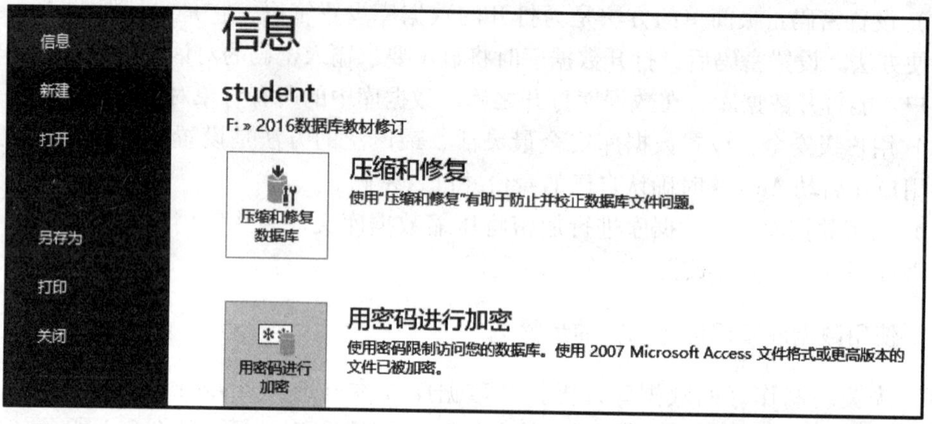

图 8.3　使用密码加密

（4）在打开的“密码”框中键入密码，然后在“验证”字段中再次键入该密码。使用由大写字母、小写字母、数字和符号组合而成的强密码（弱密码不混合使用这些元素）。例如，W8zs！er6 是强密码，House35 是弱密码。密码长度应大于或等于 8 个字符。最好使用包括 14 个或更多字符的密码，如图 8.4 所示。

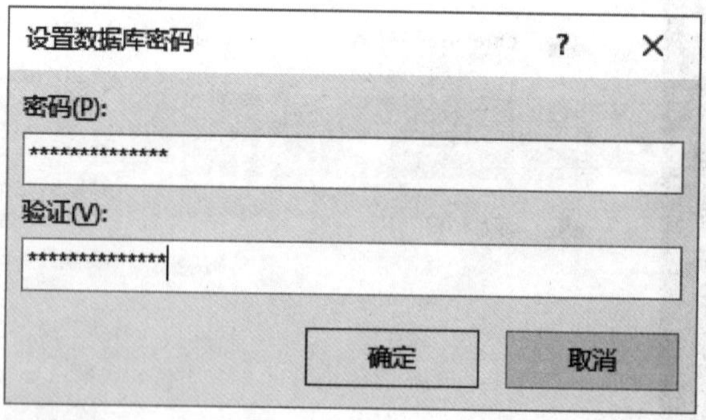

图 8.4　设置密码

（5）单击“确定”按钮，出现警告对话框，如图 8.5 所示。

（6）单击“确定”按钮，完成密码设置。

三、解密并打开数据库

（1）打开以任何方式加密的数据库，在随即出现的“要求输入密码”对话框中键入密

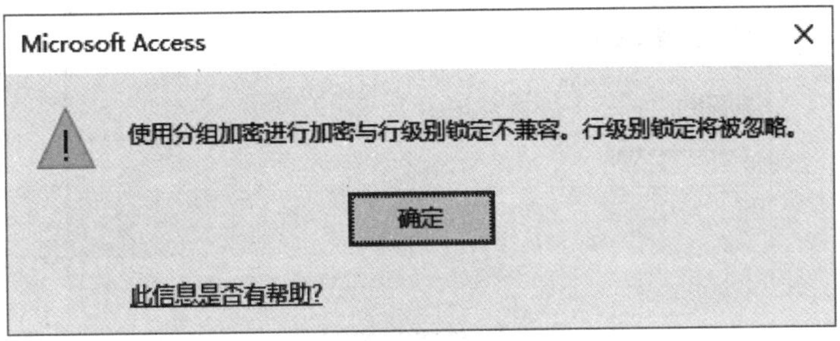

图 8.5　密码警告框

码，如图 8.6 所示。

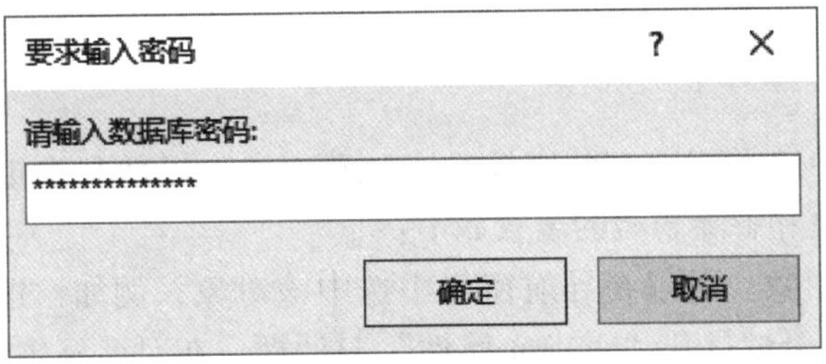

图 8.6　输入密码框

(2) 在“请输入数据库密码”框中键入密码，然后单击“确定”按钮。

四、去除密码

解除密码也要求打开该文件时以独占的方式打开，操作步骤如下：

(1) 按照加密步骤，先将需要解除密码的文件以独占方式打开数据库。

(2) 在【文件】选项卡中，单击“信息”，再单击“解密数据库”按钮，如图 8.7 所示。

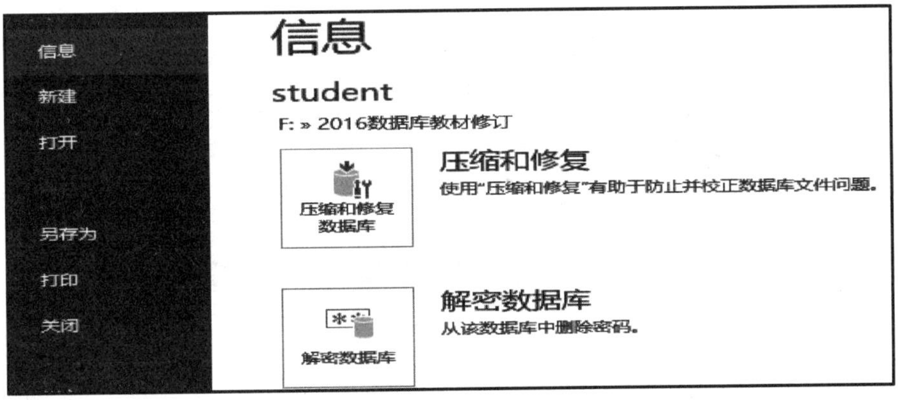

图 8.7　解密数据库

(3) 在弹出“撤消数据库密码”对话框的“密码”框中键入密码，然后单击“确定”按钮。如图 8.8 所示。

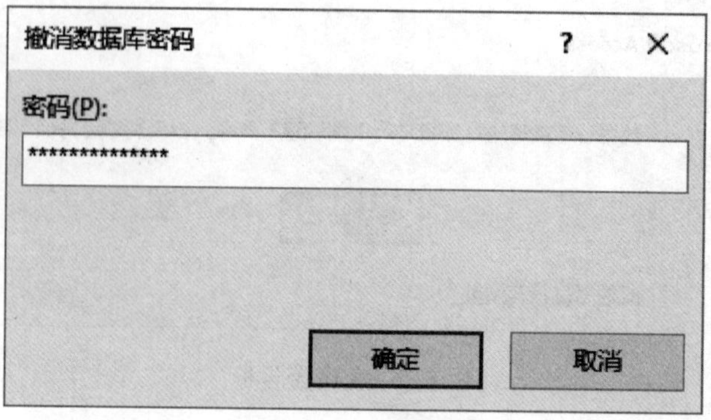

图 8.8　撤消数据库密码

8.1.3　隐藏数据库对象

Microsoft Access 2013 将以变灰的图标显示隐藏对象，以便与未定义为隐藏的对象区分开来。隐藏数据库对象和解除隐藏的步骤如下：

（1）隐藏数据库对象。可以在导航窗格中选中该对象，例如：选择学生表 student，按下“Alt”+“Enter”组合键打开“student 属性”对话框，在对话框中选中“隐藏”复选框，如图 8.9 所示。

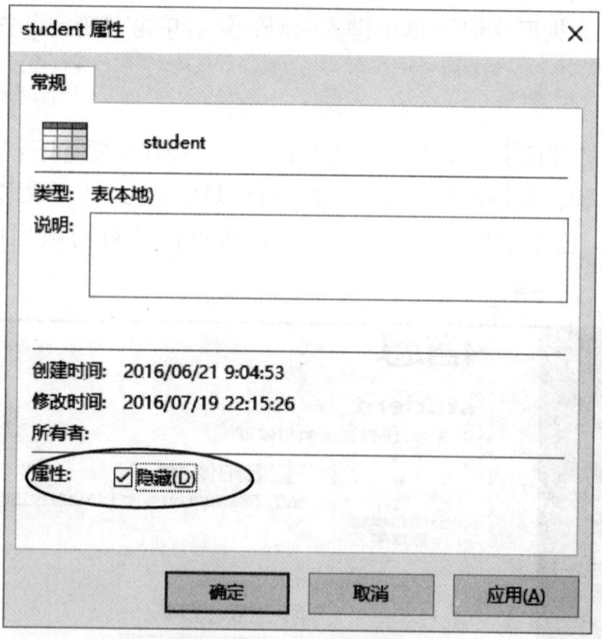

图 8.9　隐藏数据库

（2）恢复隐藏。需要在导航窗格中，右击“所有 Access 对象”，在打开的对话框中选择“导航选项”，如图 8.10 所示。

（3）在“导航选项”对话框中，选中“显示隐藏对象”复选框，如图 8.11 所示，隐藏的数据库对象会以灰色显示，再右击欲恢复的隐藏对象，单击“属性”，将“隐藏”属性去

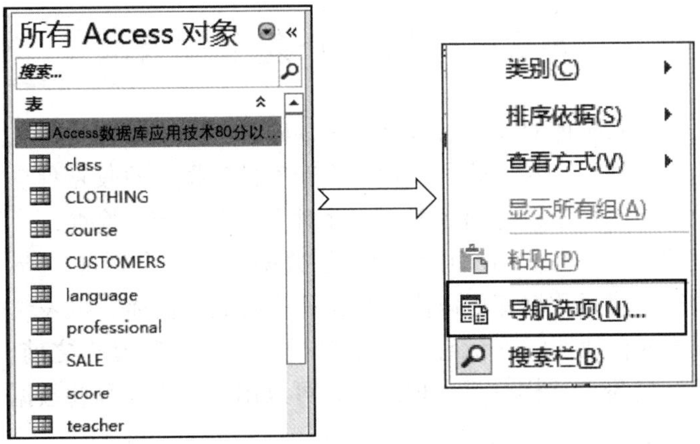

图 8.10　打开导航选项

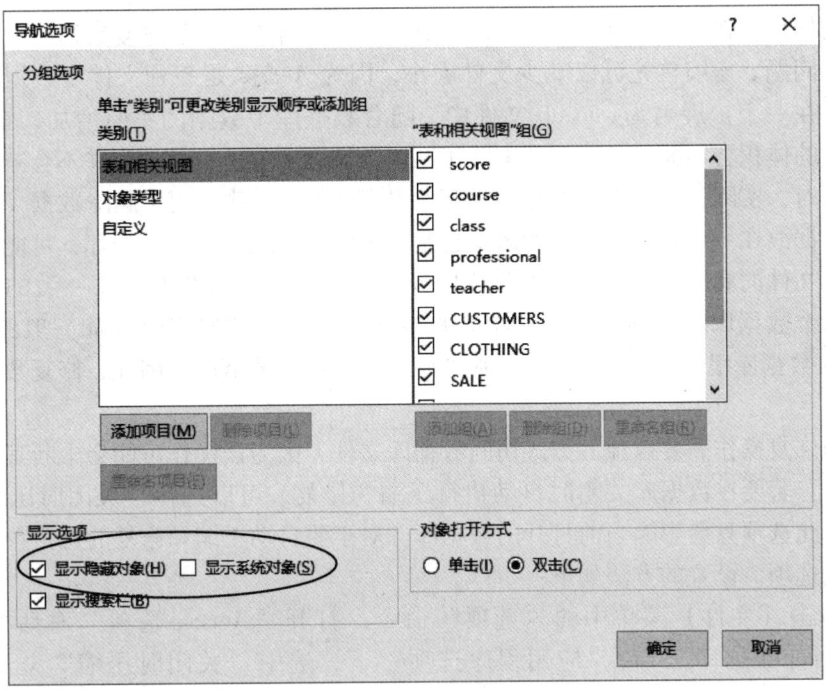

图 8.11　恢复隐藏数据库对象

除即可。

（4）右击被隐藏的对象，选择“属性”，例如，恢复 student 数据库表隐藏方法，右击灰色“student”表，选择“属性”，在图 8.9 所示对话框中，将“隐藏”取消即可。

知识拓展

隐藏文件最简单而有效的一个方法就是以“usys”开头命名。因为 Access 认为这个字符串开头的是系统文件，而系统文件一般是不显现的。

8.2 压缩和修复数据库

数据库在不断增删数据库对象的过程中会出现碎片，而压缩数据库文件实际上是重新组织文件在磁盘上的存储方式，从而除去碎片，重新安排数据，回收磁盘空间，达到优化数据库的目的。在对数据库进行压缩之前，Access 会对文件进行错误检查，一旦检测到数据库损坏，就会要求修复数据库。在使用“压缩和修复数据库”命令之前，Access 可能会截断已损坏表中的某些数据，修复数据库可以修复数据库中的表、窗体、报表或模块的损坏，以及打开特定窗体、报表或模块所需的信息。开始执行压缩和修复操作之前，可以使用“备份数据库”命令来执行备份，这样一旦出现问题，可以用备份来恢复此数据。

8.2.1 自动压缩和修复数据库

自动压缩和修复：数据库文件在使用过程中可能会迅速增大，它们有时会影响性能，有时也可能被损坏。在 Microsoft Office Access 中，可以使用“压缩和修复数据库”命令来防止或修复这些问题。压缩首先可以减少文件大小，因为 Access 是一种文件型数据库，它所有的数据存储在一个扩展名为 .accdb 文件中，随着数据库中数据的不断增加、修改和删除，数据库文件的体积会不断增长，即使删除了某些数据，实际上文件大小并不会减少。这是由于删除数据时，实际上只是在数据库中标记为“已删除”，并未真正删除数据。其次，把数据库所有数据放在一个磁盘文件上的风险也是较大的，一旦这个文件损坏，可能会造成无法打开数据库文件的麻烦。因为各种外部原因导致 Access 文件发生写入不一致的情况，将无法再打开这个数据库。特别是存在多个客户端访问同一个数据库时（如一般的小型网站，使用 Access 数据库很常见），更容易出现“写入不一致”的情况。因此，修复数据库是一项必要操作。

压缩和修复操作需要以独占方式访问数据库文件，因为该操作可能会中断其他用户，如图 8.2 所示。若要在数据库关闭时自动执行压缩和修复，可以选择“关闭时压缩”数据库选项，设置此选项只会影响当前打开的数据库。对于要自动压缩和修复的每个数据库，必须单独设置此选项。设置的方法如下：

(1) 单击【文件】菜单中的“选项”命令，打开“Access 选项”对话框，选中左窗格的“当前数据库”，在“应用程序选项”下，选中“关闭时压缩”复选框，如图 8.12 所示。

(2) 除了使用“关闭时压缩”数据库选项外，还可以手动运行“压缩和修复数据库”命令，如图 8.7 所示。无论数据库是否已经打开，均可以运行该命令。此外，还可以创建对特定数据库文件运行“压缩和修复数据库”命令的桌面快捷方式。

8.2.2 压缩和修复数据库

对于压缩和修复已打开的数据库，如果其他用户当前也在使用该数据库文件，则无法执行压缩和修复操作。当在进行压缩和修复操作时，其他任何用户均无法使用该数据库文件。对于压缩和修复未打开的数据库，执行的步骤如下：

(1) 启动 Access 2013，但不要打开数据库。单击【数据库工具】菜单，再单击“压缩

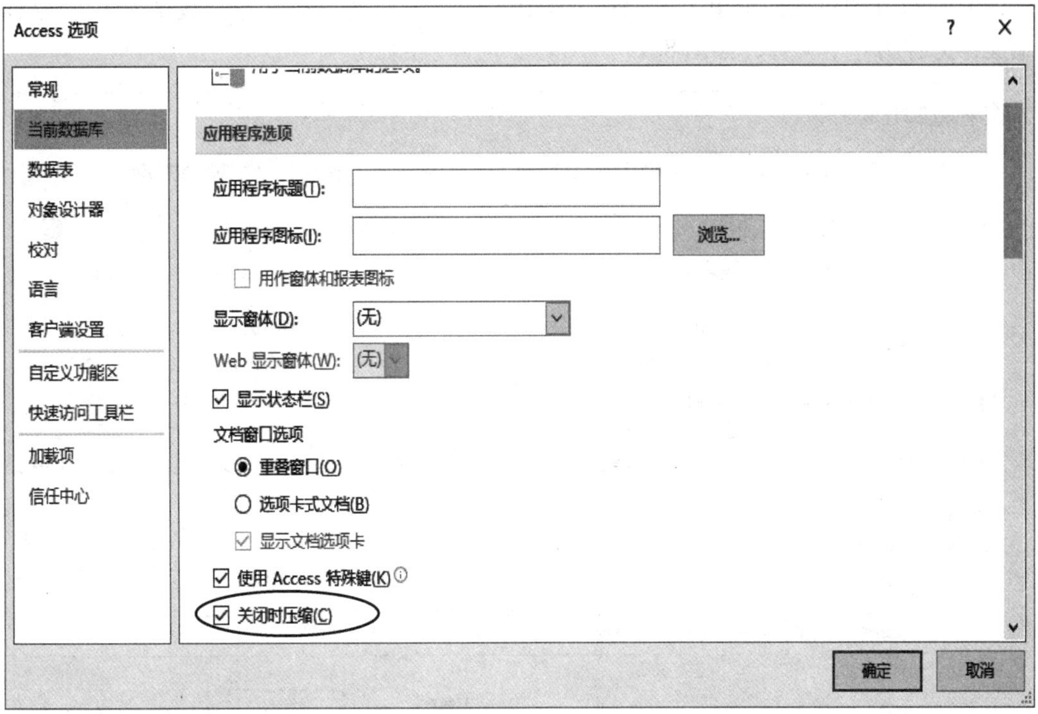

图 8.12　压缩和修复数据库对象

和修复数据库”命令，在“压缩数据库来源”对话框中，定位到要压缩和修复的数据库，本例选择“student”，然后双击右下角“压缩”按钮即可，如图 8.13 所示。

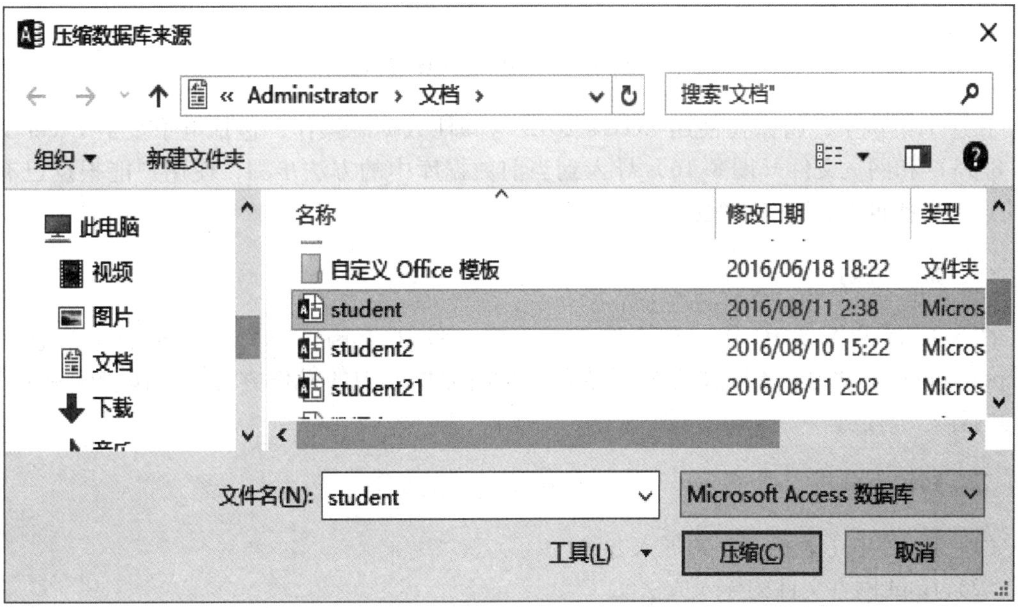

图 8.13　压缩数据库对象

（2）在打开的对话框中单击“保存”按钮，键入文件名，缺省为“数据库 1”，这样将压缩文件另存为一个文件，如图 8.14 所示。

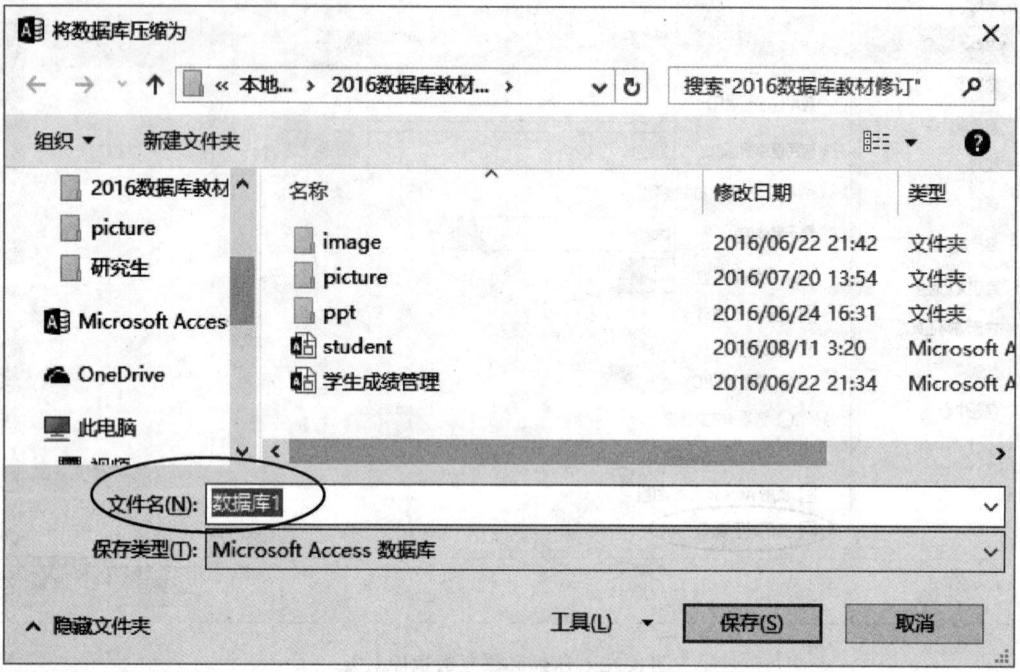

图 8.14　存压缩文件

8.3　导入/导出及链接数据库

案例十一　导入数据库表

在这个案例中，将讲述使用 Access 2013 与其他数据源操作，包括电子表格 Excel 文件（图 8.15）和网页文件（图 8.16）导入到当前数据库中的方法步骤，使用户能根据已有数据快速建立数据表，减少重复操作。

一、案例说明

图 8.15 图和图 8.16 分别是课程电子表格文件（course.xlsx）和网页职工信息文件（employ.html），学习把不同文件分别导入到当前数据库中的操作方法，操作步骤见 8.3.1 节的内容。

二、知识点分析

（1）Excel 电子表格文件的导入方法。

（2）Html 网页文件的导入方法。

三、案例展示（见图 8.15、图 8.16）

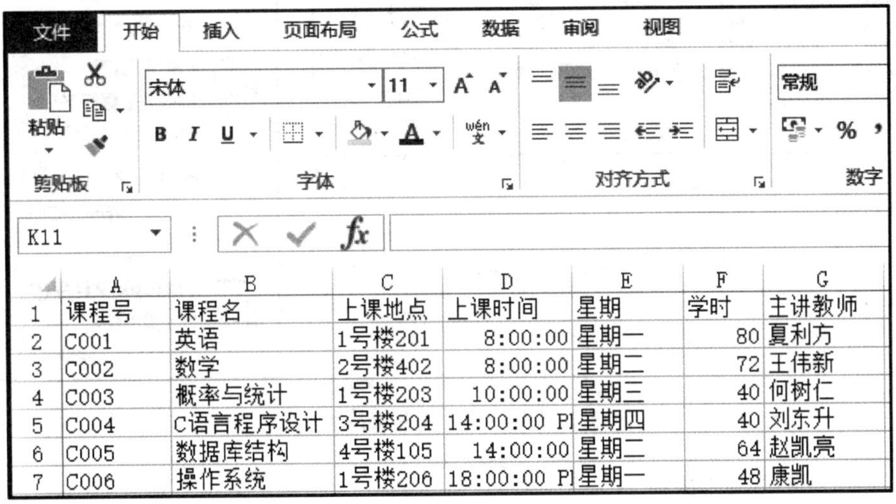

	A	B	C	D	E	F	G
1	课程号	课程名	上课地点	上课时间	星期	学时	主讲教师
2	C001	英语	1号楼201	8:00:00	星期一	80	夏利方
3	C002	数学	2号楼402	8:00:00	星期二	72	王伟新
4	C003	概率与统计	1号楼203	10:00:00	星期三	40	何树仁
5	C004	C语言程序设计	3号楼204	14:00:00 P	星期四	40	刘东升
6	C005	数据库结构	4号楼105	14:00:00	星期二	64	赵凯亮
7	C006	操作系统	1号楼206	18:00:00 P	星期一	48	康凯

图 8.15　外部 Excel 数据源 course. xlsx

工号	姓名	性别	出生年月	籍贯	民族	政治面貌
2010023	刘博娜	女	20040511	湖南湘潭	回族	党员
2010024	菜文琪	女	20031230	哲里木盟	汉族	群众
2010025	李新名	女	20040502	河北省阳原县	汉族	党员
2010026	刘超赢	男	20040518	黑龙江省肇源县	蒙古族	群众
2010027	付宁	男	20030915	湖北省襄樊市	蒙古族	群众
2010028	陈鑫	女	20030911	黑龙江省兰西县	汉族	党员
2010029	李利	男	20040529	河北张家口	汉族	群众
2010030	吴雨欣	女	20030619	河南省郑州	白族	党员
2010031	张赛	女	20031210	沈阳	汉族	群众
2010032	沈丛学	男	20040531	吉林四平市	汉族	群众

图 8.16　外部网页数据文件

8.3.1　导入其他数据源中的数据

一、数据源选择

Access 2013 能够很轻松地导入或链接到其他程序中的数据，可以从 Excel 工作表、另一个 Access 数据库表、SharePoint、数据库服务器及网页文件（HTML）中导入数据。根据数据源的不同，导入过程会稍有不同，其导入的数据源常用文件类型为 Excel（电子表格文件），此外还有其他数据库的表（另一个 Access 文件）、文本文件和网页文件等，如图 8.17 所示。

若导入或链接来自 ODBC 数据库（如 Microsoft SQL Server 和 Visual FoxPro）中的数据，需要导入或链接来自其他程序（提供与 ODBC 相兼容的驱动程序）的数据以访问其数据文件。为此，若要与 ODBC 数据源链接，必须安装正确的 ODBC 驱动程序并定义数据源名称。根据常规的应用，下面主要说明 Excel 和 HTML 文件的导入方法。

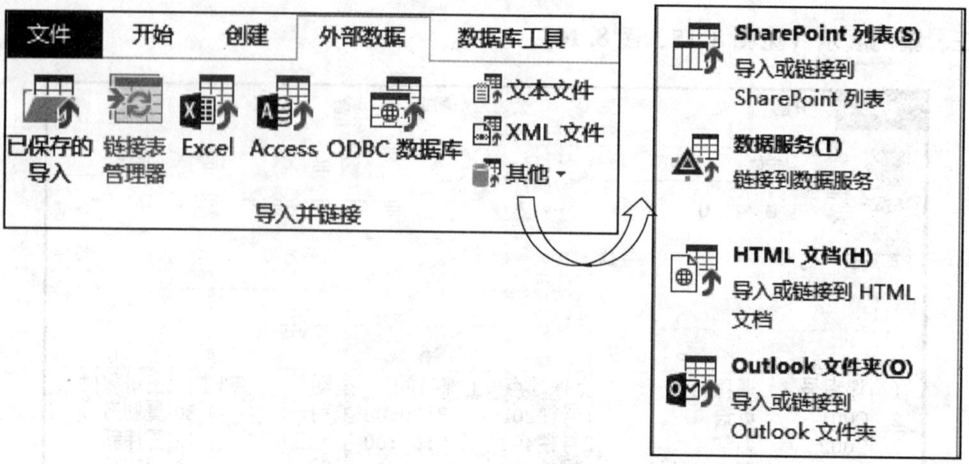

图 8.17　导入并链接

二、案例十一的操作步骤

（1）在【外部数据】选项卡的“导入并链接”组中，单击导入数据文件类型对应的命令，分别选择 Excel 工作表和“其他”中的 HTML 文档文件。在“获取外部数据”对话框中，单击“浏览”按钮找到源数据文件，或在“文件名”框中键入其文件的完整路径。在“指定数据在当前数据库中的存储方式和存储位置”下，选中“将源数据导入当前数据库的新表中”选项，此时，可以使用导入的数据创建新表，也可以创建链接表以保持与数据源的链接，若导入电子表格 course. xlsx 文件，选择“Excel”并找到对应路径，如图 8.18 所示。

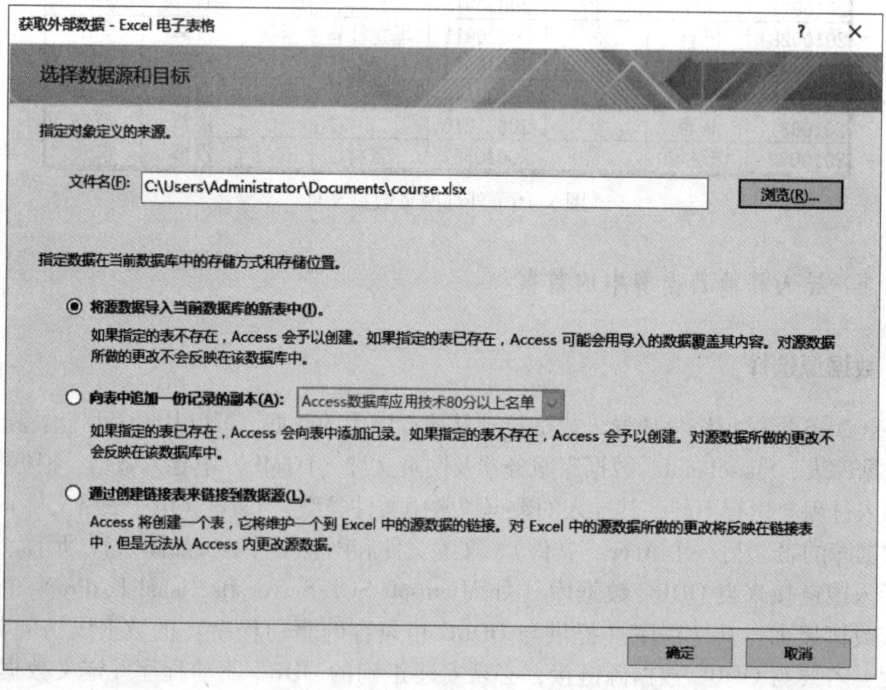

图 8.18　导入外部 Excel 数据文件

（2）单击“确定”按钮，选中对话框中“第一行包括列标题”复选框，如图 8.19 所示。

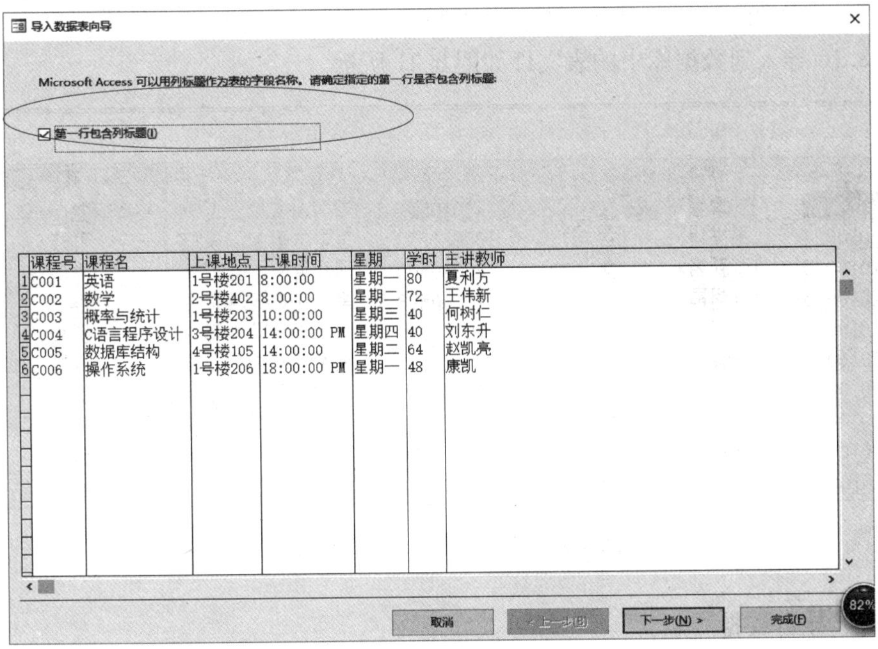

图 8.19　选择字段名称

（3）单击“下一步”按钮，在字段选项中选择字段信息，再单击“下一步”按钮，选择主键，如图 8.20 所示。

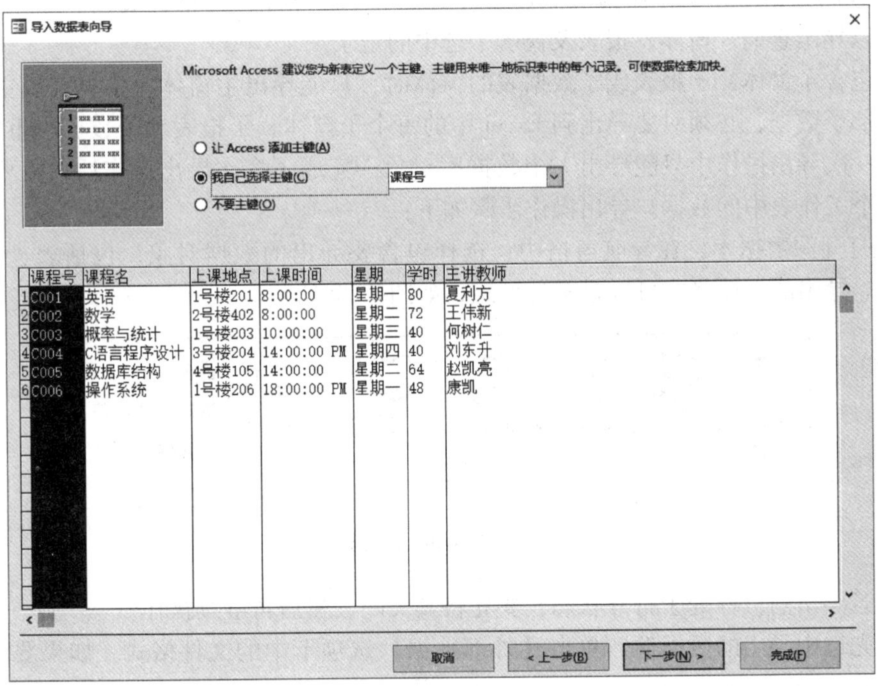

图 8.20　选择主键

（4）单击“下一步”按钮，修改导入数据库表名，再单击“完成”按钮即可。

（5）若导入网页文件 employ. html，选择图 8. 17 下的“HTML 文档”，找到文件路径，选中目标文件，打开“导入 HTML 向导”对话框，导入方法同上。

将图 8. 16 导入到数据库中的表文件如图 8. 21 所示。

Table

工号	姓名	性别	出生年月	籍贯	民族	政治面貌
2010023	刘博娜	女	20040511	湖南湘潭	回族	党员
2010024	菜文琪	女	20031230	哲里木盟	汉族	群众
2010025	李新名	女	20040502	河北省阳原县	汉族	党员
2010026	刘超赢	男	20040518	黑龙江省肇源	蒙古族	群众
2010027	付宁	男	20030915	湖北省襄樊市	蒙古族	群众
2010028	陈鑫	女	20030911	黑龙江省兰西	汉族	党员
2010029	李利	男	20040529	河北张家口	汉族	群众
2010030	吴雨欣	女	20030619	河南省郑州	白族	党员
2010031	张赛	女	20031210	沈阳	汉族	群众
2010032	沈丛学	男	20040531	吉林四平市	汉族	群众

图 8. 21　网页文件导入到数据库中

8. 3. 2　导出数据

导出操作可将该副本存储到其他形式的文档中。在执行导出操作时，可以保存详细信息以备将来使用，甚至还可以事先做好计划，让导出操作按照固定的时间间隔自动运行。常见的是导出 Excel 电子表格文档，这样能使用 Excel 的功能和命令来分析数据结果。在 Access 2013 中制作的数据库可以存储为 Excel、PDF、Word、HTML 多种格式文档。除导出表对象外，还可以导出查询、窗体、报表及视图中选中的记录。

导出包含子窗体、子报表或子数据表的窗体时，只能导出主窗体、主报表或主数据表。若导出全部子数据，必须对要导出到 Excel 中的每个子窗体、子报表和子数据表重复执行导出操作。一次导出操作中只能导出一个数据库对象。完成了多次导出操作后，需要在 Excel 中合并多个工作表中的数据。导出操作步骤如下：

（1）打开源数据库，在导航窗格中，选择包含要导出的数据对象，包括表、查询、报表或窗体。导出的文件格式可以是多种形式，如图 8. 22 所示。

图 8. 22　数据导出格式

（2）若导出的目标处于打开状态，要先将其关闭，然后再继续操作。

（3）先选中导出的数据源，单击【外部数据】选项卡中的文件格式，如果要导出的表或查询为电子表格文件，单击“Excel”图标即可直接打开向导，如导出 score 表，如

	A	B	C	D
1	学号	课程号	成绩	等级
2	2013001	C006	79	中
3	2013001	C001	87	良好
4	2013001	C002	100	优秀
5	2013001	C006	95	优秀
6	2013002	C001	88	良好
7	2013002	C002	77	中
8	2013002	C006	87	良好
9	2013002	C008	89	良好
10	2013003	C001	82	良好

图 8.23　导出 Excel 文件结果

图 8.23 所示。

（4）若导出 score 表中部分记录，可打开表，选择一条或多条记录，在导出向导中选择“仅导出所选记录”复选框。若导出视图中显示的所有记录，将此复选框保留为灰色未选中状态，仅在选择了部分记录时，该选项显示可选。如图 8.24 所示。

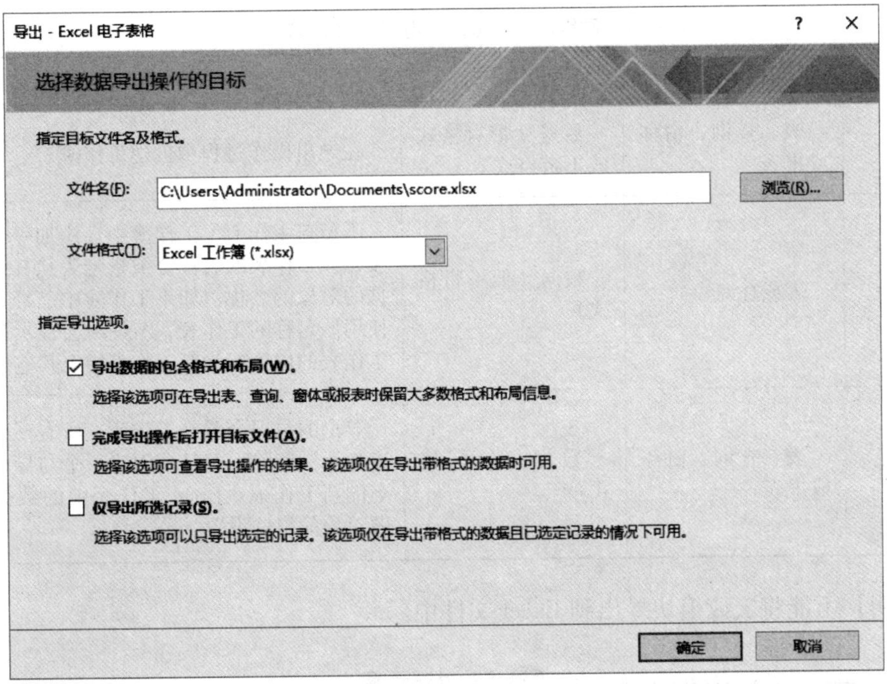

图 8.24　指定导出选项

（5）如果源对象是一个表或查询，要决定导出数据时是否要带有格式。关于导出的数据量和数据显示格式如表 8.1 所示。若选择目标工作簿和文件格式，在执行导出操作的过程中，Access 会提示指定目标工作簿的名称。创建和选择目标工作簿文件格式的方法如表 8.2 所示。

（6）若导出的目标为窗体和报表，特别是窗体为非二维表格式时，导出的结果改变了原有格式，效果不理想。仅导出表及查询能保留原来的二维排列格式。

关于导出格式与数据源对象、字段和记录的说明见表 8.1、表 8.2。

表 8.1　数据显示格式

导出	数据源对象	字段和记录	格　式
不带格式	表或查询 窗体和报表无法在不带格式的情况下导出	基础对象中的所有字段和记录都会被导出	在导出过程中，会忽略“格式”属性设置。 对于查阅字段，只导出查阅 ID 值。对于超链接字段，内容会被导出为一个文本列，该列以 displaytext #address#的格式显示链接
带有格式	表、查询、窗体或报表	只有在当前视图或对象中显示的字段和记录才会被导出。筛选记录、数据表中的隐藏列以及窗体或报表上未显示的字段不会被导出	向导会保留“格式”属性设置。 对于查阅字段，查阅值会被导出。 对于超链接字段，值会被导出为超链接。 对于格式文本字段，则会导出文本，而不导出格式

表 8.2　目标工作簿和文件格式

目标工作簿	数据源对象	导出格式	备　注
不存在	表、查询、窗体或报表	数据（带有格式或不带格式）	在导出操作过程中创建工作簿
已经存在	表或查询	数据（但不带格式）	不覆盖工作簿。工作簿中会添加一个新工作表，该工作表的名称会被指定为从其中导出数据的对象的名称。如果工作簿中已经存在一个使用该名称的工作表，Access 会提示替换相应工作表的内容或为新工作表指定其他名称
已经存在	表、查询、窗体或报表	数据（包括格式）	导出的数据会覆盖工作簿。所有现有的工作表都会被删除，并且会创建一个与导出对象同名的新工作表。Excel 工作表中的数据会继承源对象的格式设置

【说明】不能将宏或模块导出到 Excel 文件中。

知识拓展

导出数据时，系统要检查源数据，以确保它不包含任何错误指示符或错误值，如有任何错误，则必须先解决错误，然后再将数据导出到 Excel。否则，在执行导出操作的过程中会发生错误，而且字段中可能会插入 NULL 值。如果导出操作因错误而失败，Access 会显示一条消息来说明出错原因。否则，根据在向导中指定的导出选项，Access 会导出数据。若在图 8.24 中选择“完成导出操作后打开目标文件”，则自动打开 Excel 中的目标工作簿文件，此时可在其中修改信息。另外，此种状态无法导出窗体和报表。

要点提示

若将当前数据库的查询、窗体或报表导入其他数据库中，需要同时导出建立这些文件的数据源。若窗体和报表的数据源是查询，仅导出查询也会出现文件不能打开的错误，因为查询仅是虚表，它依赖表的存在。

8.3.3　链接数据库表

Access 2013 为使用外部数据源的数据提供了两种选择：一是将数据导入当前数据库中，这是一种将数据从不同格式转换并复制到 Microsoft Access 中的方法。见 8.3 节第一部分。二是链接到数据，这种链接到其他应用程序中的数据不将数据导入数据库，这样在原始应用程序和 Access 文件中都可以查看并编辑这些数据。这种情况下，在数据库中对数据进行更新，外部数据源的格式不会改变，创建其他文件时还可使用原始文件；Microsoft Access 使用不同的图标来表示链接表和存储在当前数据库中的表。链接表图标左上角有箭头标示，相当于快捷方式图标。删除链接表的图标时只是删除了对该表的链接，并未删除外部表本身。链接数据表的方法和步骤如下：

（1）在【外部数据】选项卡的“导入并链接”组中，单击“Access”，在“获取外部数据”向导中，单击“指定对象定义的来源”下的“浏览”按钮。

（2）在“获取外部数据”对话框中，通过浏览找到数据源文件的文件夹，然后双击该文件。并选择“通过创建链接表来链接到数据源”，然后单击“确定”按钮。如图 8.25 所示。

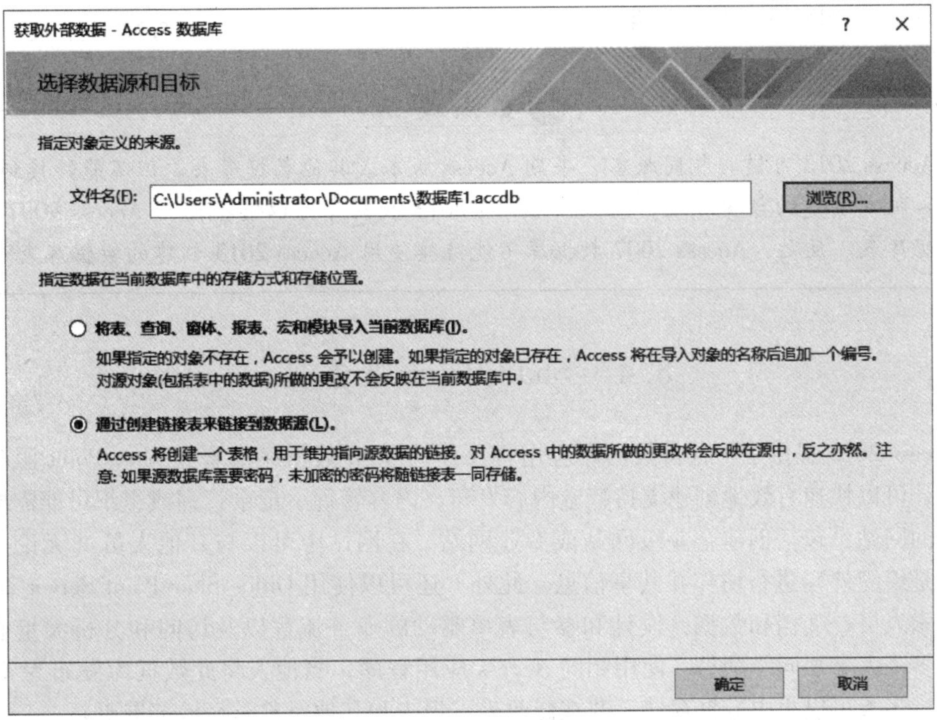

图 8.25　链接数据库文件

（3）在“链接表”对话框中，单击“全选”按钮将库中的全部表导入当前库中，也可以按住“Ctrl”键单选链接的表，然后单击“确定”按钮，如图8.26所示。

（4）Access会创建指向表的链接并将它们显示在导航窗格中的“表”下，其中带箭头的表为链接表，如图8.27所示。

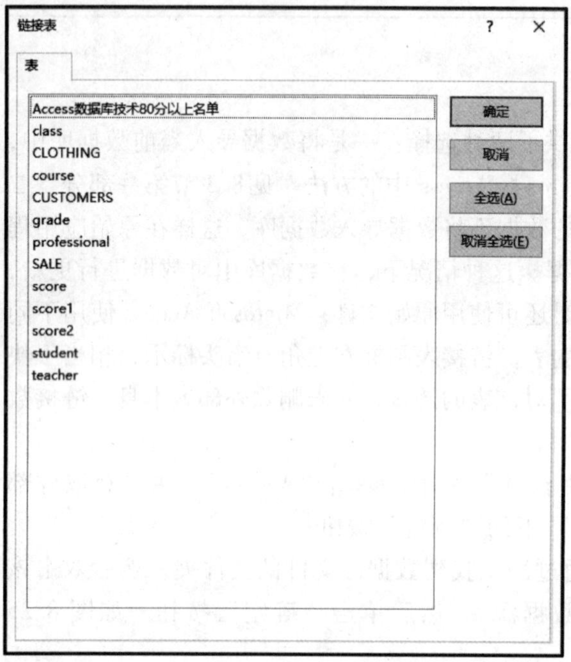

图8.26　选择链接表

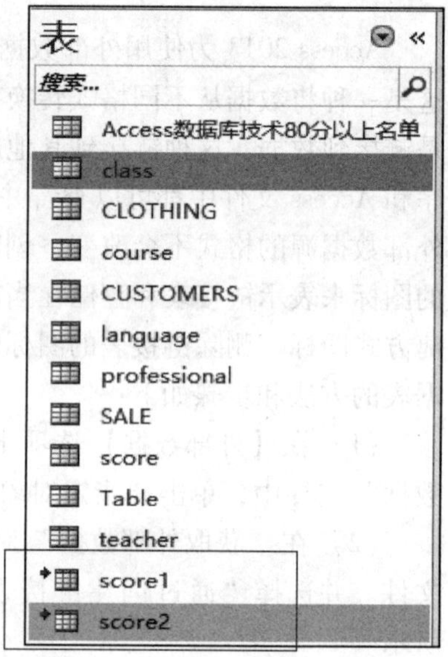

图8.27　链接表

要点提示

Access 2013可链接相同版本、早期Access版本或其他数据库表。但不能链接到更高Access版本创建的数据库表。例如：Access 2013数据库可以链接使用Access 2007创建的数据库表。反之，Access 2007数据库不能链接使用Access 2013创建的数据库表。

8.4　SharePoint服务器

Access 2013提供了一种将数据库应用程序作为Web数据库部署到SharePoint服务器的新方法，可以快速有效地创建支持特定内容发布、内容管理、记录管理或组织可能需要的商务智能的网站，包括创建企业级网站或专业网站。在网站中可以与其他人员（无论是在组织内还是组织外）进行协作并共享信息。此外，还可以使用Office SharePoint Server 2013有效地搜索人员、文档和数据，设计和参与表单驱动的业务流程以及访问和分析大量业务数据。若多个人参加同一项目，使用相同Access应用程序，当他人将此数据库发布为Web数据库时，多人可以集中数据存储，并在修改表、报表和其他对象时轻松部署更新。

使用该应用程序的开发人员，能够在Access 2013中打开此数据库并进行更改，然后使更改与服务器同步。不仅如此，Access 2013 提供了可避免无法发布到 SharePoint/Access Services 服务器功能的“Web 模式”环境。如果发布的数据库包含与 Web 不兼容的功能，则无法通过 Web 浏览器使用这些功能。但仍可使用 SharePoint 中的“在 Access 中打开”命令在 Access 2013 中打开功能齐备的应用程序。

利用 SharePoint 工作流能将企业的办公自动化提高到一个新水平，包括日常业务中的工作入职、出差申请、休假申请、加班申请、费用报销、项目立项、固定资产采购、公章使用等集中到 SharePoint 平台可以统一部署和管理。

在这个平台上，每个人均可与组织中的其他人员有效地协作。例如，可以使用日历查看工作组活动举行的时间，或使用文档库存储工作组、部门或组织文档。还可以使用博客讨论问题等。此外，创建个人网站，用于管理信息并与其他用户共享信息。例如，可以创建自己的站点，查看并管理所有文档、任务、链接、Microsoft Office Outlook 2013 日历、同事及其他个人信息。

管理企业各个业务系统中的关键流程，如订单、报价处理、采购申请、合同审批、公文收发、客户电话处理、供应链管理等需要进行审批、协同时，可以将业务数据通过 Web Service 接口写入 SharePoint 平台，即在 SharePoint 平台上，完成从各个参与流程用户的审批和监控操作统一管理。流程的中间结果和最终结果同样可以通过 Web Service、XML 等接口写入相关的业务系统中。

8.4.1　导入获取 SharePoint 中 Web 应用程序网站的数据库操作方法

（1）在【外部数据】选项卡的“导入并链接”组中，单击“其他”下的“SharePoint 列表”，则打开“获取外部数据 - SharePoint 网站”对话框，如图 8.28 所示。

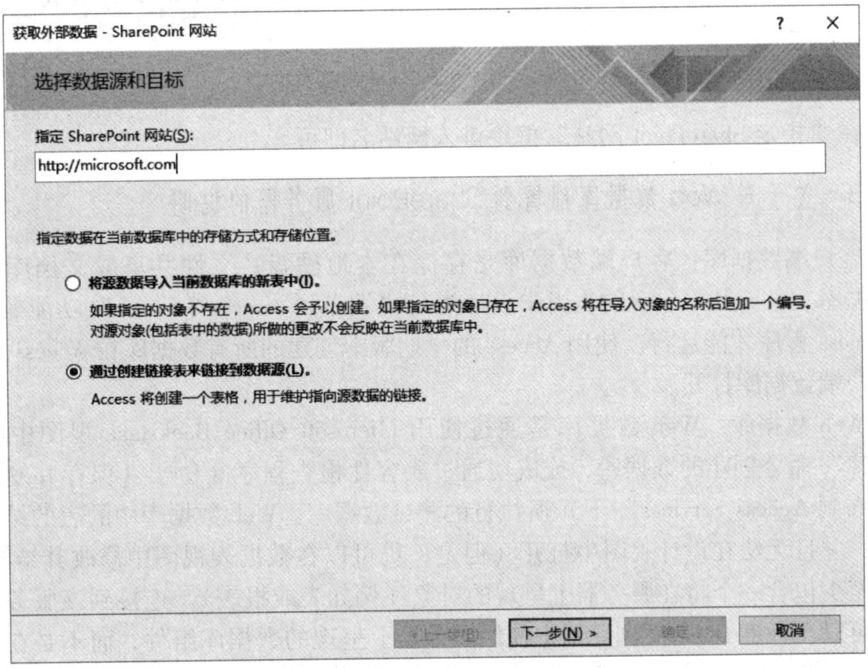

图 8.28　导入 SharePoint 网站数据表

（2）在“指定 SharePoint 网站”框中键入网站名即可。

Office 365 用户使用 ID，输入账号和密码才能登录 SharePoint 网站。

8.4.2 导出 SharePoint 网站的操作方法

（1）在【外部数据】选项卡的“导出”组中，单击“其他”下的“SharePoint 列表”，则打开“导出 - SharePoint 网站”对话框，如图 8.29 所示。

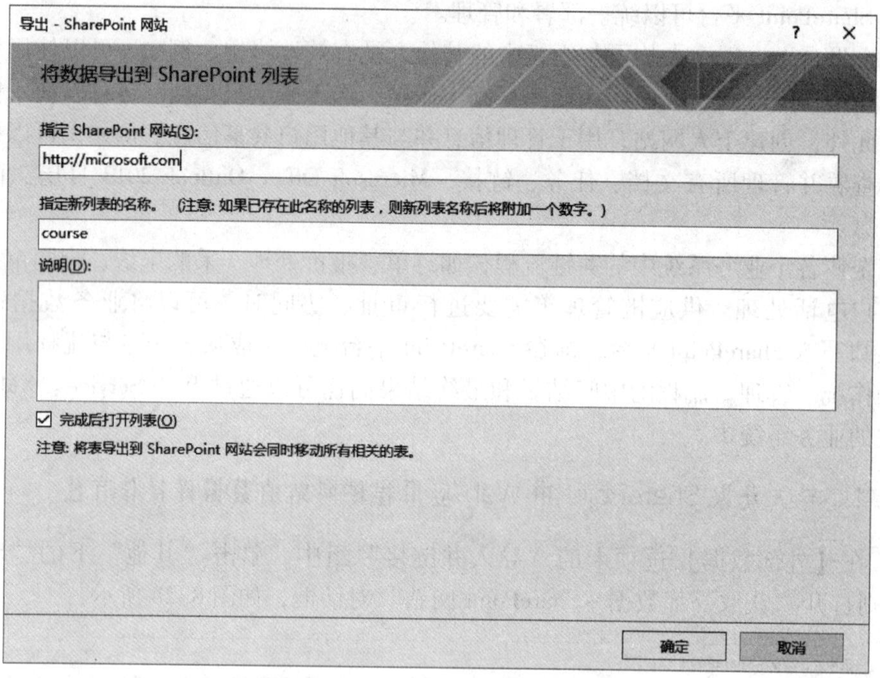

图 8.29 导出 SharePoint 网站数据表

（2）在“指定 SharePoint 网站”框中键入网站名即可。

8.4.3 关于对 Web 数据库部署到 SharePoint 服务器的说明

（1）客户端数据库：客户端数据库是存储在本地硬盘、文件共享或文档库中的传统 Access 数据库文件。其中包含的表尚未设计为与“发布到 Access Services”功能兼容，因此它需要 Access 程序才能运行。使用 Access 的早期版本创建的所有数据库在 Access 2013 中均能作为客户端数据库打开。

（2）Web 数据库：Web 数据库是通过使用 Microsoft Office Backstage 视图中的“空白 Web 数据库”命令创建的数据库，或成功通过兼容性检查程序（位于【保存并发布】选项卡的“发布到 Access Services”下）所执行的测试数据库。Web 数据库中的表的结构与发布功能兼容，并且无法在设计视图中打开（但是，仍可以在数据表视图中修改其结构）。Web 数据库还至少包含一个将在服务器上呈现的对象（例如表或报表）。连接到该服务器的任何人员，均可以在标准 Internet 浏览器中使用服务器上呈现的数据库组件，而不必在其计算机上安装 Access 2013。通过选择 SharePoint 中【操作】菜单上的“在 Access 中打开”，仍可以在安装有 Access 2013 的计算机上使用未在服务器上呈现的任何数据库组件。

(3) . accdw: . accdw 文件是自动创建的文件，用于在 Access 程序中打开 Web 数据库。可以将其视为 Web 应用程序的快捷方式，它始终在 Access 中而不是在浏览器中打开该应用程序。当使用 SharePoint 中 Web 应用程序网站的【网站操作】菜单上的“在 Access 中打开”命令时，Access 和 Access Services 会自动创建 . accdw 文件。可以直接从服务器打开 . accdw 文件，也可以将 . accdw 文件保存到计算机中，然后双击运行它。无论采用哪种方法，当打开 . accdw 文件时，数据库都会作为 . accdb 文件复制到本地计算机上。

(4) . accde: 这是编译为原始 . accdb 文件的“锁定”或“仅执行”版本的 Access 2013 桌面数据库的文件扩展名。如果 . accdb 文件包含任何 Visual Basic for Applications (VBA) 代码，. accde 文件中将仅包含编译的代码。因此用户不能查看或修改 VBA 代码。而且，使用 . accde文件的用户无法更改窗体或报表的设计。可以执行以下操作从 . accdb 文件创建 . accde文件：

- 在 Access 2013 中，打开要另存为 . accde 文件的数据库。
- 在【文件】选项卡上，单击“保存并发布”，然后在“数据库另存为”下方，单击“生成 . accde”即可。
- 在“另存为”对话框中，通过浏览找到要在其中保存该文件的文件夹，在“文件名”框中键入该文件的名称，然后单击“保存”按钮。

(5) . accdt: 这是 Access 数据库模板的文件扩展名。可以从 Office. com 下载 Access 数据库模板，也可以单击 Microsoft Office Backstage 视图的“共享”空间中的“模板 (*. accdt)”将数据库保存为模板。

(6) . accdr: . accdr 文件是在运行模式下打开的数据库。只需将数据库文件的扩展名由 . accdb更改为 . accdr 便可以创建 Access 2013 数据库的“锁定”版本。可以将文件扩展名改回到 . accdb 以恢复数据库的完整功能。

(7) . mdw: 工作组信息文件，存储安全数据库的信息。Access 2013 工作组管理器将创建 . mdw 文件。

(8) . laccdb: 打开 Access 2013 (. accdb) 数据库时，文件锁定将通过文件扩展名为 . laccdb的文件控制。在所有用户都关闭数据库之后，锁定文件将自动删除。

8.5 邮件功能

Access 2013 Web 应用内部具有发送电子邮件功能，Office 用户可从 Access 应用内部发送电子邮件给其他企业人员，当有新的记录添加、现有的记录被编辑或记录被删除时，可以发送一封电子邮件提醒其他成员。在这种情况下，组织内部的相关用户，提醒其他企业员工数据库已发生改变。

在 Office 365 网站启用此项新功能时，在操作目录 (Action Catalog) 能看到新的发送电子邮件操作项，非常简便。

8.5.1 邮箱设置

使用发送邮件前，需要在 Windows 的“控制面板”中进行设置，步骤如下：

(1) 选择“邮件”的“添加”按钮，配置文件名称，如图 8. 30 所示。

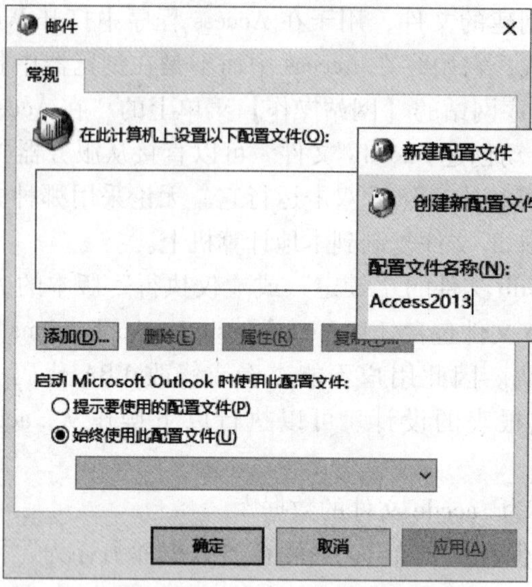

图 8.30　配置邮件文件

（2）在“添加账户”中写入必要的信息，单击“下一步”按钮，如图 8.31 所示。

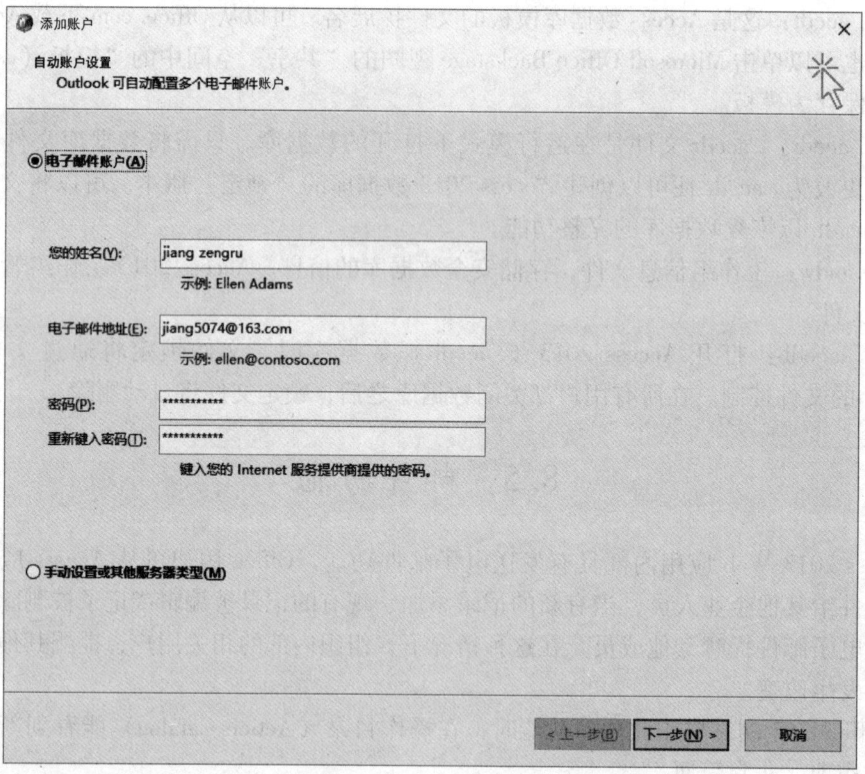

图 8.31　添加信息

（3）在联网的情况下，系统会搜索邮件服务器进行配置，配置完成后显示对话框，如图 8.32 所示。

（4）单击“完成”按钮，配置完毕。

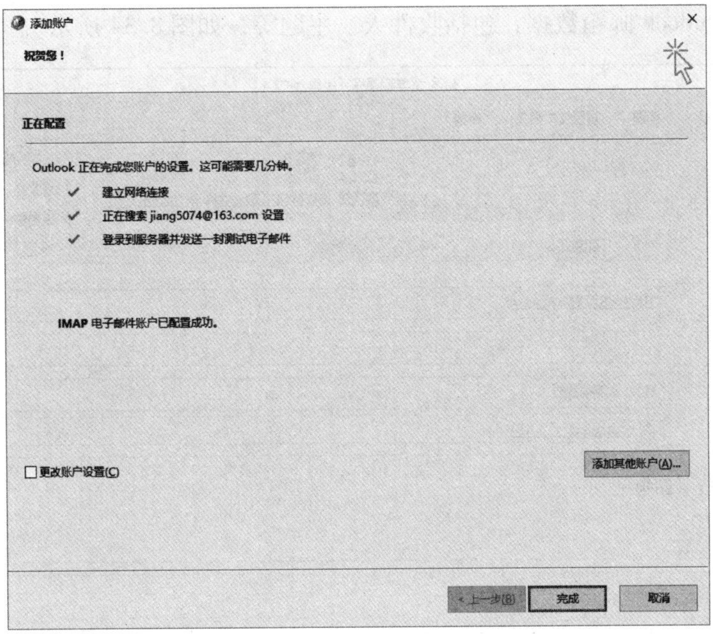

图 8. 32　配置完成界面

8. 5. 2　邮箱发送

发送数据库中的视图或文本文件的步骤如下：

(1) 选择发送电子邮件的表、查询、窗体或报表，单击【外部数据】选项卡的“邮件”，打开“选择输出格式”对话框，若选择 PDF 格式文件，如图 8. 33 所示。

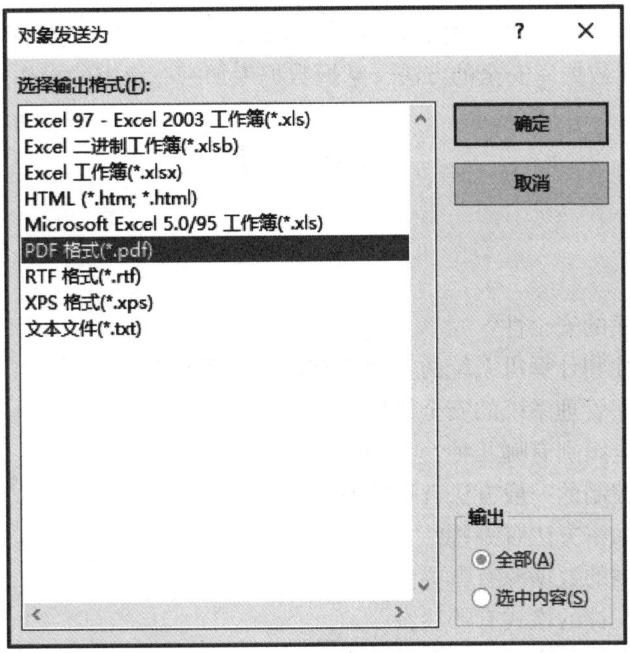

图 8. 33　选择发送格式

（2）填写 Outlook 邮箱数据，包括收件人、主题等，如图 8. 34 所示。

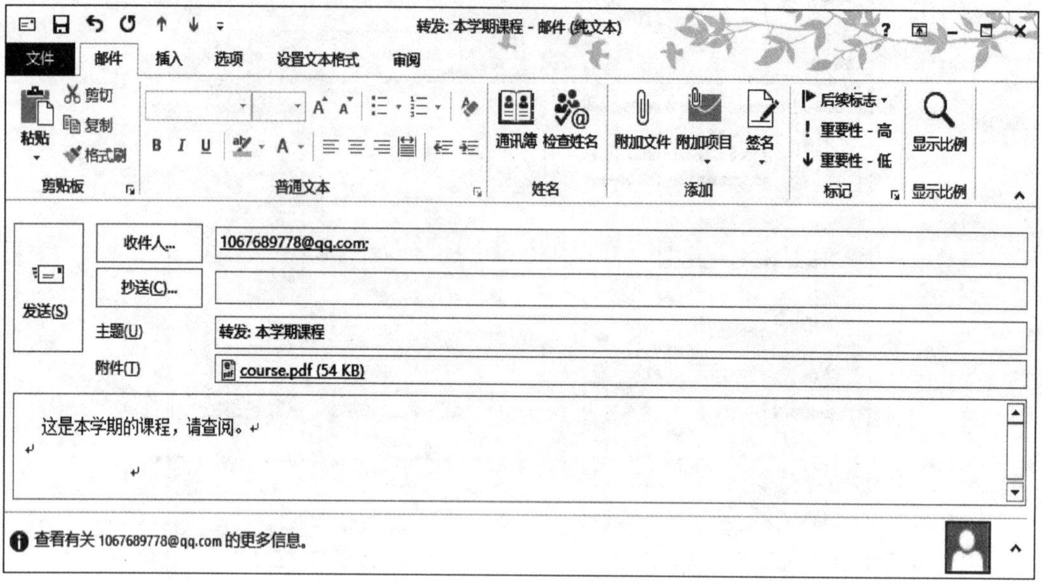

图 8. 34　填写发送地址及主题

本章小结

本章重点讲述了 Access 2013 安全策略、数据库的压缩和修复、数据库的导入/导出方法及 SharePoint 服务器的简单使用。

通过本章对密码设置、数据库隐藏、数据库压缩、解压缩、数据库导入和导出的学习，使学生初步掌握设置数据库安全的方法，掌握数据库加密、解密的操作步骤。

本章练习

一、问答题

1. 什么是数据库的安全性？
2. 数据库安全性和计算机系统的安全性有什么关系？
3. 什么是数据库管理系统的安全保护？
4. 数据库的安全级别有哪几种？
5. 数据库安全控制的一般方法有哪些？
6. 常用的数据加密方法有哪些？
7. 导入数据库中的数据源有哪些？
8. 导出数据表文件的格式有哪些？
9. 数据库加密和设置密码的区别是什么？
10. 仅仅设置数据库密码是否安全？为什么？

二、选择题

1. 在建立、删除用户和更改用户权限时，一定先使用（　　）进入数据库。
A. 管理员账户　　B. 普通账户
C. 具有读/写权限的账户　　D. 没有限制的账户
2. 在设置或撤消数据库密码前，一定要先使用（　　）方式打开数据库。
A. 只读　　B. 独占　　C. 独占只读　　D. 共享
3. 在建立数据库安全机制后，进入数据库要依据建立的（　　）方式。
A. 安全机制，包括账户、密码、权限　　B. 建立的组的安全
C. 账户的 PID　　D. 权限
4. 账户的权限分为（　　）和（　　）。
A. 隐式　　B. 显式　　C. 继承　　D. 后继
5. 隐式权限是由（　　）所在组所具有的权限。
A. 账户　　B. 权限　　C. 继承　　D. 独占
6. 对数据库实施（　　）操作可以消除对数据库频繁数据更新带来的大量碎片。
A. 压缩　　B. 备份　　C. 另存为　　D. 加密
7. 下面叙述正确的是（　　）。
A. 当导入数据库的数据发生改变时，源数据库的数据也会发生相应变化
B. 导入数据库数据对象，其源数据对象不可删除
C. 当链接到数据库的数据发生改变时，源数据库的数据也会发生相应变化
D. 当源数据的存储位置发生改变时，不会影响链接到数据库中对象的使用
8. 设置数据库密码时，该数据库文件以（　　）打开。
A. 只读方式　　B. 共享方式　　C. 独占方式　　D. 独占只读方式
9. 下列说法正确的是（　　）。
A. 设置数据库密码是登录数据之后，判断用户权限，若密码正确，可以访问数据库
B. 设置数据库密码是登录数据之前，判断用户权限，若密码正确，可以访问数据库
C. 加密数据库和设置数据库密码是完全相同的
D. 设置数据库密码是对数据库数据进行改写，即使非法用户打开了数据库也无法识别数据库中数据的内容。
10. 下列说法正确的是（　　）。
A. 数据库的压缩和修复不能提高系统的性能，只是改变文件的存储空间
B. 数据库使用一段时间后，数据库会逐渐膨胀，但不影响运行速度。
C. 经常对数据库进行压缩和修复，对应用程序本身的性能有很大提高
D. 压缩和修复数据库不必要进行

三、填空题

1. 在数据库系统中，安全措施可以通过几个方面来设置，主要包括______、______、用户级访问控制和______。

2. 数据库安全性保护指的是如何保护一个数据库避免遭受________访问和________恶

意破坏等。

3. 在 Access 2013 中可以使用 3 种类型的密码是________、用户级安全密码和 VBA 密码。

4. 压缩数据库文件实际上是重新组织文件在磁盘上的________，从而除去碎片，重新安排数据，回收磁盘空间，达到优化数据库的目的。

5. 压缩和修复操作需要以________方式访问数据库文件。

四、判断题

1. 对一个数据库系统来说，Access 软件要求数据库必须建立安全机制。(　　)
2. 如果加密了一个数据库，则只能在 Access 系统中才能打开。(　　)
3. 账户权限没有继承性。(　　)
4. 给数据库系统设置密码，只能限制复制数据库的操作。(　　)
5. 数据库安全机制自动为使用者建立了所有账户。(　　)

五、考核要点

1. Access 2013 数据库设置密码的方法。
2. 数据库安全的主要措施。
3. 数据库压缩和修复的意义。
4. 导入/导出数据库的方法和步骤。

练习参考答案

第 9 章

模块与 VBA 程序设计

9.1 模　　块

模块就是由 VBA（Visual Basic for Applications）声明的一个或多个过程组成的代码集合。本章使用 6 个案例和 35 个小例程讲解模块的使用方法。

9.1.1 模块的概念

在 Access 2013 系统中，将表、查询、窗体、报表和宏等对象结合起来，不用编写程序代码就可以建立数据库管理系统。但宏只能处理一些简单的操作，有一定的局限性，如果欲实现功能灵活和更加完善的控制功能，需要使用编写程序模块来实现。

一、模块与过程

模块是 Access 2013 数据库 6 个对象之一，每个模块可以定义若干个"过程"，过程用于完成一个相对独立的操作，以单元的形式存储在模块中。即模块就是由 VBA 通用声明、一个或多个过程组成的集合。过程分两种类型：Sub 子过程和 Function 函数过程。函数过程执行一系列操作后返回一个函数值，子过程只执行一个或多个操作，而不返回数值。模块具有很强的通用性，通过窗体、报表对象可以调用模块内部的过程。模块可以在模块对象中出现，也可以作为事件处理代码出现在窗体和报表里，模块构成了一个非常完整的 Access 2013 功能区开发环境。

二、模块的功能

（1）维护数据库，可以将事件过程创建在窗体或报表的定义中，通过窗体或报表访问数据库，更有利于数据库维护。

（2）创建自定义函数，使用这些自定义函数完成相应的任务。

（3）能够提示详细的错误信息，不仅可显示错误提示信息，还有较好的用户交互界面。对用户的下一步操作提供帮助。

（4）执行系统级的操作，能应用 Windows 系统函数和数据通信，完成系统中的文件处理。

三、模块的分类

模块包括标准模块、类模块和对象模块三种，按调用关系也可分为通用模块和事件模块。标准模块是指当多个窗体共同执行一段代码时，为了避免重复，创建独立公用代码模块。

（1）一般标准模块内部含有应用程序、允许其他模块访问的过程和声明，可以包含变量、常数、类型、外部过程和全局声明或模块级声明，此外还可以建立包含共享代码与数据的类模块。

（2）用类模块创建的对象可被应用程序内的过程调用。标准模块只包含代码，而类模块既包含代码又包含数据。窗体模块和报表模块都属于类模块，它们从属于各自的窗体和报表。

（3）对象模块是指在窗体对象中为响应事件而执行的程序段。事件模块是指在窗体、报表控件属性中的过程代码，它只能在窗体和报表中出现。而通用模块与事件属性无关，只由事件模块直接或间接调用。它既可在窗体、报表中出现，也可在模块对象中出现。若程序过程不与任何 Access 对象相关联，这些模块只能是通用模块。

9.1.2 对象、属性、事件和方法

一、对象（Object）

对象是描述客观事物的实体。VBA 中的应用程序是由许多对象组成的，如表、窗体、查询等。

Access 2013 中除数据库的 6 个对象外，还提供一个 DoCmd 重要对象，它是除窗体、控件外用得最多的一个对象。使用该对象不仅可完成打开数据库表、调用宏、关闭窗体等操作，还可以在 VBA 中运行 Access 的操作。DoCmd 对象的常用方法有：

DoCmd. OpenForm “student”：表示打开当前数据库中的“student”窗体；

DoCmd. SelectObject acForm，“student”，True：表示选择当前数据库中“student”窗体；

DoCmd. Close acForm，“student”，acSaveYes：表示关闭当前“student”窗体；

DoCmd. DeleteObject “student”：表示删除数据库中的“student”表。

二、属性（Property）

对象的属性描述对象的具体特征，在 VBA 代码中，对象属性的引用方式为：

对象名. 属性 = 属性值

例如：Text1.FontSize = 20：表示设置文本框字体大小为 20 磅。

　　Label1.Caption =“教师情况登记表”：表示设置标签 Label1 的标题。

VBA 编程中，根据对象进行设置，最常用对象有窗体、标签、文本框和按钮，它们的属性说明如表 9.1 ~ 表 9.4 所示。

表 9.1　窗体常用属性

窗体常用格式属性	作　用
AutoCenter	用于设置窗体打开时是否放置屏幕中部
BorderStyle	用于设置窗体的边框样式
Caption	用于设置窗体的标题内容

续表

窗体常用格式属性	作　用
CloseButton	用于设置是否在窗体中显出关闭按钮
ControlBox	用于设置是否在窗体中显出控制框
MinMaxButtons	用于设置是否在窗体显出最小化和最大化按钮
NavigationButtons	用于设置是否显出导航按钮
Picture	用于设置窗体的背景图片
RecordSelector	用于设置是否显出记录选定器
ScrollBars	用于设置是否显出滚动条
RecordSource	用于设置窗体的数据来源
OrderBy	用于设置窗体中记录的排序方式
AllowAdditions	用于设置窗体中的记录是否可以添加
AllowDeletions	用于设置窗体中的记录是否可以删除
AllowEdits	用于设置窗体中的记录是否可以编辑
AllowFilters	用于设置窗体中的记录是否可以筛选

表 9.2　标签常用属性

标签属性	作　用
BackColor	用于设置标签的背景颜色
ForeColor	用于设置标签的前景（字体）颜色
Width	用于设置标签的宽度
Height	用于设置标签的高度
Visible	用于设置标签是否显示
Name	用于设置标签的名称

表 9.3　文本框常用属性

文本框属性	作　用
Caption	设置标签上要显示的文字
BackColor	用于设置文本框的背景颜色
ForeColor	用于设置文本框的前景（字体）颜色
Name	用于设置文本框的名称
Locked	用于设置文本框是否可编辑
Value	用于设置文本框中显示的内容
Visible	用于设置文本框是否可见

续表

文本框属性	作　用
Text	用于设置在文本框中显示的文本（要求文本框先获得焦点）
InputMask	用于设置文本框的输入掩码。若将 InputMask 属性设为“密码”，则在该文本框中键入的任何字符都将以原字符保存，但显示为星号（*）

表 9.4　按钮常用属性

命令按钮常用属性	作　用
Caption	设置命令按钮上要显示的文字
Cancel	用于设置命令按钮是否也是窗体上的“取消”按钮
Default	用于设置命令按钮是否是窗体上的默认按钮
Enabled	用于设置命令按钮是否可用
Picture	用于设置命令按钮上要显示的图形

三、事件和方法（Event and Mothod）

事件是指发生在一个对象上且能够对该对象动作所识别，也称作对象对外部操作的响应。例如：单击某个命令按钮就产生该按钮的“单击”（Click）事件，当某个对象发生某一事件后，就会驱动系统去执行预先编好与这一事件相对应的一段程序。事件的发生通常是用户操作的结果。

在 Access 2013 中，使用宏对象和编写 VBA 事件代码来设置事件属性，完成指定动作或用来处理窗体、报表或控件的事件响应。

常用的事件有鼠标单击、按任意键、对象打开或关闭及多种操作类型的事件。具体内容如表 9.5 ~ 表 9.10 所示。

（1）针对窗体的常用事件如表 9.5 所示。

表 9.5　窗体的常用事件

对象名称	事件动作	动 作 说 明
窗体	OnLoad	窗体加载时发生的事件
	OnUnLoad	窗体卸载时发生的事件
	OnOpen	窗体打开时发生的事件
	OnClose	窗体关闭时发生的事件
	OnClick	窗体单击时发生的事件
	OnDblClick	窗体双击时发生的事件
	OnMouseDown	窗体鼠标按下时发生的事件
	OnKeyPress	窗体上键盘按键时发生的事件

续表

对象名称	事件动作	动　作　说　明
窗体	OnKeyDown	窗体上键盘按下键时发生的事件
	Activate	窗体取得控制焦点成为活动窗口时产生的事件
	Deactivate	窗体由活动状态转为非活动状态时发生的事件
	BeforeDelConfirm	窗体在删除记录之前是否删除这条记录发生的事件
	AfterDelConfirm	窗体在删除记录之后是否删除这条记录发生的事件
	GotFocus	对象由没有焦点的状态转为有焦点的状态
	LostFocus	对象失去焦点时发生的事件
	Delete	删除记录的指令之时发生的事件
	BeforeInsert	窗体执行一个插入记录的操作之前发生的事件
	AfterInsert	窗体执行一个插入记录的操作之后发生的事件
	BeforeUpdate	窗体数据被修改前或焦点转移时产生的事件
	AfterUpdate	用户在控件的输入得到认可后产生的事件
	Resize	窗口大小被改变时发生的事件

(2) 针对报表及命令按钮的常用事件如表 9.6 所示。

表 9.6　报表及命令按钮的常用事件

对象名称	事件动作	动作说明
报表	OnOpen	报表打开时发生的事件
	OnClose	报表关闭时发生的事件
	Activate	报表取得控制焦点成为活动窗口时产生的事件
	Deactivate	报表由活动状态转为非活动状态时发生的事件
	Open/Close	报表打开或关闭时发生的事件
	Print	报表将付诸打印之时发生的事件
命令按钮控件	OnClick	按钮单击时发生的事件
	OnDblClick	按钮双击时发生的事件
	OnEnter	按钮获得输入焦点之前发生的事件
	OnGetFocus	按钮获得输入焦点时发生的事件
	OnMouseDown	按钮上鼠标按下时发生的事件
	OnKeyPress	按钮上键盘按键时发生的事件
	OnKeyDown	按钮上键盘按下键时发生的事件

(3) 针对标签及文本框的常用事件如表 9.7 所示。

表 9.7　标签及文本框的常用事件

对象名称	事件动作	动 作 说 明
标签控件	OnClick	标签单击时发生的事件
	OnDblClick	标签双击时发生的事件
	OnMouseDown	标签上鼠标按下时发生的事件
文本框控件	BeforeUpdate	文本框内容更新前发生的事件
	AfterUpdate	文本框内容更新后发生的事件
	OnEnter	文本框输入焦点之前发生的事件
	OnGetFocus	文本框获得输入焦点时发生的事件
	OnLostFocus	文本框失去输入焦点时发生的事件
	OnChange	文本框内容更新时发生的事件
	OnKeyPress	文本框内键盘按键时发生的事件
	OnMouseDown	文本框内鼠标按下键时发生的事件
	Change	当对象的数据发生改变时发生的事件

（4）针对组合框的常用事件如表 9.8 所示。

表 9.8　组合框的常用事件

对象名称	事件动作	动 作 说 明
组合框控件	BeforeUpdate	组合框内容更新前发生的事件
	AfterUpdate	组合框内容更新后发生的事件
	OnEnter	组合框获得输入焦点之前发生的事件
	OnGetFocus	组合框获得输入焦点时发生的事件
	OnLostFocus	组合框失去输入焦点时发生的事件
	OnClick	组合框单击时发生的事件
	OnDblClick	组合框双击时发生的事件
	OnKeyPress	组合框内键盘按键时发生的事件
	NotInList	若其值不在组合框的下拉列表中时产生的事件

（5）针对选项组及单选按钮的常用事件如表 9.9 所示。

表 9.9　选项组及单选按钮的常用事件

对象名称	事件动作	动 作 说 明
选项组控件	BeforeUpdate	选项组内容更新前发生的事件
	AfterUpdate	选项组内容更新后发生的事件
	OnEnter	选项组获得输入焦点之前发生的事件
	OnClick	选项组单击时发生的事件
	OnDblClick	选项组双击时发生的事件
单选按钮控件	OnKeyPress	单选按钮内键盘按键时发生的事件
	OnGetFocus	单选按钮获得输入焦点时发生的事件
	OnLostFocus	单选按钮失去输入焦点时发生的事件

（6）针对复选框的常用事件如表 9.10 所示。

表 9.10　复选框的常用事件

对象名称	事件动作	动 作 说 明
复选框控件	BeforeUpdate	复选框更新前发生的事件
	AfterUpdate	复选框更新后发生的事件
	OnEnter	复选框获得输入焦点之前发生的事件
	OnClick	单击时发生的事件
	OnDblClick	复选框双击时发生的事件
	OnGetFocus	复选框获得输入焦点时发生的事件

方法是系统事先设计好的，可以完成一定操作的特殊过程，是附属于对象的行为和动作。在需要使用的时候可以直接调用。其调用格式为：对象名．方法名。

例如：Set rs =New ADODB.Recordset:表示新建一个操作记录的实例 rs。

rs.Open SQL,conn:表示使用 Open 方法打开数据库中的表。

Text0.SetFocus:表示将光标插入点移入 Text0 文本框内。

9.2　模块及过程创建

9.2.1　新建模块

模块由过程组成，而过程是由程序员根据不同任务编写的程序集合。

一、建立子过程

Sub 过程又称为子过程，执行一系列操作，无返回值。定义格式如下：

```
[Public|Private]  Sub 对象名_事件名()
  ...(事件过程代码)
      或(程序代码)
  [Exit Sub]
End Sub
```

【说明】

- Public 关键字可以使子程序在所有模块中有效。Private 关键字使子程序只在本模块中有效。如果没有显式指定，缺省为公用。
- 子程序可以带参数。
- Exit Sub 语句是退出子程序。
- 可以引用过程名来调用该子过程。VBA 提供了一个关键字 Call，可显示调用一个子过程，格式为：

```
Call 过程名[(实参列表)]
或过程名[(实参列表)]
```

二、过程的编辑

通用模块创建方法是单击【创建】选项卡中的“模块”命令，即可打开模块编辑窗口。事件模块创建是在窗体或报表的对象中右击，选择“事件生成器”，再选择“代码生成器”打开模块编辑窗口，如图 9.1 所示。

图 9.1　块编辑窗口

【说明】模块编辑窗口中的 Option Compare Database 是系统自动产生的，表示当需要字符串比较时，将根据数据库区域 ID 确定的排序级别进行比较。

模块中子过程和函数过程不是 Access 的一个独立对象，不能单独保存，只能存在于模块中。过程与过程之间相互隔离，系统不会从一个过程自动执行到另一个过程，但一个过程可以通过调用执行另一个过程。子过程的编写有两种形式：一是子过程以 Sub 开头，以 End sub 结尾；二是函数过程以 Function 开头，以 End Function 结尾。

三、过程的运行

模块编辑及运行的工具栏命令如图 9.2 所示。

若要运行模块程序，单击工具栏中的“运行”图标或按快捷键“F5”即可。

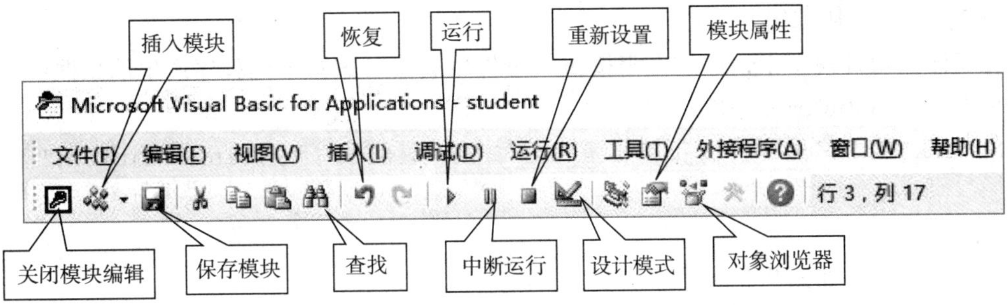

图 9.2　模块工具栏

9.2.2　模块的使用

例 1：
```
Sub sub1 ( )
Msgbox (“欢迎使用 sub 过程”)
End Sub
```

图 9.3　Sub 过程结果

结果如图 9.3 所示。

例 2： 通用模块中子过程调用程序如下所示。

```
Sub Sub2 ( )
  Dim x As Integer,y As Integer
    x =12
    y =32
      Call Proc (x,y)
      MsgBox (x)
      MsgBox (y)
  End Sub
    Public Sub Proc (n As Integer,m As Integer)
      n =n Mod 5
      m =m Mod 7
    End sub
```

编辑及运行结果如图 9.4 所示。

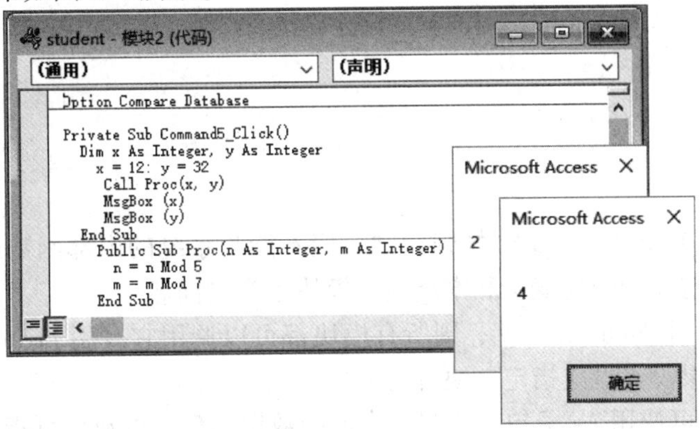

图 9.4　过程调用结果

例 3：事件模块编辑及运行。

在窗体的设计视图中，通过右击按钮“事件生成器”编写下列程序产生消息框：

```
Private Sub Command0_Click()
MsgBox"欢迎使用窗体按钮单击事件建立 VBA 模块程序",vbInformation,"事件模块"
End Sub
```

编辑运行结果如图 9.5 所示。

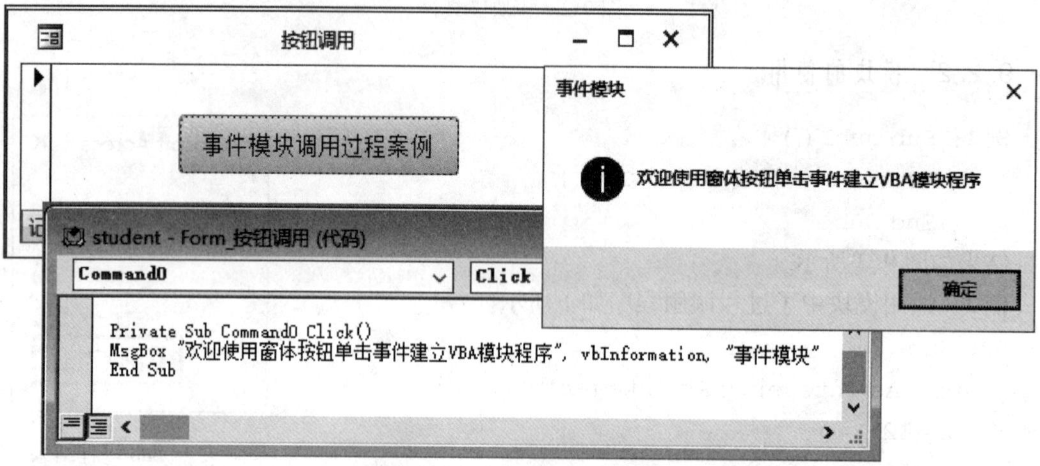

图 9.5　事件模块调用结果

9.2.3　新建函数及函数的使用

一、建立函数过程的格式

Function 过程，又称为函数过程。它执行一系列操作，有返回值。定义格式为：

```
[Public |Private]Function 函数名([<参数>])[As 数据类型]
[<语句组>]
[函数名=<表达式>]
[Exit Function]
[<语句组>]
[函数名=<表达式>]
End Function
```

【说明】

- 函数名：命名规则与变量名规则相同。但不能与系统的内部函数或其他通用子过程同名，也不能与已定义的全局变量和本模块中模块级变量同名。
- 定义函数时用 Public 关键字，则所有模块都可以调用它。用 Private 关键字，函数只用于同一模块。如果没有显式指定，缺省为公用。
- 函数名末尾可使用 As 子句来声明返回值的数据类型，参数也可指定数据类型。若省略则函数返回变体类型值（Variant）。

- Exit Function：表示退出函数过程，常常与选择结构（If 或 Select Case 语句）联用，即当满足一定条件时，退出函数过程。
- 在函数体内，函数名可以当变量使用，函数的返回值就是通过对函数名的赋值语句来实现的，在函数过程中至少要对函数名赋值一次。
- 函数过程不能使用 Call 来调用执行，需要直接引用函数过程名，并由接在函数过程名后的括号所辨别。
- 形参数列表：形参的定义与子过程完全相同。

例 4：使用过程调用函数，输入华氏温度计算摄氏温度。过程代码和结果如图 9.6 所示。

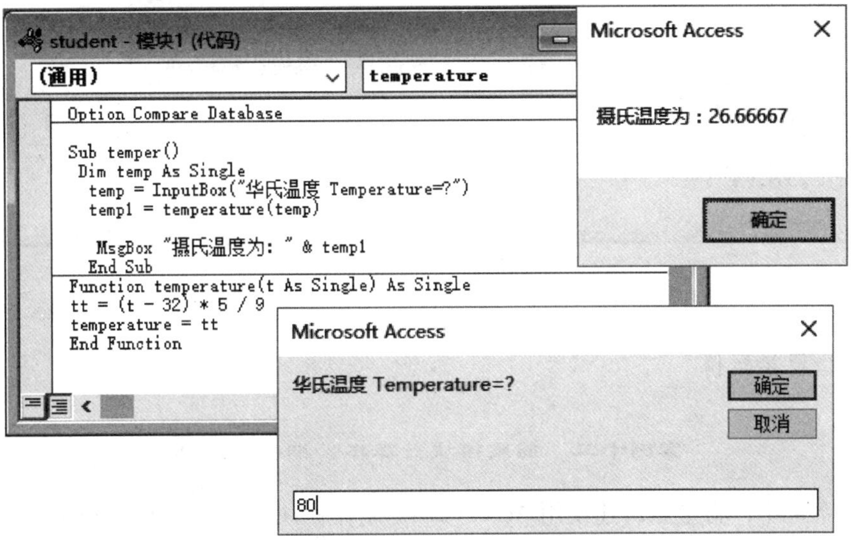

图 9.6　函数调用过程代码及结果

【说明】

函数的返回值要赋值给函数名（temperature = tt）才有结果。可以使用信息输出函数 Msgbox( )，也可以利用立即窗口输出（关于立即窗口使用参见 9.7 节的内容）。

二、函数参数传递

函数过程调用中的参数传递方式有两种：按地址传递和按值传递。

（1）按地址传递。

形参与实参在内存中占用相同的存储单元。当被调过程的形参值发生变化时，实参值也产生同样的变化。默认的参数传递方式是按地址。如果要显式指定按地址传递方式，可在每个形参前增加关键字 ByRef。

（2）按值传递。

实参和形参是两个不同的变量，占用不同的内存单元。实参将其值赋给形参，以后形参的变化不会影响到实参的值。若按值传递，必须在形参前冠以关键字 ByVal。

例 5：子过程 call_password 将 *a*、*b* 两个实参数 100、200 传递到 by_call 子过程中的形参数 *x*、*y* 的过程代码及立即窗口结果如图 9.7 所示。

【说明】

- 运行前按“Ctrl”+“G”组合键打开立即窗口。
- 结果是 100、300，*y* 按地址传递改变了原值，而 *x* 按值传递，未改变原值。

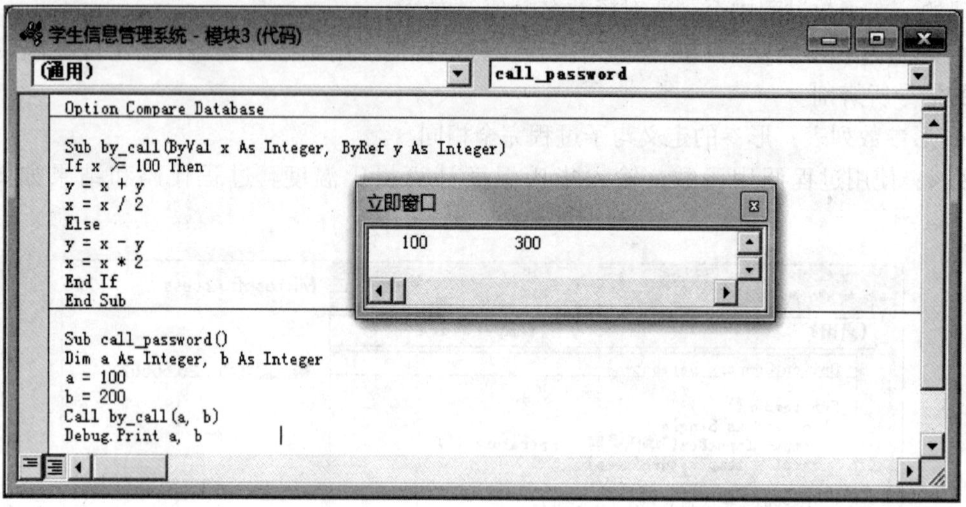

图 9.7　参数传递代码及结果

9.2.4　模块案例

案例十二　创建模块计算本学期平均成绩

在这个案例中，将重点讲述使用 Access 2013 制作模块的过程，掌握利用窗体界面实现模块编程的方法和步骤。

一、案例说明

图 9.8 是制作好的 Access 2013 模块编程窗体界面，其建立窗体方法参照第 5 章案例五的步骤。本界面上的对象有标题名称、姓名及各科名称标签，相应的文本框显示其内容，按钮包括“计算平均”“清除”和“退出”项。使用 VBA 语法规则，在“计算平均”事件模块上编写代码，其建立的详细过程见本章 9.5.2 小节例 12。

二、知识点分析

（1）事件模块在窗体中的建立方法。
（2）过程中添加 VBA 代码的步骤。
（3）变量的使用。
（4）文本框、标签和按钮对象与 VBA 代码之间的关系。
（5）信息提示控件 Msgbox 的使用方法。
（6）文本框属性的赋值。
（7）标签属性的赋值使用。

三、案例运行结果

运行结果如图 9.8 所示。

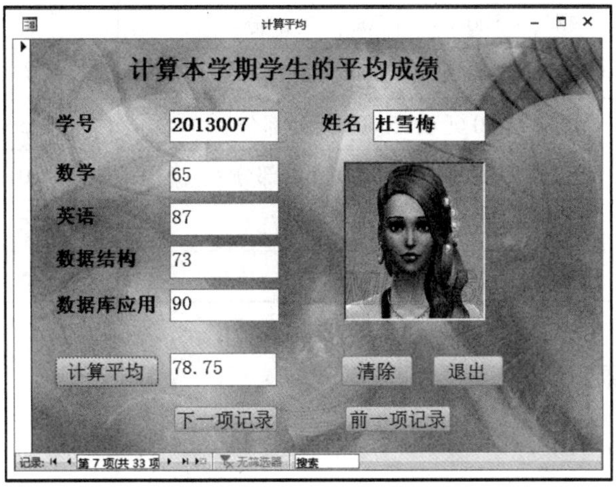

图 9.8　计算平均成绩界面

案例十三　工资薪金个人所得税计算

一、案例说明

工资、薪金所得是指个人因任职或受雇而取得的工资、薪金、奖金、年终加薪、劳动分红、津贴、补贴以及与任职、受雇有关的其他所得。工资薪金，以每月收入额扣除当月个人承担住房公积金、基本养老保险金、医疗保险金、失业保险金和个人所得税后的总额。应发工资、薪金扣除四金后低于 3 500 元的不交所得税，计算方法如下：

缴税 = 全月应纳税所得额 × 税率 − 速算扣除数

全月应纳税所得额 =（应发工资 − 三险一金）− 3 500

实发工资 = 应发工资 − 三险一金 − 缴税

养老保险按照个人缴纳工资基数的 4%，医疗保险按照个人缴纳工资基数的 2%，失业保险按照个人缴纳工资基数的 0.5%，住房公积金按照工资基数的 8% 计算。

该案例制作过程见 9.5.2 小节的例 13。计算交税利率表如表 9.11 所示。

要求按照个人收入缴纳税金，设计窗体求个人所得税，编写的输出界面如图 9.9 所示。

二、知识点分析

（1）应用算法与 VBA 代码的转换。

（2）VBA 中多条件语句的使用。

（3）函数转换与文本框输出。

（4）使用文本框属性的赋值。

（5）添加按钮对象的单击事件。

表9.11　个人所得税利率表

级数	当月收入-（三险一金）-3 500/元	税率/%	速算扣除数
1	不超过1 500元的	3	0
2	超过1 500元至4 500元的部分	10	105
3	超过4 500元至9 000元的部分	20	555
4	超过9 000元至35 000元的部分	25	1 005
5	超过35 000元至55 000元的部分	30	2 755
6	超过55 000元至80 000元的部分	35	5 505
7	超过80 000元的部分	45	13 505

三、案例运行结果

运行结果如图9.9所示。

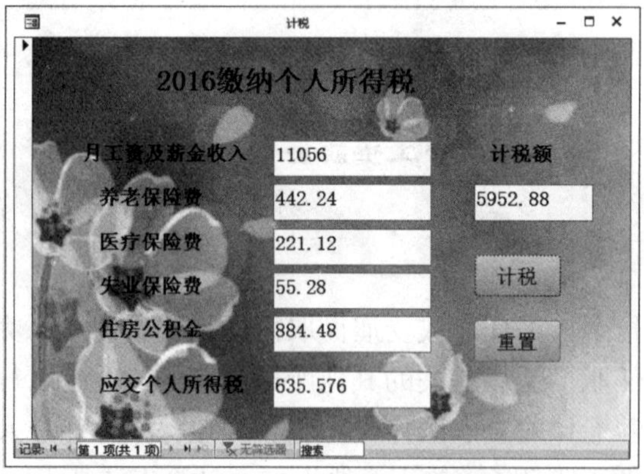

图9.9　计税界面显示

案例十四　银行存款利息计算器

一、案例说明

我国银行存款利息计算的有关规定是：普通存款分活期和定期储蓄两大类。其中定期储蓄存款分为：零存整取、整存整取、存本取息和通知存款，通知存款分为七天和一天，即按照7天或1天一个周期计算利息。整存整取又分为三个月、半年、一年、二年、三年和五年六个期限。此外，各个银行还有不同的理财产品，因不同银行、不同时间段发行的理财产品利息不同，所以该界面中不包含此项。完成的界面属于银行常规存款，如图9.10和图9.11所示。过程代码参见本章9.5.2节例14。

二、知识点分析

（1）组合框的赋值与使用。

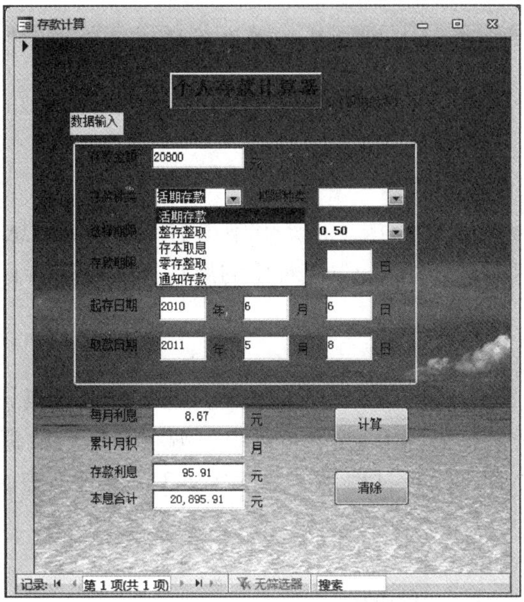

图 9.10　存款计算器显示界面 -1

(2) VBA 中多分支 case 语句的使用。

(3) 过程调用方法。

(4) 数值转换函数的使用。

(5) 提示信息框的使用。

三、案例运行结果

运行结果如图 9.11 所示。

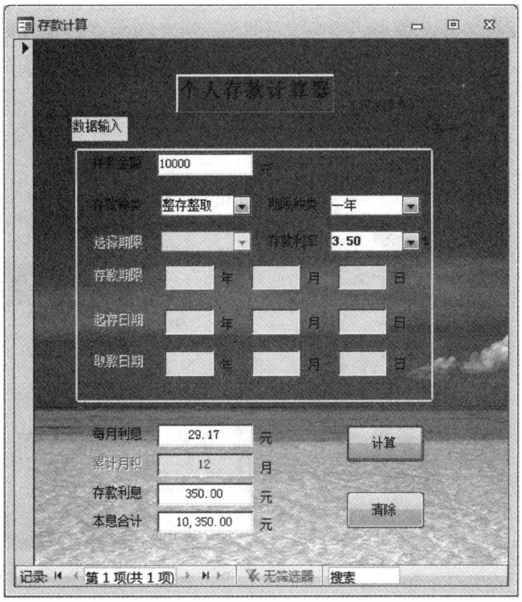

图 9.11　存款计算器显示界面 -2

案例十五　登录信息框的设计实现

一、案例说明

1. 登录验证使用 VBA 与宏操作

掌握通过 VBA 代码调用宏的方法。该案例中也引入了登录信息框、文本框和按钮对象，通过对象模块添加条件判断、使用 DoCmd 对象的属性完成登录界面的设计，详细设计过程参见本章 9. 9. 2 节例 31。

2. 登录验证使用 VBA 访问数据库表

Access 内嵌的 VBA 是用 ADO 技术开发数据库应用的主要工具，案例中应用程序的 ADO 引用，声明 Connection 对象、创建 Recordset 对象、编程与后台数据库的连接，完成登录验证，实现数据访问操作。详细设计过程参见本章 9. 9. 3 节的第五点内容。

二、知识点分析

（1）VBA 中条件语句 IF 的使用方法。
（2）密码框的使用方法。
（3）过程调用方法。
（4）DoCmd 对象的使用方法。
（5）VBA 中调用窗体的方法。
（6）声明 Recordset 对象、创建 Recordset 对象实例及打开 Recordset 对象。
（7）使用数据库引擎接口。
（8）使用 ADO 连接数据库。
（9）引用 SQL 语句操作数据库记录字段。

三、案例运行结果

设计出的登录界面如图 9. 12 所示。

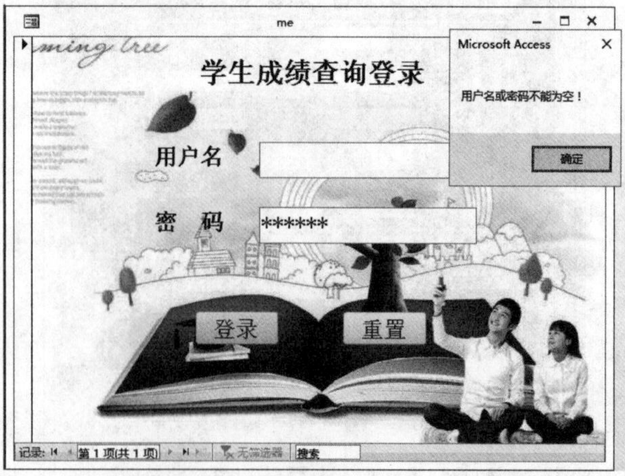

图 9. 12　登录界面设计

案例十六　统计考生分数 VBA 代码实现

一、案例说明

图 9. 13 是 VBA 过程代码的运行结果，主要掌握 VBA 中循环与数组的使用方法，其过程代码参照本章 9. 6. 2 节例 26。该案例是用随机函数模拟高考分数值，再模拟产生 300 ~ 400 的 500 名考生存到组中，要求：

（1）输出该数组大于 350 分的人数。

（2）统计分数超过平均分的人数。

（3）统计 300 ~309 分、310 ~319 分的人数，依次类推，直到 400 分的人数。并将结果保存到另一个数组中。制作过程参见 9. 6. 2 节的第二点内容。

二、知识点分析

（1）在 VBA 中使用循环。

（2）在过程代码中使用数组简化程序。

（3）使用立即窗口调试结果。

（4）数组与循环的嵌套使用。

三、案例运行结果（见图 9. 13）

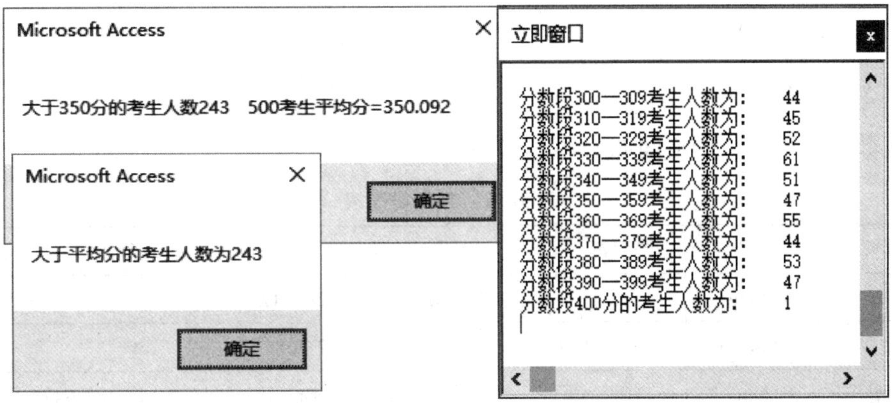

图 9. 13　使用循环与数组运行结果

案例十七　利用双循环的 VBA 代码实现

一、案例说明

图 9. 14 是使用 VBA 数组、双循环结合的方法编写的二维 8 ×8 矩阵，根据该方法掌握 VBA 过程代码的编辑、立即窗口的输出效果。其过程代码参照本章 9. 6. 2 节例 27。

二、知识点分析

(1) 在 VBA 中使用双循环。
(2) 在双循环中使用数组。
(3) 使用立即窗口调试结果。

三、案例运行结果（见图 9.14）

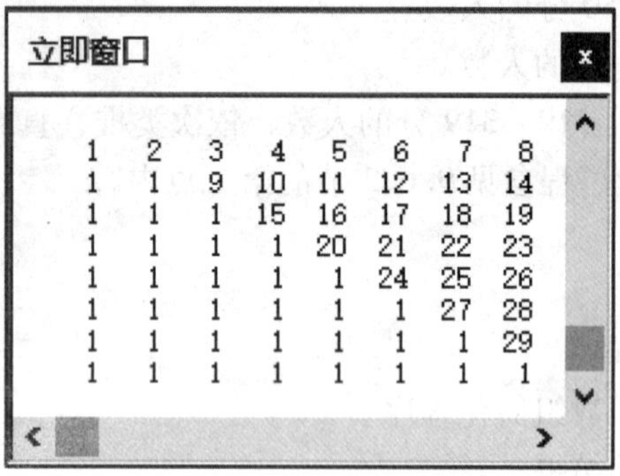

图 9.14　使用双循环的结果

9.3　数据类型、常量、变量与表达式

9.3.1　数据类型

VBA 数据类型及占用空间如表 9.12 所示。

表 9.12　数据类型表

数据类型	关键字	类型符	存储空间	取值范围
字节型	Byte		1 个字节	$-128 \sim 127$
整型	Integer	%	2 个字节	$-32\ 768 \sim 32\ 767$
长整型	Long	&	4 个字节	$-2\ 147\ 483\ 648 \sim 2\ 147\ 483\ 647$
单精度型	Single	!	4 个字节	负数 $-3.402823E38 \sim -1.401298E-45$ 正数 $1.401298E-45 \sim 3.402823E38$
双精度型	Double	#	8 个字节	负数 $-1.79769313486232E308 \sim$ $-4.9406545841247E-324$ 正数 $4.9406545841247E-324 \sim$ $1.79769313486232E308$
实型	Decimal		14 个字节	$-10^{28}-1 \sim 10^{28}-1$
字符串（定长）	String	$	1 ~ 65 400 字节	$0 \sim 2^{16}$ 个字符
字符串（变长）	String	$	0 ~ 2E9 字节	$0 \sim 2^{31}$ 个字符

续表

数据类型	关键字	类型符	存储空间	取值范围
日期型	Date	无	8 个字节	100 年 1 月 1 日 ~9999 年 12 月 31 日
布尔型	Boolean		1 个字节	True or False
货币	Currency	@	8 个字节	-922337203685477.5808 ~ 922337203685477.5807
变体型	Variant		不定	1/1/10000（日期），数字和双精度同，文本和字符串同
对象型	Object		对象引用	

9.3.2　常量与变量

一、常量

VBA 在运行时其值始终保持不变的量。常量有直接常量、符号常量、系统常量和内部常量，其中：

- 日期常量：放在双引号内，日期/时间型常量放在一对#内。

例如：#2013-08-11 10:25:00 pm#　'有效的日期型数据

　　#13/23/2013#　'有效的日期型数据

　　#03-25-2013 20:30:00#　'有效的日期型数据

- 符号常量：用标识符保存一个常量值，一般使用 Const 语句定义常量。

例如：Const Pai =3.14159

　　Const TermBeginDate = #9/1/2013#

- 系统常量：True 和 False、Yes 和 No、On 和 Off 和 NULL。
- 内部常量：通常指明对象库常量，来自 Access 库的常量以“ac”开头，来自 ADO 库的常量以“ad”开头，而来自 Visual Basic 库的常量则以“vb”开头。例如：acForm、adAddNew、vbCurrency。

二、变量

变量是程序运行期间内值可以改变的量。变量在使用前应该进行声明，用 Dim 或 Static 语句显式声明局部变量。

1. 变量名的命名规则

（1）必须以字母（或汉字）开头；

（2）可以包含字母、数字或下划线字符；

（3）不能包含标点符号或空格等；

（4）最长不能超过 255 个字符；

（5）不能是 VBA 关键字（如 For、To、Next、If、While 等）。

注意：字母不区分大小写，如“NewVar”和“newvar”代表的是同一个变量。

2. 格式：

```
Dim <变量1> As <类型1> [, <变量2> As <类型2> [, ...]]
Static 变量[As 类型]
Static Sub 过程名[(实参列表)]
Static Function 函数名[(实参列表)][As 类型]
```

语句中的“As 类型”子句是可缺省的。如果使用该子句，就可以定义变量的数据类型。未定义时默认变量的类型为变体型（Variant）。

VBA 中允许不事先声明而直接使用变量，若添加语句 Option Explicit，则使用的变量必须事先声明，否则 VBA 会发出警告信息。强制实现变量先定义后使用也可以通过菜单实现，方法是单击【模块】菜单，选中“工具”命令下的“选项”对话框，在“要求变量声明”复选框中打钩，如图 9. 15 所示。

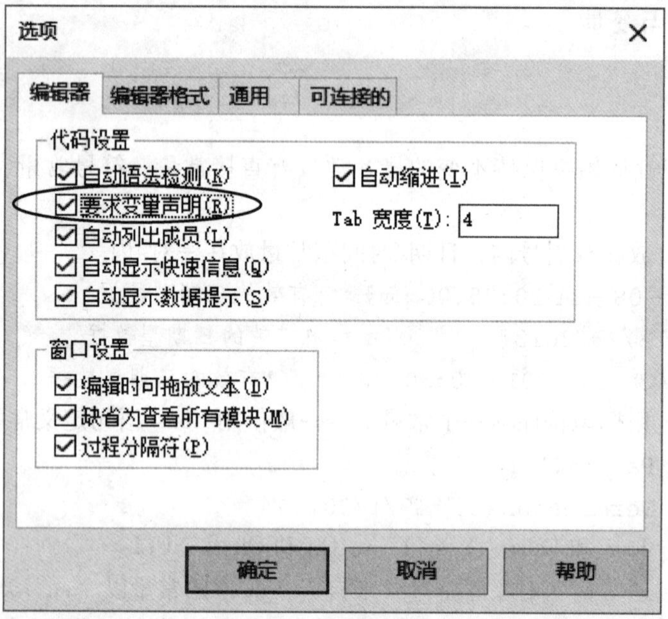

图 9. 15　选项对话框

例如：

Dim i As integer,j As integer,s:表示 i,j 为整型变量,s 为变体型变量。

Dim StudentName As String:表示 StudentName 为字符串变量。

Dim Grade As Integer,AvgGrade As Single:表示 Grade 为整型,AvgGrade 为单精度。

Dim Passed As Boolean,ExamDate As Date:表示 Passed 为布尔型,ExamDate 为日期型。

Static Variable1 as Integer:表示 Variable1 是静态整型变量。

声明语句用于命名和定义常量、变量、数组和过程。在定义了这些内容的同时，也定义了它们的作用范围，即局部、模块或全局。与使用的关键字（Dim、Public、Static 或 Global）有关。

3. 变量的作用域

在 VBA 编程中，变量定义的位置和方式不同，则它存在的时间和起作用的范围也有所不同，这就是变量的作用域与生命周期。VBA 中变量的作用域分为下列 3 种：

（1） 全局变量（Public）。

在标准模块的所有过程之外的起始位置声明的变量称为全局变量，在标准模块的变量声明区域，用 Public... As 关键字声明的变量的作用域就属于全局范围。在数据库系统的所有地方都可使用。即可被本应用程序的任何过程或函数访问。

（2） 局部变量（Local）。

在模块的过程内部声明的变量称为局部变量，一般在过程内用 Dim 语句或用 Private 语句声明。在子过程或函数过程中声明的变量或直接使用的变量，作用域都属于局部范围。局部变量仅在该过程范围中有效。包括在窗体对象、报表对象、模块对象之内定义的变量，不能跨越所在对象。

要在过程的运行时永远保留局部变量的值，可以用 Static 关键词代替 Dim 定义静态变量。

（3） 模块级变量（Module）。

在模块中的所有过程之外的起始位置声明的变量称为模块级变量。在模块级变量声明区域，用 Dim... As 关键字声明的变量的作用域就属于模块范围。模块级变量仅在该模块范围中有效，不能跨越所在对象。此变量只能在模块的开始位置定义。

4. 变量的生命周期

（1） 变量的生命周期是指变量在运行时有效的持续时间。变量的持续时间是指从变量声明语句所在的过程第一次运行到代码执行完毕并将控制权交回调用它的过程为止的时间。

（2） 每次子过程或函数过程被调用时，以 Dim... As 语句声明的局部变量，会被设定默认值，数值类型变量的默认值为 0，字符串型变量的默认值为空字符串（""），布尔型变量的默认值为 False。这些局部变量，有着与子过程或函数过程等长的持续时间。

例如：在一个标准模块中不同级别的变量声明：

```
Public Pa As integer          '局变量
Private  Mb As string         '窗体/模块级变量
Sub  F1( )
  Dim  Fa As integer          '局部变量
…
End Sub
Sub  F2( )
Dim  Fb As Single             '局部变量
...
End Sub
```

9.3.3　标识符及运算符的使用

1. 关键字 Dim 或 Static 的区别

Dim 声明：随过程的调用而分配存储单元，每次调用都对变量初始化；过程体结束，变量的内容自动消失，存储单元释放。

Static 声明：Static 声明的变量，也称为静态变量。静态变量在程序运行过程中一直保留其值，即每次调用过程，变量保持原来的值。

2. 注释语句

有两种方式：

（1）使用 Rem 语句；

（2）用英文单引号“'”。

注释语句可写在某语句的后面，也可单独一行，若把 Rem 语句写在某语句的后面的同一行时，要在该语句与 Rem 之间用“:”分隔。

例如：
```
a=2            :Rem  x 为方程的系数
q=b*b-4*a*c    '求一元二次方程判别式
```

3. 标识符与运算符的命名规则

标示符为程序中常量、变量、过程等对象的名字。VBA 标识符规定：

（1）字符必须是字母，且包含的字符数不超过 255 个。

（2）不得与 VBA 的关键字同名，如不能使用 Sub、For 等。

（3）不能使用下列字符：!　　@　　&　　$　　#　　（空格）。

（4）从增强程序可读性角度出发，标识符应尽量使用变量含义，增加程序的可读性。

4. 常用运算符

常用的运算符包含算术运算符、关系运算符、逻辑运算符、布尔量（True 或 False）和连接运算符。其中，“+”用于连接字符串，“&”可将几个不同类型的值连接成一个字符串。运算符如表 9.13 所示。

表 9.13　常用运算符

算术运算符		比较运算符		逻辑运算符	
描述	符号	描述	符号	描述	符号
求幂	^	大于	>	逻辑与	And
负号	-	大于等于	>=	逻辑或	Or
乘	*	小于	<	逻辑非	Not
除	/	小于等于	<=	逻辑异或	Xor
整除	\	等于	==	逻辑等价	Eqv
取余	Mod	不等于	<>	逻辑隐含	Imp
加、减	+ -	对象引用比较	Is	连接运算符	& 或 +

5. 运算符的使用

（1）Like 运算符。

Like 为字符串匹配运算符。

格式："目标串" Like "匹配串"　　结果为逻辑值

例如："abc" Like "a*"　　结果为:True

```
"abc" Like " a[ * ]c"     结果为:False
```

（2）Is 运算符。

Is 为判断一个表达式的值是否为空（NULL），Is 和 NULL 保留字联用。

格式：`Is Null(表达式)或 Not IsNull(表达式)`

例如：在 text1 文本框中，若没输入数据，提示“输入数据不能为空”，否则显示数据。

```
If IsNull(Text1)Then
MsgBox "输入数据不能为空"
Else
MsgBox(Text1.Value)
End If
```

（3）In 运算符。

In 为判断一个表达式的值是否在一个指定范围的值之内。

格式：`表达式[Not]In(Value1,Value2,...)`

例如：判断系别是否在计算机、通信工程和工商管理三个系之中。

系别 In（"计算机","通信工程","工商管理"）

（4）Between...And...运算符。

Between 为判断一个表达式的值是否在两个数所确定的范围之内。

格式：`表达式[Not]Between Value1 And Value2`

例如：表示 100≥X≥0 中的语句

```
X Between 0 And 100
```

（5）！运算符。

“！”为取得一个对象的子集、子对象和属性，而且要求这些子集、子对象是由用户定义的，子属性是 Access 内部定义的。“！”运算符之后总是用方括号“［］”将内容括起来。

例如：`Forms！［库存表］！［入库日期］.Height`

库存表为窗体名，入库日期为控件名。它们前面用“！”，是因为它们是用户自己定义的。Height 前用“.”，因为是 Access 系统定义的控件属性。

（6）表达式。

表达式：用运算符将常量、变量、函数等连接起来的式子，书写在一行上。

表达式可分为算术表达式、关系表达式和逻辑表达式等。

算术表达式，例如：Sum1 = Count + 1

例如：$\dfrac{-b+\sqrt{b^2-4ac}}{2a}$　写成：`(-b+Sqr(b^2-4*a*c))/(2*a)`

关系表达式，如：Age <>60（Age≠60）

逻辑表达式，如：Grade <=70 Or Grage >=60

6. 赋值语句

格式：`[Let]变量名 = 表达式`

功能：计算右端的表达式，并把结果赋值给左端的变量。Let 为可选项。符号“=”被称为赋值号。

注意：赋值号“=”左边的变量可以是对象的属性，但不能是常量。

例如：pi =3.14159 * 2 * r '正确
　　　5 = I -1　　　　　'错误

9.4 VBA 的常用函数及常用控件

9.4.1 VBA 函数

Access 2013 为用户提供了大量函数，根据函数返回值类型，可以将函数分为：日期/时间函数、数学函数、文本函数、类型转换函数、逻辑测试函数、消息函数和其他函数几大类。

1. 日期/时间函数

日期/时间函数如表 9.14 所示。

表 9.14　日期/时间函数

名　称	说　明
Date	当前系统日期
Time	当前系统时间
Now	当前系统日期和时间
DateSerial	指定年月日的日期
DateValue	日期值
Time Serial	指定时分秒的时间
TimeValue	时间值
Timer	从午夜计数的秒数
Day	月中第几天
Month	年中第几月
Weekday	星期几
Year	年
Hour	小时
Minute	分钟
Second	秒
DateAdd()	将指定日期加上某个日期

（1）dateAdd( )：添加日期。

例如：select dateAdd("d",30,Date())　　'表示将当前日期加上 30 天

（2）DateDiff( )：判断两个日期之间的间隔。

例如：`MsgBox(DateDiff("d","2013-5-10","2013-6-1"))` '返回22

(3) DatePart()：返回日期的某个部分。

例如：`Msgbox(DatePart("d","2013-5-10"))` '返回10，即10号

`Msgbox(DatePart("q",Date()))` '返回当前季节

(4) Day()：返回日期的1~31日部分。

例如：`Date()` '返回当前日期的年月日

(5) IsDate()：判断是否是日期，是日期则返回-1，不是日期则返回0。

(6) Month()：返回日期的月份部分。

(7) Year()：返回某个日期的年份。

例如：`Month(date())` '返回当前的月份

(8) Hour()：返回日期的小时。

(9) Minute()：返回日期的分钟部分。

(10) Second：返回日期的秒部分。

(11) Time：返回当前的时间部分（即除去年/月/日的部分）。

(12) Weekday：返回某个日期的当前星期（星期天为1，星期一为2，星期二为3……）。

例如：`MsgBox(Weekday(Date)-1)` '返回当前星期

(13) CDate：将字符串转化成为日期。

例如：`select CDate("2013/4/5")` '变成日期型数据

2. 数学函数

数学函数如表9.15所示。

表9.15 数学函数

名　称	说　明
Abs	绝对值
Atn	反正切值
Cos	余弦值
Exp	e的乘幂
Fix	取整数部分
Int	向下取整到最接近的整数（其实等同于Fix）
Log	对数
Randomize	初始化随机数发生器
Rnd	随机数
Sgn	正负号
Sin	正弦值
Sqr	平方根
Tan	正切

例如：求 Sin(30°)。写成:Sin(3.14*30/180)　'返回 0.5

```
Fix(3.9999)   '返回 3              Exp(1)  '返回 2.71829
Log(2.71829)   '返回 1             Sqr(16)  '返回 4
Sgn(-25)   '返回 -1                Sng(25)  '返回 1
```

对于随机函数：

（1）Rnd 可以产生一个（0，1）的随机数。

（2）使用 Randomize 语句可为随机数生成器指定不同的初值，即可得到不同的随机数序列。

（3）Rnd 通常与 Int 函数配合使用，要生成［a，b］区间范围内的随机整数，可采用：Int((b - a + 1) * Rnd + a)

例如：Int(4 * Rnd + 1) 可以产生 1 ~ 4 之间（含 1 和 4）的随机整数。即可以是 1，2，3 或 4，这由 VB 运行时随机给定。

例如：
```
Int((b-a+1)*Rnd+a)
Randomize
Int(100*Rnd+1)        '产生[1,100]的随机整数
Int(900*Rnd+100)      '产生[100,999]的 3 位随机整数
```

3. 字符函数

字符函数如表 9.16 所示。

表 9.16　字符函数

名　称	说　明
Asc	第一个字符的 ASCII 代码
Chr	与 ASCII 代码对应的字符
Format	按指定格式显示字符串
Hex	十六进制数的字符串
InStr	一个字符串在另一字符串中出现的位置
LCase	字符转换为小写
Left	字符串左边几个字符
Len	字符串长度
LSet	字符串左对齐
LTrim	去掉字符串前面空格
Mid	字符串中间几个字符
Oct	八进制数的字符串
Right	字符串右边几个字符
RSet	字符串右对齐
RTrim	去掉字符串后面空格

续表

名　称	说　明
Space	指定个数的空格组成的字符串
Str	数值的字符串表示
StrComp	字符串比较结果
String	指定长度的重复字符串
Trim	去掉字符串中的空格
UCase	字符转换为大写
Val	字符串的数值

例如：

```
s=Chr("65")  '返回 A
s=Chr("97")  '返回 a
AnyString="学习使用 Access 2013 VBA 程序设计"  '定义字符串
```

(1) MyStr = Right(AnyString, 7)：返回 VBA 程序设计

(2) Left ()：返回指定字符串左边取出的指定数量的字符，格式为 Left(string, length)。

例如：`Left("abcdef",3)  '返回 abc`

(3) InStr()：查找某字符串在另一个字符串中首次出现的位置。

例如：

```
SearchString="This is a FindCharacter"
InStr(SearchString,"is")  '返回 3
```

(4) `Len("字符串")`：返回字符串长度。

例如：

```
Len("Customer")  '返回 8
Len("Access 数据库")  '返回 9
```

4. 类型转换函数

类型转换函数如表 9.17 所示。

表 9.17　类型转换函数

名　称	说　明
CBool	转换为布尔型
CCur	转换为货币型
CDate	转换为日期型
CDbl	转换为双精度型
CInt	转换为整数型
CLng	转换为长整数型
CSng	转换为单精度型

续表

名　　称	说　　明
CStr	转换为字符串型
CVar	转换为变体型
CVErr	转换为错误返回码
Val	转换为数值型

例如：`Text3.Value=Val(Text1.Value)+Val(Text2.Value)`

上式将文本框 Text1 和 Text2 的字符数据转换成数值求和赋给 Text3 文本框。

5. 逻辑测试函数

逻辑测试函数如表 9.18 所示。

表 9.18　逻辑测试函数

名　　称	说　　明
IsArray()	如果传送一个数组就返回 True
IsDate()	如果传送一个日期就返回 True
IsEmpty()	如果传送一个没有初始化的变量就返回 True
IsError()	如果传送一个错误值就返回 True
IsMissing()	如果在过程的调用中，没有为规定参数传值就返回 True
IsNull()	如果传送 NULL 就返回 True
IsNumber()	如果传送一个数字就返回 True
IsObject()	如果传送一个对象就返回 True

例如：
```
If IsNull([Text1]) Or IsNull([Text2])Then
    MsgBox "请输入正确的用户名或密码",vbOKOnly,"信息提示"
```
表示判断 Text1 和 Text2 文本框的数据，若为空，输出提示信息。

6. 输入消息框函数

InputBox()：表示打开一个输入对话框，等待用户键入文本或选择一个按钮。当用户单击“确定”按钮或按 Enter 键后，函数返回文本框中输入的值。

格式：`InputBox(提示[,标题][,缺省值][,x 坐标位置][,y 坐标位置])`

【参数说明】

（1）“提示”：唯一不能省略的选项，是字符串表达式，在对话框中作为提示信息显示。

（2）“标题”：字符串表达式，在对话框的标题栏显示，缺省标题为“Microsoft Office Access”。

（3）“缺省值”：当无输入新值时，则该缺省值作为输入的内容。

（4）“x 坐标位置”和“y 坐标位置”：确定对话框在屏幕上的位置。

(5) 若用户单击“取消”按钮，该函数返回长度为零的字符串（""）。

(6) InputBox( ) 函数返回值的类型由接收返回值变量的类型决定。

例如：`a = InputBox("输入一个正整数 a = ?","输入提示","10",400,200)`

运行结果如图 9.16 所示。

7. 输出消息框函数

MsgBox( )：表示打开一个输出消息对话框。

例如：`MsgBox "a 是方程二次项系数,不能为零",vbYesNo,"输出框"`

输出结果如图 9.17 所示。

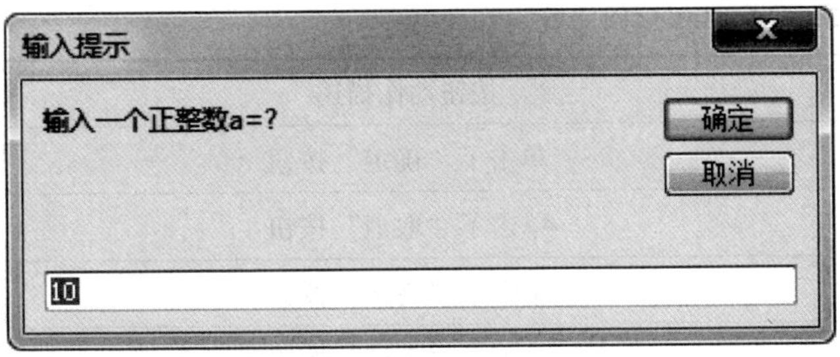

图 9.16　输入消息框的使用

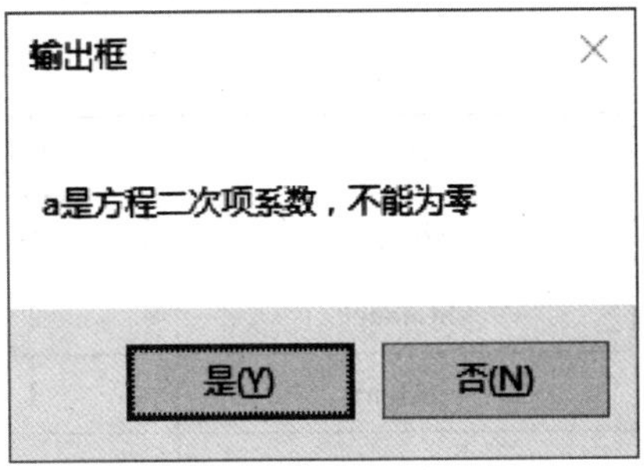

图 9.17　输出消息框的使用

格式：`MsgBox(提示[,按钮][,标题])`

【参数说明】

(1) “提示”和“标题”：与 InputBox 函数的意义相同。

(2) MsgBox 函数与 MsgBox 过程的格式区别，前者有一对圆括号，后者没有圆括号。

(3) 按钮个数及图标：符号常量、返回值参数是可选的字符串或整型表达式，决定显示按钮的数目及形式，缺省值为 0。按钮参数设置方法如表 9.19 所示。图标显示参数如表 9.20 所示。

表 9.19　图标形式及对应值按钮

符号常量	返回值	按钮形式
VbOkOnly	0	“确定”按钮
VbOkCancel	1	“确定”和“取消”按钮
VbAbortRetryIgnore	2	“终止”“重试”“忽略”按钮
VbYesNoCancel	3	“是”“否”和“取消”按钮
VbYesNo	4	“是”和“否”按钮
VbRetryCancel	5	“重试”和“取消”按钮

表 9.20　MsgBox 函数按钮形式及对应值表

符号常量	返回值	图标形式
VbCritical	16	停止图标
VbQuestion	32	问号图标
VbExclamation	48	警告和信息图标
VbInformation	64	信息图标

（4）按钮返回的整数决定用户选择了对应按钮，如表 9.21 所示。

表 9.21　MsgBox 返回值表

常数	返回值	按钮动作描述
vbOK	1	单击了“确定”按钮
vbCancel	2	单击了“取消”按钮
vbAbort	3	单击了“终止”按钮
vbRetry	4	单击了“重试”按钮
vbIgnore	5	单击了“忽略”按钮
vbYes	6	单击了“是”按钮
vbNo	7	单击了“否”按钮

（5）用户选择缺省按钮也是可选项，对应值如表 9.22 所示。

表 9.22　MsgBox 缺省按钮值

常数	返回值	缺省按钮
vbDefaultButton1	0	第一个按钮是缺省值
vbDefaultButton2	256	第二个按钮是缺省值
vbDefaultButton3	512	第三个按钮是缺省值
vbDefaultButton4	768	第四个按钮是缺省值

例 6：
```
MsgBox "a 是方程二次项系数,不能为零",3 +48 +256,"输出框"
If a =6 Then        'a =6 也可改用 a =vbYes,即确定用户单击按钮数
MsgBox "用户已单击了 MsgBox 函数对话框中的"是"按钮",,"MsgBox 过程"
End If
If a =vbNo Then      'a =vbNo 可改用 a =7
MsgBox "用户已单击了 MsgBox 函数对话框中的"否"按钮",,"MsgBox 过程"
End If
```

其中：“3”表示有“是、否、取消”三个按钮，“48”表示图标，“256”表示缺省按钮，结果如图 9.18 所示。

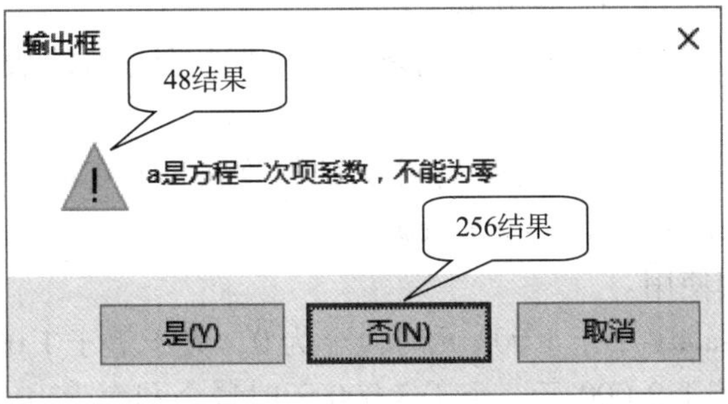

图 9.18　输出消息框参数使用

例 7：消息函数使用的过程代码为：

```
Private Sub Command1_Click()
UserName = InputBox("请输入您的用户名")
If UserName = "" Then
MsgBox("用户名不能为空")
Else MsgBox("用户名是:"& UserName)
End If
End Sub
```

运行结果如图 9.19 所示。

未输入数据时，如图 9.19（a）所示，输入数据时，如图 9.19（b）所示。

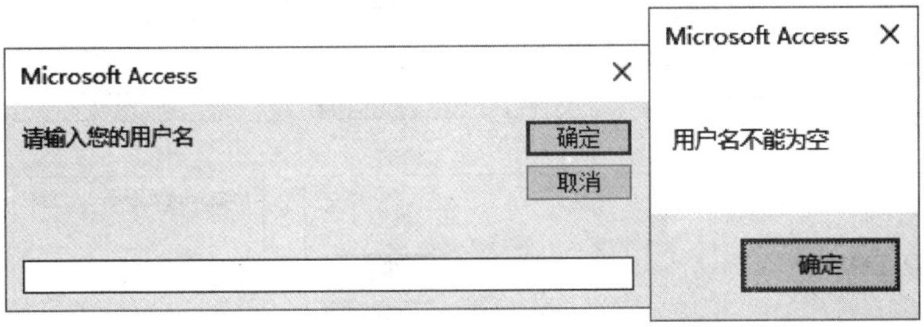

（a）

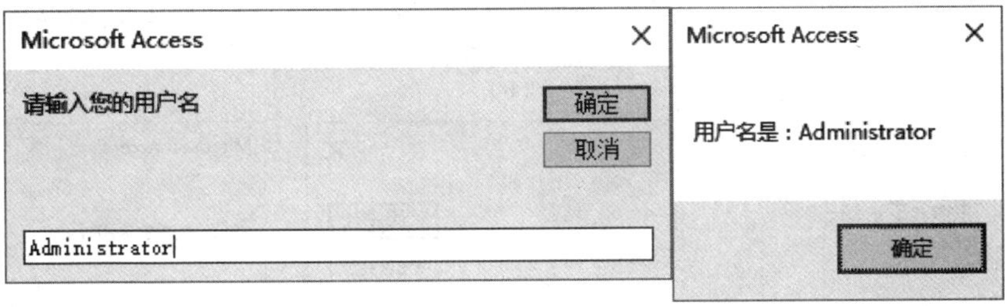

（b）

图 9.19　输入输出对话框的使用

8. 其他函数

条件函数：IIf()

- 格式：

IIf（条件表达式，表达式 1，表达式 2）

【说明】条件表达式为逻辑表达式，当条件为“真”时结果取表达式 1 的值，反之，取表达式 2 的值。

例如：若 $x=100$，$y=210$，求将 x，y 中大的数放入 max 变量中。

```
max = IIf(x > y,x,y)   '则 max = 210
```

- IIf 函数可以嵌套使用。

例 8：若工资总额 salary 小于 1 000 元时税金为 0，大于等于 1 000 元、小于 2 000 元时税金利率为 5%，大于等于 2 000 元、小于 3 000 元时税金利率为 10%，大于等于 3 000 元、小于 4 000 元时税金利率为 15%，大于等于 4 000 元时税金利率为 20%，其过程代码为：

```
Private Sub sub7 ( )
  salary = InputBox ("请输入工资额 = ?")
  Tax = IIf (salary <1000,0,IIf (salary <2000,salary *0.05,IIf (salary <
    3000,salary *0.1,IIf (salary <4000,salary *0.15,salary *0.2))))
  MsgBox ("你应交的税金是" & Tax & "元")
End Sub
```

其运行结果如图 9.20 所示。

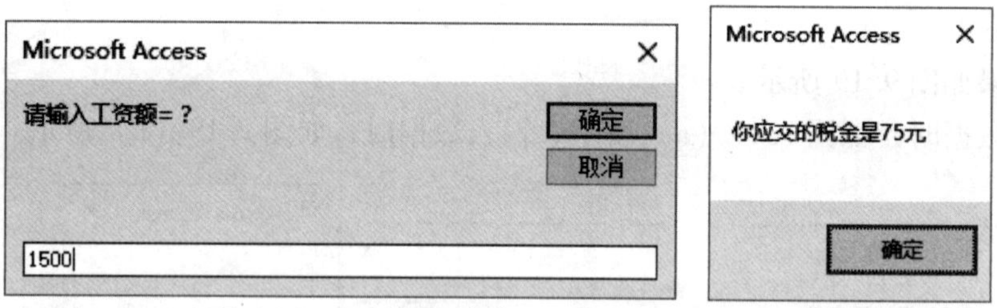

（a）

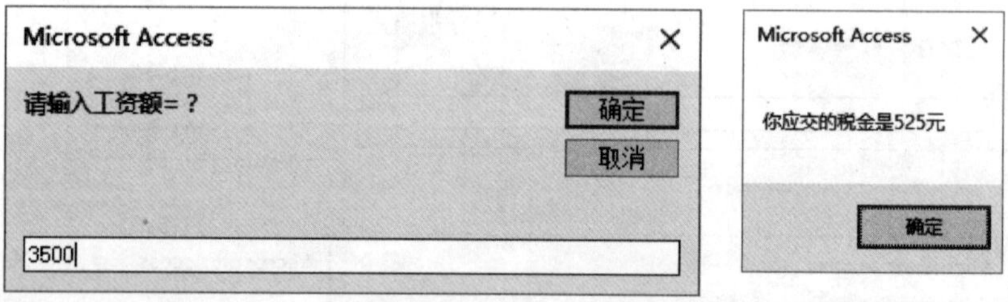

（b）

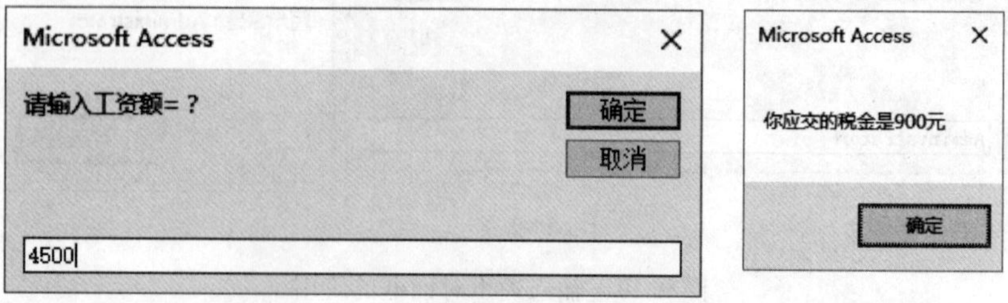

（c）

图 9.20　使用条件函数运行的结果

9.4.2　功能语句

（1）Beep：产生一次蜂鸣。

（2）DeleteControl：从一个窗体中删除一个指定控件。

例如，`DeleteControl "Form1","Text1"　　'从 Form1 窗体中删除 Text1 控件`

（3）DeleteReportControl：从一个报表中删除一个指定控件。

例如，`DeleteReportControl "Report1","Text3"　　'删除报表 Report1 中的 Text3 控件`

（4）Docmd：执行一个宏操作。

（5）Option Compare：设置进行字符串比较运算时是否区分大小写。

（6）Resume：完成错误信息处理。

例如：
```
Resume[0]         '返回到最近一次出现错误代码行继续执行
Resume Next       '返回到最近一次出现的错误代码行的下一句继续执行
Resume 行号        '返回到指定的行号继续执行
```

9.4.3　VBA 编程常用控件

- BoundObjectFrame　绑定对象框
- CheckBox　复选框
- ComboBox　组合框
- CommandButton　命令按钮
- CustomControl ActiveX　（自定义）控件
- Image　图像
- Label　标签
- Line　线条
- ListBox　列表框
- ObjectFrame　未绑定对象框或图表
- OptionButton　选项按钮
- OptionGroup　选项组
- Page　页
- PageBreak　分页符
- Rectangle　矩形
- Subform　子窗体/子报表
- TabCtl　选项卡
- TextBox　文本框
- ToggleButton　切换按钮

例 9：案例十四中，其表单界面的控件有文本框、标签、命令按钮和组合框。其中："数据输入"为标签，填写的"存款金额"为文本框、"存款种类"和"期限种类"均为组合框，同时，界面上还有"计算"和"清除"两个按钮，如图 9.21 所示。

其控件的赋值语句为：

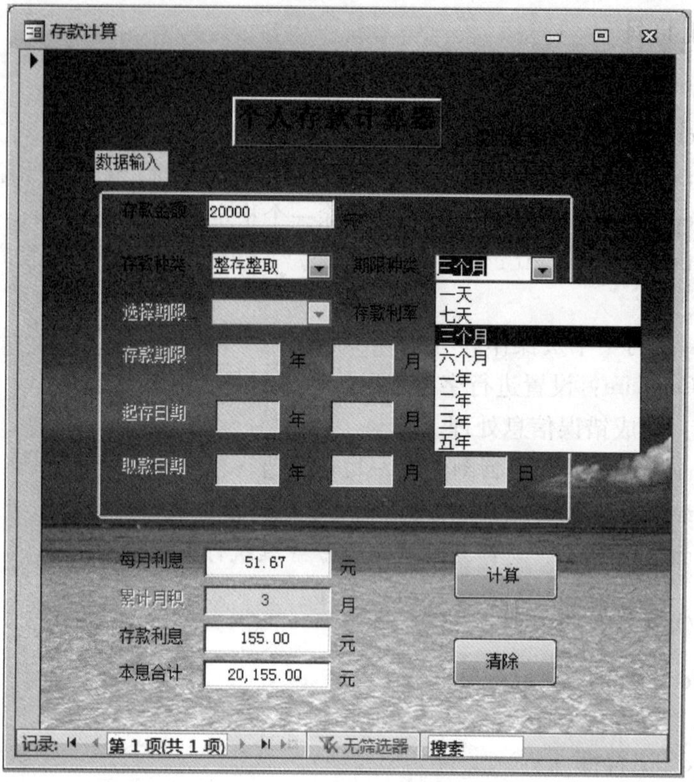

图 9.21　常用控件界面

```
Label1.caption ="数据输入"        '标签内容为"数据输入"
Text0.Value =20000               '存款为 20 000 元
Combo2.value ="三年"              '组合框选定内容为"三年"
```

在组合框列表中输入数据：可右击该组合框，选择“属性”，在“行来源”中添加组合框内容，其中每个项目用分号隔开，如图 9.22 所示。

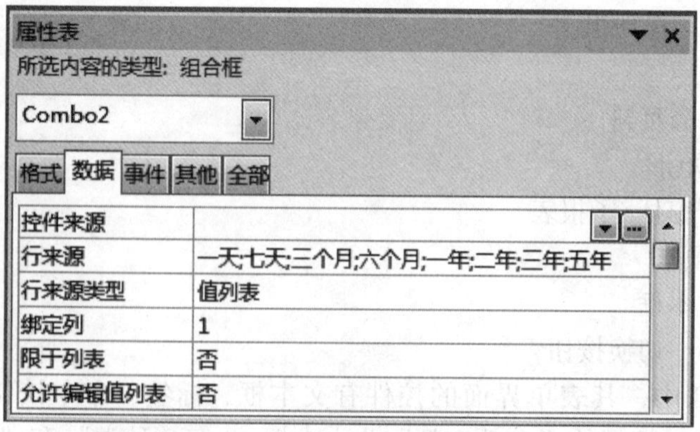

图 9.22　添加组合框控件数据

9.5　VBA 程序流程控制

9.5.1　程序运行结构

结构化程序设计由顺序、选择、循环这 3 种基本结构所组成，如图 9.23 所示。

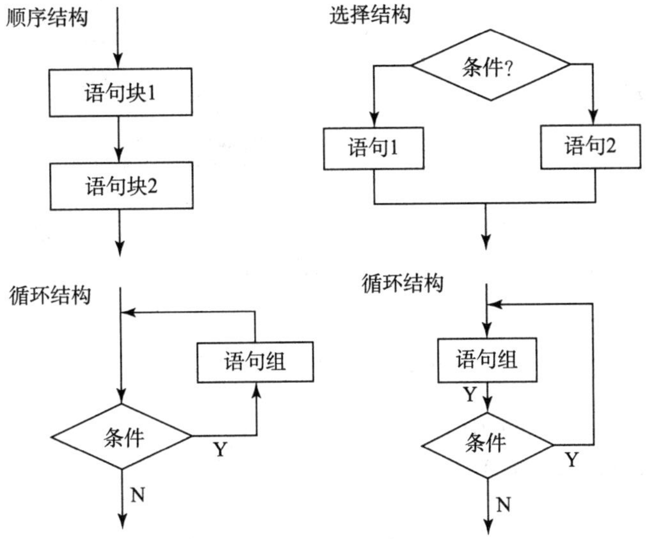

图 9.23　程序控制流程

9.5.2　条件选择结构

一、If...Then...语句

- 语法格式 1：

If <关系表达式或逻辑表达式>Then <语句>

关系表达式或逻辑表达式成立时执行 Then 后的语句，否则直接执行 If 的下一条语句。

<语句>可以是一条语句，也可以是若干条用冒号“:”隔开的 VBA 语句组。

例 10： 出一道两位数加法题让小学生回答。

```
Subsub9 ( )
   Dim A As Integer,B As Integer,Sum As Integer
   Randomize Timer
   A = Rnd * 100 : B = Rnd * 100
   Sum = InputBox (A & " + " & B & " = ?","两位数加法")
   If Sum = A + B Then MsgBox "答案正确!"
   If Sum <> A + B Then MsgBox "答错了! 正确答案是" & A + B
End Sub
```

其运行结果如图 9.24 所示。

答案错误时：

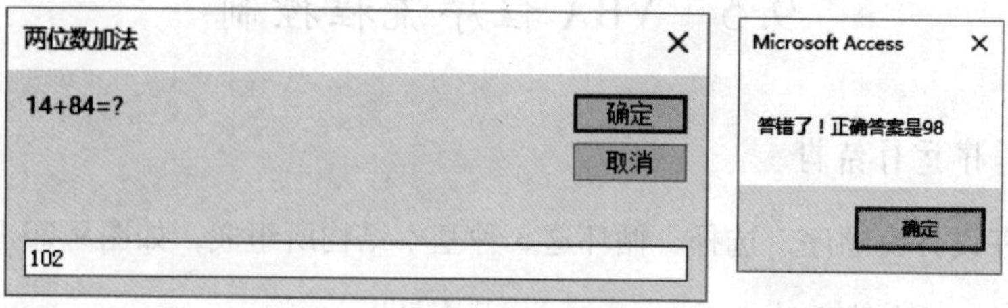

（a）

答案正确时：

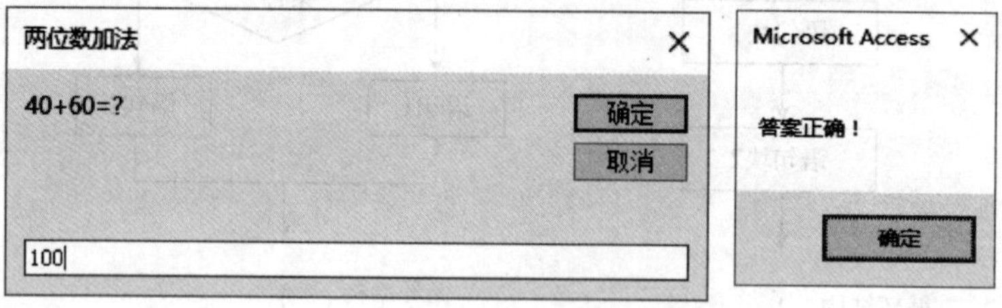

（b）

图 9.24　条件控制输出实例

例如，判断变量 *X* 是否为不小于 10 的整数：

```
If X >=10 and X = Int(X) Then...
```

- 语法格式 2：

```
If <关系或逻辑表达式 > Then <语句 1 > Else <语句 2 >
```

If 后的表达式成立时执行 Then 后的语句，不成立时执行 Else 后的语句；然后程序继续执行 If 后的其他语句。

例 11：输入的考试分数是否合格，并分别输出不同信息。

```
Sub Passed()
Dim Grade As Integer
Grade = InputBox("请输入考试分数:")
If Grade >= 60 Then MsgBox ("合格")
Else MsgBox("不合格")
End Sub
```

- 语法格式 3（多条件选择）：

```
If <关系或逻辑表达式 > Then
<语句组 >
End If
```

或

```
If <关系或逻辑表达式 > Then
<语句组 1 >
Else
<语句组 2 >
End If
```

二、案例十二的操作步骤

例 12：制作案例十二中计算课程平均成绩的窗体。其步骤如下：

（1）单击【创建】选项卡中的“窗体设计”新建一个窗体，添加标签、文本框和按钮控件，并添加相应内容。

（2）在【窗体设计工具】选项卡的“设计”中选择“添加现有字段”，添加 student 表，将学号、姓名和照片字段拖动到窗体上。

（3）使用导航按钮“下一项记录”和“前一项记录”进行查找，如图 9.25 所示。

（4）通过文本框属性修改 4 个成绩文本框名分别是 Text1 ~ Text4，平均成绩项为 Text5。

（5）通过按钮属性修改 3 个按钮名为 Command0、Command1 和 Command2，方便编程。

【说明】若将学号、姓名及 4 门课程及平均成绩建立一个表，可直接拖字段名到窗体，形成和数据库表绑定的字段，此时计算的平均成绩可填写到表中。

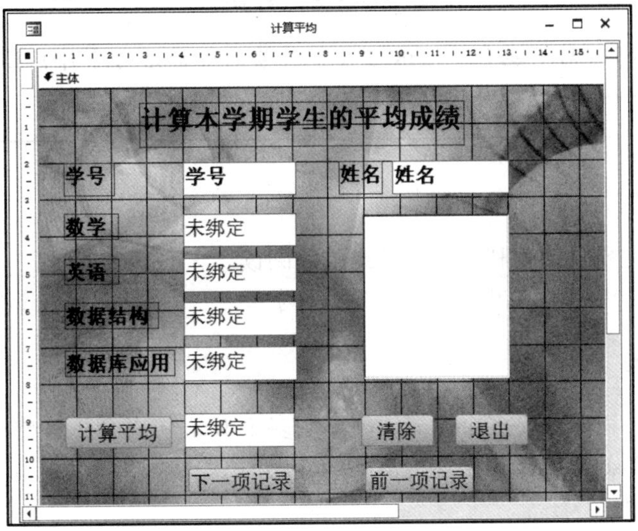

图 9.25　求解平均成绩界面

（6）右击“计算平均”按钮（Command0），选择“事件生成器”下的“代码生成器”，打开模块编辑窗口，键入程序代码如下所示。运行结果见案例十二。

```
Private Sub Command0_Click()
If Text1 = "" Or Text2 = "" Or Text3 = "" Or Text4 = "" Then
MsgBox "成绩输入不全,继续输入成绩!"
Else
Text5.Value = (Val(Text1.Value) + Val(Text2.Value) + Val(Text3.Value) + Val(Text4.Value))/4
End if
```

（7）右击“清除”按钮（Command1），选择“事件生成器”下的“代码生成器”，打开模块编辑窗口，键入程序代码：

```
Private Sub Command1_Click()
```

```
Text1.Value = ""
Text2.Value = ""
Text3.Value = ""
Text4.Value = ""
Text5.Value = ""
End Sub
```

（8）右击“退出”按钮（Command2），选择“事件生成器”下的“代码生成器”，打开模块编辑窗口，键入程序代码：

```
Private Sub Command2_Click()
DoCmd.RunMacro "close_window"
End Sub
```

要点提示

条件语句的 Then 后不能有其他语句（单引号的注释语句除外）ElseIf 不能写成 Else If，每个 If 对应一个 End If 但 ElseIf 不算。

三、注释语句

在程序中加上注释语句有利于程序的维护和阅读。

格式：Rem 注释内容或使用单引号“'”注释内容

四、多条件语句

如果条件复杂，程序需要多个分支，即要用多个 If 语句嵌套，这样程序变得不易阅读。此时可使用 Select Case 语句来写出结构清晰的程序。

语法格式：

```
Select Case <条件表达式>
Case <表达式 1>
[<语句组 1>]
Case <表达式 2>
[<语句组 2>]
……
Case Else
[<语句组 n>]
Case Else
[<语句组 n+1>]
End Select
```

其中的 <条件表达式> 是任何数值或字符串表达式。<表达式> 可以是下列几种形式：

- 数值表达式；
- 数值表达式 To 数值表达式；

- Is <数值表达式>。

要点提示

若 <表达式 n> 与 Case 子句中的一个 <表达式> 相匹配，则执行该子句后面的语句组。若没有一个表达式的值能满足测试表达式，则执行 Case Else 后的语句。

若没有 Case Else 语句，没有满足的表达式时，则不执行任何语句。

若 <表达式> 中含有 To 关键字，必须要求第一个表达式小于第二个表达式。

若 <表达式> 含有 Is 关键字，Is 代表 <条件表达式> 构成的关系值为真时则匹配。

多条件语法流程结构如图 9.26 所示。

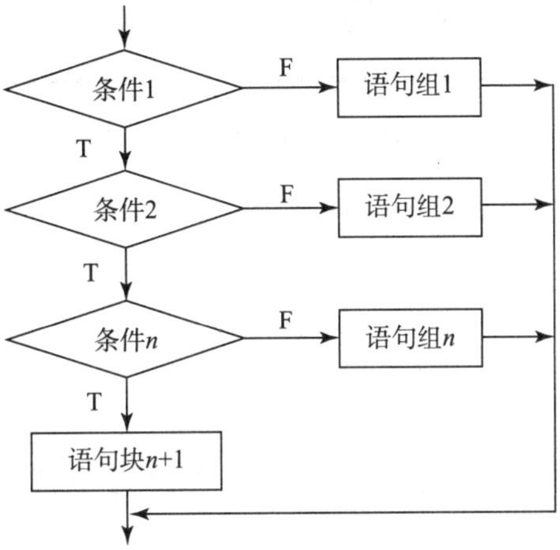

图 9.26　多条件语法流程结构

五、案例十三的操作步骤

例 13：制作案例十三个人所得税计算的过程。

(1) 创建一个窗体，添加 1 个标签、7 个文本框和 2 个按钮控件，添加相应的文字内容，并按照顺序修改文本框名为 Text1 ~ Text7，如图 9.27 所示。

(2) 右击“养老保险费”文本框，打开“代码生成器”，选择焦点事件（GotFocus），在其下编写的代码为：

```
Private Sub Text2_GotFocus()
Text2.Value = Val(Text1.Value) *0.04
End Sub
```

(3) 右击“医疗保险费”文本框，打开“代码生成器”，选择焦点事件（GotFocus），在其下编写的代码为：

```
Private Sub Text3_GotFocus()
Text3.Value = Val(Text1.Value) *0.02
End Sub
```

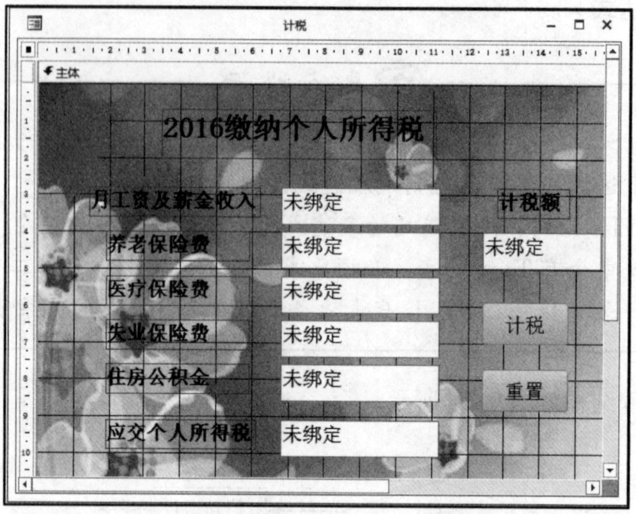

图 9.27　个人所得税编辑界面

（4）右击“失业保险费”文本框，打开“代码生成器”，选择焦点事件（GotFocus），在其下编写的代码为：

```
Private Sub Text4_GotFocus()
Text4.Value = Val(Text1.Value) * 0.005
End Sub
```

（5）右击“住房公积金”文本框，打开“代码生成器”，选择得到焦点事件（GotFocus），在其下编写的代码为：

```
Private Sub Text5_GotFocus()
Text5.Value = Val(Text1.Value) * 0.08
End Sub
```

（6）右击“计税额”文本框，打开“代码生成器”，选择得到焦点事件（GotFocus），在其下编写的代码为：

```
Private Sub Text7_GotFocus()
Dim Tax As Single
Tax = Val(Text1.Value) - Val(Text2.Value) - Val(Text3.Value) - Val(Text4.
    Value) - Val(Text5.Value)
Tax = Tax - 3500
If Tax > 0 Then
Text7.Value = Tax
Else
Text7.Value = 0
```

（7）右击“计税”按钮（Command0），选择“事件生成器”下的“代码生成器”，打开模块编辑窗口，键入程序代码如下。运行结果见案例十三。

```
Private Sub Command0_Click()
```

```
Dim salaryTax As Single
Dim Tax1 As Single
  salaryTax = Val(Text7.Value)
    If salaryTax > 0 Then
      Select Case salaryTax
        Case 0 To 1500:Tax1 = salaryTax * 0.03
        Case 1500 To 4500:Tax1 = salaryTax * 0.1 - 105
        Case 4500 To 9000:Tax1 = salaryTax * 0.2 - 555
        Case 9000 To 35000:Tax1 = salaryTax * 0.25 - 1005
        Case 35000 To 55000:Tax1 = salaryTax * 0.3 - 2755
        Case 55000 To 80000:Tax1 = salaryTax * 0.35 - 5505
        Case Is > 80000:Tax1 = salaryTax * 0.45 - 13505
        Case Else:     Tax1 = "输入工资数据错误"
      End Select
      Else
      Tax1 = 0
      End If
      Text6.Value = Tax1
```

"重置"按钮的程序代码为：

```
Private Sub Command1_Click()
Text1.Value = ""
Text2.Value = ""
Text3.Value = ""
Text4.Value = ""
Text5.Value = ""
Text6.Value = ""
Text7.Value = ""
End Sub
```

六、案例十四的操作步骤

例 14：制作银行个人存款利息计算器的过程。

（1）创建一个窗体，添加标签、文本框、组合框和按钮控件，如图 9.28 所示。

（2）右击"计算"按钮（Command1），选择"事件生成器"下的"代码生成器"，打开模块编辑窗口，键入程序代码如下。运行结果见案例十四。

```
Private Sub Combo2_AfterUpdate()
Select Case(Combo2.Value)
Case "一天"
    Call ResetResult
    Call DayFimit
```

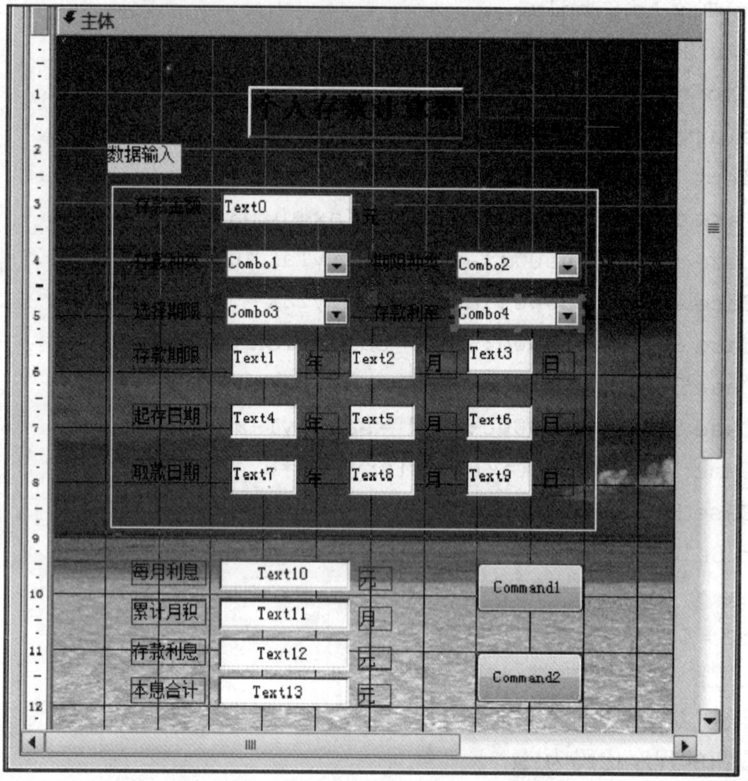

图 9.28　银行个人利息编辑界面

```
    If Combo1.Value = "整存整取" Then
    MsgBox "整存整取最短期限三个月",vbInformation,"警告"
    Call ResetHalf
    Combo2.Value = "选择期限"
    Else
    Combo1.Value = "通知存款"
    Combo4.Value = 0.95
    Combo1.Enabled = False
    Combo3.Enabled = False
    Call MaskText2
    End If
    Text11.Enabled = False
Case "七天"
    Call ResetResult
    Call DayFimit
    If Combo1.Value = "整存整取" Then
    MsgBox "整存整取最短期限三个月",vbInformation,"警告"
    Call ResetHalf
```

```
        Combo2.Value = "选择期限"
        Else
        Combo1.Value = "通知存款"
        Combo4.Value = 1.49
        Combo1.Enabled = False
        Combo3.Enabled = False
        Call MaskText2
        End If
        Text11.Enabled = False
    Case "三个月"
        Call ResetResult
        If Combo1.Value = "通知存款" Then
        MsgBox "通知存款只有一天和七天期限",vbInformation,"警告"
        Call ResetHalf
        Call DayFimit
        Combo2.Value = "选择期限"
        Else
        Combo1.Value = "整存整取"
        Combo4.Value = 3.1
        Text11.Value = 3
        Combo3.Enabled = False
        Call MaskText3
        End If
        Text11.Enabled = False
    Case "六个月"
        Call ResetResult
        If Combo1.Value = "通知存款" Then
        MsgBox "通知存款只有一天和七天期限",vbInformation,"警告"
        Call ResetHalf
        Call DayFimit
        Combo2.Value = "选择期限"
        Else
        Combo1.Value = "整存整取"
        Combo4.Value = 3.3
        Text11.Value = 6
        Combo3.Enabled = False
        Call MaskText3
        End If
        Text11.Enabled = False
```

```
Case "一年"
    Call ResetResult
    If Combo1.Value = "通知存款" Then
    MsgBox"通知存款只有一天和七天期限",vbInformation,"警告"
    Call ResetHalf
    Call DayFimit
    Combo2.Value = "选择期限"
    Else
    Combo1.Value = "整存整取"
    Combo4.Value = 3.5
    Text11.Value = 12
    Combo3.Enabled = False
    Call MaskText3
    End If
    Text11.Enabled = False
Case "二年"
    Call ResetResult
    If Combo1.Value = "通知存款" Then
    MsgBox "通知存款只有一天和七天期限",vbInformation,"警告"
    Call ResetHalf
    Call DayFimit
    Combo2.Value = "选择期限"
    Else
    Combo1.Value = "整存整取"
    Combo4.Value = 4.4
    Text11.Value = 24
    Combo3.Enabled = False
    Call MaskText3
    End If
    Text11.Enabled = False
Case "三年"
    Call ResetResult
    If Combo1.Value = "通知存款" Then
    MsgBox "通知存款只有一天和七天期限",vbInformation,"警告"
    Call ResetHalf
    Call DayFimit
    Combo2.Value = "选择期限"
    Else
    Combo1.Value = "整存整取"
```

```
    Combo4.Value=5
    Text11.Value=36
    Combo3.Enabled=False
    Call MaskText3
    End If
    Text11.Enabled=False
Case "五年"
    Call ResetResult
    If Combo1.Value="通知存款" Then
    MsgBox "通知存款只有一天和七天期限",vbInformation,"警告"
    Call ResetHalf
    Call DayFimit
    Combo2.Value="选择期限"
    Else
    Combo1.Value="整存整取"
    Combo4.Value=5.5
    Text11.Value=60
    Combo3.Enabled=False
    Call MaskText3
    End If
    Text11.Enabled=False
End Select
End Sub
Private Sub combo4_AfterUpdate()
Select Case(Combo4.Value)
Case 0.36
    Call ResetHalf
    Call ShowTextAll
    Combo1.Value="活期存款"
    Combo4.Value=0.5
    Combo2.Enabled=False
    Text11.Enabled=False
    Combo3.Enabled=False
    Call MaskText1
    Call DayStart
    Call DayFinal
Case 0.95
    Call ResetHalf
    Call ShowTextAll
```

```
        Combo1.Value = "通知存款"
        Combo4.Value = 0.95
        Combo2.Value = "一天"
        Combo2.Enabled = False
        Text11.Enabled = False
        Combo3.Enabled = False
        Call MaskText2
        Call DayFimit
    Case 1.49
        Call ResetHalf
        Call ShowTextAll
        Combo1.Value = "通知存款"
        Combo4.Value = 1.49
        Combo2.Value = "七天"
        Combo2.Enabled = False
        Text11.Enabled = False
        Combo3.Enabled = False
        Call MaskText2
        Call DayFimit
    Case 3.1
        Call ResetHalf
        Call ShowTextAll
        Combo1.Value = "整存整取"
        Combo4.Value = 1.71
        Combo3.Enabled = False
        Combo2.Value = "三个月"
        Text11.Value = 3
        Call MaskText3
    Case 3.3
        Call ResetHalf
        Call ShowTextAll
        Combo1.Value = "整存整取"
        Combo4.Value = 3.3
        Combo3.Enabled = False
        Combo2.Value = "六个月"
        Text11.Value = 6
        Call MaskText3
    Case 3.5
        Call ResetHalf
```

```
    Call ShowTextAll
    Combo1.Value="整存整取"
    Combo4.Value=3.5
    Combo3.Enabled=False
    Combo2.Value="一年"
    Text11.Value=12
    Call MaskText3
Case 4.4
    Call ResetHalf
    Call ShowTextAll
    Combo1.Value="整存整取"
    Combo4.Value=4.4
    Combo3.Enabled=False
    Combo2.Value="二年"
    Text11.Value=24
    Call MaskText3
Case 5
    Call ResetHalf
    Call ShowTextAll
    Combo1.Value="整存整取"
    Combo4.Value=5
    Combo3.Enabled=False
    Combo2.Value="三年"
    Text11.Value=36
    Call MaskText3
Case 5.5
    Call ResetHalf
    Call ShowTextAll
    Combo1.Value="整存整取"
    Combo4.Value=5.5
    Combo3.Enabled=False
    Combo2.Value="五年"
    Text11.Value=60
    Call MaskText3
End Select
End Sub
Private Sub combo1_AfterUpdate()
Select Case(Combo1.Value)
Case "活期存款"
```

```
        Call ShowTextAll
        Call ResetHalf
        Combo4.Value = 0.5
        Combo2.Enabled = False
        Combo4.Enabled = False
        Combo3.Enabled = False
        Text11.Enabled = False
        Call MaskText1
        Call DayStart
        Call DayFinal
    Case "整存整取"
        Call ShowTextAll
        Call ResetHalf
        Combo2.Value = "选择期限"
        Combo3.Enabled = False
        Call MaskText3
    Case "存本取息"
        Call ShowTextAll
        Call ResetHalf
        Combo2.Value = Null
        Combo4.Value = Null
        Combo3.Value = "选择期限"
        Combo2.Enabled = False
        Combo4.Enabled = False
        Call MaskText3
    Case "零存整取"
        Call ShowTextAll
        Call ResetHalf
        Combo2.Value = Null
        Combo4.Value = Null
        Combo3.Value = "选择期限"
        Combo2.Enabled = False
        Combo4.Enabled = False
        Call MaskText3
    Case "通知存款"
        Call ShowTextAll
        Call ResetHalf
        Combo4.Value = Null
        Combo2.Value = "选择期限"
```

```
    Combo3.Enabled = False
    Combo4.Enabled = False
    Call MaskText2
    Call DayFimit
  End Select
End Sub
Private Sub combo3_AfterUpdate()
Select Case (Combo3.Value)
Case "一年"
    Combo4.Value = 3.1
    If (Combo1.Value = "零存整取") Then
    Text11.Value = 78 '累计月积数 = (存入次数 + 1) ÷ 2 × 存入次数。推算一年期
的累计月积数为(12 + 1) ÷ 2 × 12 = 78,以此类推,三年期、五年期的累计月积数分别为
666 和 1830
    Else
    Combo1.Value = "存本取息"
    Text11.Value = 12
    Combo2.Enabled = False
    Combo4.Enabled = False
    End If
    Call MaskText3
    Call ResetResult
Case "三年"
    Combo4.Value = 3.3
    If (Combo1.Value = "零存整取") Then
    Text11.Value = 666
    Else
    Combo1.Value = "存本取息"
    Text11.Value = 36
    Combo2.Enabled = False
    Combo4.Enabled = False
    End If
    Call MaskText3
    Call ResetResult
Case "五年"
    Combo4.Value = 3.5
    If (Combo1.Value = "零存整取") Then
    Text11.Value = 1830
    Else
```

```
    Combo1.Value="存本取息"
    Text11.Value=60
    Combo2.Enabled=False
    Combo4.Enabled=False
    End If
    Call MaskText3
    Call ResetResult
End Select
End Sub
Private Sub Command1_Click()
    If IsNull(Text0.Value)Then
    Text0.Value=0
    End If
If Combo1.Value="活期存款" Then
    Call ArithDays1
    ElseIf Combo1.Value="通知存款" Then
    Call ArithDays2
    Else
    Call ArithMonths
    End If
End Sub
Private Sub Command2_Click()
Call ResetAll
Call ShowTextAll
End Sub
Private Sub MaskText1()
Text1.Enabled=False
Text2.Enabled=False
Text3.Enabled=False
End Sub
Private Sub MaskText2()
Text4.Enabled=False
Text5.Enabled=False
Text6.Enabled=False
Text7.Enabled=False
Text8.Enabled=False
Text9.Enabled=False
End Sub
Private Sub MaskText3()
```

```
Text1.Enabled = False
Text2.Enabled = False
Text3.Enabled = False
Text4.Enabled = False
Text5.Enabled = False
Text6.Enabled = False
Text7.Enabled = False
Text8.Enabled = False
Text9.Enabled = False
End Sub
Private Sub ShowText1()
Text1.Enabled = True
Text2.Enabled = True
Text3.Enabled = True
End Sub
Private Sub ShowText2()
Text4.Enabled = True
Text5.Enabled = True
Text6.Enabled = True
Text7.Enabled = True
Text8.Enabled = True
Text9.Enabled = True
End Sub
Private Sub ShowText3()
Text1.Enabled = True
Text2.Enabled = True
Text3.Enabled = True
Text4.Enabled = True
Text5.Enabled = True
Text6.Enabled = True
Text7.Enabled = True
Text8.Enabled = True
Text9.Enabled = True
End Sub
Private Sub ShowTextAll()
Text0.Enabled = True
Combo2.Enabled = True
Combo4.Enabled = True
Combo1.Enabled = True
```

```
Combo3.Enabled = True
Text1.Enabled = True
Text2.Enabled = True
Text3.Enabled = True
Text4.Enabled = True
Text5.Enabled = True
Text6.Enabled = True
Text7.Enabled = True
Text8.Enabled = True
Text9.Enabled = True
Text10.Enabled = True
Text11.Enabled = True
Text12.Enabled = True
Text13.Enabled = True
End Sub
Private Sub ResetResult()
Text10.Value = Null
Text12.Value = Null
Text13.Value = Null
End Sub
Private Sub ResetButtom()
Text1.Value = Null
Text2.Value = Null
Text3.Value = Null
Text4.Value = Null
Text5.Value = Null
Text6.Value = Null
Text7.Value = Null
Text8.Value = Null
Text9.Value = Null
Text10.Value = Null
Text11.Value = Null
Text12.Value = Null
Text13.Value = Null
End Sub
Private Sub ResetHalf()
Combo2.Value = Null
Combo4.Value = Null
Combo3.Value = Null
```

```
Text1.Value = Null
Text2.Value = Null
Text3.Value = Null
Text4.Value = Null
Text5.Value = Null
Text6.Value = Null
Text7.Value = Null
Text8.Value = Null
Text9.Value = Null
Text10.Value = Null
Text11.Value = Null
Text12.Value = Null
Text13.Value = Null
End Sub
Private Sub ResetAll()
Text0.Value = Null
Combo2.Value = Null
Combo4.Value = Null
Combo1.Value = Null
Combo3.Value = Null
Text1.Value = Null
Text2.Value = Null
Text3.Value = Null
Text4.Value = Null
Text5.Value = Null
Text6.Value = Null
Text7.Value = Null
Text8.Value = Null
Text9.Value = Null
Text10.Value = Null
Text11.Value = Null
Text12.Value = Null
Text13.Value = Null
End Sub
Private Sub ArithMonths()
    Text10.Value = Val(Combo4.Value)/12/100 * Val(Text0.Value)
    Text12.Value = Val(Combo4.Value)/100 * Val(Text0.Value)/12 * Val
(Text11.Value)
    Text13.Value = Val(Text0.Value) + Val(Text12.Value)
```

```
End Sub
Private Sub ArithDays1()
    Text10.Value=Val(Combo4.Value)/12/100*Val(Text0.Value)
    temp_start=(Val(Text5.Value)-1)*30+Val(Text6.Value)
    temp_final=(Val(Text8.Value)-1)*30+Val(Text9.Value)
    If Val(Text4.Value)=Val(Text7.Value)Then
    Text12.Value = Val(Combo4.Value)/100/360*(temp_final - temp_
start)*Val(Text0.Value)
    Text13.Value=Val(Text0.Value)+Val(Text12.Value)
    ElseIf(360-temp_start+temp_final)>360 Then
    MsgBox "存款日期已经大于一年,选择整存整取或通知存款减少利息损失",
vbInformation,"警告"
    Call ResetResult
    Call DayStart
    Call DayFinal
    Else
    Text12.Value=Val(Combo4.Value)/100/360*(360-temp_start+temp_
final)*Val(Text0.Value)
    Text13.Value=Val(Text0.Value)+Val(Text12.Value)
    End If
End Sub
Private Sub ArithDays2()
    Text10.Value=Val(Combo4.Value)/12/100*Val(Text0.Value)
    Text12.Value=Val(Combo4.Value)/100/360*Val(Text0.Value)*(Val
(Text1.Value)*365+Val(Text2.Value)*30+Val(Text3.Value))
    Text13.Value=Val(Text0.Value)+Val(Text12.Value)
End Sub
Private Sub DayFimit()
    Text1.Value=0
    Text2.Value=0
    Text3.Value=0
End Sub
Private Sub DayStart()
    Text4.Value=0
    Text5.Value=0
    Text6.Value=0
End Sub
Private Sub DayFinal()
    Text7.Value=0
```

```
    Text8.Value=0
    Text9.Value=0
End Sub
Private Sub Text7_AfterUpdate()
    If Val(Text7.Value)<Val(Text4.Value)Then
    MsgBox "取款年份要大于起存年份",vbInformation,"警告"
    Call DayFinal
    End If
End Sub
Private Sub Text8_AfterUpdate()
    If Val(Text8.Value) < Val(Text5.Value)And Val(Text7.Value) = Val
(Text4.Value)Then
    MsgBox "取款月份不能小于起存月份",vbInformation,"警告"
    Call DayFinal
    End If
End Sub
Private Sub Text9_AfterUpdate()
    If Val(Text9.Value) < Val(Text6.Value)And Val(Text8.Value) = Val
(Text5.Value)And Val(Text7.Value) =Val(Text4.Value)Then
    MsgBox "取款日期不能小于起存日期",vbInformation,"警告"
    Call DayFinal
    End If
End Sub
```

要点提示

测试表达式不一定是关系表达式或逻辑表达式，可以是任意类型，但 Case 子句中的表达式类型必须与之相一致。

如果 Case 子句中的表达式是一个常量，则该常量直接写在 Case 之后，如 Case 100。

如果 Case 子句后的表达式是一个范围，可用 To 从小到大指定，如 Case 90 To 99、Case “A” To “Z”；或者使用 Is <关系运算符> <表达式>。如：Case Is >3 And <8。

9.5.3　循环结构

一、VBA 循环语句种类

（1）Do While... Loop 循环；

（2）While... Wend 循环；

（3）For... Next 循环；

（4）For Each... Next 循环。

最常用的是 For... Next 和 Do While... Loop 循环。

二、Do... Loop 循环语句（用于控制循环次数未知的情况）

该循环的形式有：

（1）Do While... Loop 语句；
（2）Do Until... Loop 语句；
（3）Do... Loop While 语句；
（4）Do... Loop Until 语句。

While 和 Until 的作用正好相反，使用 While，则当 <条件>为真继续循环。使用 Until，则当 <条件>为真时，结束循环。

把 While 或 Until 放在 Do 子句中，则先判断后执行。把一个 While 或 Until 放在 Loop 子句中，则先执行后判断。

- 形式 1：

```
Do{While |Until} <条件>
循环体语句块
[Exit Do]
[语句块]
Loop
```

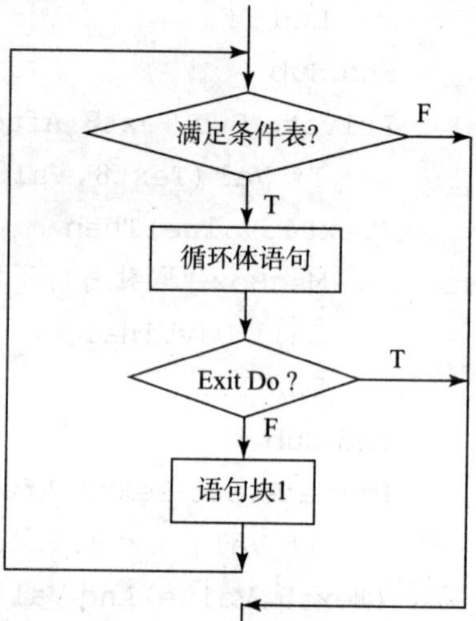

图 9.29　当循环流程框图

该循环方式称为当循环，即：
当 While 条件语句第一次不满足时，
其循环体不会执行，程序流程图如图 9.29 所示。

例 15：用当循环编写过程代码求 S = 1 + 2 + 3 + ⋯ + 100。

过程代码如下，结果如图 9.30 所示。

```
Sub sub15()
  i=1
  Do while i<100
  s=s+i
  i=i+1
  Loop
  MsgBox("1+2+3+4+...+100="& s)
End Sub
```

【说明】当 $i \leqslant 100$ 成立时，执行循环体，循环变量 i 必须设置初值，且循环体内必须有改变循环变量的语句防止产生死循环。

- 形式 2：

```
Do
  循环体语句块
  [Exit Do]
  [语句块]
```

```
Loop While <条件>
```

该循环方式称为直到循环，当第一次条件不成立时，该循环至少执行一次循环体。循环变量必须有初值，且循环体内有改变以防止产生死循环，其执行的流程图如图 9. 31 所示。

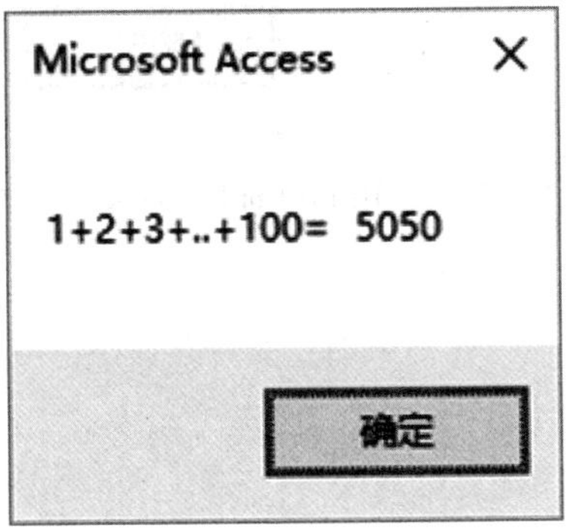

图 9. 30 利用 Do. . . While loop 循环求和

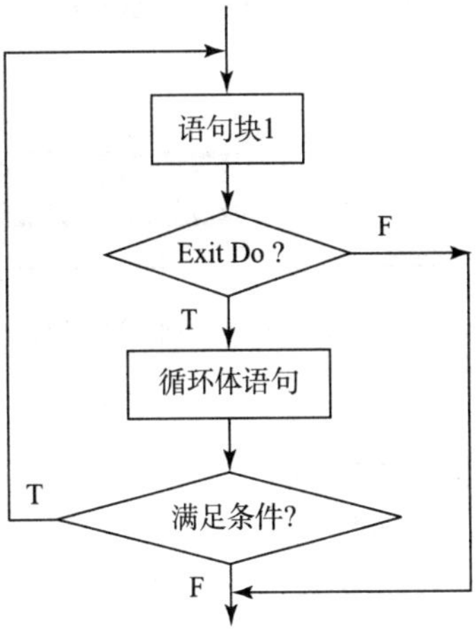

图 9. 31 直到循环流程图

例 16： 使用 Do. . . Loop While 重新编写例 15 过程代码，结果如图 9. 32 所示。

```
Sub sub16()
  i =1
  Do
  s =s +i
  i =i +1
  Loop While i <=100
  MsgBox("1 +2 +3 +4 + ... +100 ="& s)
End Sub
```

思考：

若将 *i* 的初始值改变，*i* = 101，图 9. 30 和图 9. 32 程序结果是否相同?

- 形式 3：

```
Do Until <条件>
  循环体语句块
  [Exit Do]
  [语句块]
Loop
```

该循环当条件成立时，结束执行循环体，循环变量必须有初值，且循环体内有改变循环变量的语句，防止产生死循环，当条件第一次成立时，不执行循环体，属于当循环。

例 17： 利用形式 3 重新编写例 15 的程序，其结果如图 9. 33 所示。

```
Sub sub17()
  i =1
  Do Until i >100
```

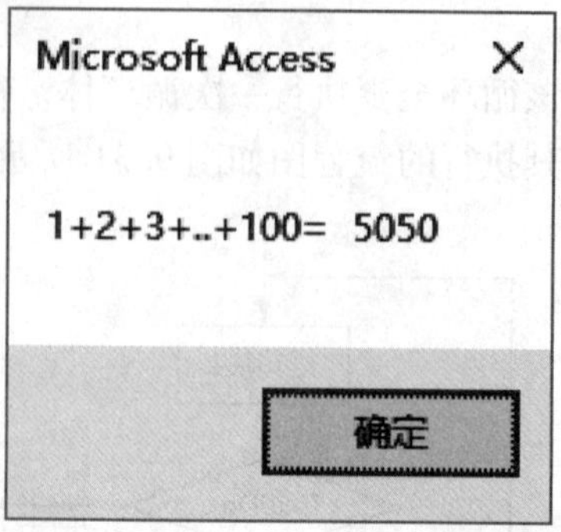

图 9.32　利用 Do... Loop While 循环求和

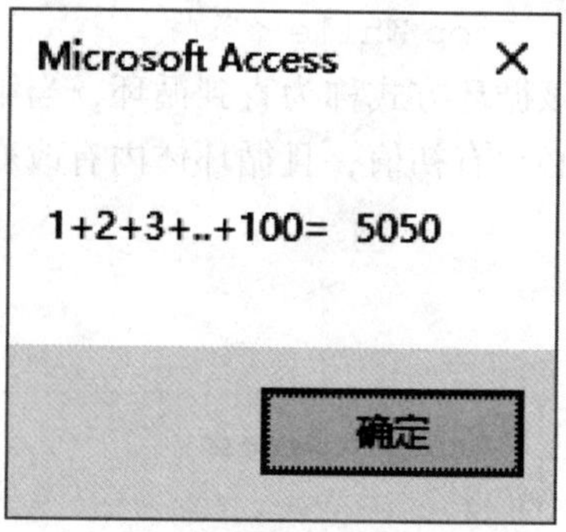

图 9.33　使用 Do Until... Loop 循环求和

```
  s = s + i
  i = i + 1
  Loop
  MsgBox ("1 +2 +3 +4 + ... +100 ="& s)
End Sub
```

- 形式 4：

```
Do
  循环体语句块
  [Exit Do]
  [语句块]
Loop Until <条件>
```

该循环当条件成立时，执行循环体，循环变量也必须有初值，且循环体内有改变循环变量的语句，防止产生死循环，当条件第一次不成立时，至少执行一次循环体，属于直到循环。

例 18：利用形式 4 重新编写例 15 的程序，其结果如图 9.34 所示。

```
Sub sub18 ( )
  i =1
  Do
  s = s + i
  i = i +1
  Loop Until i >100
  MsgBox ("1 +2 +3 +4 + ..... +100 ="& s)
  End Sub
```

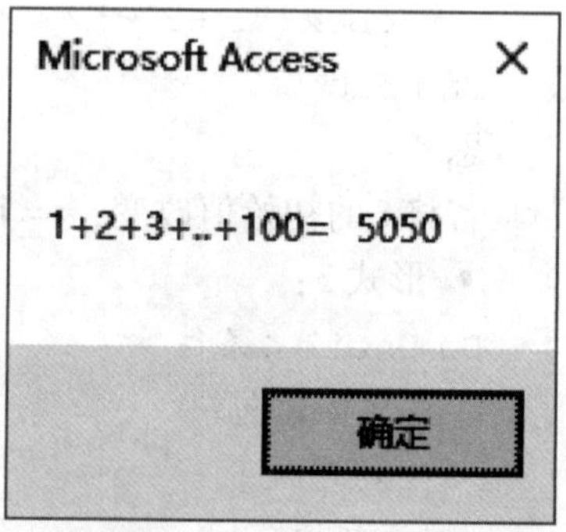

图 9.34　使用 Do... Loop Until 循环求和

三、While... Wend 语句

1. 语法格式

```
While <条件>
    <循环块>
Wend
```

2. 说明

该语句的功能与 Do While <条件>... Loop 实现的循环完全相同，循环变量也必须有初值，且循环体内有改变循环变量的语句，防止产生死循环，当条件第一次成立时，不执行循环体，属于当循环。

例19：设变量初始值是5，每次增加3，当到达100以内的最大值时，需要加多少次？最大值是多少？

用 Counter 变量表示计数器，y 变量表示所求值，结果如图9.35所示。

```
Sub sub19()
  Dim Counter As Integer
  Counter = 0
  y = 5
  While y < 100
  Counter = Counter + 1
  y = y + 3
  Wend
  MsgBox"Counter = "& Counter - 1
  MsgBox"y = "& y - 3
End Sub
```

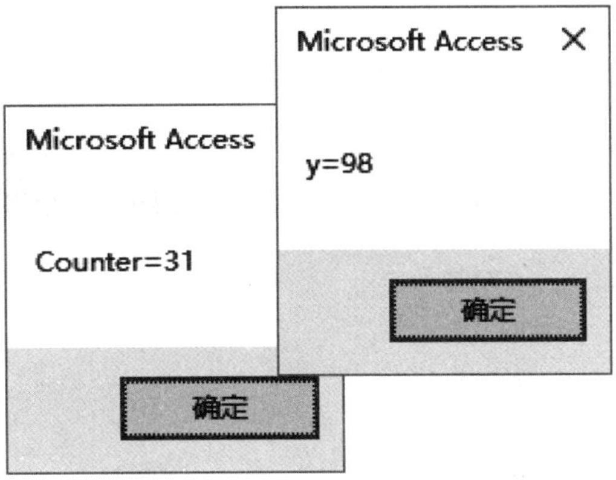

图9.35　使用 While... Wend 循环求和

【说明】例19中当 y 的值大于100时才退出循环体，因此 y 的结果多循环一次，输出时应减去最后一次的累加值3，循环次数也要相应减少一次。

四、For... Next 循环

For... Next 循环一般用于循环次数已知的过程。

1. 语法格式

```
For <循环变量>= 初值 To 终值 [Step <步长值>]
   [循环体]
   [Exit For]
Next [循环变量]
```

2. 说明

若步长值为1时可省略 Step 子句；Exit For 为强制退出循环语句。

例20：编写 Events( ) 过程，输出1~50内所有奇数的平方，若平方大于等于1000时停止输出。代码如下，运行结果如图9.36所示。

```
Sub Events()
  Dim i As Long, s As String
  For i = 1 To 50 Step 2
s = s & i * i & "  "
    If i * i >= 1000 Then
```

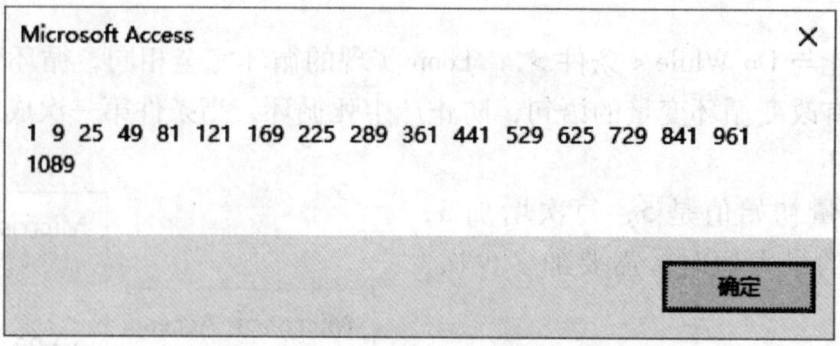

图 9.36　使用 For... Next 循环求数

```
    Exit For
  End If
    Next
    MsgBox s
  End Sub
```

例 21：利用过程调用函数编写 2! + 4! + ... + 10! 的代码，其运行结果如图 9.37 所示。

```
Sub sub21 ()
Dim i As Integer, y As Long
  For i = 2 To 10 Step 2
  y = y + factorial (i)
  Next i
  MsgBox "y = " & y
End sub
  Function factorial (x As Integer) As Long
    Dim i As Integer, m As Long
    m = 1
    For i = 1 To x
    m = m * i
    Next i
    factorial = m
End Function
```

图 9.37　函数调用过程代码及结果

例 22：通过键盘输入一个自然数 *n*，判断它是否为质数。（质数，即除 1 以外，只能被 1 和自己所整除的自然数。）

在编写的过程 sub22 中输入一个正整数，调用 isprime 函数，判断是否为质数，代码如下，其运行结果如图 9.38 所示。

```
Sub sub22 ( )
    Dim n As Integer
    n = InputBox ("请输入一个正整数 n = ?")
    If isprime (n) Then
```

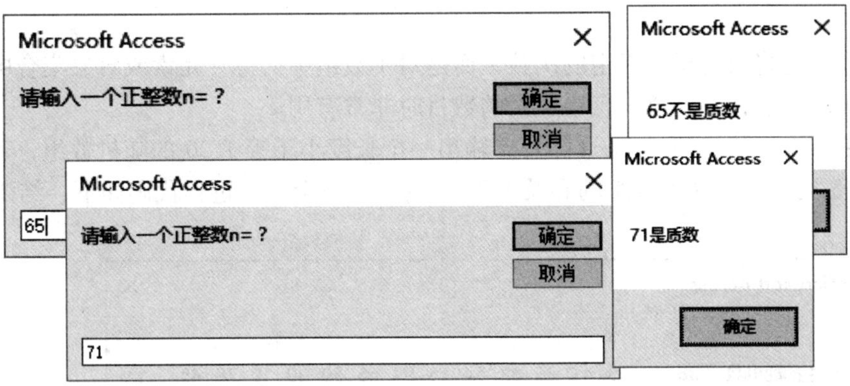

图 9.38　判断质数结果

```
    MsgBox n & "是质数"
    Else
    MsgBox n & "不是质数"
    End If
End Sub
  Function isprime(data As Integer)As Boolean
    For i =2 To data -1
    If data Mod i =0 Then
    isprime = False
    Exit Function
    End If
    Next i
    isprime = True
End Function
```

要点提示

三种循环语句比较：相同点是重复执行循环体语句直到条件不满足为止，不同点是控制重复次数的时机和方法不一样。三种循环可以相互替代，当已知循环次数时用 For...Next 比较好，若未知循环次数，需要强行退出时，使用 Do...Loop 比较好。

五、For Each...Next 循环

1. 语法格式

```
For Each element In group
  [循环体]
  [Exit For]
  [语句]
Next
```

2. 说明

该循环不是将语句运行指定的次数，而是对于数组中的每个元素或对象集合中的每一项重复一组语句。这在不知道集合中元素的数目时非常有用。

例 23：利用 For Each... Next 循环，输出一个长度小于等于 20 的随机数组，若随机数大于或等于 95 则退出，并求数组的和及大于 50 的元素数个数。过程代码如下，结果如图 9.39 所示。

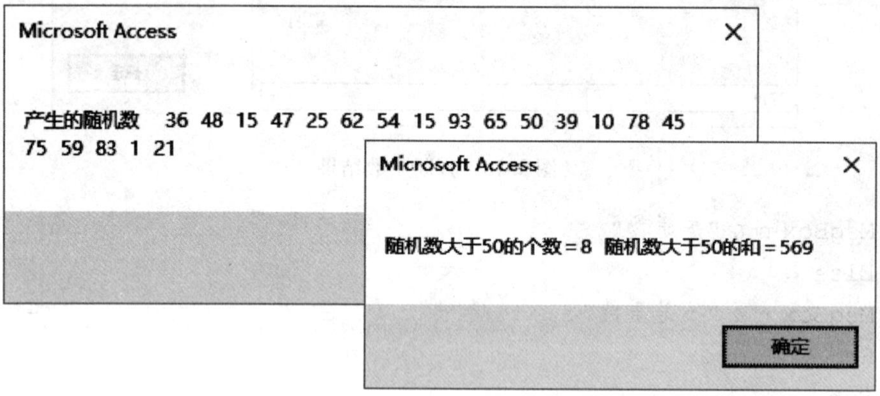

图 9.39 使用 For Each... Next 循环的结果

```
Sub sub23()
  Dim array1(20)
  Dim Count As Integer
  Count = 0
  For i = 1 To 20
  array1(i) = Int(Rnd*100)
  Next
  For Each array1_Elem In array1
  If array1_Elem > 50 Then
  Count = Count + 1
  sum = sum + array1_Elem
  End If
  If array1_Elem > 95 Then Exit For
  array1_Elem1 = array1_Elem1 & " " & array1_Elem
  Next
  MsgBox "产生的随机数" & array1_Elem1
  MsgBox "随机数大于 50 的个数 =" & Count & " 随机数大于 50 的和 =" & sum
End Sub
```

六、双重循环和多重循环

双重循环：循环语句的循环体本身也是一个循环。

对于一个 m 行 n 列的数据行列阵来说，常常需要用双重循环才能计算到行列阵中的每一个数据。

例 24：取面值一百元钱买水果，要求买苹果、香蕉和梨子三种水果，每种水果最少一个，共买 40 个。其中苹果 2 元一个、西瓜 5 元一个、梨一元一个，共有多少种买法？每种买法各有多少个？编写 VBA 程序。

其程序：

```
Sub sub24 ( )
Dim watermelon As Integer,pear As Integer
Dim apple As Integer
Dim Count As Integer
Dim s As String
For watermelon =1 To 20   '西瓜最多买 20 个
  For apple =1 To 50       '苹果最多买 50 个
  pear =40 - apple - watermelon '剩下买梨
    If (watermelon *5 +2 *apple + pear) =100 And pear  >= 1 Then
      Count =Count +1
  s =s & "watermelon =" & watermelon & " apple =" & apple & " pear =" &
pear & Chr(13)
    End If
  Next apple
Next watermelon
  MsgBox s
  MsgBox "水果买法共有" & Count & "种"
End Sub
```

其运行结果如图 9.40 所示。

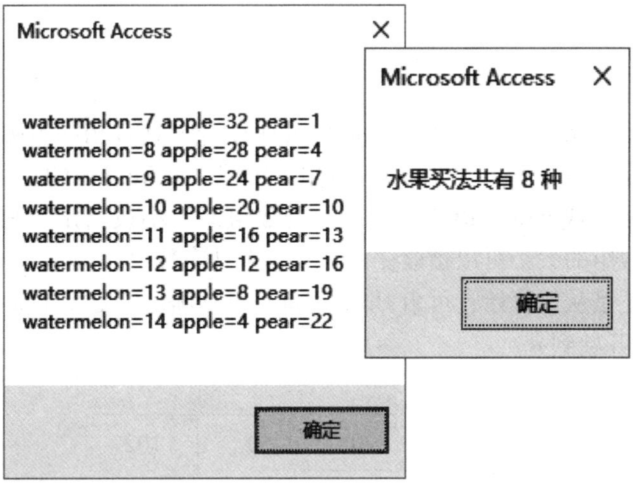

图 9.40　多重循环运行的结果

例 25：求 Sum 多项式的和，直到某项的绝对值小于 10^{-4} 为止。

$$Sum = \frac{1}{2!} - \frac{3}{4!} + \frac{5}{6!} - \frac{7}{8!} + \cdots$$

其过程代码如下，运行结果如图 9.41 所示。

```
Sub sub25( )
  Dim i As Integer,j As Integer
    Dim f As Long
    Dim sum As Single,x As Single
    sign =1
  i =2:x =1/2
  Do While x >= 0.0001
  sum = sum + sign * x
  i = i +2
  sign = - sign
  f =1
  For j =1 To i
  f = f * j
  Next j
  x = (i -1)/f
  Loop
  MsgBox "sum = " & sum & ",i = " & i
End sub
```

图 9.41　多重循环代码及结果

9.6　数　　组

9.6.1　数组的概念

1. 数组存储

数组是一种数据存储结构，是用一个标识符保存若干具有相同数据类型的一组变量集合。数组中的不同元素通过下标加以区分。数组的声明方式和其他的变量是一样的，可以使用 Dim、Static、Private 或 Public 语句来声明。若数组的大小被指定，则它是个固定大小数组。若程序运行时数组的大小可以被改变，则它是个动态数组。

数组下标从 0 还是从 1 开始，可由 Option Base 语句确定。如果 Option Base 没有指定为 1，则数组下标从 0 开始到 *n*。

数组 Array

16	25	-1	90	0	102

下标　(0)　(1)　(2)　(3)　(4)　(5)

在声明数组时，不指定下标的上界，即括号内为空，则数组为动态数组。动态数组可以在执行代码时改变大小。动态数组声明后，可以在程序中用 ReDim 语句重新定义数组的维数以及每个维的上界。重新声明数组，数组中存在的值会丢失。若要保存数组中原先的值，可以使用 ReDim Preserve 语句来扩充数组。

2. 数组特性（数组中的每个数据称为元素）

（1）每个元素类型相同，占用同样大小的存储空间。

（2）数组中的元素在内存中连续存放。

（3）通过下标可访问数组中的每个元素。下标的类型可以是整数、常量、变量或算术表达式。

（4）数组分为一维数组、二维数组和多维数组。

9.6.2　一维数组和二维数组

一、一维数组

1. 一维数组的定义

一维数组中的元素呈直线状排列，每个下标对应一个元素。

数组在使用前必须先行定义，语法格式是：

Dim <数组名>([<下界>]To 上界)As 数据类型

若省略下标下界，则数组的最小下标为 0。

例如：Dim A(10)As Double

A 数组共有 11 个元素（下标的起止范围是 0 ~ 10）。

2. 说明

（1）定义数组时，下标的下界值和上界值必须是常量或符号常量，不能使用变量。

```
Dim x(n)
```

或：

```
n = Inputbox("输入 n")
Dim x(n)As Single
```

均是错误的声明。

（2）引用数组元素时，下标不得超出所定义的下界和上界，否则程序的执行将被中断，同时系统报错。

（3）使用数组时，用 LBound( ) 和 UBound( ) 函数可得到该数组下标的下界和上界值。

二、案例十六的操作步骤

例 26：案例十六的程序代码如下。其结果如图 9.13 所示。

```
Sub sub26 ( )
  Dim D(10) As Integer,i As Integer
  Dim data(500) As Integer,Sum_350 As Integer
  Dim up_avg As Integer,Sum_grade As Long
  Dim num As Integer
  For i =1 To 500
  data(i) =300 +Rnd*100
```

```
  Next i
  For =1 To 500
    Sum_grade = Sum_grade + data(i)
  If data(i) >350 Then
    Sum_350 = Sum_350 +1
    End If
  Next i
  avg_grade = Sum_grade/500
For i =1 To 500
  If data(i) >avg_grade Then
  up_avg = up_avg +1
  End If
  Grade = (data(i) -300)/10
  D(Grade) = D(Grade) +1
  Next i
  MsgBox("大于 350 分的考生人数" & Sum_350 & "    " & "500 考生平均分 =" & avg_
grade)
  MsgBox("大于平均分的考生人数为" & up_avg)
  Debug.Print ""
  For i =0 To 9
  Debug.Print("分数段 3" & i & "0 - -" & "3" & i & "9 考生人数为:" & "   " & D(i))
  num = num + D(i)
  Next i
  Debug.Print("分数段 400 分的考生人数为:" & "      " & 500 - num)
End Sub
```

三、动态数组

动态数组指在声明数组时给出数组的大小需要改变时，可用 ReDim 语句重新指出数组大小。

1. 语法格式

ReDim 数组名(下标[,下标 2...])[As 类型]

例如：

```
  Private Sub S1()
  Dim x() As Single
    ...
  n = Inputbox("输入 n")
  ReDim x(n)
    ...
End Sub
```

2. 说明

(1) 动态数组在运行时分配存储单元，过程中可多次使用 ReDim 来改变数组元素的个数。

(2) ReDim 中的下标可以是常量，也可以是有了确定值的变量，即：

```
n = InputBox ("输入 n 的值")
ReDim Arr (n)
```

四、二维数组

二维数组中数据排列成矩阵，保存在一个二维表中。

1. 语法格式

Dim <数组名> (下标 1,下标 2) As 数据类型

或

Dim <数组名> ([<下界>To]上界,[<下界>To]上界)As 数据类型

例如：Dim A(3,4) As Integer,声明的 A 数组有 4 ×5 =20 个元素。

二维数组的操作通常需要与双重循环相结合。

2. 数组说明

(1) 下标 1 指定行，下标 2 指定列，若省略定义下标值，则下标值默认为 0；

(2) 二维数组在内存的存放顺序是“先行后列”，若定义 a(2，3)，则存放顺序是：

a(0,0)→a(0,1)→a(0,2)→a(0,3)

a(1,0)→a(1,1)→a(1,2)→a(1,3)

a(2,0)→a(2,1)→a(2,2)→a(2,3)

例如：Dim lArray(0 To 3,0 To 4)As Long

等价于

Dim lArray(4,5)As Long

3. 数组参数的传递方法

数组参数的传递只能使用按地址传递的方式，在被调用过程中，用 LBound( ) 函数和 UBound( ) 函数可测出形参数组的下标下界与下标上界。

例 27：Array_Sum 过程产生一个 100 以内随机数组，要求调用 Add 函数求数组的和，输出随机数组个数和数组内数据总和。

编写的过程代码及运行结果如图 9. 42 所示。

```
    Function Add (Rnd_Array () As Integer, N As
Integer)As Integer
        Dim i As Integer,s As Integer
        For i =1 To N
        s = s + Rnd_Array(i)
        Next i
        Add = s
      End Function
    Sub Array_sum()
```

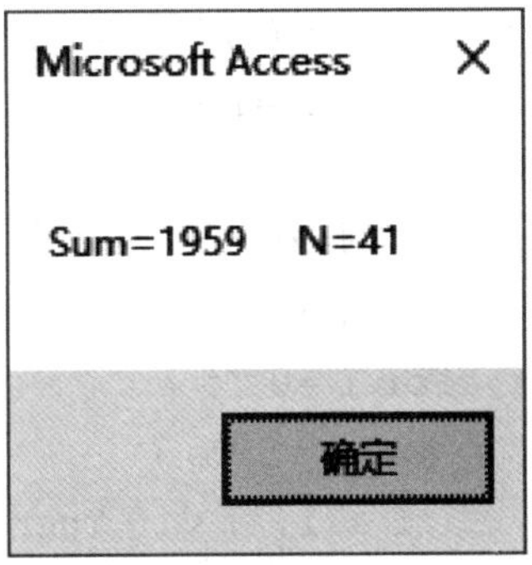

图 9. 42　数组求和结果

```
  Dim N As Integer,i As Integer
  Dim a(100) As Integer,Sum As Integer
  N = Rnd*100
  For i = 1 To N
  a(i) = Rnd*100
  Next i
  Sum = Add(a(),N)
  MsgBox("Sum = " & Sum & "      " & "N = " & N)
End Sub
```

五、案例十七的操作步骤

例 28：编写过程代码生成下列 8×8 矩阵。

$$\begin{bmatrix} 1 & 2 & 3 & 4 & 5 & 6 & 7 & 8 \\ 1 & 1 & 9 & 10 & 11 & 12 & 13 & 14 \\ 1 & 1 & 1 & 15 & 16 & 17 & 18 & 19 \\ 1 & 1 & 1 & 1 & 20 & 21 & 22 & 23 \\ 1 & 1 & 1 & 1 & 1 & 24 & 25 & 26 \\ 1 & 1 & 1 & 1 & 1 & 1 & 27 & 28 \\ 1 & 1 & 1 & 1 & 1 & 1 & 1 & 29 \\ 1 & 1 & 1 & 1 & 1 & 1 & 1 & 1 \end{bmatrix}$$

编写的过程代码如下，其运行结果见案例十七图 9.14 所示。

```
Sub matrix()
Dim a(8,8) As Integer
Dim k As Integer
k = 2
For i = 0 To 7
   For j = 0 To 7
     If j <= i Then
     a(i,j) = 1
       Else
          a(i,j) = k
          k = k + 1
          End If
       Next j
       Next i
  For i = 0 To 7
   For j = 0 To 7
   If a(i,j) < 10 Then
     Debug.Print "  " & a(i,j)   '一位数多空 1 位
```

```
    Else
     Debug.Print "   " & a(i,j)
     End If
    If j =7 Then
    Debug.Print " "
    End If
    Next j
    Next i
   End Sub
```

要点提示

- 一个过程就是一组完成所需操作 VBA 代码的命令集合；
- VBA 的过程主要包括“Sub 过程”和“Function 过程”两种；
- Sub 过程不能返回值，Function 过程可以返回值。

9.7　立即窗口

9.7.1　立即窗口的功能

1. 功能

立即窗口能立即显示代码中调试语句的信息，或显示直接键入窗口命令所生成的信息。使用立即窗口能够：

（1）检测有问题的或新编写的代码。

（2）当执行应用程序时查询或改变变量的值。当应用程序中断时，将一个你所想的新值指定给程序中的变量。

（3）当执行应用程序时查询或改变属性值。

（4）在代码中调用如你所需的过程。

（5）当运行应用程序时查看调试的输出。

注意：立即窗口中的语句是在上下文中执行的，如同把它们键入到一特定模块之中。

2. 打开“立即”窗口的方法

（1）单击【创建】选项卡中的“模块”，从【视图】菜单中选定立即窗口。

（2）直接按“Ctrl”+“G”组合键。

打开的立即窗口如图 9.43 所示。

9.7.2　立即窗口的使用

1. 在立即窗口中执行代码

在立即窗口中键入一行或几行代码，单击“Enter”键来执行代码。

在立即窗口输入语句：Debug. Print 2 * 9 或 Print 2 * 9，则输出结果是 18。

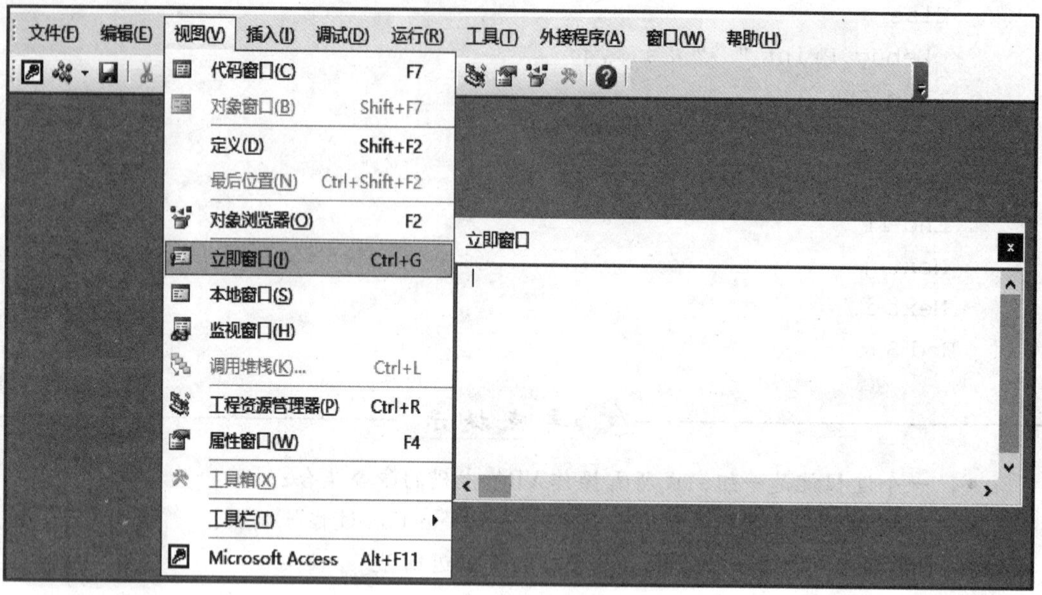

图 9.43　立即窗口

若在立即窗口中输入几行代码，每行以回车结束，在最后一行回车时，会出现结果，如图 9.44 所示。

【说明】立即窗口的代码是不能存储的。

2. 执行方法

在立即窗口执行代码的时候，如果需要有关函数、语句、属性或方法的语法帮助，则可选定关键字、属性名或是方法名称，然后按 F1 键。

使用立即窗口 Debug. print 输出命令可以输出结果。但需要在单击运行按钮前打开“立即窗口”，即在【视图】菜单下，单击“立即窗口”命令。例如，在模块中输入程序，单击工具栏的运行按钮，可在立即窗口中看到结果，如图 9.45 所示。

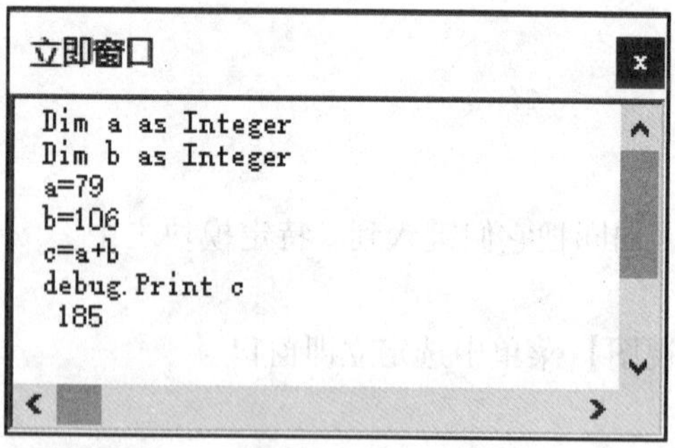

图 9.44　立即窗口执行程序

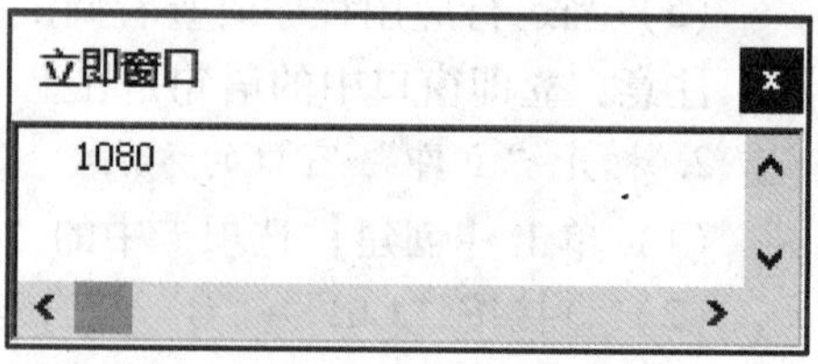

图 9.45　打开立即窗口并输出结果

例 29：使用立即窗口计算工资税额。

```
Private Sub salary()
  Dim salary As Integer
  salary = 5400
```

```
  Tax = IIf(salary < 1000, 0, IIf(salary < 2000, salary * 0.05, IIf(salary <
  3000, salary * 0.1, IIf(salary < 4000, salary * 0.15, salary * 0.2))))
  Debug.Print Tax
  End Sub
```

例 30：在立即窗口中输出 9 ×9 的乘法口诀表代码为：

```
Sub multiplication()
  st = ""
For x = 1 To 9
For y = 1 To x
t = y & "×" & x & "=" & x * y & " "
If Len(t) < 7 Then t = t & " "
st = st & t
Next
st = st & vbCrLf
Next
Debug.Print st
End Sub
```

其程序结果如图 9.46 所示。

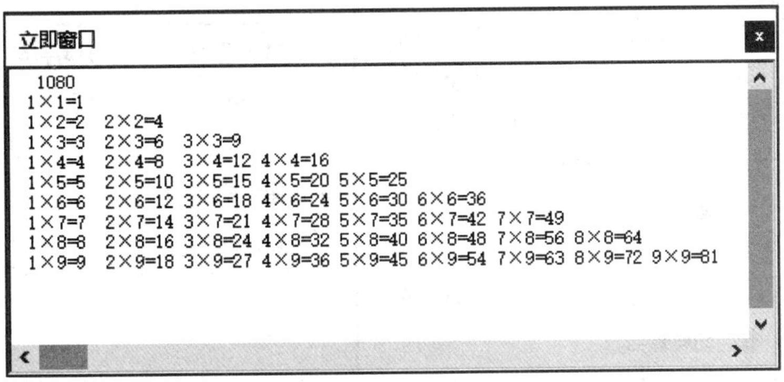

图 9.46　打开立即窗口并输出九九乘法口诀表

9.8　程序的调试

9.8.1　程序代码颜色说明

从代码窗口中可以看到，程序代码中每一行的每一个单词都具有自己的颜色，这样用户可以从复杂的代码中轻松地辨别出程序的各个部分。代码行中各种颜色所代表的含义为：

- 绿色：表示注释行，它不会被执行，只用于对代码进行说明。
- 蓝色：表示 VBA 预定义的关键字名。
- 黑色：表示存储数值的内容，如赋值语句、变量名。

- 红色：表示有语法错误的语句。

9.8.2 程序调试

程序调试和运行菜单如图 9.47 所示，调试中可设置断点或单步调试。

1. 设置断点

在过程的某个特定语句上设置一个位置点以中断程序的执行。其作用主要是为了更好地观察程序的运行情况。

一般来讲，在程序中的适当位置设置了断点后，程序暂停时，就可以在立即窗口中显示程序中各个变量的情况。除了 Dim 语句以外，用户可以在程序的任何地方设置断点。

断点的设置与取消可以使用：

在“调试”工具栏使用 F9 功能键；

切除所有断点使用“Ctrl”+“Shift”+“F9”组合键。

2. 单步调试

（1）执行“调试”→“逐语句”命令（快捷键是 F8）。

（2）在逐语句执行过程中，遇到调用过程不想进入其中停留时，按“Shift”+“F8”组合键，能逐过程执行而不进入，调试菜单如图 9.47 所示。

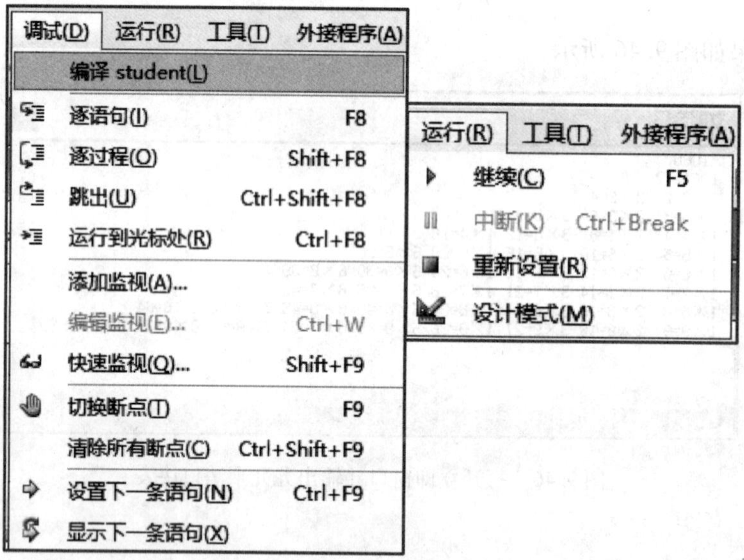

图 9.47　程序调试菜单

（3）跳出过程。

执行“调试”→“跳出”命令（快捷键是“Ctrl”+“Shift”+“F8”），可以运行当前过程剩余语句代码，转到调用该过程语句的下一个语句去。

（4）执行特定的语句块。

绕过不想执行的语句块常使用的一个方法：在中断模式下，把光标移到要执行的语句行处，执行“调试”→“设置下一条语句”命令，用它可以设置下次要执行的语句。再把光标移到要停止的语句处，执行“调试”→“运行到光标处”命令（快捷键是“Ctrl”+

“F8”），则可以运行到该语句处。

（5）跟踪嵌套过程。

若调用另外某几个过程、模块或窗体，可以用“调用堆栈”从下往上显示已执行的模块、窗体名称和过程名称。操作方法如下：

按“Ctrl”+“L”→用鼠标选中某个过程→显示

这时，代码窗口显示出该过程，光标处于即将调用下一个过程的调用语句处。

此时，按“Shift”+“F9”组合键，用“快速监视”或按“Ctrl”+“G”组合键打开立即窗口，可以显示有关变量。

9.9　VBA 与宏

9.9.1　VBA 与宏的区别

宏相当于 VBA 里面的 Sub 过程，即没有返回值的函数，宏的用途是自动化频繁使用的序列或者是获得一种更强大抽象能力的一个快捷键。它和 VBA 均属于 Access 的编程工具，编程时，可以在 VBA 代码中执行宏，也可以在宏操作中使用 VBA 代码。VBA 能对数据进行复杂的操作和分析，若要在 Access 2013 代码中运行宏操作，可使用 DoCmd 对象及其方法。VBA 可以访问操作系统函数并支持文档打开时自动执行宏。在 Access 中，通过宏或者用户界面可以完成多项任务。而在其他数据库系统中，要完成相同的任务就必须通过编程实现。使用宏还是使用 VBA 取决于需要完成的任务。对于简单的细节工作，如打开和关闭窗体、运行报表等，使用宏是一种很方便的方法，它可简捷迅速地将已经创建的数据库对象联系在一起。可认为宏是用 VBA 代码编写的函数模块，它不需要记住各种语法，通过“宏”名即可调用完成相应的任务。但对于下列情况，应该使用 VBA 而不要使用宏。

（1）维护数据库。

（2）使用内置函数或自行创建函数。

（3）处理错误消息。

9.9.2　在 VBA 中执行宏

一、VBA 与宏的联用

在 VBA 代码中，使用 DoCmd 对象的 RunMacro 方法，可以执行已创建好的宏。

1. 语法格式

```
DoCmd.RunMacro MacroName[,RepeatCount][,RepeatExpression]
```

2. 说明

MacroName：必选项，表示当前数据库中要执行的宏名称。

RepeatCount：可选项，表示要执行宏的次数，省略时只运行一次宏。RepeatCount 是一个整数值。

RepeatExpression：可选项，在每次执行宏时进行计算，当结果为 False（值为 0）时，停止执行宏。RepeatExpression 是一个数值型表达式。

二、案例十五的操作步骤（一）

例 31：案例十五中，设“登录”按钮的名字为 Command2，则该事件模块代码如下：

```
Private Sub Command2_Click()
Dim uname As String,psw As String
If IsNull(username.Value)Or IsNull(pass.Value)Then
MsgBox "用户名或密码不能为空!"
Exit Sub
End If
uname = Me.username
psw = Me.pass
If(uname = "Admin" And psw = "123456")Then
MsgBox "用户名或密码正确,欢迎使用本系统!"
DoCmd.OpenForm "综合管理"
Else
MsgBox "用户名或密码不正确! 请重新输入",vbOKOnly,"提示信息"
End If
End Sub
```

【说明】过程代码中使用 `DoCmd.OpenForm("综合管理")`语句，表示密码正确则打开综合管理窗体。

使用 ADO 链接数据库时，需要在【工具】菜单下选择“引用”，将 Microsoft ActiveX Data Objects2.6 选中（参见图 9.49）。

要点提示

VBA 的窗体操作主要有两个重要的命令：打开窗体 DoCmd. OpenForm 和关闭窗体 DoCmd. Close，VBA 中变量名的大小写不敏感。

知识拓展

VBA 是基于 VB（Visual Basic）发展而来的，它们具有相似的语言结构。VB 是 Microsoft 的主要图形界面开发工具，VBA 则是 VB 的子集。VBA 提供了面向对象的程序设计方法，提供了相当完整的程序设计语言。VBA 易于学习掌握，可以使用宏记录器记录用户的各种操作并将其转换为 VBA 程序代码。这样用户可以容易地将日常工作转换为 VBA 程序代码，使工作自动化。

9.9.3 VBA 编程与数据库

一、数据库引擎及其接口

数据库引擎是一组动态链接库 DLL（Dynamic Link Library），在程序运行时被连接到

VBA，实现对数据库的数据访问功能。它是应用程序与物理数据库之间的桥梁。VBA 中可以使用访问数据库的三种接口：

（1）ODBC API（Open DataBase Connectivity API）：“开放式数据库连接”，是一种关系数据源的接口界面。ODBC 基于 SQL（Structured Query Language），把 SQL 作为访问数据库的标准，一个应用程序通过一组通用代码访问不同的数据库管理系统。

使用 ODBC 方法进行连接数据库时，微软提供了开放服务结构，并建立了一组对数据库的访问标准 API，这些 API 利用 SQL 来完成其大部分任务。目前操作系统支持 VBA、C 语言、Java 等多种语言连接数据库，这些程序要访问一个数据库，首先必须用 ODBC 管理器注册一个数据源，管理器根据数据源提供的数据库位置、数据库类型及 ODBC 驱动程序等信息，建立起 ODBC 与具体数据库的联系。只要应用程序将数据源名提供给 ODBC，ODBC 就能建立起与相应数据库的连接，其使用步骤如下：

- 设置连接字符串。
- 实例化 Command 连接对象。
- 执行 Open 方法打开连接。
- 执行 SQL 语句。
- 将查询操作结果赋给 GridView，将输出表格中的一行数据源。
- 绑定 GridView。
- 关闭连接。

（2）DAO（Data Access Objects）：“数据访问对象”，是一种面向对象的界面接口，提供一个访问数据库的对象模型，用其中定义的一系列数据访问对象，实现对数据库的各种操作。使用 DAO 的程序编码非常简单。VBA 通过 DAO 和数据引擎既可以识别 Access 本身的数据库，也可以识别外部数据库，如 VFP（Visual FoxPro）、文本文件数据库和 Microsoft Excel 或 Lotus 1－2－3 电子表格等。

DAO 模型是设计关系数据库系统结构的对象类的集合，它们提供了管理关系型数据库系统所需的全部操作的属性和方法，这其中包括对数据库连接、创建定义表、字段和索引命令、建立表之间的关系、定位和查询数据库等。其使用步骤如图 9.48 所示。

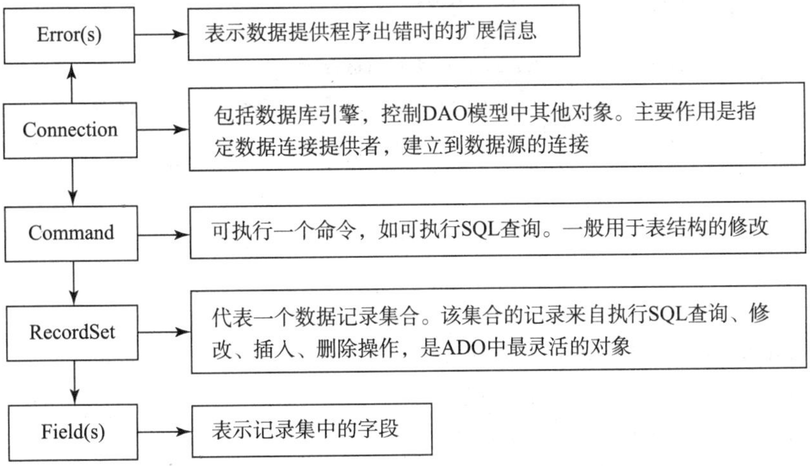

图 9.48　数据库连接操作

（3）ADO（ActiveX Data Objects）：“Active 数据对象”，是基于组件的数据库编程接口。ADO 实际是一种提供访问各种数据类型的连接机制，是一个与编程语言无关的 COM（Component Object Model）组件系统。ADO 设计为一种极简单的格式，可以方便地连接任何符合 ODBC 标准的数据库。其使用步骤如下：

- 使用 Connection 对象建立与数据库的连接。
- 使用 Command 对象设置命令参数并发出命令。
- 使用 RecordSet 对象存储数据操作返回的记录集。
- 使用 Field 对象对记录集中的字段数据进行操作，包括：定义和创建 ADO 对象实例变量、返回 Select 语句记录集、采用 Delete（删除）、Update（更新）、Insert（插入）记录操作。
- 关闭、回收相关对象。

二、使用 ADO 连接数据库

1. 设置 ADO 连接

使用 ADO 连接数据库时，需要单击【工具】菜单下的“引用”，在可使用的引用中将 Microsoft ActiveX Data Objects2. 6 选中，如图 9. 49 所示。

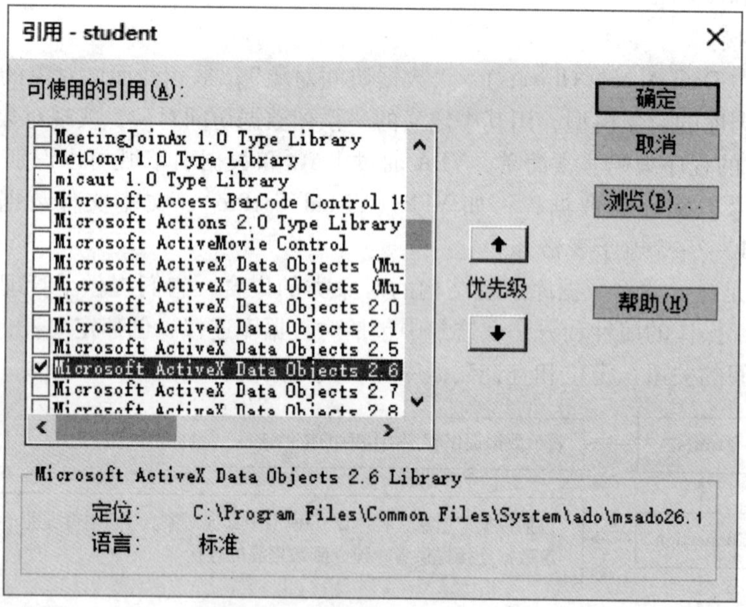

图 9. 49　数据库连接操作

2. 定义和创建 ADO 对象实例变量

- Dim cnn As New ADODB. Connection。
- Dim cm As New ADODB. Command。
- Dim rs As New ADODB. RecordSet。
- Dim fd As ADODB. Field。

3. 打开数据库连接

```
cnn.Open[ConnectionStirng][,UserID][,PassWord][,OpenOptions]
```

其中：

- ConnectionStirng——数据库连接字符串。
- UserID——用户名。
- PassWord——密码。
- OpenOptions——可选项。

数据库连接字符串的具体写法，根据使用的编程接口的不同，分为两种：ODBC、OLE DB。获得当前数据的连接语句为：

```
Set cnn = CurrentProject.Connection
```

4. 向数据库连接发送 SQL 语句

有三种方法发送方式：

（1）RecordSet 对象的 Open 方法语句：

```
rs.Open[Source][,ActiveConnection][,CursorType][,LockType]
```

其中：

- Source——数据源。
- ActiveConnection——数据库连接。
- CursorType——游标类型。
- LockType——锁定类型。

【说明】

- Selece 语句返回记录集，Delete、Update、Insert 不返回记录集。
- 类型：adOpenDynamic——动态游标，可以修改数据；adOpenStatic——静态游标，只能查看数据。
- 锁定类型：adLockReadOnly——只读锁定，只能查看数据；adLockOptimstic——保守式锁定，可以修改数据，在编辑数据时即锁定数据源记录，直到数据编辑完成才释放。adLockBatchOptimistic——开放式更新，应用于成批更新模式。

例如：`rs.open strSQL,cn,adOpenDynamic,adLockOptimistic,adCmdText`

【说明】

- strSQL——数据集。
- cn——声明的 Connection 对象。
- adOpenDynamic——动态打开方式。
- adLockOptimistic——保守式锁定。
- adCmdText——打开的对象。

（2）使用 Connection 对象的 Execute 方法：

返回记录集：Set rs = cnn.Execute（SQL 语句）。

不返回记录集：cnn.Execute（SQL 语句）。

（3）使用 Command 对象的 Execute 方法：

返回记录集：Set rs = cmm.Execute( )。

不返回记录集：cmm.Execute( )。

5. 操作记录集

使用 RecordSet 的方法：

- 定位记录：Move 方法。
- 检索记录：Find 和 Seek 方法。
- 添加记录：AddNew 方法。
- 更新记录：UpDate 方法。
- 删除记录：Delete 方法。
- RecordSet：记录集对象记录指针的移动方法。
- MoveFirst：记录指针移到第一条记录。
- MoveNext：记录指针移到当前记录的下一条记录。
- MovePrevious：记录指针移到当前记录的上一条记录。
- MoveLast：记录指针移到最后一条记录。

【说明】

RecordSet 记录集的 BOF 和 EOF 属性用于判断记录指针是否处于有记录的正常位置。

- 记录指针将指向最后一条记录之后，EOF 属性为 True。
- 记录指针将指向第一条记录之前，BOF 属性为 True。
- BOF 和 EOF 属性的值均为 True 时，表示记录集为空。

例 32：若记录集的 EOF 属性为 True，则回到首记录：

```
Private Sub Command3_Click()
    rs Teacher.MoveNext
     If rsTeacher.EOF Then
         rsTeacher.MoveFirst
     End If
End Sub
```

例 33：若记录集的 EOF 属性为 True，则回到末记录：

```
Private Sub Command3_Click()
    rsTeacher.MoveNext
    If rsTeacher.EOF Then
 rsTeacher.MoveLast
    End If
End Sub
```

6. 关闭、回收相关对象

语句：

rs. Close——关闭操作。

cnn. Close——关闭连接。

Set rs = Nothing——释放操作。

Set cnn = Nothing——释放连接。

三、利用 DAO 实现访问数据库表

例 34：使用 DAO 技术，完成对“student. ACCDB”表学生年龄加 1 操作。其代码如下：

```
Sub SetAgePlus1()
dim we as DAO.Workspace                          '工作区对象
  dim db as DAO.Database                         '数据库对象
  dim rs as DAO.Recordset                        '记录集对象
  dim fd as DAO.Field                            '字段对象
  set ws = DBEngine.Workspace(0)
  set db = ws.OpenDatabase(".\student.accdb")              '打开数据库
  set rs = db.OpenRecordSet("学生表")                       '返回"学生表"记录集
  set fd = rs.Fields("年龄")                                '设置"年龄"字段
   Do while not rs.eof             '对记录集用循环结构进行遍历
     rs.edit                                               '设置为"编辑"状态
fd = fd + 1                                                '年龄 +1
rs.update                                                  '更新记录,保存年龄值
rs.movenext                                                '记录指针移动至下一条
     Loop                                                  '关闭并回收对象变量
     rs.close
     db.close
     set rs = Nothing
     set db = Nothing
End sub
```

四、利用 ADO 技术实现访问数据库表

例 35：使用 ADO 技术，完成对"student. ACCDB"表学生年龄加 1 操作。其代码如下：

```
Sub SetAgePlus1()
     dim cn as New ADODB.Connection               '连接对象
     dim rs as New ADODB.RecordSet                '记录集对象
     dim fsas ADODB.Field                         '字段对象
     dim strConnect as String                     '连接字符串
     dim strSQL as String                         '查询字符串
     strconnect = ".\student.accdb"               '连接数据库
     cn.Provider = "Microsoft.jet.oledb.4.0"         '设置数据提供者
     cn.open strconnect                           '打开与数据源的连接
     strSQL = "select 年龄 from student"          '设置查询语句
     rs.open strSQL,cn,adOpenDynamic,adLockOptimistic,adCmdText
     set fd = rs.Fields("年龄")
    Do while not rs.eof                           '对记录集用循环结构进行遍历
fd = fd + 1                                       '年龄 +1
         rs.update                                '更新记录,保存年龄值
         rs.movenext                              '记录指针移动至下一条
```

```
    Loop
    rs.close                                    '关闭并回收对象变量
    db.close
    set rs = Nothing
    set db = Nothing
End sub
```

五、案例十五的操作步骤（二）

使用案例十五登录信息框的设计界面，根据已有用户表 9.23 验证登录信息，验证结果如图 9.50 所示。

表 9.23　用户表

用户名	密码	权限
jiang	Jiang123456	管理员
zhang	00000000	普通用户
zhao111	88888888	普通用户
he12345	he_liu66666666	管理员
huhu000	DataBase2222	普通用户
Administrator	Access 2013	管理员

图 9.50　数据库表验证结果

```
Private Sub Command7_Click()
Dim cn As New ADODB.Connection
Dim rs As New ADODB.Recordset
Dim str As String
Set cn = CurrentProject.Connection                    '建立本地连接
rs.ActiveConnection = cn
logname = Trim(Me.username)
pass = Trim(Me.pass)
 If IsNull(username.Value) Then
  MsgBox "用户名不能为空,请输入用户名!"
ElseIf IsNull(pass.Value) Then
  MsgBox "密码不能为空,请输入密码!"
Else
   str = "SELECT * FROM pws WHERE 用户名 = '" & logname & "' AND 密码 = '" &
pass & "'"
   rs.Open str, cn, adOpenDynamic, adLockOptimistic
If rs.EOF Then
      MsgBox "用户名或密码错误,请重新输入!"
      Me.username.Text = ""
      Me.pass.Text = ""
  Else
      Set fd = rs.Fields("权限")
      If fd = "管理员" Then
MsgBox "欢迎,你以管理员权限登录,可以管理数据库表!"
      Else
         DoCmd.Close
         DoCmd.OpenForm "综合管理"
         MsgBox "欢迎,你以普通用户登录,只有查询权限"
      End If
   End If
 End If
End Sub
```

当用户名或密码输入错误时，结果如图 9.51 所示。

当用户名或密码输入为空时，结果分别提示如图 9.52 所示。

图 9.51　错误验证结果

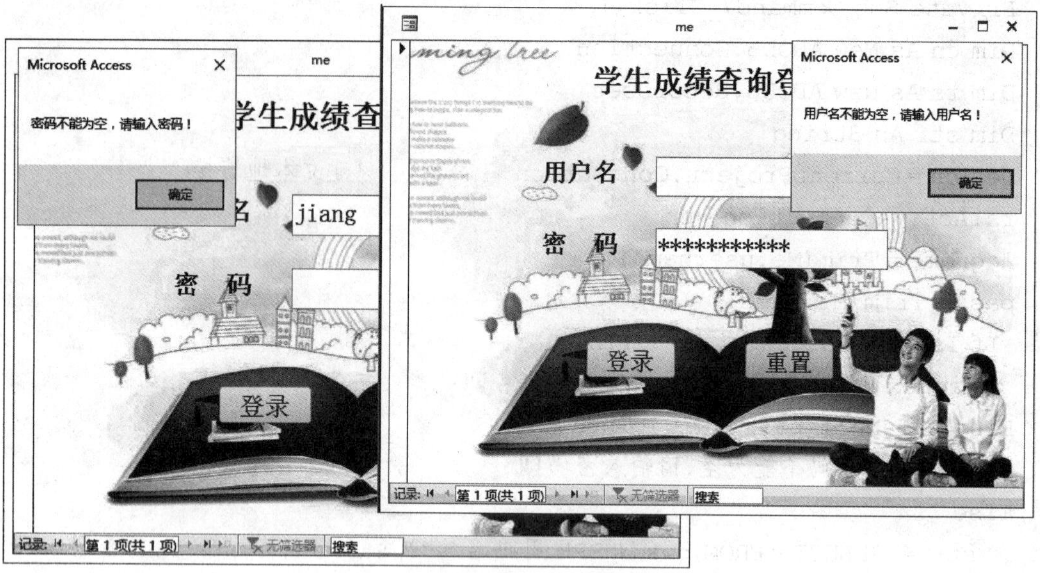

图 9.52　输入为空验证结果

本章小结

本章讲述了 Access 2013 的模块操作及使用，包括模块、函数的建立方法、数据类型、常量、变量与表达式、常用函数、事件和方法、VBA 程序结构、数组及变量的作用域。重点讲述了 VBA 的程序控制流程，以 6 个案例为引线，用 35 个小例程进行讲解，不仅详细说明过程在条件、多分支选择和循环中的使用方法，还讲解了 VBA 与宏的联合使用及 VBA 编程与其他数据库引擎操作。书中引用的大量 VBA 过程示例、函数运算、过程与函数的调用，以边操作边讲解的方法进行贯穿。最后详细讲解了 VBA 代码执行过程、调试程序的步骤及使用立即窗口输出的方法。通过本章学习不仅能掌握 Access 2013 的基本编程法则，还能根据案例步骤编写实用程序。

本章练习

一、问答题

1. Access 2013 中模块的过程有哪几种？语法格式分别是什么？

2. Access 2013 中条件选择有几种形式？

3. Access 2013 的模块分哪几类？通常加入的 Sub 过程名.... End Sub 属于哪类？

4. 模块过程中的循环有哪几种形式？分别写出语法格式。

5. 在 Select Case 中，若要求条件分数（字段名为 grade）在 60 ~ 79 之间，则应如何表示？

二、选择题

1. VBA 中定义符号常量可以用关键字（　　）。

A. Const　　B. Dim　　C. Public　　D. Static

2. 下列变量名中，合法的是（　　）。

A. 4A　　B. BC－1　　C. ABC_1　　D. private

3. InputBox 函数的返回值类型是（　　）。

A. 数值　　B. 字符串　　C. 变体　　D. 视输入的数据而定

4. 已知程序段：

```
Sub sub1()
s =0
    For i =1 To 10 Step 2
    s =s +i
    i =i *2
    Next i
    MsgBox "i =" & i & "s =" & s
End Sub
```

当循环结束后，变量 i 和变量 s 的值为（　　）

A. $i=10$　$s=11$　　B. $i=22$　$s=15$

C. $i=15$　$s=22$　　D. $i=15$　$s=16$

5. 以下内容中不属于 VBA 提供的数据验证函数的是（　　）

A. IsText　　B. IsDate　　C. IsNumeric　　D. IsNull

6. 定义了二维数组 A（2 to 5，5），则该数组的元素个数为（　　）

A. 25　　B. 36　　C. 20　　D. 24

7. 在有参函数设计时，要想实现某个参数的“双向”传递，就应当说明该形参为“传址”调用形式。其设置选项是（　　）。

A. ByVal　　B. ByRef　　C. Optional　　D. ParamArray

8. 在 VBA 代码调试过程中，能够显示出所有在当前过程中变量声明及变量值信息的是（　　）

A. 快速监视窗口　　B. 监视窗口　　C. 立即窗口　　D. 本地窗口

9. VBA 的逻辑值进行错误处理的语句结果是（　　）。

A. 0　　B. －1　　C. 1　　D. 任意值

10. VBA 中没有定义的数据类型是（　　）。

A. Variant　　B. Object　　C. Decimal　　D. Char

11. VBA 中用实际参数 a 和 b 调用有参过程 Area(m，n）的正确形式是（　　）。

A. Area m，n　　B. Area a，b

C. Call Area(m，n)　　D. Call Area a，b

12. 在“Var1 =28”语句中，变量 Var 的类型默认为（　　）。

A. Boolean　　B. Variant　　C. Double　　D. Integer

13. 下列关于宏和模块的叙述中，正确的是（　　）。

A. 模块是能够被程序调用的函数

B. 通过定义宏可以选择或更新数据

C. 宏或模块都不能是窗体或报表上的事件代码

D. 宏可以是独立的数据库对象，可以提供独立的操作动作

14. 要将一个数字字符串转换成对应的数值，应使用的函数是（　　）。

A. Val　　B. Single　　C. Asc　　D. Space

15. 假设有如下 Sub 过程：

```
Sub sfun(x As Single,y As Single )
t = x
x = t/y
y = t Mod y
End Sub
```

在窗体中添加一个命令按钮（名为 Command1），编写如下事件过程：

```
Private Sub Command1_Click()
Dim a As Single
Dim b As Single
a =5:b =4
sfun(a,b)
MsgBox a&char(10) + chr(13)&b
End Sub
```

打开窗体运行后，单击命令按钮，消息框中有两行输出，内容分别为（　　）。

A. 1 和 1　　B. 1.25 和 1　　C. 1.25 和 4　　D. 5 和 4

16. 有如下 VBA 程序段：

```
sum =0
n =0
For i =1 To 5
x =n/i
n =n +1
sum = sum + x
Next i
```

以上 For 循环计算 sum，完成的表达式是（　　）。

A. 1 +1/1 +2/3 +3/4 +4/5

B. 1 +1/2 +1/3 +1/4 +1/5

C. 1/2 +2/3 +3/4 +4/5

D. 1/2 +1/3 +1/4 +1/5

17. 在窗体中有一个命令按钮 run16，对应的事件代码如下：

```
Private Sub run16_Enter()
Dim num As Integer
```

```
Dim a As Integer
Dim b As Integer
Dim i As Integer
For i =1 To 10
num = InputBox("请输入数据:","输入",1)
If Int(num/2) =num/2 Then
a =a +1
Else
b =b +1
End If
Next i
MsgBox("运行结果:a ="&Str(a)&",b ="&Sr(b))
End Sub
```

运行以上事件所完成的功能是（　　）。

A. 对输入的 10 个数据求累加和

B. 对输入的 10 个数据求各自的余数，然后再进行累加

C. 对输入的 10 个数据分别统计有几个是整数，有几个是非整数

D. 对输入的 10 个数据分别统计有几个是奇数，有几个是偶数

18. 在模块中执行宏“macro_ab”的格式为（　　）。

A. function. RunMacro MacroName　　B. DoCmd. RunMacro macro_ab

C. Sub. RunMacro macro_ab　　D. RunMacro macro_ab

19. 下列程序段 P 的返回值是（　　）。

```
Dim M As Single
Dim N As Single
  Dim P As Single
  M = Abs(-7)
  N = Int(-2.4)
  P = M + N
```

A. 9　　B. −9　　C. 5　　D. 4

20. 下面过程运行之后，则变量 *J* 的值为（　　）。

```
Private Sub Fun()
    Dim J As Integer
    J =5
    Do
    J = J +2
    Loop While J >10
End Sub
```

A. 5　　B. 7　　C. 9　　D. 11

21. Sub 过程和 Function 过程最根本的区别是（　　）。

A. Sub 过程的过程名不能返回值，而 Function 过程能通过过程名返回值

B. Sub 过程可以使用 Call 语句或直接使用过程名，而 Function 过程不能

C. 两种过程参数的传递方式不同

D. Function 过程可以有参数，Sub 过程不能有参数

22. 已定义好有参函数 *f*(*m*)，其中形参 m 是整型量。下面调用该函数，传递实参为 5，将返回的函数值赋给变量 *t*。以下正确的是（　　）

A. t = f(m)　　B. t = Call f(m)　　C. t = f(5)　　D. t = Call f(5)

23. 在窗体中有一个文本框 Text1，编写事件代码如下：

```
Private Sub Form_Click()
    x = val(InputBox("输入 x 的值"))
    y = 1
    IF x <> 0 Then y = 2
    Text1.Value = y
End Sub
```

打开窗体运行后，在输入框中输入整数 12，文本框 Text1 中输出的结果是（　　）。

A. 1　　B. 2　　C. 3　　D. 4

24.
```
Sub Main()
temp = InputBox("请输入华氏温度")
MsgBox "摄氏温度是 " & Celsius(temp) & " ℃"
End Sub
Function Celsius(fDegrees)
Celsius = (fDegrees - 32) *5/9
End Function
```

输入 80 后，输出的结果是（　　）

A. 26 ℃　　B. 27 ℃

C. 26.666666666667 ℃　　D. 26.66 ℃

25. 若有以下窗体单击事件过程：

```
Private Sub Form_Click()
    result = 1
    For i = 1 To 6 Step 3
        result = result * I
    Next I
    MsgBox result
End Sub
```

打开窗体运行后，单击窗体，则消息框的输出内容是（　　）。

A. 1　　B. 4　　C. 15　　D. 120

26. 窗体中有命令按钮 Command1，事件过程代码如下：

```
Public Function f(x As Integer) As Integer
  Dim y%
```

```
    x=20
    y=2
    f=x*y
End Function
Private Sub Command1_Click()
  Dim y%
  Static x%
  x=10
  y=5
  y=f(x)
  Debug.Print x:y
End Sub
```

运行程序后，单击命令按钮，则立即窗口中显示的内容是（　　）。

A. 10　5　　B. 10　40　　C. 20　5　　D. 20　40

27. 下列调用该过程的形式中，正确的是（　　）。

A. sub1(10，20)　　B. Call sub1

C. Call sub1 10，20　　D. Call sub1(10，20)

28. 在窗体中有一个名为 Command1 的命令按钮，事件代码如下：

```
Private Sub Command1_Click()
  Dim m(10)
  For k=1 To 10
    m(k)=11-k
  Next k
  x=5
  MsgBox m(1+m(x))
End Sub
```

打开窗体，单击命令按钮，消息框的输出结果是（　　）。

A. 2　　B. 3　　C. 4　　D. 5

29. 有如下 VBA 代码，运行结束后，变量 n 的值是（　　）。

```
n=0
For i=1 To 3
For j=-4 To -1
n=n+1
Next j
Next i
```

A. 0　　B. 3　　C. 4　　D. 12

30. 若变量 i 的初值为 8，则下列循环语句中循环体的执行次数为（　　）

```
Do While i <=17
    i=i+2
```

```
Loop
```

A. 3 次　　B. 4 次　　C. 5 次　　D. 6 次

三、判断题

1. 下列程序代码中的循环体被执行了 2 次。（　　）

```
Private Sub sub1 ()
  Dim j%          ' %为整型
  j = 0
  Do While j  <= 2
       j = j + 1
       Debug. Print j
  Loop
End Sub
```

2. 使用 Rem 语句可以定义函数。（　　）
3. 若程序中添加 Option Explicit 语句，在 VBA 中不需要声明变量。（　　）
4. 所有隐含声明变量都为 Variant 类型。（　　）
5. Variant 类型变量比大多数其他类型的变量需要更多的内存资源。（　　）
6. 下列语句定义是相同的。（　　）

```
Dim intX As Integer, intY As Integer, intZ As Integer
Dim intX,intY,intZ As Integer
```

7. 如果一个 Function 过程没有参数，它的 Function 语句不必包含一个空的圆括号。（　　）
8. Sub 或 Function 过程中的语句可以利用命名参数来传递值给被调用的过程。（　　）
9. "Dim X As Integer" 语句声明变量 X 是一个整型，其范围介于 -32 768 ~ 32 767 之间。（　　）
10. 若声明为动态数组，则可以在执行代码时改变数组大小。（　　）

四、填空题

1. VBA 的全称是________英文缩写。
2. 模块包含了一个声明区域和一个或多个子过程（以________开头）或函数过程（以________开头）。
3. 说明变量最常用的方法，是使用________结构。
4. VBA 中变量作用域分为 3 个层次，这 3 个层次是________、________和________。
5. 在模块的说明区域中，用________关键字说明的变量是模块范围的变量；而用________或________关键字说明的变量是属于全局范围的变量。
6. 要在程序或函数的实例间保留局部变量的值，可以用________关键字代替 Dim。
7. 用户定义的数据类型可以用________关键字说明。
8. VBA 的 3 种流程控制结构是顺序结构、________和________。
9. VBA 中使用的输入函数是________。

10. VBA 提供了多个用于数据验证的函数。其中 IsNull 函数用于________。

11. 如果一个 Sub 过程没有参数，则它的 Sub 语句必须包含______________。

12. 在模块的过程定义中，可以使用 DoCmd 对象的________方法运行设计好的宏。

13. VBA 语言中，________函数的功能是显示消息信息。

14. 在 VBA 中打开窗体 Form1 的命令语句是________。

15. 设有以下窗体单击事件过程代码：

```
Private Sub Form_Click()
a =1
For i =1 To 3
Select Case i
Case 1,3
a =a +1
Case 2,4
a =a +2
End Select
Next i
MsgBox a
End Sub
```

打开窗体运行后，单击窗体，则消息框的输出内容是________。

16. 在窗体中添加一个命令按钮（名为 Command1）和一个文本框（名为 Text1），编写事件代码如下：

```
Private Sub Command1_Click()
Dim a As Integer,y As Integer,z As Integer
x =5:y =7:z =0
Me! Text1 =""
Call p1(x,y,z)
Me! Text1 =z
End Sub
Sub p1(a As integer,b As Integer,c As Integer)
c =a +b
End Sub
```

打开窗体后，单击命令按钮，文本框中显示的内容是________。

17. 在下面的 VBA 程序段运行时，内层循环的循环次数是________。

```
For m =0 To 7 step 3
For n =m -1 To m +1
Next n
Next m
```

18. 在窗体中使用一个文本框（名为 num1）接受输入值，有一个命令按钮 run，单击事件代码如下：

```
Private Sub run_Click()
If Me! num1 >=60 Then
result ="及格"
ElseIf Me! num1 >=70 Then
result ="通过"
ElseIf Me! num1 >=85 Then
result ="合格"
End If
MsgBox result
End Sub
```

打开窗体后，若通过文本框输入的值为 85，单击命令按钮，输出的结果是________。

19. 在窗体中有一个名为 Command25 的命令按钮，Click 事件代码如下。该事件的完整功能是：接受从键盘输入的 10 个大于 0 的整数，找出其中的最大值和对应的输入位置。请依据上述功能要求将程序补充完整。

```
Private Sub Command25_Click()
max =0
max_n =0
For i =1 To 10
num =Val( InputBox("请输入第"&i&"个大于 0 的整数:"))
If num >max Then
max =________
max_n =________
End If
Next i
MsgBox("最大值为第"&max_n&"个输入的"&max)
End Sub
```

20. 已知如下程序段：

```
Dim A, B, C, MyCheck
A =10: B =8: C =6
MyCheck =B >A And B >C
```

执行以上程序段后，MyCheck 为________。

五、VBA 编程

1. 使用 If... Then 语句、InputBox 函数和 MsgBox 函数编程实现输入一个任意数，判断该数的范围（>0，=0，<0）。

2. 利用 VBA 实现飞机场托运行李的收费计算，标准是 23 千克以内（包括 23 千克）不计费，大于 23 千克按照超过部分是 30 元/千克计算。使用窗体创建文本框，编写一个事件过程代码，要求根据输入的任意质量，计算出应付的行李费。其界面如图 9.53 所示。

3. 输入某考生的成绩 x（百分制），当 $x \geqslant 90$ 时，输出“优秀”；当 $80 \leqslant x < 90$ 时，输出

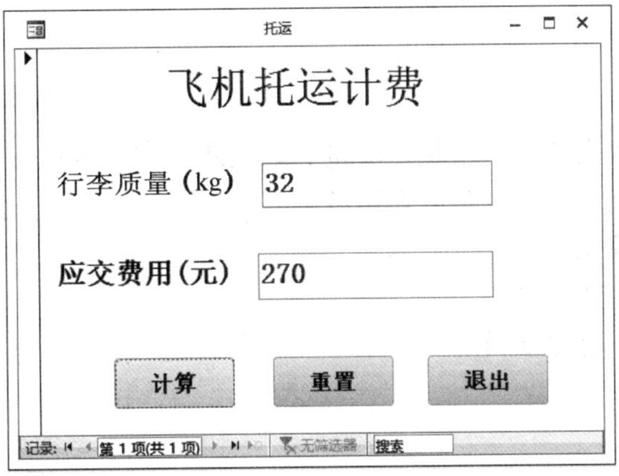

图 9.53　飞机托运计费界面

“良好”；当 $70 \leqslant x < 80$ 时，输出“中”，当 $60 \leqslant x < 70$ 时，输出“合格”，当 $x < 60$ 时，输出“不合格”。

4. 输入一个年份（整数），确定该年有多少天。根据历法，1、3、5、7、8、10、12 月为 31 天，闰年 2 月为 29 天，平年 2 月为 28 天，4、6、9、11 月为 30 天。要求用文本框来输入月份和输出结果。

5. 编程实现 $s = 1/2 + 1/3 + ... + 1/n$，直到 $1/n$ 小于 10^{-4}。

6. 取面值为一元、二元、五元的纸币共 20 张，付出 60 元钱，每种面值纸币至少要有一张，编写 VBA 程序，求出有多少种不同的付法。

7. 使用随机函数获取 10 个 100 以内的整数，按照大小排列输出。

8. 编一个求 $n!$ 的子过程，然后调用它，计算 $10! - 7!$ 的值。

9. 设有一个 student 学生数据库表，内有年龄字段（数字），编程实现将当前 student 表的“年龄”字段都加 1。

10. 设有用户表，编程实现判断登录，其界面如图 9.54 所示。若是数据库表数据，登录成功，否则输出“非法用户”。

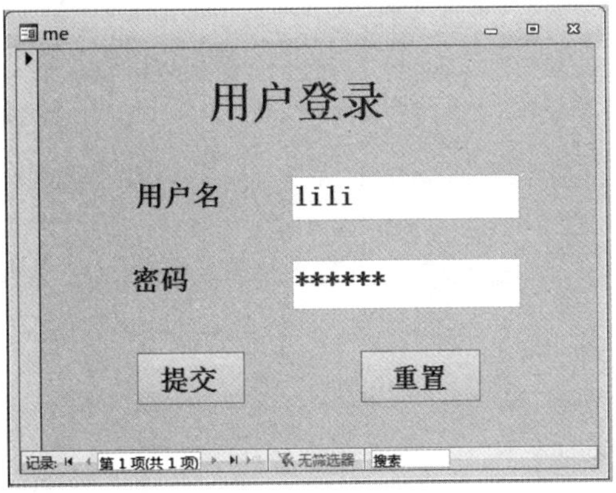

图 9.54　用户登录界面

六、考核要点

1. 模块的建立方法。
2. VBA 模块中的数据类型、常量、变量、表达式、常用函数、事件和方法。
3. VBA 程序结构、数组及变量的作用域。
4. VBA 程序流程控制。
5. 在 VBA 中运行宏的方法。
6. 利用 ADO 访问其他数据库。

练习参考答案

第10章 实　训

学习 Access 2013 数据库应用课程，上机操作是必不可少的内容。为了引导学生熟练掌握本课程的内容，本章设计了 9 个实训项目。其中，第 8 个项目是利用 VBA 编写模块程序，该项目下面有 4 个小题目，概括了 VBA 编程的顺序、选择、循环结构、VBA 与窗体界面的结合、VBA 与数据库引擎编程。第 9 个项目为综合设计，通过窗体菜单中按钮调用宏操作，使用导航窗体实现一个数据库管理系统。这些内容围绕本教材的第 5、6 和第 9 章案例设置，紧密结合书中制作的窗体菜单、宏和模块编程内容。通过上机操作领会 Access 2013 数据库的对象：表、查询、窗体、报表、宏和模块的使用；熟悉和掌握该系统工作界面、菜单栏、工具栏及命令按钮组的操作步骤。每个实训包括实训目的、实训要求、实训内容和步骤三部分，学生可根据实际情况从中选择部分或全部作为上机练习。

10.1 创建数据库、表

10.1.1 实训目的

（1）熟悉 Access 2013 集成环境，掌握数据库和表的创建方法。

（2）掌握利用 Access 2013 数据库菜单、工具栏和命令按钮设置数据库及表的属性方法。

10.1.2 实训要求

（1）掌握 Access 2013 数据库系统的启动和退出操作。

（2）掌握 Access 2013 数据库的打开、新建、关闭操作。

（3）利用 Access 2013 数据库菜单、工具栏和命令按钮设置数据表的属性。

（4）对指定字段设置字段大小、字段类型、输入掩码、设置主键等属性。

10.1.3 实训内容和步骤

（1）启动 Access 2013 后，查看其操作界面，观察在正常启动后 Access 2013 以空数据库新建的缺省文档名、文档所在路径，修改文档名为“服装销售管理”，并保存此文档到已经建立的文件夹下。

（2）创建表名为“服装信息”，其字段和类型见文档样例。其中，商品编号大小为 15，商品名称大小为 30，颜色大小为 8，规格大小为 8，面料大小为 10，进价和销售价均为数字型，共有 9 个字段属性，如图 10.1 所示。

（3）按照样例添加表记录，记录的个数大于等于 10 条，如图 10.1 所示。

（4）打开表“服装信息”，单击“设计”按钮。添加字段并修改表中字段的属性：

①在表中添加“品牌”“系列名称”字段，品牌和系列名称大小均为 10。

②修改“商品编号”字段，在该字段的输入掩码中进行设计，使得格式为“字母 -4 个数字”。

③将“商品编号”字段设置为主键。

（5）修改、添加及删除指定记录。

文档样例

服装信息数据库表

服装信息

字段名称	数据类型	说明(可选)
商品编号	短文本	
商品名称	短文本	
品牌	短文本	
系列名称	短文本	
商品颜色	短文本	
规格大小	短文本	
面料	短文本	
进价	数字	
销售价	数字	

服装信息

商品编号	商品名称	品牌	系列名称	商品颜色	规格大小	面料	进价	销售
b1001	短裙	舒雅	女装	黑色	L	雪纺	100	200
b1002	短裙	爱衣家族	职业女装	红色	L	雪纺	80	160
b1003	短裙	太平鸟	女装	白色	XL	丝绸	120	240
b1004	短裙	艾格Etam	女装	黑色	M	棉麻	100	200
b1005	短裙	太平鸟	女装	黑色	XXL	棉麻	150	300
b1006	短裙	艾格Etam	女装	黑色	L	蕾丝	100	200
b1007	短裙	天使园	女装	黑白条	XL	雪纺	50	100
b1008	短裙	太平鸟	女装	玫红色	XXXL	棉麻	130	260
k2001	裤子	爱衣家族	女装	黑色	XL	雪纺	70	140
k2002	裤子	哥弟	女装	黑色	XL	雪纺	100	200
k2003	裤子	红袖	女装	红色	S	真丝	200	400
k2004	裤子	舒雅	休闲女装	白色	XXL	雪纺	80	160

图 10.1　数据库及表的建立

思考：

（1）上述表中对输入记录相同的内容如何进行复制？

（2）若销售价是进价的 1.2 倍，能否根据进价自动填写销售价？

10.2　修改表结构及属性

10.2.1　实训目的

（1）掌握多表的创建及修改方法。

（2）掌握设置字段格式、输入默认值、有效性规则及输入 OLE 数据的方法。

（3）掌握使用查阅设计表字段进行列表选择的方法。

10.2.2　实训要求

（1）掌握在已有数据库中添加表的方法。
（2）掌握设置字段格式的内容和步骤。
（3）使用查阅设计字段方法，输入选项数据。
（4）设置指定字段的有效性规则属性。
（5）添加“图片展示”OLE 对象及数据。
（6）掌握添加、修改、删除字段和记录的方法。

10.2.3　实训内容和步骤

（1）打开已有的“服装销售管理”数据库后，添加用户信息表和销售信息表并保存。
（2）创建表“CUSTOMERS”，其字段类型如图 10.2 所示。其字段长度自行设计。
（3）创建表“SALE”，其字段类型见文档样例。其中的字段长度自行设计。
（4）打开表“CUSTOMERS”，单击“设计”按钮。添加字段并修改表中字段的属性：
①在“服装信息”表的最后添加一个“图片展示”字段，类型为 OLE 型，见图 10.2。
②将“性别”字段通过查询向导的下拉列表即可选定输入值。
③在“CUSTOMERS”表添加“用户类型”字段，通过下拉列表进行选定，选择的内容包括“普通”“VIP”。

文档样例

一、添加用户信息数据库表（CUSTOMERS）

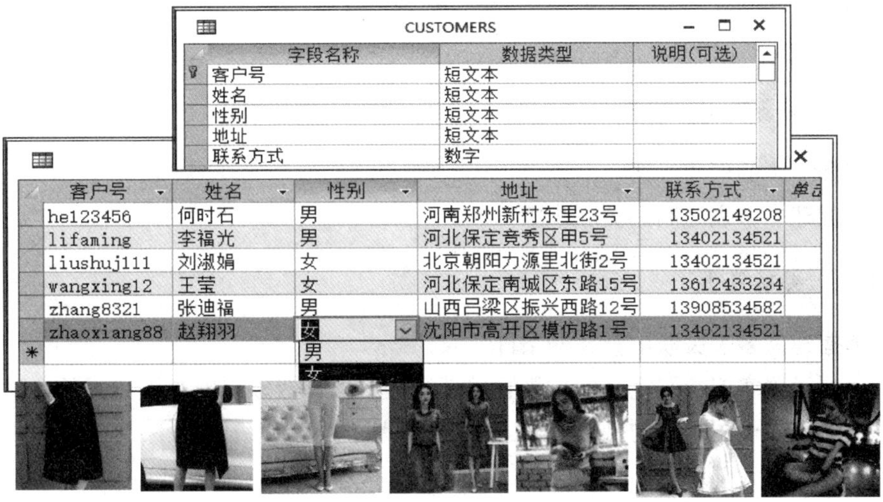

图 10.2　添加数据库表

思考：

（1）在服装信息表中添加的图片能否在表中显示？
（2）添加“性别”和“用户类型”的字段方法是否操作相同？

二、添加销售者信息数据库表（见图 10.3）

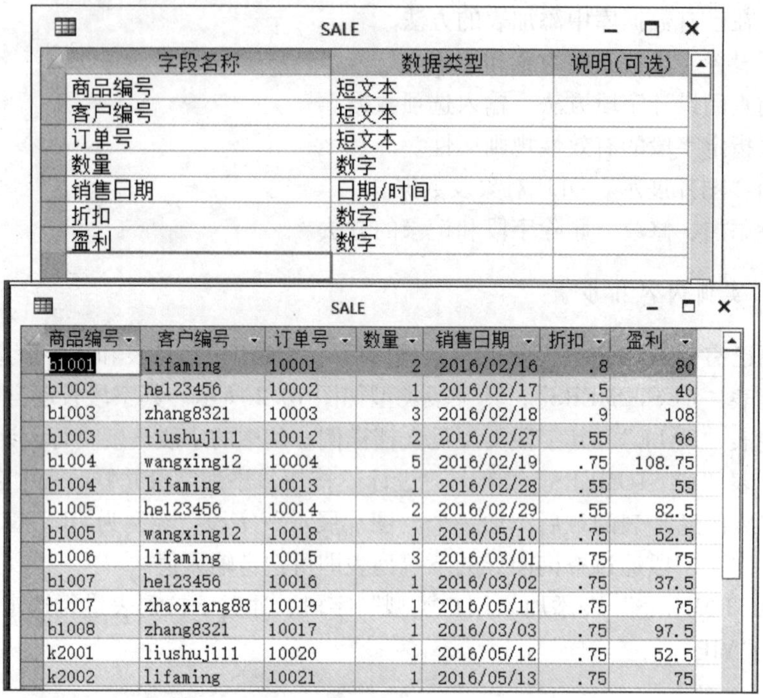

SALE

字段名称	数据类型	说明(可选)
商品编号	短文本	
客户编号	短文本	
订单号	短文本	
数量	数字	
销售日期	日期/时间	
折扣	数字	
盈利	数字	

SALE

商品编号	客户编号	订单号	数量	销售日期	折扣	盈利
b1001	lifaming	10001	2	2016/02/16	.8	80
b1002	he123456	10002	1	2016/02/17	.5	40
b1003	zhang8321	10003	3	2016/02/18	.9	108
b1003	liushuj111	10012	2	2016/02/27	.55	66
b1004	wangxing12	10004	5	2016/02/19	.75	108.75
b1004	lifaming	10013	1	2016/02/28	.55	55
b1005	he123456	10014	2	2016/02/29	.55	82.5
b1005	wangxing12	10018	1	2016/05/10	.75	52.5
b1006	lifaming	10015	3	2016/03/01	.75	75
b1007	he123456	10016	1	2016/03/02	.75	37.5
b1007	zhaoxiang88	10019	1	2016/05/11	.75	75
b1008	zhang8321	10017	1	2016/03/03	.75	97.5
k2001	liushuj111	10020	1	2016/05/12	.75	52.5
k2002	lifaming	10021	1	2016/05/13	.75	75

图 10.3　添加图片信息

10.3　建立表间关系

10.3.1　实训目的

（1）掌握多表的创建方法。
（2）掌握建立多表之间的关联步骤。

10.3.2　实训要求

（1）掌握建立多表关联应具备的条件。
（2）掌握设置实施参照完整性、级联更新相关字段和级联删除相关记录的方法。
（3）掌握建立表间关联的操作步骤。
（4）建立 3 个表的关联，见文档样例。

10.3.3　实训内容和步骤

（1）启动 Access 2013 后，打开“服装销售管理”数据库。
（2）建立用户信息表“CUSTOMERS”与销售信息表“SALE”一对多关系，销售信息表“SALE”与“服装信息”表一对多关系。

（3）建立 3 个表之间的关系，使用两个一对多关系，建立多对多关系，其建立关系的文档案例如图 10.4 所示。

文档样例

服装销售管理数据库关系

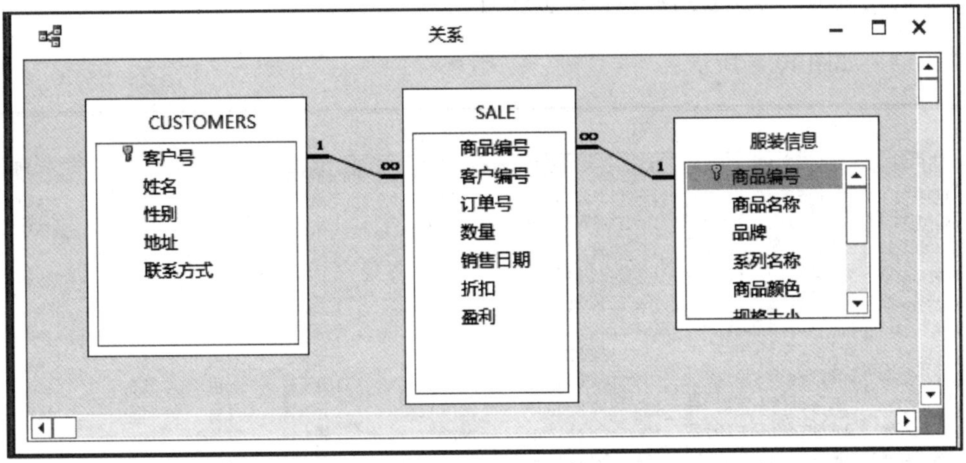

图 10.4　建立表间关系

10.4　创建查询

10.4.1　实训目的

（1）掌握选择查询、计算查询和参数查询的设计和修改方法。
（2）掌握操作查询的分类和设计方法。
（3）掌握查询设计的修改方法。

10.4.2　实训要求

（1）按要求利用查询向导建立多表查询并将查询结果生成一个新表。
（2）建立交叉表查询，并能通过查询设计器进行修改。
（3）按要求利用查询设计器，建立条件选择查询。
（4）在指定表中建立更新查询、追加查询、删除查询和生成表查询。

10.4.3　实训内容和步骤

（1）利用查询向导建立“用户信息”“销售信息”和“服装信息”三个表的查询，生成查询视图“用户销售信息查询”并生成新表名为“用户销售信息”，查询字段包括客户号、地址、联系方式、订单号、销售日期、数量、商品名称、商品颜色、规格大小、图片，如图 10.5 所示。

（2）利用“用户销售信息查询”，按类别建立销售量的交叉表查询，如图 10.6 所示。

（3）在建立的“用户销售信息查询”基础上，建立条件查询，查询管理学院教师的销售情况，如图 10.7 所示。

（4）根据姓名查询销售信息，如图 10.7 所示。

文档样例

一、利用查询向导建立用户销售信息查询

查询结果如图 10.5 所示。

用户销售信息查询

客户号	地址	联系方式	订单号	销售日期	数量	商品名称	商品颜色	规格大小	图片展示
lifaming	河北保定竞秀区甲5号	13402134521	10001	2016/02/16	2	短裙	黑色	L	itmap Image
he123456	河南郑州新村东里23号	13502149208	10002	2016/02/17	1	短裙	红色	L	itmap Image
zhang8321	山西吕梁区振兴西路12号	13908534582	10003	2016/02/18	3	短裙	白色	XL	itmap Image
wangxing12	河北保定南城区东路15号	13612433234	10004	2016/02/19	5	短裙	黑色	M	itmap Image
zhaoxiang88	沈阳市高开区模仿路1号	13402134521	10005	2016/02/20	1	连衣裙	花色	L	itmap Image
liushuj111	北京朝阳力源里北街2号	13402134521	10006	2016/02/21	2	连衣裙	花色	XXL	itmap Image
lifaming	河北保定竞秀区甲5号	13402134521	10007	2016/02/22	1	连衣裙	花色	S	itmap Image
he123456	河南郑州新村东里23号	13502149208	10008	2016/02/23	1	连衣裙	粉色	XXL	itmap Image
zhang8321	山西吕梁区振兴西路12号	13908534582	10009	2016/02/24	2	连衣裙	花色	XL	itmap Image
wangxing12	河北保定南城区东路15号	13612433234	10010	2016/02/25	1	连衣裙	花条色	S	itmap Image
zhaoxiang88	沈阳市高开区模仿路1号	13402134521	10011	2016/02/26	1	连衣裙	花色	XXL	itmap Image
liushuj111	北京朝阳力源里北街2号	13402134521	10012	2016/02/27	2	短裙	白色	XL	itmap Image
lifaming	河北保定竞秀区甲5号	13402134521	10013	2016/02/28	1	短裙	黑色	M	itmap Image

图 10.5　建立三个表联合查询

二、将查询结果建立生成表

将上述查询结果存入一个新表中的操作如图 10.6 所示。

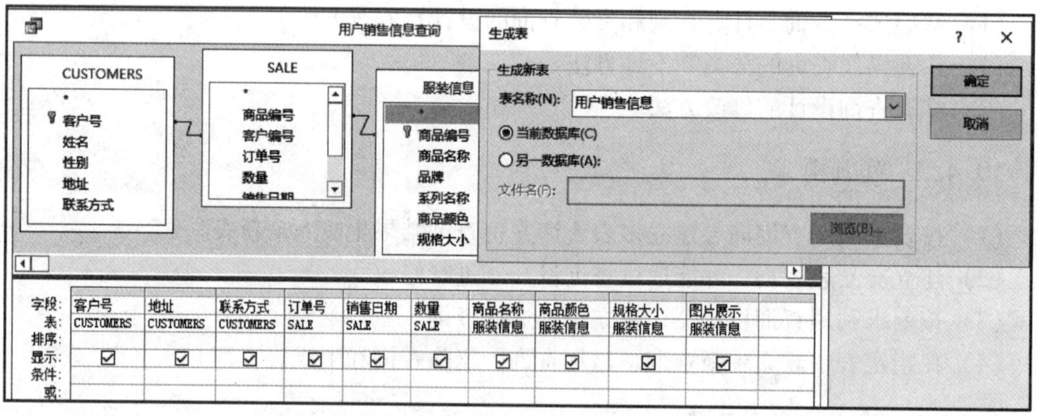

图 10.6　生成表查询操作

三、按照用户号购买数量及商品名称建立交叉表查询

查询结果如图 10.7 所示。

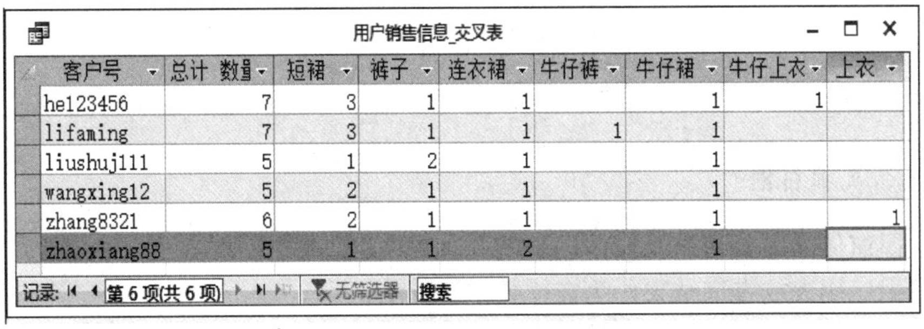

客户号	总计 数量	短裙	裤子	连衣裙	牛仔裤	牛仔裙	牛仔上衣	上衣
he123456	7	3	1	1		1	1	
lifaming	7	3	1	1	1	1		
liushuj111	5	1	2	1		1		
wangxing12	5	2	1	1		1		
zhang8321	6	2	1	1		1		1
zhaoxiang88	5	1	1	2		1		

图 10.7　交叉表查询结果

四、利用选择查询

设置查询条件

查询用户在日期 2016—05—01 后购买服装基本信息，如图 10.8 所示。

客户号	销售日期	数量	商品名称	商品颜色	图片展示
wangxing12	2016/05/10	1	短裙	黑色	itmap Image
zhaoxiang88	2016/05/11	1	短裙	黑白条	itmap Image
liushuj111	2016/05/12	1	裤子	黑色	itmap Image
lifaming	2016/05/13	1	裤子	黑色	itmap Image
he123456	2016/05/14	2	裤子	红色	itmap Image
zhang8321	2016/05/15	1	裤子	白色	itmap Image
wangxing12	2016/05/16	4	裤子	黑色/红色	itmap Image
zhaoxiang88	2016/05/17	1	裤子	灰色	itmap Image
liushuj111	2016/05/18	1	裤子	白色	itmap Image
lifaming	2016/05/19	1	牛仔裙	蓝色	itmap Image
he123456	2016/05/20	2	牛仔裙	蓝色	itmap Image
zhang8321	2016/05/21	1	上衣	蓝色	itmap Image

图 10.8　条件查询

五、参数查询

建立输入客户姓名参数查询如图 10.9 所示。

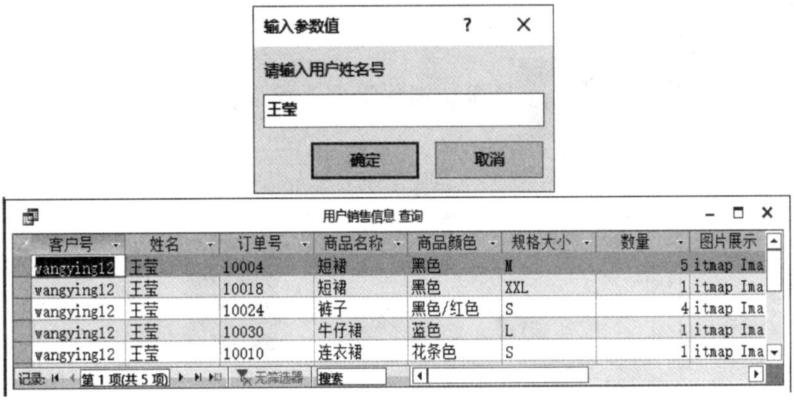

客户号	姓名	订单号	商品名称	商品颜色	规格大小	数量	图片展示
wangying12	王莹	10004	短裙	黑色	M	5	itmap Ima
wangying12	王莹	10018	短裙	黑色	XXL	1	itmap Ima
wangying12	王莹	10024	裤子	黑色/红色	S	4	itmap Ima
wangying12	王莹	10030	牛仔裙	蓝色	L	1	itmap Ima
wangying12	王莹	10010	连衣裙	花条色	S	1	itmap Ima

图 10.9　按照姓名查询结果

10.5 窗体设计

10.5.1 实训目的

（1）掌握窗体的组成结构及窗体创建的几种方法。
（2）掌握运用表或查询结果作为窗体数据源。
（3）掌握窗体控件的属性及设计方法。

10.5.2 实训要求

（1）利用窗体设计创建窗体。
（2）利用空白窗体创建窗体。
（3）制作分割窗体。
（4）利用标签、文本框、组合框、选项按钮、复选框和命令按钮等常用控件设计窗体。
（5）使用窗体设计器创建窗体。

10.5.3 实训内容和步骤

（1）利用窗体设计完成密码登录和更改密码窗体，如图 10.10 所示。

（2）利用空白窗体创建窗体，拖动所需数据到窗体中，然后利用属性修改图片展示的位置、大小、显示方式，如图 10.11 所示。

（3）利用分割窗体设计，设计的窗体如图 10.12 所示。

（4）在窗体设计中，通过“添加现有字段”拖动服装信息表数据到窗体，调整适当位置，添加 4 个导航按钮，如图 10.13 所示。

（5）利用窗体设计工具，添加标签、文本框、组合框、复选框和单选按钮等控件，完成用户调查表界面，如图 10.14 所示。

一、使用窗体设计创建登录窗体界面（见图 10.10）

文档样例

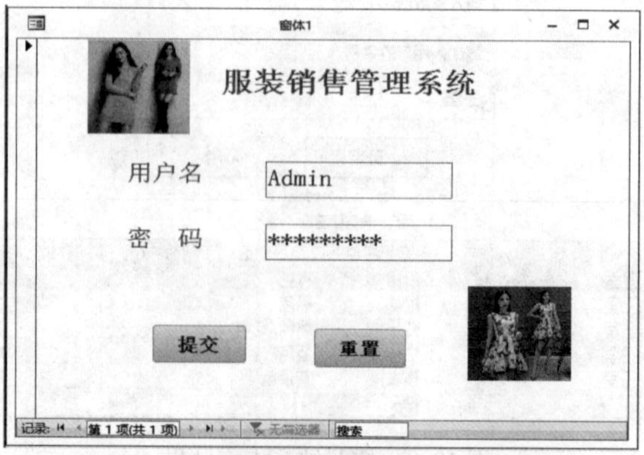

图 10.10　服装销售管理系统登录窗体

二、使用空白窗体创建服装信息界面（见图 10.11）

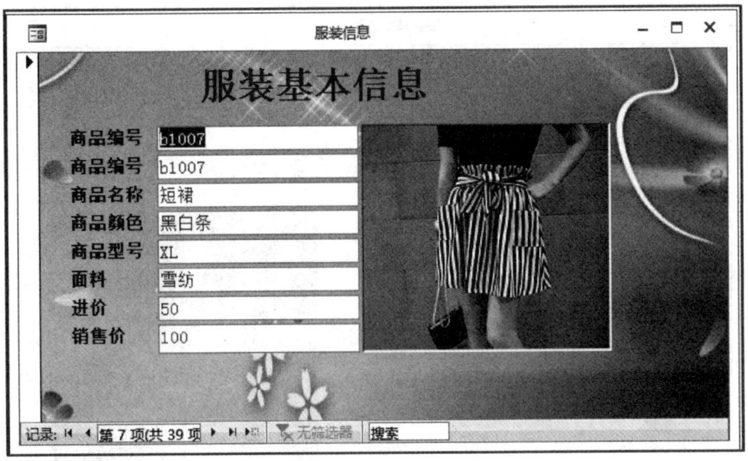

图 10.11　服装基本信息窗体

三、使用分割窗体创建服装销售界面（见图 10.12）

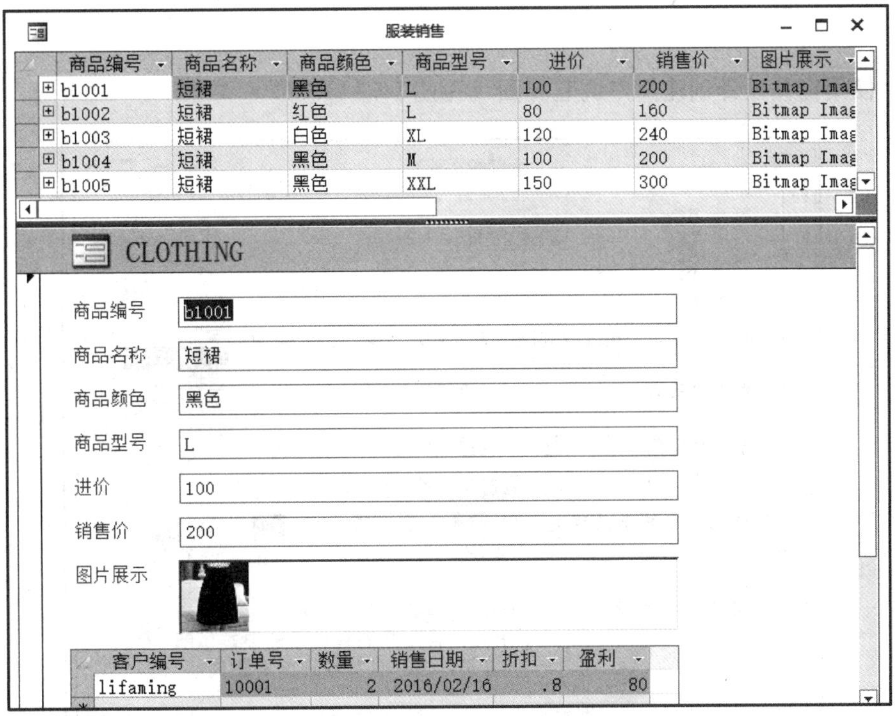

图 10.12　分割窗体

四、使用窗体设计创建服装详细信息界面（见图 10.13）

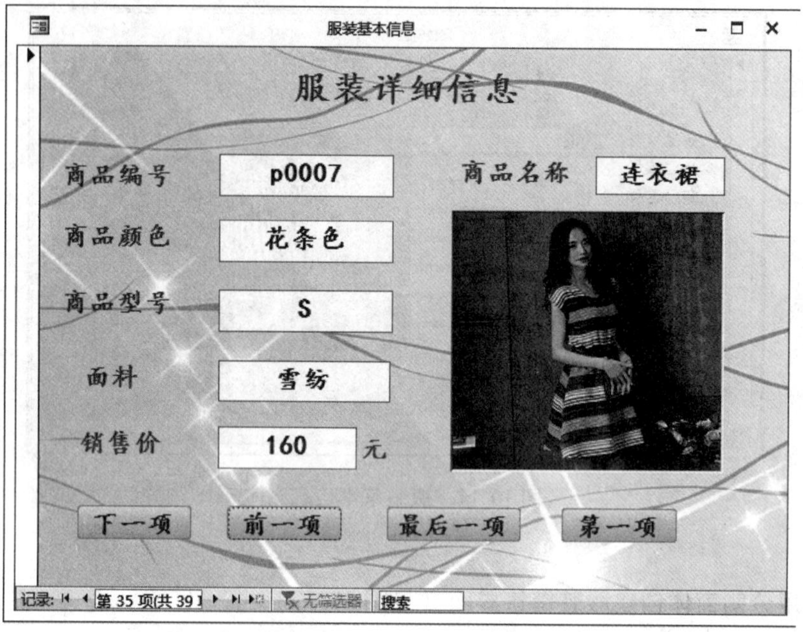

图 10.13　用户档案录入窗体

五、使用窗体设计创建用户调查界面（见图 10.14）

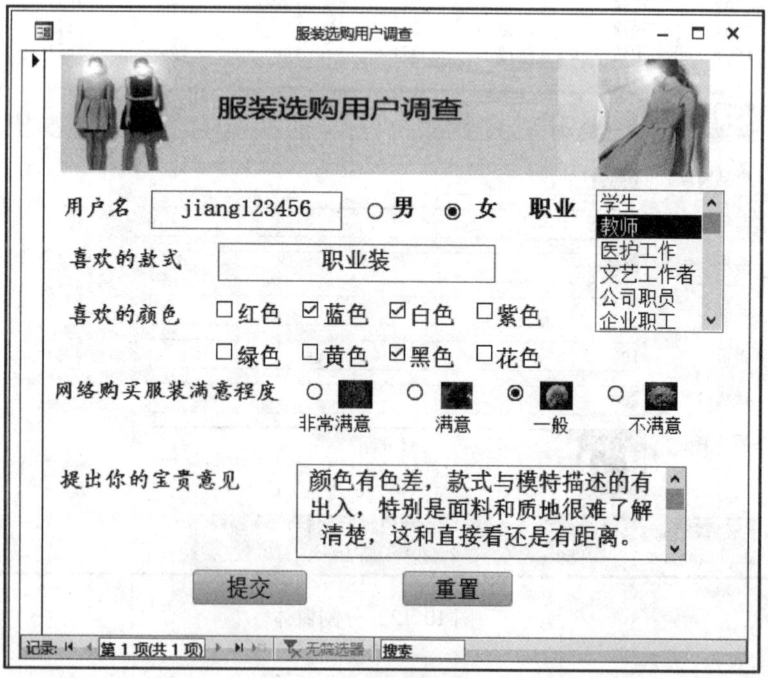

图 10.14　用户调查窗体

10.6　报表设计

10.6.1　实训目的

掌握使用报表设计器创建报表的方法，并能利用报表进行排序、分组和计算。

10.6.2　实训要求

（1）分别利用自动报表、报表向导及报表设计器创建报表。
（2）利用报表控件修改、设计报表。
（3）对报表进行排序、添加日期、分组等操作。

10.6.3　实训内容和步骤

（1）利用已有生成表自动创建“销售信息报表”。
（2）利用已有的表按照姓名参数查询，生成查询报表。
（3）利用“报表设计器”修改自动报表格式，如图 10.15 所示。
（4）使用“报表设计器”修改报表日期、汇总记录个数。查询界面如图 10.16 所示。

文档样例

商品编号	客户编号	订单号	数量	销售日期	折扣	盈利
b1001	lifaming	10001	2	2016/02/16	.8	80
b1002	he123456	10002	1	2016/02/17	.5	40
b1003	zhang8321	10003	3	2016/02/18	.9	108
b1004	wangying12	10004	5	2016/02/19	.75	108.75
p0002	zhaoxiang88	10005	1	2016/02/20	.75	75
p0003	liushuj111	10006	2	2016/02/21	.75	52.5
p0004	lifaming	10007	1	2016/02/22	.75	60
p0005	he123456	10008	1	2016/02/23	.75	75

图 10.15　自动报表及修改结果

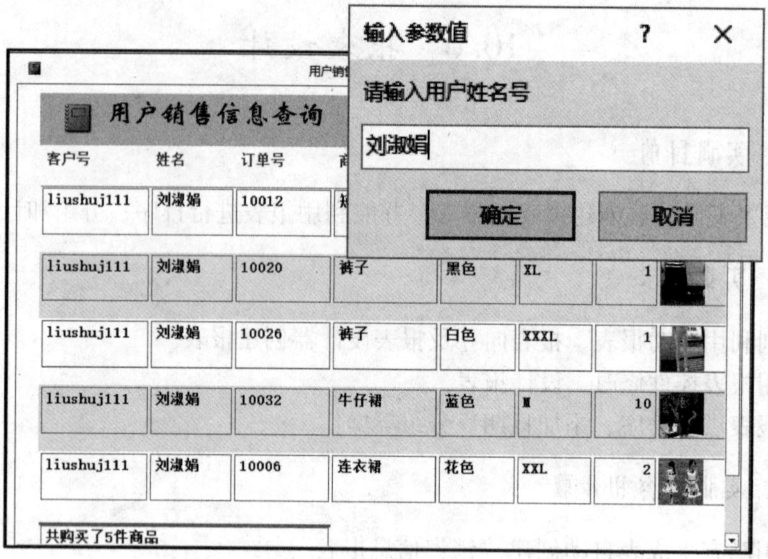

图 10.16　服装销售信息报表

10.7　宏的使用

10.7.1　实训目的

掌握打开表、查询、窗体和报表的宏命令，且学习宏调用操作。

10.7.2　实训要求

（1）在窗体上利用宏命令打开表。
（2）在窗体上利用宏命令打开查询。
（3）在窗体上利用宏命令打开窗体。
（4）在窗体上利用宏命令打开报表。
（5）使用宏操作，实现登录验证。

10.7.3　实训内容和步骤

根据用户信息表和服装销售信息表的内容，建立查询、窗体和报表，完成如图 10.17 所示的窗体界面菜单项，并通过下列宏命令输出相应内容。

（1）利用 OpenTable 命令打开“用户信息表”和“商品信息”表。
（2）利用 OpenQuery 命令打开“销售信息”和“用户查询”。
（3）使用 OpenForm 命令打开“服装信息”“用户调查”窗体。
（4）利用 OpenReport 命令打开“服装销售报表”和“服装信息报表”。
（5）利用窗体按钮实现宏条件判断。

文档样例

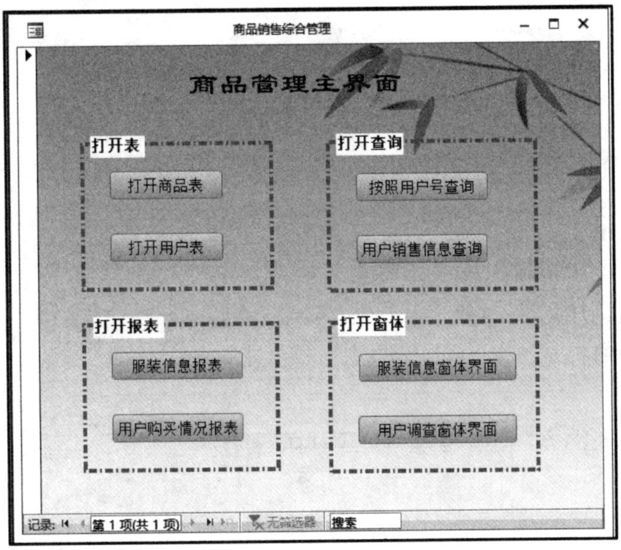

图 10.17　商品销售管理系统主界面

10.8　模　　块

10.8.1　实训目的

掌握过程及函数过程的使用。使用过程调用数据库引擎，实现数据库访问。

10.8.2　实训要求

(1) 利用窗体设计器的多种控件设计窗体。
(2) 利用过程及函数过程完成相应的计算。
(3) VBA 与数据库连接。

10.8.3　实训内容和步骤

(1) 使用随机数模拟产生 100 个 50 ~ 100 分学生的成绩，输出这些学生成绩，并求平均成绩，累计超过平均分的人数。

其步骤：

Sub 过程名()

①定义数组和变量

②产生 100 个 50 ~ 100 的分数，保存到 Data 数组

```
Fori =1 To 100
Data(i) =50 +Rnd * 50
Nexti
```

③求 100 个分数的平均分，并寻找分数超过平均分的人数

④按要求输出各项数据

End Sub

运行结果如图 10.18 所示。

（2）利用函数调用求输入一个任意数 *n* 的阶乘。

步骤：

Sub 过程名()

①定义数组和变量

②使用 InputBox("请输入一个正整数 n = ?")

③将 n 作为参数调用阶乘函数

④输出 n 及阶乘数

End Sub

Function 函数名(x As Integer)As Long

①定义变量

②求阶乘

③将阶乘结果赋给函数名以备调用

End Function

运行结果如图 10.19 所示。

（3）利用窗体实现简单加减乘除运算，如图 10.20 所示。

根据计算器功能，完成相应计算过程。

（4）制作窗体，通过 VBA 编程与数据库记录操作，实现登录验证。使用 ADO 访问数据库的 VBA 编程步骤为：

```
'创建连接对象、结果集对象
Dim cn As New ADODB.Connection
Dim rs As New ADODB.Recordset
'打开数据库连接
cn.Open "数据库连接字符串"
'直接在当前数据库连接上执行 SQL 查询,返回结果集
rs.Open "SQL 查询语句", cn
'操作结果集中的数据
Do While Not rs.EOF
  ......
rs.MoveNext
Loop
'资源释放
rs.Close
cn.Close
Set rs =Nothing
Set cn =Nothing
```

文档样例

一、计算 100 个随机数的平均（见图 10.18）

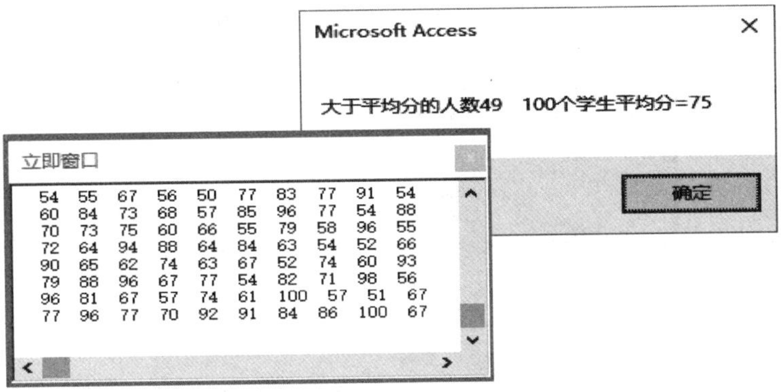

图 10.18 随机数及平均

二、利用函数调用求输入一个任意数 *n* 的阶乘（见图 10.19）

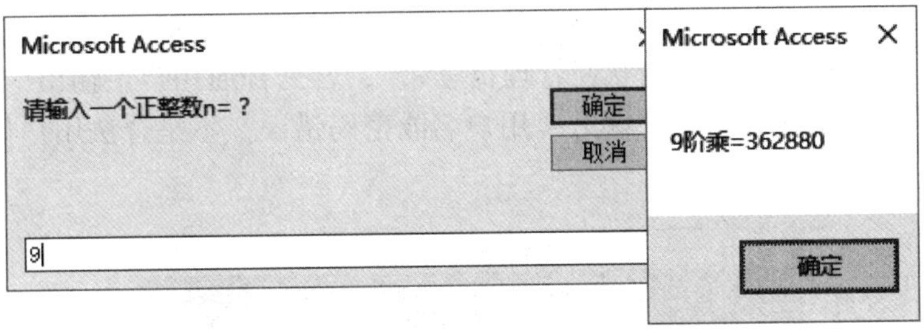

图 10.19 实现求阶乘计算

三、简单计算器（见图 10.20、图 10.21）

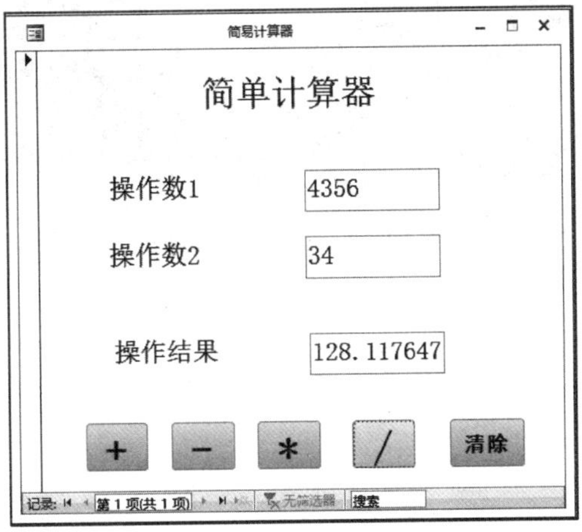

图 10.20 简单计算器

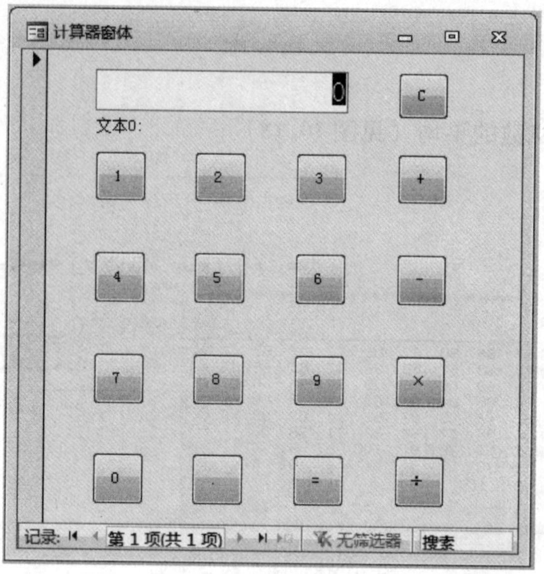

图 10.21　计算器界面

四、使用宏调用实现登录判断

若是数据库表管理员，输出“欢迎管理员登录”，若是普通用户，输出“欢迎普通用户登录”信息，若非数据库表用户，输出“用户名或密码错误，不是合法用户信息”。登录界面如图 10.22 所示。

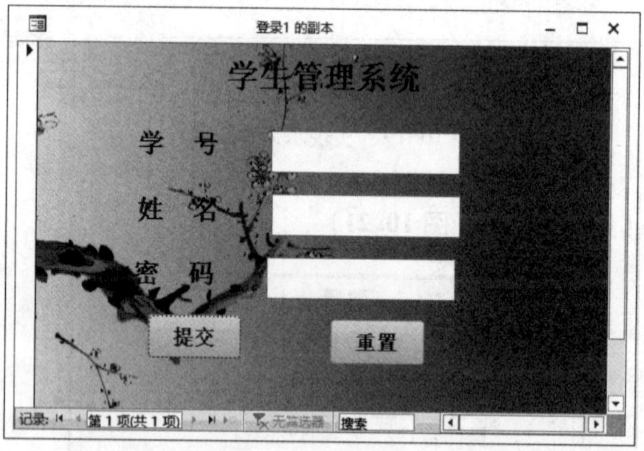

图 10.22　登录窗体界面

10.9　综合设计

10.9.1　实训目的

设计实现一个商品销售管理系统。

（1）掌握数据库及数据库表的创建方法和步骤。
（2）利用已有数据、表创建查询的方法和步骤。
（3）利用创建的查询、数据库表创建窗体的方法和步骤。
（4）利用已有的数据库表和查询创建报表的方法和步骤。
（5）在窗体界面上使用宏打开表、查询、窗体、报表的方法和步骤。
（6）使用过程及函数过程编写程序。

10.9.2 实训要求

商品信息自己选定，数据来源不限，创建一个数据库、多个数据库表。内容包括：
（1）自行设计商品销售管理系统界面。
（2）建立对应的数据库、表和表间关系。
（3）建立符合需要的查询。
（4）建立符合需求的窗体。
（5）使用过程及函数过程完成菜单界面相应的功能。

10.9.3 实训内容和步骤

（1）创建数据库表及创建关系。

创建内有 production（产品表）、buyer（采购员表）、buyer_commodity（采购表）、user（用户表）、user_sale（用户购买表）、market（销售员表）和 market_sell（销售表）共 7 个数据库表，建立关系如图 10.23 所示。

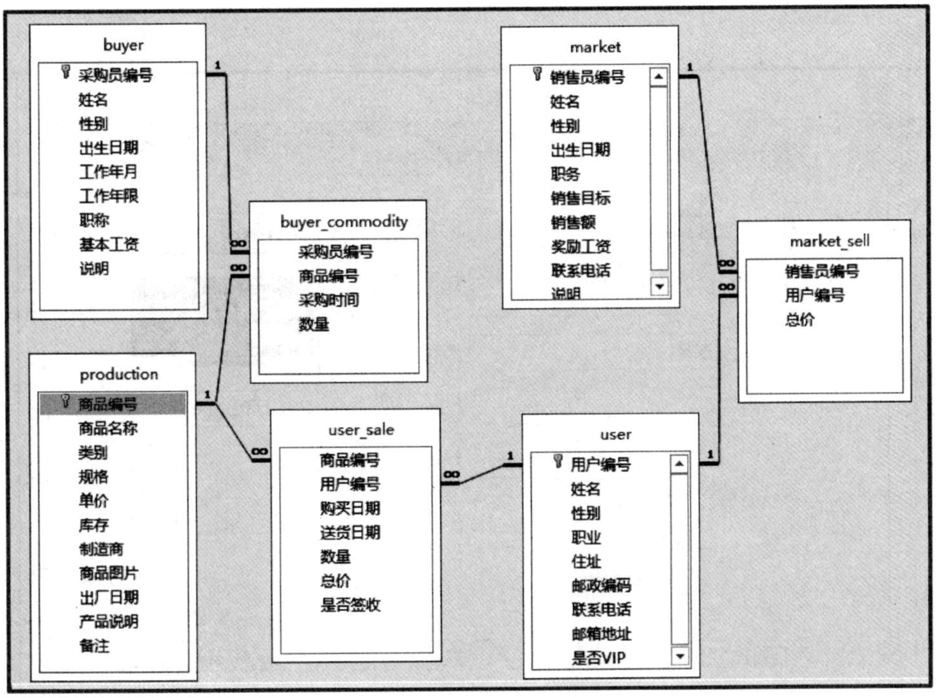

图 10.23 数据库关系表

（2）利用窗体创建主菜单界面，如图 10.24 所示。

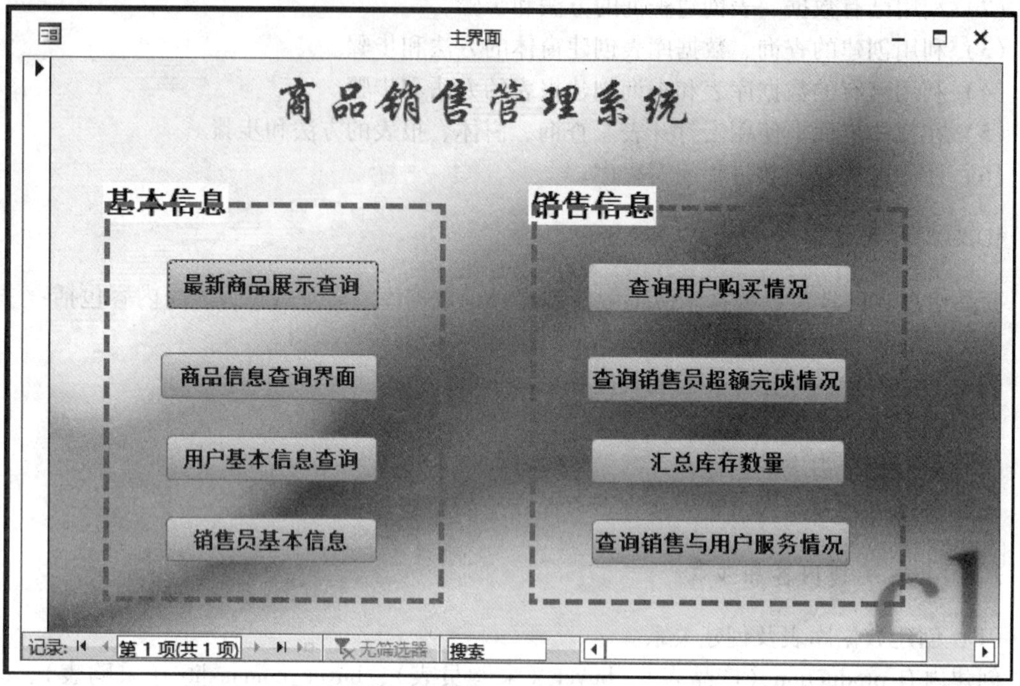

图 10.24 商品销售管理系统界面

（3）根据主菜单设置，需要根据相应查询建立相应的窗体界面，如图 10.25 ~ 图 10.32 所示。

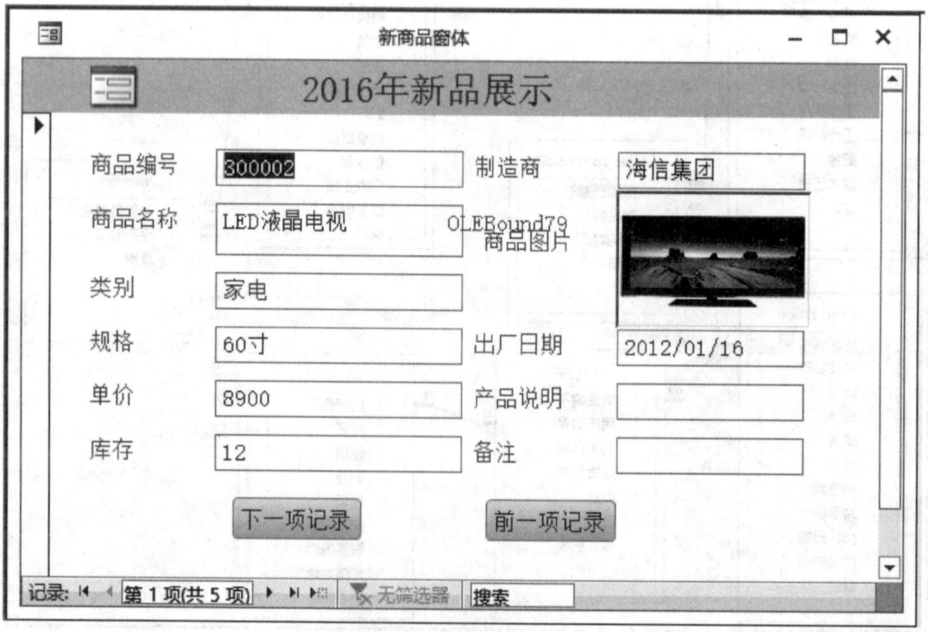

图 10.25 最新商品信息查询界面

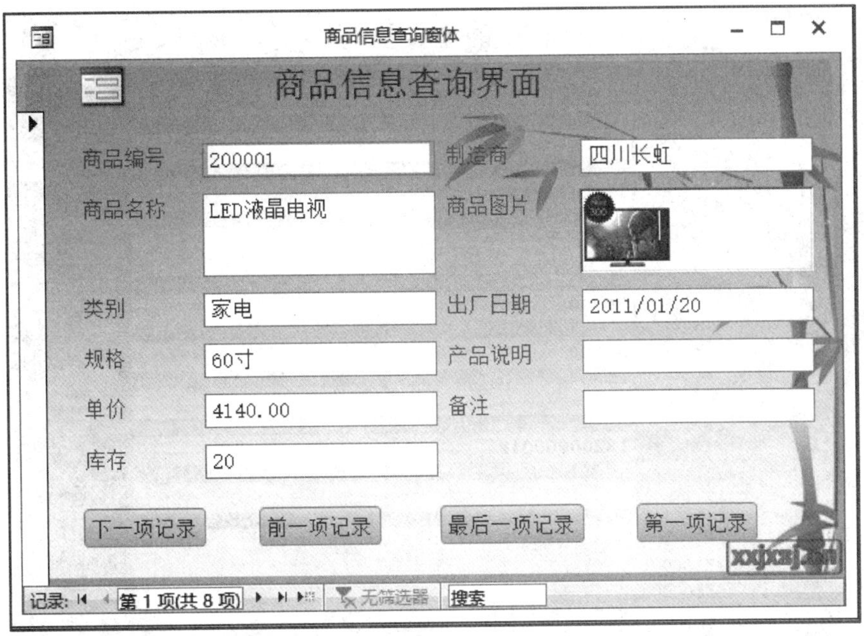

图 10.26　商品信息查询界面

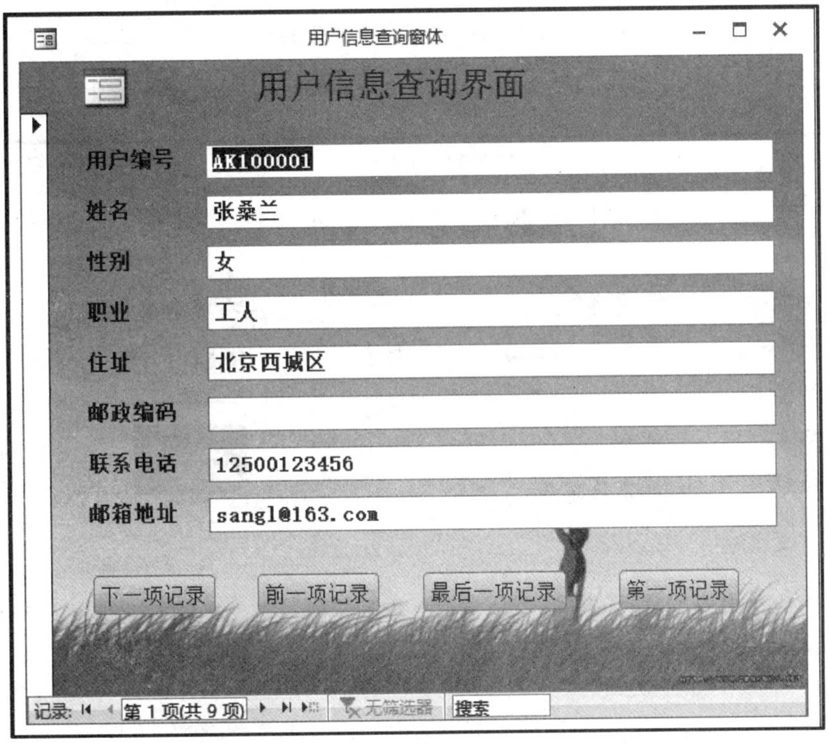

图 10.27　用户信息查询界面

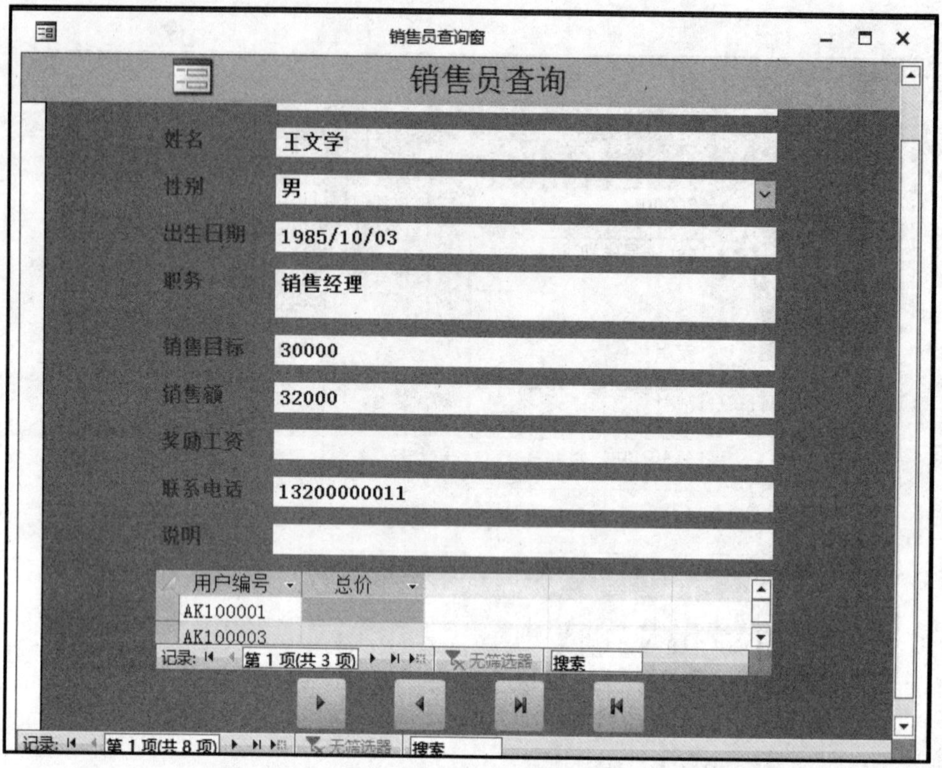

图 10.28　销售员查询界面

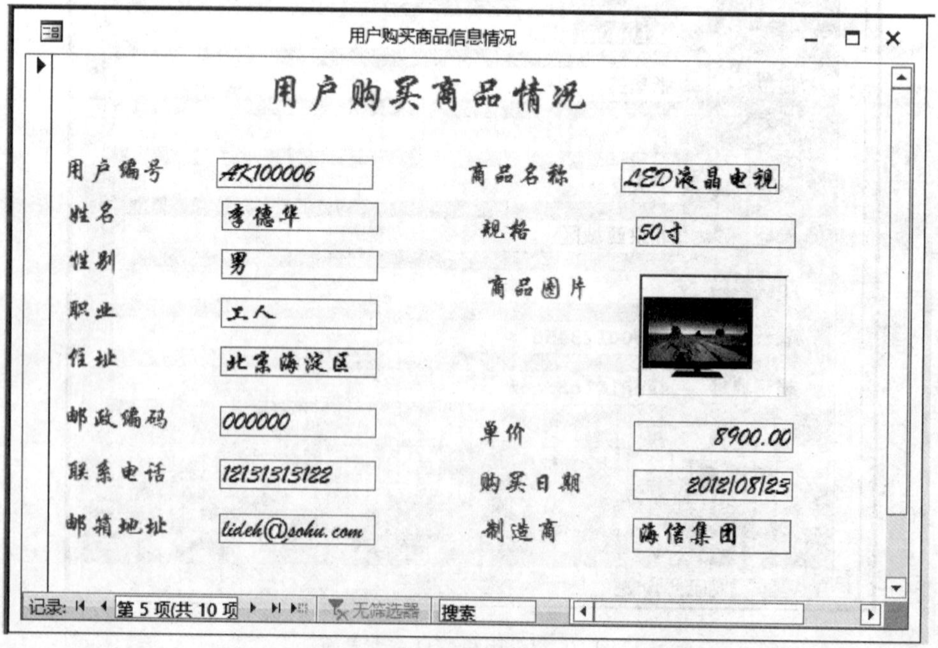

图 10.29　用户购买商品情况查询界面

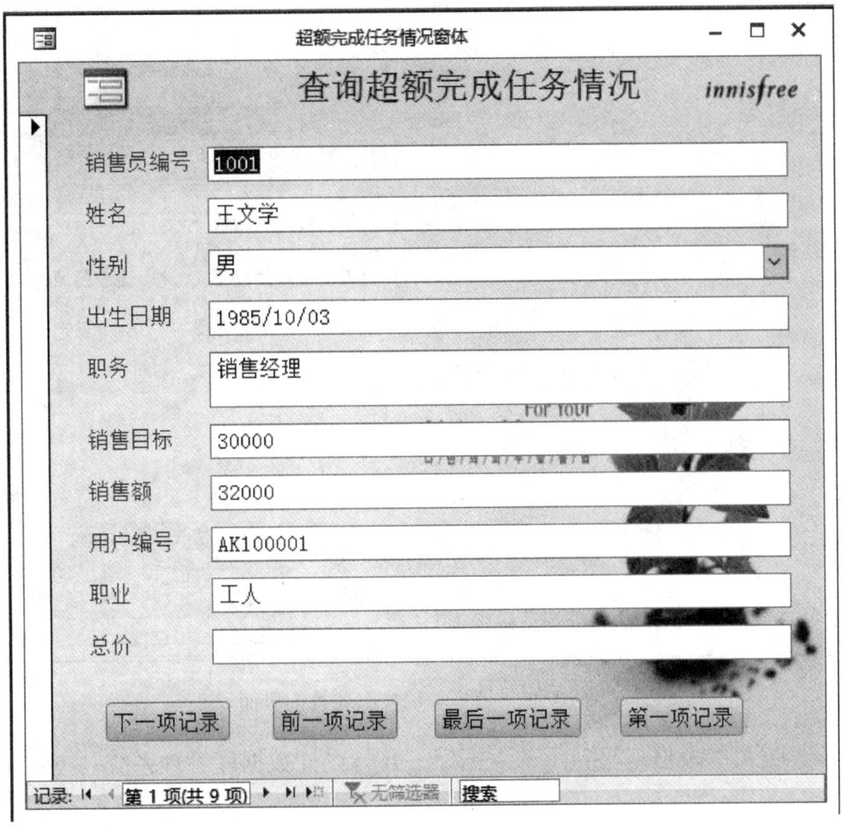

图 10.30　超额完成任务查询界面

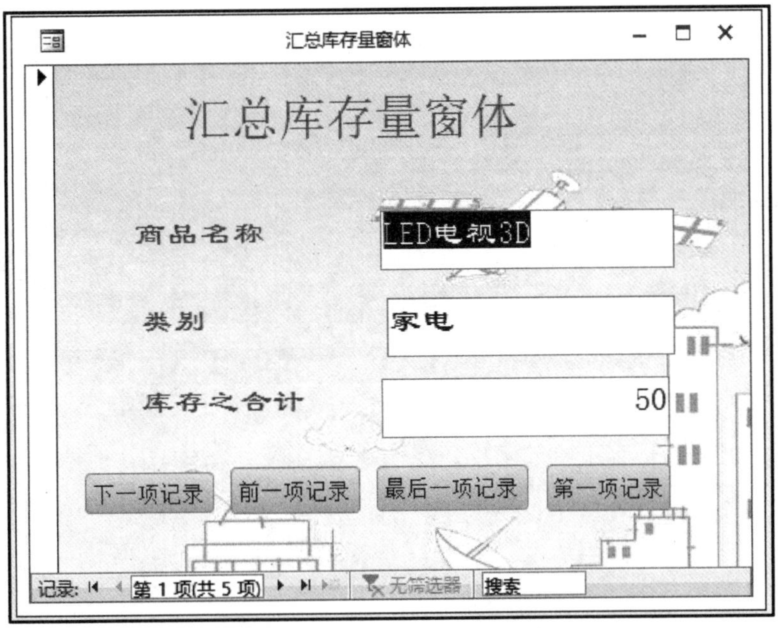

图 10.31　商品库存查询界面

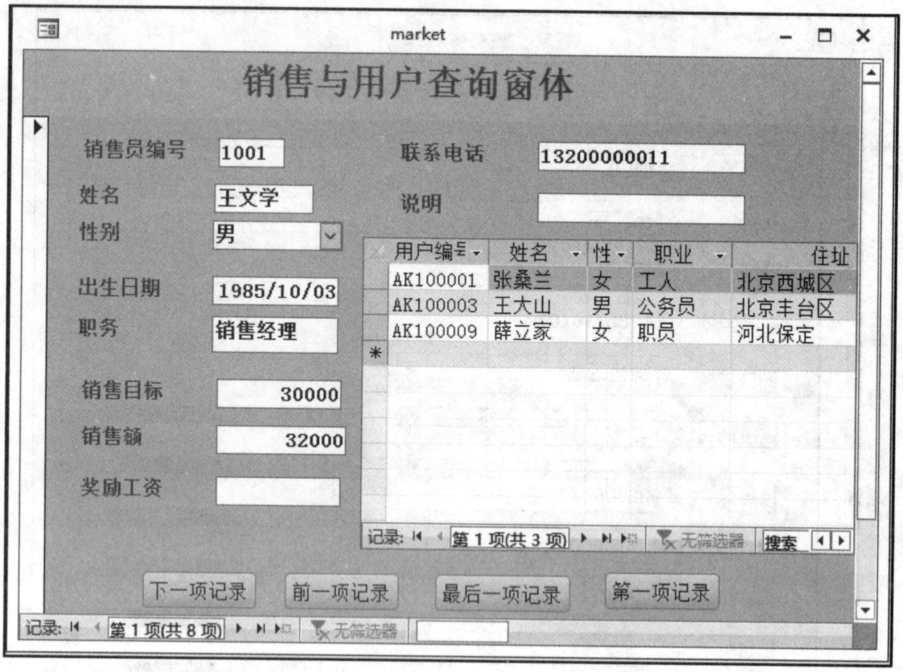

图 10.32　销售与用户服务查询界面

【说明】学生可以根据自己熟悉的数据库，自行设计数据库管理系统。

参考文献

[1] 姜增如. Access 2010 数据库技术及应用 [M]. 北京：北京理工大学出版社，2012.

[2] 唐会伏. Access 2013 数据库应用 [M]. 北京：电子工业出版社，2016.

[3] 郑世珏，杨青. 数据库技术及应用基础教程 [M]. 北京：高等教育出版社，2005.

[4] 訾秀玲. Access 数据库技术及应用教程习题与实践指导 [M]. 北京：清华大学出版社，2007.

[5] 田绪红. 数据库技术及应用教程 [M]. 北京：人民邮电出版社，2011.

[6] 刘瑞新. 数据库技术与 Access 应用教程 [M]. 北京：机械工业出版社，2011.

[7] 张强，杨玉明. Access 2010 中文版入门与实例教程 [M]. 北京：电子工业出版社，2011.

参考文献

[1] [illegible] Word 2010 [illegible] 2013.
[2] [illegible] Access 2013 [illegible] 2015.
[3] [illegible] 200[illegible].
[4] [illegible] Access [illegible] 2007.
[5] [illegible]
[6] [illegible] Access [illegible]
[7] 张[illegible] Access 2010 [illegible] 2011.